科学素质学习大纲系列

 中国科普研究所

全民技术素质学习大纲

全民技术素质学习大纲课题组　编

中国科学技术出版社

·北　京·

图书在版编目（CIP）数据

全民技术素质学习大纲 / 全民技术素质学习大纲课题组编．—北京：中国科学技术出版社，2018.12

（科学素质学习大纲系列）

ISBN 978-7-5046-8121-8

Ⅰ．①全… Ⅱ．①全… Ⅲ．①科学技术—素质教育 Ⅳ．①N49

中国版本图书馆CIP数据核字（2018）第185808号

策划编辑	郑洪炜	
责任编辑	李　洁	
图文设计	逸水翔天	
责任校对	凌红霞　杨京华　焦　宁	
责任印制	马宇晨	

出　　版	中国科学技术出版社
发　　行	中国科学技术出版社发行部
地　　址	北京市海淀区中关村南大街16号
邮　　编	100081
发行电话	010-62173865
投稿电话	010-63581070
网　　址	http://www.cspbooks.com.cn

开　　本	889mm×1194mm　1/16
字　　数	560千字
印　　张	30
印　　数	1—3500册
版　　次	2018年12月第1版
印　　次	2018年12月第1次印刷
印　　刷	北京盛通印刷股份有限公司

书　　号	ISBN 978-7-5046-8121-8 / N·249
定　　价	128.00元

全民技术素质学习大纲
课题组

组　长　颜　实　高宏斌①

成　员　鞠思婷　张天慧　马俊锋　薛子平　陈文玲

---

① 同为课题组第一组长和负责人。

导 语

　　近年来，科学技术飞速发展，尤其是信息技术爆炸式的发展与应用使得技术素质与科学素质一样，已成为每一个公民迫切需要具备的基本素质。公民通过技术教育或技术学习，掌握基本的技术知识与应用能力，能够促进自身了解、适应现代生活，并推动国家的技术发展和进步。

　　目前，国际上对于技术素质的研究较为全面的是美国。美国国际技术教育协会于1996年开始，设立了"面向全体美国人的技术计划"（Technology for All Americans Project, 以下简称TfAAP），通过K12教育把美国公民培养成为普遍具有技术素质的公民。TfAAP的第一份研究报告《面向全体美国人的技术》于1996年发布。2000年，TfAAP又完成了《国家技术素质标准：技术学习的内容》。这份标准包含技术的本质、技术与社会、设计、应付技术世界所需的能力、设计世界共五个部分、二十条标准。目前对技术素质定义引用较多出自这份文件，它将技术素质定义为使用、管理、评价和理解技术的能力。它认为"一名具备技术素质的人以与时俱进、日益深入的方式理解技术是什么，它是如何被创造的，它是如何塑造社会又转而被社会所塑造。他或她将能够在电视上听到或在报纸上看到一则有关技术的故事后，明智地评价故事中的信息，把这一信息置于相关背景中，并根据这些信息形成一种见解。一名具备技术素质的人将自如、客观地面对技术，既不惧怕它也不沉迷于它"。

　　2002年，由美国科学院牵头成立的"技术素质委员会"发布了《从技术角度讲：美国人为什么需要更深入地理解技术》。这份研究报告提出了分析技术素质的三个维度：技术知识、技术能力、技术思考与行为的方式。这三个方面相互联系，相互影响，形成一个综合性、整体性的技术素质结构，被称为技术素质的三维结构。

2009年美国国家教育进展评估（NAEP）开始对技术与工程教育进行评估，出版了《2014年技术与工程素质评价框架》（以下简称《框架》）。《框架》将技术与工程素质评估的领域分为三个部分：技术与社会、设计与系统、信息与通信技术。每个领域细分成子区，每个子区会列出关键点以及4年级、8年级和12年级学生应该知道的内容和应该会使用的技术的图表。《框架》的制定虽然是用来评估，但其评估指标中所述的技术素质结构为技术素质基准的制定提供了很好的研究借鉴。

日本对技术素质教育也非常关注。在1999年7月召开第42届全国教育专题研讨会上，技术教育课题研究委员会提交了题为《21世纪技术教育》的报告，提出归根到底技术教育的目的一方面是培养学生在生产社会中的能力，另一方面通过科学概念的形成和创造性思维的发挥谋求问题的解决。1999年颁布，2003年开始实施的高中课程标准中加入了技术类课程，其科目设置为：家政基础、生活技术以及以工业技术设计为主要内容的工艺课。强调学生应从掌握技术入手开展学习，使科学教育落到实处；注重引导学生应用技术，使学生在应用中增强学习科学的兴趣；引导学生发展或创造新技术，在各种发现和发明中把学生引入科学技术的大门。

我国技术教育长期以来一直通过"劳动技术"课的方式进行教学。直到2001年12月教育部召开"普通高中新课程研制第三次会议"，形成的普通高中新课程结构（草稿），首次确定普通高中开设"技术领域"。2003年，教育部颁发《普通高中课程方案（实验）》，强调从知识与技能、过程与方法、情感态度与价值观三个方面提高学生技术素质的目标，一直沿用至今。

为促进我国公民技术素质快速提升，中国科普研究所开展了全民技术素质学习大纲（以下简称：技术大纲）的研究和编写工作，为公民技术素质学习，尤其是成年人提升技术素质提供内容标准。

技术大纲参照国内外相关的技术素质标准，以实现公民技术素质能力提升、满足公民生产生活需求为目标，开展研究编写工作。

技术大纲的编写遵循了以下原则：

科学性：概念、原理、定义和论证等内容的叙述清楚、确切，历史事实、任务以及图表、数据、公式、符号、单位、专业术语和参考文献准确，前后一致等。

基础性：选取本领域内最能反映我国公民技术素质基本要求的、所必须了解和掌握的基本技术知识以及相关的知识链接内容。

系统性：采用当今世界上比较通用的思维导图编排理念，不同技术领域所选取的知识点既彼此关联，又能系统地反映该领域的知识主干。

前瞻性：在内容表述上具备学科发展的历史观，又能适当体现本技术领域发展的趋势。

时代性：大纲编写上既参照国内外已有研究成果的经验，又针对时代发展需要，体现内容和编写思路的时代特征。

在以上背景与编写原则的指导下，组织相关领域专家学者在研究国内外相关技术教育和技术素质标准的基础上，形成了技术大纲的基本结构。技术大纲分为三个部分：第一部分为技术的本质；第二部分为技术的世界，包含八个技术领域，分别为信息与通信技术、材料与制造技术、能源与动力技术、生物与医疗技术、农业与食品技术、地球与环境技术、土木与建筑技术、交通与运输技术；第三部分为技术与社会。十个章节分别由九个专家团队主持编写，其中"技术的本质"由南京师范大学教育科学学院院长顾建军教授主持；"信息与通信技术"和"能源与动力技术"由上海交通大学科学史与科学文化研究院黄庆桥副教授主持；"材料与制造技术"由东南大学材料学院郭新立教授主持；"生物与医疗技术"由东南大学生物科学与医学工程学院叶兆宁教授主持；"农业与食品技术"由中国农学会科普处处长孙哲主持；"地球与环境技术"由清华大学环境与工程学院杜鹏飞教授主持；"土木与建筑技术"由清华大学土木工程系安雪晖教授主持；"交通与运输技术"由北京交通大学交通与运输学院杨浩教授主持；"技术与社会"由北京理工大学马克思学院李世新副教授主持。每个部分均邀请至少三位该领域的权威专家对大纲内容的系统性和科学性进行严谨论证并提出修改建议。最后将十个章节进行汇总编辑，经专家审批通过后形成技术大纲。

技术大纲每个章节的知识分为三级结构，每一章开头均有内容简介和知识框架导图，以方便读者对该章的知识有一个系统全面的了解。其中，技术的本质包含四个部分，末级知识点为37个；信息与通信技术包含五个部分，末级知识点41个；材料与制造技术包含五个部分，末级知识点43个；能源与动力技术包含十二个部分，末级知识点31个；生物与医疗技术包含两个部分，末级知识点41个；农业与食品技术包含两个部分，末级知识点31个；地球与环境技术包含七个部分，末级知识点50个；土木与建筑技术包含三个部分，末级知识点42个；交通与运输技术包含七个部分，末级知识点39个；技术与社会包含六个部分，末级知识点33个。

技术大纲约五、六十万字，系统、全面地架构了各个学科领域的技术，对技术的本质、特征、历史，技术的内容、应用、效用，技术与社会、环境、个人的关系，以及技术的未来发展等方面均做了阐述。

技术大纲的应用定位较为广泛，不仅可为我国青少年技术教育标准研究提供参考，也为校外科学教育和创客教育提供内容借鉴，也可直接作为成年人技术学习的读本使用，同时也可为与技术相关的科普创作和产品开发提供内容依据。总之，全民技术素质学习大纲是一份理论性与适用性结合的标准文件，旨在服务于全体公民的技术学习，提升公民技术素质。

目　录

第六章 农业与食品技术

第十章　技术与社会 408

第一章
技术的本质

自人类诞生以来，技术便随之诞生。人类为了生存和发展，开始使用、改造、创造工具，开始运用各种物质装置、工艺方法等，不断进行真正意义上的技术实践活动。但正是因为人类对技术与生俱来的熟悉，以及社会传统和文化中对技术从业人员的轻视，所以人类在崇尚科学推动人类社会进步的同时，将技术认为是科学的衍生物或附庸。很长一段时间以来，我们对技术的认识远远落后于技术的实践。直到近代，技术发展和应用对人类社会产生了更加深远和显著的影响，技术哲学日益兴起，人们才开始关注并重视技术。1877年，德国学者恩斯特·卡普（Ernst Kapp，1808—1896）出版了《技术哲学纲要》一书，首次提出了"技术哲学"的概念，对技术进行了整体研究和哲学思考，由此引发了技术哲学的研究浪潮。

对"技术是什么"的讨论，一直以来在哲学家、技术哲学家、技术工程师的争论中不曾停歇。尼采（Friedrich Wilhelm Nietzsche，1844—1900）曾经说过："只有没有历史的东西，才是可以定义的。"技术毫无疑问是源自人类历史的源头，给出明确的、唯一的定义几乎没有可能，但这并不妨碍人们以不同的视角看待和分析技术。角度不同，对技术的认识便不尽相同。在工程的视野中，卡普将对工具的详细分析及其对人类与人类文化的影响相结合，提出了"器官投影说"，他把工具和机器比喻成类似人体器官的客体，将技术作为人体器官的一种投影——即形式与功能的延伸与强化。在人文主义的视野中，美国哲学家芒福德（Lewis Mumford，1895—1990）在其著作《技术与文明》中，从技术与劳动、战争、社会和文化因素之间的关系出发，深入研究技术史，阐述了人类在机械文明中的地位。他尤其注重人的生命意义，把技术定义为生命形式之象征性的表象。德国哲学家海德格尔（Martin Heidegger，1889—1976）在其所著的《存在与时间》《林中路》等书中，搁置日常生活中的"技术"观念，追问现代技术的本质以及现代技术给人类带来了什么等一系列根本性问题，认为人们在日常生活中把技术理解为工具或者行为的观点是不真实的。他超越技术的工具性和人类学的流行观点，从"真理"的角度理解技术，把技术的发展看作人类展开自身存在结构的过程，利用"用具"概念描述了物品充斥的世界，并用"座架"这一独特概念来阐述技术的本质。法国学者埃吕尔（Jacques Ellul，1921—1994）认为，技术是一种广泛的、无所不在的、多样的总体。不同时代不同领域的个体技术千差万别，但总体来说，技术是人类活动中理性地获得的具有绝对效率的所有方法。他把技术分为四类：机械技术、经济技术、组织技术、人类技术，全方位地揭示了人与技术的关系。马克思（Karl Heinrich Marx，1818—1883）也在哲学层面给予技术特别的地位，他特别关注了劳动实践的能动性以及这种活动所受到的自然制约性，把技术看作理解对象本质不可替代的根本因素。从功能的角度看，美国哲学家杜威（John Dewey，1859—1952）把技术看成是对各种技巧、工具和人工制品的探究，是为了处理有问题的情境、进行智慧性的生产等的各种新工具。他提出了"技术是社会改良的工具"的思想。美国技术哲学家卡尔·米切姆（Carl Mitcham，1941—　）从技术结构的角度将技术分为四类：作为产品的技术、作为过程的技术、作为知识的技术、作为意志的技术。

人们对技术的追问自然要回溯至技术的起源。技术起源于人类的劳动实践和对需要的不断实现。人类对工具的使用和创造，将人与动物从根本上区别开来。划分人类的历史时代，通常以工具的革命性变革作为标志，如旧石器时代、新石器时代、青铜器时代、蒸汽时代、电气时代等。人们可以从工具的发展洞见技术的主要进程。

在技术的各种要素中，工具和材料等是有形可见的，工具是技术中最显见的成分，材料也是技术中必不可少的组成部分，材料的物理性能、形态、环境适应性等在现代技术中越来越重要。工艺、加工、试验等对技术知识、经验、方法等的综合运用，在技术实践中起到关键的作用。

技术的价值归根到底是技术对人的价值，它展现为人工物、知识、过程、意志等多层面，蕴涵着育德、益智、审美等丰富的教育价值。在技术学习中，我们除了要掌握技术的基本知识和基本技能外，更要注重技术意识、工程思维、创新设计、图样表达、物化能力等方面素养的形成。

现代技术的关键在于设计，技术设计和创新推动了现代技术的进步。现代技术除满足人类的需求以外，还遵循"以人为本"的原则，更加注重人机关系，更多地融入了审美、便捷、高效等元素，促进了技术、人、自然、社会的和谐共生。

本章内容主要包括技术及其性质、技术的起源与发展、技术的要素与价值、技术产品设计及使用维护四个方面。希望读者在阅读本章之后，能够从不同的视角去理解技术的本质和性质，能理解技术的起源与发展的动因和脉络，能理解技术、科学及社会发展的互动关系，明确技术素养的主要内容和要求，了解当今技术产品的设计、生产等规范，能积极思考当代技术发展及日常生活、工作中遇到的技术问题，积极理性地参与技术相关的公共事务，合理科学地进行技术决策，自觉提升自身的技术素养。

本章知识结构见图1-1。

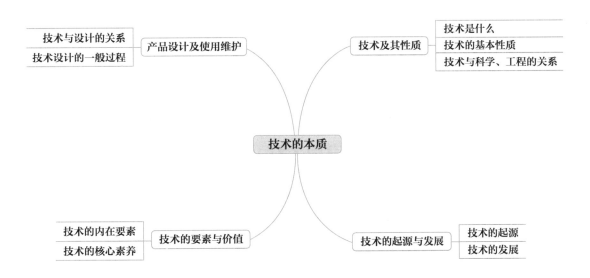

图1-1　技术的本质知识结构

一、技术及其性质

从人类磨制石器、钻木取火开始，技术就为满足人类需要而存在。人类在生活中，需要着衣以遮身御寒，于是有了缝制、纺织、印染技术；需要进食以补充能量，于是有了食品烹饪加工技术以及农作物栽培、家畜饲养技术；需要住所以避风挡雨、抵御外来侵害，于是有了建筑技术；需要出行以认识更广阔的世界，于是有了车船制造技术；需要交往以保持与别人的联系，于是有了通信邮电技术……

（一）技术是什么

技术是从人类需求出发，运用各种物质及装置、工艺方法、知识技能与经验等，实现一定使用价值的创造性实践活动。技术是人类文明的重要组成部分，是社会生产力提高的重要标志之一，是人类物质财富和精神财富的积累形式。

初看起来，"技术"一词的含义似乎十分明白，因为到处都可以看到技术装置、器械和工艺，不过，倘若要给技术概念下一个明确的定义，却又是很困难的。

就汉语中的"技术"一词而言，它是一个合成词。古代仅有"技"和"术"的单音词，技乃技艺、本领，如一技之长。《尚书·秦誓》："人之有技，若己有之。"《礼记·王制》："凡执技以事上者，祝、史、御、医、卜及百工。"有时"技"则专指工匠，《荀子·富国》："故百技所成，所以养一人也。""术"在古代意义则相当丰富，一指古代城中的道路。左思《三都赋》："亦有甲第，当衢向术。"二指"技艺"，《礼记·乡饮酒义》："古之学术道者，将以得身也。"郑玄注："术，犹艺也。""技"和"术"的连用，从何而来，又何时开始，尚不得而知，但有一点可以肯定的是，"技术"一词的广泛使用应在近代洋务运动之后。

目前从国内来说，关于技术的定义可谓是琳琅满目，林林总总。第六版《辞海》关于技术的定义是：①泛指根据生产实践经验和自然科学原理而发展成的各种工艺操作方法与技能。如电工技术、焊接技术、木工技术、激光技术、作物栽培技术、育种技术等。②除操作技能外，还包括相应的生产工具和其他物质设备，以及生产的工艺过程或作业程序、方法。

于光远等主编的《自然辩证法百科全书》中对技术的定义是："人类为了满足社会需要而依靠自然规律和自然界的物质、能量和信息，来创造、控制、应用和改进人工自然系统的手段和方法。"这里讲的手段既可以指知识手段，也可以包括物质手段。

在英语里，有多个词可以表示或译为"技术"，如technology，technique，art，skill等。前两者与我们国内所理解的技术含义较为接近，后两者重于"工艺"和"技能"，德文的technik，法文的arts，technique也是如此。当然，英语中的technique和technology也有所不同，前者多指事物的"制"（making）和"做"（doing）的具体操作和专门方法，如干燥、酸洗、超声波探测，就二者关系讲，technology是对多种technique的系统研究。

从古代开始，对技术就存在广义理解和狭义理解。柏拉图（Plato，前427—前347）在其"辩解篇"及其他的对话中指出，技术包括制作术和获得术。制作术指实物制作技术和影像制作技术。实物制作术包括农耕术、医术、建筑术、工具技术等。柏拉图甚至认为艺术作品的创造也是一种制作活动，因而把艺术性创造也放在制作技术范畴。而获得术则包括学习术、知识获得术、利润获得术、斗争术、狩猎术等。

在17世纪初，英国哲学家培根（Francis Bacon，1561—1626）认为"人类对事物的主动权完全在于技术和科学，人类只有服从自然才能控制自然，即为了达到支配自然的目的，对自然既要服从，又要支配；近代人的技术知识就是理解自然、操作自然"，认为技术即"对自然进行支配和操作"。

一般来说，无论是广义的技术还是狭义的技术，也无论是硬技术还是软技术，都有一些相通的地方。但就技术的要素，具体技术的构成及技术的应用与创新等方面来说，差异甚大。无论是从作为教育内容的界定还是从作为研究对象的界定，两者都有必要加以区分。本部分对技术的理解更多地限于狭义的技术理解之中，当然对技术广义和狭义的理解本身是相对的，而且也是不断发展的。

1. 作为产品的技术

当我们提到"技术"一词时，最容易映入脑海的是诸如工具、机器等物质性的产品。这也表明，在最直观的感受上，技术是同人工制品联系在一起的，如果没有人工制品，我们也无从理解技术。所有技术现象最后都必须还原和追溯到人工物，都是奠基于人工物这一感性的、能直接为我们所感知的"实事"之上的。所以说，技术人工物是技术存在方式的基础，是技术在文化、历史意义上存在的最基本的标志和前提。

技术人工物基础性的、不可被进一步还原或"悬置"的本质规定性主要在于，人工物首先必须是"物"，必须具备物的特征，同所有自然物一样具有一定的结构和形态。更重要的是，人工物是人所"创造"的，是人通过感性活动对自然物或已经存在的人工物改造和利用的结果，在人工物上贯彻和凝聚着人类的意向、意图、意志、知识和设想。由此看来，人工物之中既有物的因素，也有人的因素，是人的因素与物的因素（即人的意向性与客观世界的规律性）相互碰撞的结果。明确这一点意义重大，这说明技术人工物是人类的智慧（思想、精神、感情）的结晶，其产生、发展的历史构成人类文化史的一个重要组成部分。

2. 作为过程的技术

从过程的维度来理解技术，这是工程师和社会科学家这两个不同职业群体的共同特征。实际上，提到技术，人们首先想到的是诸如工具、机器的物质对象或硬件，但技术的基本范畴是活动过程。在与技术活动相联系的基本行为中，最明显的有制作、发明、设计、制造、操作和维修等几种类型，它们基本上是围绕着制造和使用两个主题而展开的。这种对过程论的技术本质观的新认识，不仅出现在联合国教科文组织的官方文件中，也开始反映在诸多国家技术课程的文件中。立足于这样的认识，设计、故障诊断、研究与开发、发明与创新以及试验等技术过程均在基准主题中得以凸显。

事实上，技术活动作为一种操作性的、感性的活动之所以不同于理论的、沉思的活动，就在于这种活动建立在对人工物的操作、运用和控制之上。"与科学不同，它不是一种'在手'的活动，而是一种'上手'的活动，这种'上手'的活动对世界的存在做出了'客观的'、人们可以感知的改变。" 海德格尔正是从这里出发，对锤子进行分析，把锤子描述成"用来锤……"要比把锤子概念性地描述成具有特定尺寸、形状、重量和颜色的某种东西更为原本。尤其是技术设计，它表现为"一个动态的、反复的设计过程，而不是一次性事件"。学生在技术设计学习活动中，需要通过实践的推理"桥接"结构与功能的鸿沟，而在这个过程中，他就必须经过整体性思维、分析性思维与非理性思维的综合，实现实体性思维向关系性思维的转换。由此看来，从过程论来认识技术的本质，将使得我们不再仅仅注重动手操作能力的培养，而是更加强调创造性思维、问题解决能力和系统方法论的培养，真正实现动手与动脑的结合。

3. 作为知识的技术

在对技术本质的理解中，仅仅把技术看作人工物是不够的。正如《美国国家技术教育标准》所指出的："每个人都知道诸如计算机、飞机和转基因植物之类的东西是技术的范例，但大多数人对技术的理解仅此而已。""技术这个词包含有很多种意义和内涵。它可以指人类发明的产品和人工制品，也可以表示创造这种产品所需要的知识体系。"在早期的技术哲学研究中，没有确立技术认识论这一维度，即使有少量的研究也只是站在科学哲学的立场，在"技术只是科学的应用"这一范式下，讨论技术知识的可能性。基于这样的认识，在与科学知识进行比较的基础上，技术知识被认为由以下方面构成：建筑学（和结构打交道）、机械学（和机器打交道）、化学工程学、电子工程学以及其他类型的工程学等。

1958年，波兰尼（Michael Polanyi，1891—1975）在《个人知识》中首次提出"意会知识"的概念，为技术知识独特地位的确立开辟了道路。莱顿（Edwin T. Layton，1929—2009）在《作为知识的技术》这一经典论文中明确指出："技术知识是关于如何做或制造东西的知识，技术变迁的本质是知识变迁。"他认为恰恰是知识，而非人工制品，才是技术的根本。而卡彭特（Carpenter，生卒年不详）则提出了技术知识分类框架，他从最不具有概念到最具有概念的特性将技术知识的层次做了区分，即工匠技能、技术格言、描述性法则和科学理论。这一分类框架提出之后得到了米切姆的赞同，并对这一分类做了改进，将科学理论改为技术理论。1997年，罗泊尔（Guenter Ropohl，1939— ）进一步扩展了卡彭特—米切姆的分类框架，增加了社会-技术理解来陈述明言知识的价值，在此基础上，他模仿文森蒂（Walter G. Vincenti，1917— ）《工程师知道什么及他们如何知道？》，写了《技术专家知道什么及他们如何知道？》，并提出了五类技术知识的类型，即技艺诀窍、功能规则、结构规则、技术定律以及社会-技术理解等。其中最后一类知识将重点放在价值方面。虽然还有一些技术哲学研究者从其他角度做出了不同的分类，但将技术知识看作别于科学知识的一个独特的知识体系，应该是没有疑义的。

4. 作为意志的技术

关于技术流传最广的老生常谈是：技术本身无所谓善恶，它是中性的，其价值完全由使用它的人决定。但这种观点显然不足以说明为什么技术在历史上总是处在受到这样或那样指责与批判的尴尬处境。事实上，现在已经有越来越多的人开始意识到，造成技术的尴尬处境的根本原因是：技术本身并不是清白的，技术远不只是一种达到目的的手段或工具体系，它在体现技术判断的同时，也体现了价值判断。这也就意味着技术活动与意志之间的关系，也说明技术形而上地潜在地内含着意志。技术的本质在于技术产物的制造和使用本身，而不仅仅在于只是手段和工具的技术产物本身。

技术意志最基本的体现在生存意志上。它不是单纯的工具和手段，而是物的展现、世界的构造，什么样的技术被运用，就意味着什么样的世界将会被呈现出来。

（二）技术的基本性质

技术的本质通过它的属性表现出来，技术兼有自然属性和社会属性：技术的自然属性主要表现在技术的物质性、实用性、综合性等方面；技术的社会属性主要表现在技术的目的性、实践性、创造性、经济性、两面性等方面。技术的基本属性主要有以下七个方面。

1. 技术的目的性

任何技术的产生和发展都伴随着人类的需求。技术的社会属性突出地表现在人类发明技术与利用技术具有鲜明的目的性。目的性是人们技术创造的起点，人们总是为着改造和利用自然的实用目的进行技术活动。目的性是技术活动的内在动力。目的越明确，实用的价值越大，人们创造新技术的积极性就越高。崇高的技术目的会激发人们强大的技术创造力。新技术的发明和它应用于实际所带来的结果是目的性的实现。如助听器的发明过程就体现了这一点。对于听觉不太灵敏的人来说，能自如地听到外界的声音、正常地与人交流，是一件梦寐以求的事。助听器的发明正是从这一愿望出发，使他们的梦想变为现实的。为了使听觉不太灵敏的人清楚地听到外界的声音，人们做过很多尝试。例如，在椅子与椅子之间通过管子传送声音，使之不会消散。但是耳聋的人需要的是能将声音放大，并方便佩戴的助听工具。1923年，马可尼公司研制出由电子管控制的助听器，装在一个16磅（约为7.26千克）的盒子里。20世纪30年代，电子管趋于小型化，人们可以把电子助听器做成盒式照相机一样大小。但是，这么大的助听器还是不方便佩戴，人们需要一种更小巧、更轻便的助听器。20世纪50年代，晶体管的问世带领人们进入了微型化的时代，人们把助听器中的微型电路做成针头一样大小，这样的助听器既能将放大的声音更清晰地传入耳中，又方便佩戴，从而使耳聋的人与外界的交流更加便捷。

技术的目的性体现在丰富多彩的技术活动之中。人类有目的、有计划、有步骤的技术活动推进了技术的不断优化和发展。

2. 技术的实践性

技术的目的性必须通过社会实践的途径来实现。技术要解决"做什么"和"怎么做"的问题，离不开实践经验和劳动技巧。实践是社会性的实践。只有在长期的社会实践过程中，人们才能积累经验，产生技能，形成技巧。无论科学对技术具有多么巨大的作用，科学总是代替不了技术的，只有技术才能提供改造自然的方法和途径。

3. 技术的规范性

技术活动是一种强规范性活动，其规范绝大部分内容是操作性的、因果关系型的。技术活动规范的软件和硬件都是根据以前探索创新的成果（经验、知识及其物化形态）制定或制造的，所规定的操作也是根据当时已知因果联系而优化的。纯粹的技术活动基本上没有探索创新，或随机选择，或凭直觉猜测选择操作，整个活动过程遵循一定的因果链条或运作程序完成。这种活动能在其规范的许可范围内精确地重复一种或无限多种同质结果。以数控机床、数控缝纫机、柔性生产线等为例，在允许的工艺加工能力内既可批量制造同一种产品，也可以制造件件不同的同类产品。

4. 技术的创新性

技术的不断发展不是对自然界的简单描述和反映，其每一步都是一种新的探索，是创造性的思维活动和实践活动。创造性活动是利用创造性思维，通过不断的尝试、失败，得出前所未有的新结果的活动，是最能表现人的主体性和能动性的活动。常规性活动的大部分规范是先前探索创新活动的结果（另有一部分是约定俗成的）。技术创造发明活动是以新技术硬件或技术规范为客体的活动，作为客体的技术当然在此时不属于广义主体的一部分。现代的技术创造发明活动包括一些技术化的环节，但关键的步骤是由人的创造性思维完成的，这些创造性思维才是技术创造发明的精髓。因此，从实质上看，技术创造发明活动主要是探索创新活动。

技术作为创造性劳动的成果，是技术发明者智慧和劳动的结晶，它凝结着丰富的社会价值和经济价值。在技术实现其价值的过程中，技术发明者对此享有一定的权利，这些权利受法律的保护。知识产权制度正是保护技术发明者的合法权益的制度，它对技术创新活动，从发明创造的构思开始，一直到研究、开发、实现产业化、走向市场这一全过程起激励、信息传播和市场保护作用。如20世纪中叶，美国施乐公司发明的复印机掀起了一场划时代的办公室革命，购买复印机的公司趋之若鹜。昂贵的售价为施乐公司带来了巨额的利润。面对广阔的发展前景和巨大的利润诱惑，日本的佳能、理光等企业更是雄心勃勃地筹划进入复印机制造领域。施乐公司为了阻止这些公司的加入，先后为其研发的复印机申请了500多项专利，几乎囊括了复印机的全部部件和关键技术环节。对于施乐公司设置的专利壁垒，这几家公司一筹莫展。最后佳能公司开发了小型复印机技术，这才绕过了施乐公司设置的专利壁垒。知识产权制度体现了市场经济条件下人们对知识的尊重和保护。它允许专利所有权人对专利技术具有一定的垄断性，使其专利技术和产品在一定时间内独占市场，从而得到丰厚的回报，保护发明创造的积极性，使技术创新活动走向良性循环。

专利权是不能自动取得的，对于符合新颖性、创造性、实用性的发明或实用新型技术，必须履行《专利法》所规定的专利申请手续。向国家专利局提交必要的申请文件，经过法定的审批程序，最后审定是否授予专利权。

5. 技术的发展性

技术是在一定的历史条件下发展的，是历史范畴。在浩瀚的人类发展史中，技术的发展是遵循自然发展规律的，从低到高，从简单到复杂。技术是在前人的认识和实践的基础上发展和进步的。有时一个产品往往要经历漫长的进化过程，需要不断地更新换代。技术的不断革新是通向技术发展之路的重要机制，显示器的革新与电视机的创新就是很好的例子。显示器是电视机的核心部件。普通电视机常用的是阴极射线管，它经历了从球面显像管、柱面显像管、平面直角显像管到纯平显像管等革新过程。液晶显示器是一种平板显示器，它经历了从动态散射液晶显示器、扭曲向列液晶显示器、超扭曲向列液晶显示器到最新的薄膜晶体管液晶显示器的发展过程。等离子体显示器是发光型平板显示器，它利用稀有气体放电产生紫外线激励平板内的红、绿、蓝荧光粉发光而产生彩色影像。因显示器的革新，电视机也相应地得到了发展，产生了球面电视机、平面直角电视机、纯平电视机、液晶显示电视机、等离子体电视机等。

6. 技术的综合性

技术不是单一的，而是综合的。即使是最简单的技术，也包括多种因素。原始人打制石器，就要具备一定的劳动经验、力学常识，掌握材料加工、控制等多种技术。随着技术的发展，技术综合的程度越来越高。技术综合孕育着技术的创造。新技术代替旧技术，往往是新的技术综合代替旧的技术综合。

技术具有跨学科的性质，综合性是技术的内在特性。一般的，每一项技术都需要综合运用多个学科、多方面的知识。小到小板凳的制作技术，大到航空航天技术，都是多种知识共同作用的结果。科学（science）和技术（technology）是两个不同的概念。科学是对各种事实和现象进行观察、分类、归纳、演绎、分析、推理、计算和实验，从而发现规律，并予以验证和公式化的知识体系；技术则是人类为满足自身的需求和愿望对大自然进行的改造。科学侧重于认识自然，力求有所发现，技术则侧重于利用和合理地改造自然，力求有所发明；科学回答"是什么""为什么"的问题，技术则更多地回答"怎么办"的问题；科学通过实验验证假设、形成结论，技术则通过试验验证方案的可行性与合理性，并实现优化。古代，技术推动了当时实用科学的发展，而当时的科学对技术的影响甚微，往往只有依靠长期的经验积累而形成的技能和手艺。到了现代，科学研究为技术发展拓展空间，成为技术发展的重要基础。同时，技术发展也促进科学的应用与延伸。科学促进技术发展，技术推动科学进步，科学与技术的关系越来越密切。

一项复杂的技术，存在着技术的组合，这也是技术综合性的重要体现。一个复杂的技术目的必须通过把各种技术按一定的顺序组合起来才能实现。例如，氮肥厂合成氨的工艺过程就是这样。为了完成这个过程，除了一般机器生产通常采用的机械技术、电力技术、控制技术外，它还要采用把氮气从空气中分离出来的冷冻技术、产生氢气的造气技术，使氢气与氮气化合成氨的高压技术和催化技术等。只有这些技术配套成龙，才有可能生产出氨。

7. 技术的两面性

纵观20世纪的科技发展史，可以清楚地看到，科学技术的发展创造了辉煌的物质文明，也极大地改善了人们的物质文化生活，但另一方面也造成了十分严重的环境污染、生态破坏和文化危机，将人类推向了不可持续生存与发展的危险边缘。印证了恩格斯（Friedrich Von Engels，1820—1895）所说的"我们不要过分陶醉于我们对自然界的胜利，对于每一次这样的胜利，自然界都报复了我们"。历史上，原子能的不当利用、工业发展的副作用和化学药品不当使用带来的危害等，无不显示出科学技术是一把"双刃剑"的本色。技术的两面性指技术既存在满足人类需求、为人类造福的正面价值，同时也会给人类带来一定的危机、隐患甚至灾难的负面影响。"技术的两面性"既然作为一种性质，它就具有普遍性和必然性，也就是说，它不是个别的和偶然的现象。因此，我们必须要重视它，认识它，想办法去克服它，减轻它的危害。

任何事物客观上都具有两面性，技术也不例外。它既可以给人们带来福音，也可能给人们带来危害。如电池可以随时随地为人类带来光明和动力，但是任意丢弃的废旧电池中所含的重金属会对环境造成巨大的破坏，一粒纽扣电池就能污染6×10^5升水。

没有实用价值的技术，就无法满足人类的需求，也就没有存在的意义。但是，如果技术的实用价值被人为发展到不恰当的地步，甚至不考虑技术对环境、对他人造成的不良影响而盲目地追求功利性，这就违背了技术的本义，走向了它的反面。在技术发明和使用的过程中，应避免急功近利、目的不良、使用不当等情况的发生，始终坚持技术造福于人类的信念。

现代技术的发展，也挑战着传统的伦理道德观念。由技术引发的伦理道德问题，已引起人们的关注和反思，大家熟悉的克隆技术就是一个很好的例子。1986年，日本科学家利用离心机将含有X染色体和含有Y染色体的精子分离开，而后将卵子放在试管中与选出的精子结合，"制造"出男孩和女孩。发展这项技术的初衷是选择女孩以控制血友病，但现在，这项技术已用于为希望生男孩的夫妇服务。这就引起了一场决定胎儿性别的技术是否合乎道德观念的激烈争辩。反对者担心这样会改变人口中男女人数的自然平衡，破坏自然法则，助长传统的重男轻女的不良风气，使人口结构发生改变。赞成者认为这项技术将有助于防止遗传病，况且人们有权选择自己孩子的性别。

（三）技术与科学、工程的关系

技术的本质与属性表明，技术虽然与科学、工程有着密切的联系与共同之处，但又有不少差别，各有自己的特殊性。

1. 技术与科学的关系

技术与科学并非只有程度上的、细微的差异，而是有着原则上的、本质性的不同。其一，技术与科学的职能不同。科学主要执行着认识世界的职能，通过实验研究来认识和揭示事物的本质、结构和规律，解释和预见事物的现象和过程，重在解决"是什么"和"为什么"之类的问题。然而，由于现实事物及其发展过程经常要受到其他因素的影响，因此科学研究一方面需要在人为控制的实验条件下排除干扰，在理想化的条件下分析和揭示事物的本质和规律；另一方面还要辅之以抽象思维，去掉外在的偶然因素，以再现其内在的必然联系。科学研究是抽象的、分析的和归一化的过程，以科学发现为追求，它所得到的研究成果多是对某一事物本质、属性和规律的说明。而技术则肩负着合理利用和开发世界的任务，往往以技术试验为手段，着力解决怎么做和如何做才能更有效率的问题。由于技术活动是在复杂的现实环境中进行的，因而既要追求技术系统内部各部分的安全性和可靠性，又要考虑技术系统运作的经济性、实用性和高效性。所以，技术活动以技术发明为追求，往往涉及众多的环节和因素，需要多方面的知识与技能，是一个以横向综合集为主导的复杂的创造过程。可以说，科学研究实现的是从实践到认识的第一次飞跃，所追求的是真理；技术活动实现的是从认识到实践的第二次飞跃，所追求的是实践效果和效率。其二，技术与科学的起源不同。技术活动一开始就与生产活动密切相关，它的起源可以追溯到人类社会诞生之初的狩猎时期。当时人们靠狩猎、捕鱼，或者最多靠耕地为生。直接从事生产劳动的人就是技术的开发者和传承者，他们多是处于社会下层的体力劳动者。与技术的孕育相比，科学的起源要晚得多。在漫长的原始社会，由于人类的认识还处于以感性认识为主导的幼稚阶段，所以系统的科学认识无从谈起，最多只存在零散的感性的科学知识。而在古代，从事科学研究的人大多是处于上流社会的自由职业者，他们往往鄙视生产实践活动，在他们的科学研究中，思辨、猜测、想象、定性的成分较多，没能建立起相对独立的实验基础。现代实验科学的真正始祖是培根（Francis Bacon，

1561—1626）。在他的眼中，自然科学是真正的科学，而以感性经验为基础的物理学则是自然科学最重要的部分……按照他的学说，感觉是完全可靠的，是一切知识的源泉。科学是实验的科学，科学就在于用理性方法去整理感性材料。归纳、分析、比较、观察和实验是理性方法的主要条件。所以，从严格意义上说，现代实验科学是在欧洲文艺复兴运动中才出现的。

当然，技术也同样被深深地融入科学。科学研究可以为新技术的产生提供直接的思想源泉，为应用技术成果提供方法上的指导，为技术发展培养高素质的人才，并对技术进步的结果进行科学的评估和检验；反过来，技术实践也在科学发展中发挥着重要的推动作用。在工业革命之前，技术的发展一直走在科学的前面，是技术的需求刺激引导着科学的发展，零散的以经验为基本特征的科学知识，对技术进步的推动作用非常微弱，而且多是间接的。而在工业革命之后，科学开始逐渐超越技术发展的实际需要，走到了技术发展的前面，成为牵引技术发展的"火车头"，对技术进步起着巨大的指导和推动作用。

2. 技术与工程的关系

技术和工程都起源于人的劳动。两者的区别主要表现为以下四个方面：其一，二者内容和性质不同。技术是以发明为核心的活动，它体现为人类改造世界的方法、技巧和技能；工程是以建造为核心的活动，工程的建造过程，也就是科学、技术与社会的互动过程，并最终在工程中发挥科学、技术的社会功能，实现其价值的过程。其二，二者"成果"的性质和类型不同。技术活动成果的主要形式是发明、专利、技术技巧和技能（显现为技术文献或论文），它往往在一定时间内是有"产权"的私有知识；工程活动成果的主要形式是物质产品、物质设施，它直接地显现为物质财富本身。其三，二者的活动主体不同。技术活动的主体是发明家，工程活动的主体是工程师以及工人、管理者、投资方等。其四，二者的任务、对象和思维方式不同。技术是探索带有普遍性的、可重复性的"特殊方法"，技术活动是利用科学原理和技术手段的发明创造过程，任何技术方法都必须具有"可重复性"。但是，任何工程项目都是一个相对独立完整的活动单元，其目的明确，在时间、空间上分布不均匀，规模一般比较大，需要周密的分工合作和严格的管理，涉及组织、管理、体制、文化等因素，具有独一无二的特征。

虽然技术与工程之间存在差异，但是彼此有着紧密的联系。其一，它们都是以满足人类的某种需要为目的的，都是人类在认识世界的过程中为了获得更为优质的生活而改造世界的活动。其二，任何时代的工程活动都要以那个时代的技术为基础，工程要对技术进行集成。同时，工程也必然成为技术的重要载体，并使技术的本质特征得以具体化。可以说，技术是工程的手段，工程是技术的载体和呈现形式，技术往往包含在工程之中。

二、技术的起源与发展

当今社会中，技术作为一种元素、一种文化、一种现象，无处不在，无时不在，充斥着我们的生活。那么，技术究竟从哪里来？技术是怎么发展的呢？

（一）技术的起源

对于技术的起源，技术史学家已提出了多种观点，如技术起源于生存需要，起源于巫术，起源于劳动、好奇心和兴趣，起源于游戏等，种种说法从其提出看都有理由和根据。技术的起源是和人类的起源紧密联系在一起的。"当人们自己开始生产他们必需的生活资料的时候，他们就开始把自己和动物区别开来。"在这里，劳动既是从猿到人转变的根本动力，又是人与动物的本质区别。当人通过劳动从其他动物中提升出来后，还必须借助于劳动去获取维持自身生存的生活资料，为了解决由此而形成的人与自然的矛盾，便引起了人们认识自然和改造自然的活动。工具的制造意味着人类改造自然活动的开始，原始技术的产生根植于最初的改造自然的实践活动。现已发现的考古材料证明，人类大约已有300万年的历史。其间约有99%以上的时间，都是在漫长的原始社会里度过的。在这段充满艰难险阻的岁月里，劳动不仅仅创造了人，创造了人的语言，创造了能满足人类最低生活所需要的财富，更为重要的是，人类在生存与发展的过程中，通过自身劳动来利用和支配自然界，使自然界为自己的目的服务。从而，人的劳动就成为一种自觉的、有目的的、能动的活动。但是在这一活动中，人类必须具有认识自然的一定知识和改造自然的一定技能作为依据和手段。因此，随着人类认识自然、改造自然历史的发展，作为人类活动的依据和手段的技术也必然会产生和发展。技术的历史依顺着由简单的工具及能源（多为人力）至复杂的高科技工具及能源的过程发展。

最早的技术是单纯地转变现有的天然资源（如石头、树木和其他草木、骨头和其他动物副产品）为简单的工具。经由如刻、凿、刮、绕及烤等简单的方式，将原料转变为有用的制品。人类学家发现了许多早期人类用天然资源制造出的住所和工具。这一时期称为石器时代。在旧石器时代，原始人类便学会了用打击的方法制造出石刀、石斧之类的粗糙石器。随着一代一代工具的积累，他们已经可以制造出由两种以上材料组成的复合工具。在1万多年前，原始人类又发明了弓和箭。到了新石器时代，人们在不断改进工具的过程中又发明了研磨技术。利用这种技术，在打击石器的基础上，经过研磨后便可以制造出形状规则、表面光滑、使用方便的新石器。石器时代的工具制造和改进，是人类历史上第一项伟大的技术创造，它作为当时人们作用于自然界的主要物质手段，构成了原始社会生产力发展的重要内容。

（二）技术的发展

技术和人类相伴而生，技术的发展和人类的历史紧密地联系在一起。从人类发展的历史进程中，可以找寻技术发展的轨迹和脉络。

1. 远古时代的技术发展

在旧石器时代，最重要的技术发明是打制石器、火的利用和人工取火，以及制造弓箭。在新石器时代，主要的技术是磨制石器、烧制陶器、冶炼金属，以及原始农业、畜牧业和手工业等技术的产生。

石器的打制和磨制

原始技术最初的发明物是石器，在捕获野兽、挖掘植物块根、砍削用具等方面，都离不开这一"万能"的工具。所以，它是人类最早普遍使用的工具。同时，石器工具的不断改进，也促进了原始社会生产力的发展。据考古发现，旧石器时代的石器加工粗糙，主要靠石块相互敲打。依据当时生产和生活需要所打制出的石器，大致可分为尖状器、刮削器和砍砸器三种类型。到了新石器时代，石器制造技术从打制发展到磨制，磨制的石料不只是随意选取，而主要是从地层开采、切割石料。石料的加工也更加精细，经沙子或砾石磨制过的石器，其形状更规整、尖端更锋利。而在这一时期最大的创造是石器穿孔，穿孔后的石器能比较牢固地拴在木柄上，这可以说是最早的复合工具。由于这种工具便于携带和使用，从而大大提高了劳动效率。同一时期还出现了用于农业生产的石镰、石铲、石锄和装有石铧的犁，还发明了加工粮食的石臼和石杵。石器制作技术的进步，使人类摆脱了单纯向大自然索取食物的状况，开始靠创造性的劳动获得自己生活所需要的东西。

弓箭的发明

在1.4万多年前，即旧石器时代晚期，人们由于狩猎的需要，发明了弓箭。这是劳动工具的一项伟大发明，《马克思恩格斯选集》中提到"弓、弦、箭已经是很复杂的工具，发明这些工具需要有长期积累的经验和较发达的智力……"弓箭的制造已涉及多种材料的配合和运用，其中有一种材料搭配不当，便得不到预期的效果。同时，弓箭已具备了动力、传动和工具的机器要素，并需要制造者对弹力和箭体飞行有一定的认识，因此，弓箭是科技史上的一项重大的发明创造。

人工取火和手工业技术

人工取火是原始社会最重要的技术发明之一。火的使用和掌握是人类技术演进的转折点，提供了一个具有许多深远用途的简单能源。早在50万年前，人类便懂得了用火。人类最初是使用和控制天然火，然而大自然赋予的火种不是经常出现的，并且常常遭到风、雨的袭击而熄灭。为了摆脱对自然界的依赖，人类不得不寻找人工取火的方法。人们经过了漫长岁月的不懈努力，终于在一两万年前依靠自己的力量逐步发现并掌握了摩擦取火的方法，其中包括敲石取火和钻木取火。摩擦取火的发明不仅是科技史上一项具有重要意义的发明，而且也是人类历史上划时代的重大事件。正如恩格斯所说的："就世界性的解放作用而言，摩擦生火还是超过了蒸汽机，因为摩擦生火第一次使人支配了一种自然力，从而最终把人同动物界分开。" 火的使用和制火技术的发明，给人类的生存带来了新的生机。他们利用火作为照明和取暖的手段，利用火作为自卫和袭击猛兽的武器，利用火改变了自己茹毛饮血的生活方式，从此便开始吃熟食，这不仅增强了人的体质，而且促进了人脑的发展。而且在用火的过程中，人们还发现它能把黏土烧制成陶器，并在制陶过程中又发明了用于加工粗坯的陶轮，这是人类最早使用的一种加工机械，也是现今一切旋转切削机具的始端。新石器时代晚期，烧制陶器已达到相当的水平，只有掌握烧制陶器技艺的一些人才能从事制陶，从而形成了专门制造陶器的手工业。尤其是在制陶过程中，人们又发现温度较高的火能将矿石冶炼成金属。这不仅为人类从石器时代进入青铜器时代提供了必要的技术前提，而且为一部分人专门从事金属工具的制造开辟了道路，使手工技术进一步扩大和发展起来。到原始社会末期，随着金属工具的使用和改良，又引起了农业和手工业的分离，形成了人类社会的第二次大分工。

原始农牧业技术

最早出现农业生产的地区是西亚，在2万年前左右。我国农业生产也比较早，约在6000～7000年前已经出现。早期的农业被称为"刀耕火种农业"，人们用火烧荒，用石器工具挖坑播种。后来逐渐发展成"耕锄农业"，土地经过耕锄后再播种，并用拦截河水的办法进行人工灌溉。到原始社会末期农作物物种也逐渐丰富起来，已能生产稻、黍、稷、麦、菽及部分蔬菜和水果。农业生产的发展，使人们的定居生活成为可能，并为成批地饲养家畜创造了条件。于是，原始的畜牧业也随之出现。动物的驯化大约始于1万多年前。当时出于狩猎的需要，人们最早开始驯化的动物是狗。随着狩猎技术的不断进步，猎物的数量和品种不断增多，人们又先后驯养了牛、羊、马、猪等。同时，还注意到了对品种的改良工作。例如，通过对我国不同时期出土的猪的骨骼化石进行研究，就发现了猪的形体在不断地增大。随着饲养牲畜的不断发展，不仅使一部分已定居的人转为游牧部落，到远处去寻找适合的草场，而且还促使畜牧业从农业中分离出来，形成了人类社会的第一次大分工。从此人类便开始以"真正的生产劳动"在自然界中生产他们所需要的生活资料。随着原始农业和畜牧业的发展，人们先后学会了播种、耕锄、灌溉、栽培农作物；学会了驯养野生动物，开始饲养家畜、家禽等。这一时期人们所从事的农牧生产活动，不仅使人们的生活有了较好的保障，而且直接导致了社会结构的变化。上述这些原始技术，尽管还十分粗糙、简陋，但我们的祖先依靠这些技术上的伟大创造，在改造自然界的同时也改造了人类自身，在推动生产力发展的同时又推动了社会的进步。原始技术的产生和实际应用是一种开创性的创造活动，它作为原始社会以后技术继续进步的新起点，具有深远的历史意义。

2. 我国古代的四大发明

中国古代的四大发明对中国古代的政治、经济、文化的发展产生了巨大的推动作用，这些发明经由各种途径传至西方，对世界文明发展史也产生了很大的影响。

印刷术

印刷术是我国古代四大发明之一。雕版印刷术是最早的印刷模式，它的出现标志着印刷术的产生，称得上人类历史上一项划时代的发明。

雕版印刷术是我国古代应用最早的印刷术，在隋末唐初已经出现，最具有代表性的印刷术作品是《金刚经》和《无垢净光大陀罗尼经》。到北宋年间，毕昇发明了活字印刷术。在《梦溪笔谈》中记载了活字印刷术程序：首先用质地细腻的胶泥，刻成一个个规格统一的单字，然后用火烧硬，即成胶泥活字，随后把活字分类放在相应的木格里。排版的时候，在一块带框的铁板上敷上一层用松脂、蜡和纸灰之类混合制成的药剂，接着把需要的胶泥活字从备用的木格里拣出来，按文字顺序放进框内，排满就成为一版。排好之后再用火烤，等药剂开始熔化的时候，用一块平板把字压平，等到药剂冷却凝固后，就成为固定的版型，这样就可以涂墨印刷了。印完之后，再用火把药剂烤化，用手一抖，胶泥活字就可以从铁板上脱落下来，下次可以重复使用。

活字印刷术的发明和使用，不仅大大推动了中国印刷业的发展，而且对世界文明的发展产生了巨大的影响。从13世纪开始，活字印刷术开始由中国传入朝鲜、日本等地，后来又经丝绸之路传入波斯和阿拉伯，再传入埃及和欧洲。大约1540年，德国人古登堡（Johannes Gersfleish zur Laden zum Gutenberg，1397—1468）受活字印刷术的影响，发明了铅、锡、锑的合金活字印刷。活字印刷术的传入，为欧洲的文艺复兴和近代科学的兴起，提供了重要的物质条件。

指南针

相传4000多年前，在我国北方的中原地区，黄帝在与蚩尤的战争中，借助指南车打败了蚩尤。指南针与指南车是功能相同的辨别方位的简单仪器。指南针师祖"司南"出现在战国时期，其用天然磁石制成，像一把汤勺，放在平滑的"地盘"上保持平衡，可自由旋转。当其静止时勺柄就会指向南方，故称为"司南"。但是由于司南有许多缺陷，如天然磁石难以寻找、体积和重量等问题，难以广泛应用。

随着我国劳动人民在长期实践中对物体磁性的认识，人们发现了磁铁石吸铁的性质，后来又发现磁石的指向性。经过多次的实验和研究，终于发明了极具有实用价值的指南针。指南针主要组成部分是一根在轴上可以自由转动的磁针，磁针在地磁场作用下能保持在磁子午线的切线方向上。磁石的北极指向地理的北极，利用这一性能可以辨别方向。指南针是用磁石做成的，但天然磁石又很难找到，于是中国古人便发明了一种人工磁化的方法，利用地球磁场使磁片磁化，即把烧红的铁片放在子午线的方向上。铁片烧红后，片中的磁畴便瓦解而成顺磁体，蘸水淬火后磁畴形成，在地磁场作用下的磁畴排列具有方向性，所以就能指向南北。人工磁化方法的使用，对指南针的应用和发展起了巨大的作用。

指南针一经发明便很快被应用到军事、生产、日常生活、地形测量等方面，特别是航海事业。12世纪后，指南针传到了阿拉伯国家和欧洲，又大大推动了世界航海事业的发展和中西文化的交流。

火药

火药的发明与炼丹术有着非常密切的关系，炼丹产生于西汉时期，火药是古代炼丹家在炼丹时无意中配置出来的。当时一些达官显贵害怕生老病死，有些人试着把炼金技术用到炼制药物方面，希望能够炼出灵丹妙药。在炼药过程中，炼丹家发现了两个有趣的现象：一是硫磺的可燃性非常高，二是硝石具有化金石的功能。硫磺、硝石本都是用来治病的药，在《神农本草经》里被列为重要药材，这两种药和木炭混合在一起就能着火，因而将其称为"火药"。唐代药王孙思邈在他的著作《丹经》中明确提出"内伏硫磺法"，将硫磺、硝石的粉末放在锅里，然后加入点着火的皂角子，就会产生焰火。其给出了硫磺、硝石和木炭混合的火药配方，也是最早的火药配方，这说明我国至迟在唐代就已经发明了火药。

火药发明后，首先被古代军事家所利用，制造出火药武器，成为威力巨大的新型武器，并引起了战略、战术、军事技术的重大变革。两宋时期战争不断，火药和火药武器在这一时期得到了巨大的发展。政府设置军期监，专门生产火药和火器，制成了作战用的蒺藜火球和火炮等火器。宋代的农民起义军也自行制造火药武器，并有很多创造，像突火枪，就是在战争中发明的。火药兵器在战场上的出现，带动了战争从冷兵器阶段向使用火器阶段的过渡，预示着军事史上发生的一系列变革。

火药和火器随着成吉思汗的西征首先传入中东。阿拉伯人仿照中国的突火枪造出了木质管形射击火器，称为"马大发"。1926年，阿拉伯人掌握了火药的制造和使用方法，用火药推动的弩箭被称作"中国箭"。而英、法等欧洲各国直至14世纪中期才有应用火药和火器的记载。

造纸术

谈到中国的造纸术，就不能不提及蔡伦，他在造纸技术的发明和发展上的卓越贡献彪炳史册。因为其杰出的才干，被授尚方令之职，负责皇宫用材和剑等器械的制造。在他的监督下，这些器械制造得十分精良，令后世纷纷效仿。在做尚方令期间，蔡伦系统总结了西汉以来造纸方面的经验，并进行了卓有成效的试验和革新。在原料的利用方面，不仅变废为宝，大胆取用麻头及敝布、渔网等废品为材料，而且独辟蹊径，开创利用树皮的新途径。此举使造纸技术从褊狭之处挣脱出来，大大拓宽了原料来源，降低了造纸的成本，使纸的普及应用成为可能。更值得一提的是，他用草木灰或石灰水对原料进行浸沤和蒸煮的方法，既加快了麻纤维的离解速度，又使其离解得更细、更散，大大提高了生产效率和纸张质量。这也是造纸术的一项重大技术革新。

元兴元年（公元105年），蔡伦将自造的纸呈给汉和帝，受到大力赞赏，朝野震惊，人们纷纷效仿。由于蔡伦受封为"龙亭侯"，故天下咸称"蔡侯纸"。蔡侯纸的出现，标志着纸张取代竹帛成为文字主要载体时代的到来。廉价高质量的纸张，有力地促进了知识、思想的大范围传播，使古代大量文字信息得以保存，促进了人类文明的进步。造纸术一经发明，就被人们广泛使用。在以后的朝代里，人们对造纸术进行不断改良，工艺越来越先进，纸的质量越来越好，品种也越来越丰富。造纸的主要原料从破布和树皮发展到麻、桑皮、藤纤维、稻草、竹以及甘蔗渣等。

我国发明的造纸术，传到世界各地，对世界文明影响深远。我国著名的科技史专家潘吉星在《造纸术的发明和发展》一文中这样总结道："我国古代在造纸技术、设备、加工等方面为世界各国提供了一套完整的工艺体系。现代机器造纸工业的各个主要技术环节，都能从我国古代造纸术中找到最初的发展形式。世界各国沿用我国传统方法造纸有1000年以上的历史。"

3. 人类历史上的技术革命

以技术变革为标志，人类经历了几次技术革命，即蒸汽技术革命（第一次工业革命）、电力技术革命（第二次工业革命）、计算机技术革命（第三次工业革命），现在正在兴起的是以3D打印、互联网产业化、工业智能化、工业一体化为代表、以人工智能、清洁能源、无人控制技术、量子信息技术、虚拟现实以及生物技术为主的全新技术革命。

第一次技术革命

第一次技术革命发生于18世纪60年代的英国，这与当时英国的社会条件密不可分。英国资产阶级统治100多年来，对内进行了农业资本主义改革，大规模的圈地运动使得封建庄园变成了资本主义牧场。失去土地的农民成为城市工业的"自由"劳动力。资产阶级还采取了一系列保护私人财产、鼓励工商业发展、奖励技术发明、优待欧洲大陆的能工巧匠等政策。对外不断扩建殖民地、扩大海外贸易、掠夺各地资源、贩卖黑奴等，积累了巨额资金。从而使英国成为第一次技术革命的发源地。这场革命首先从棉纺织业开始，以蒸汽机的发明为基础，从而带动各个产业部门实现了从手工生产向机器生产的转化，最终用机器代替了人的部分体力劳动，使人类社会从农业社会跨进了工业社会。

纺织技术：

1733年，织布工人凯伊（John Kay，1704—1764）发明了织布用的飞梭，将织布效率提高了1倍，从而引起严重的"纱荒"，形成了纺织技术不断革新的局面。1765年，纺织工人哈格里沃斯（James Hargreues，1745—1778）发明了多轴纺纱机即"珍妮机"，揭开了第一次技术革命的序幕。1769年，理发匠阿克莱特（Richard Arkwright，1732—1792）发明了使线更结实的水力纺纱机。1779年，工人克伦普顿（Samuel Crompton，1753—1827）综合了珍妮机与水力机的优点，发明了纺线既匀称又结实的走锭精纺机,即自动"骡机",大大提高了纺纱的数量和质量,初步完成了纺纱机的革新,却引起了新的不平衡。1785年,牧师卡特莱特(Cartwright,生卒年不详)发明了用水力推动的卧式自动织布机,提高效率40倍,基本解决了纺纱与织布的矛盾。随之而来的是一系列与纺织配套的机器发明,先后出现了净棉机、梳棉机、轧棉机、自动卷布机、漂白机、整染机等机器,实现了纺织行业的机械化,并带动相关的行业,如毛纺织业、造纸业、印刷业等出现机械化浪潮。

蒸汽机技术:

纺纱机、织布机等工作机的大量出现形成了机器与动力不足的矛盾,这就需要一种动力装置来保证动力的实现。此需求有力地推动了蒸汽技术的产生和发展。1698年英国军事工程师托马斯·塞维利(Thomas Savery,生卒年不详)发明了一种可实际用于矿井抽水的无活塞式蒸汽机。它不是靠蒸汽来推动活塞,仅利用大气压完成回程,而是靠由蒸汽形成的真空用大气压来做功。这种设备要靠高压蒸汽排水,使吸水容器处于高温高压和低温低压的不断交换状态,因而具有爆炸的危险。1705年,英国锁匠托马斯·纽科门(Thomas Newcomen,1663—)发明了一种更加合适的大气活塞式蒸汽机,又称"大气机",这种蒸汽机采用了气缸和活塞结构,有很多优点,但是也有很大的缺点,如燃烧的燃料多,效率低,在很多行业使用困难。后来,英国格拉斯哥大学的仪器修理工詹姆斯·瓦特(James Watt,1736—1819),在1765—1784年期间,对纽科门蒸汽机进行了一系列根本性的改革。经瓦特改革的蒸汽机,通过传动装置,成为大工业普遍应用的动力机。

钢铁冶炼技术:

冶金业在工业革命时期得到了极大的发展。这一时期,冶金业最重要的技术成就是发明了焦炭炼铁法、蒸汽鼓风法和搅炼钢法。1735年,英国人达比(Abraham Darby,1678—1717)首先发明了把煤炭炼成焦炭,再用焦炭炼铁的方法。燃料问题的解决使英国的铁产量迅速增长。到1760年斯密顿(John Smeaton,1724—1792)发明了"蒸汽鼓风法"。它运用蒸汽的压力,通过唧筒把空气送到炼炉里去,不但起到了助燃、降低燃料消耗的作用,而且起到了去掉硫磺和其他杂质的作用。生铁容易铸造,但不易锻造,不能适应工业机械化的需要。1784年,工程师亨利·科特(Henry Cort,1740—1800)又发明了搅炼法,让铁水在不停地搅动中脱碳,冷却后锻压即成熟铁。搅炼法的出现为精炼优质铁开辟了一条广阔的道路。到18世纪末,英国已成为欧洲重要的钢铁出口国,率先进入钢铁时代。

机器制造技术:

蒸汽机的发明和广泛运用促进了整个工业生产的机械化进程,各个生产部门都迫切需要大量的工作机和蒸汽动力机,这导致机器制造业的兴起。1769年英国约翰·斯密顿(John Smeaton,1724—1792)首先制出了一种可以切削蒸汽机气缸圆柱的空腔内表面的镗床。但它的加工精度很差,加工出的气缸工件面很粗糙。1774年英国发明家威尔金斯(Wilkins,生卒年不详)发明了一种精密镗床,可以把加工精度提高到1毫米。1797年英国机械师亨利·莫兹利(Henry Maudslay,1771—1831)为解决人手持刀具的困难而发明了一种可以安装在车床上的刀架,这个发明提高了刀具移动的准确度,保证了加工质量,从而可以大量地向机器制造业提供精密零件了。随后的几十年里,许多人在莫兹利的影响下不断改进和提高机床技术,发明并制造出了刨床、铣床、冲床、多用途钻床等机械,由此构成了机械技术的坚实的基础。

交通运输技术:

产业革命又刺激了交通运输业的发展。在18世纪,英国主要依靠运河,利用木船运输工业原料和燃料,这远远不能适应工业生产的需要。1807年,美国工程师富尔顿(Robert Fulton,1765—1815)发明了轮船。船长40米,宽4米,所用蒸汽机功率是13.4千瓦。1836—1838年间,"天狼星"号和"大西洋"号轮船完成了横渡大西洋的航行,以后轮船的航速不断加快,到1860年,"格利特伊斯坦"号横渡大西洋只用了11天,水上航行开始进入蒸汽机时代。与此同时,陆路运输的蒸汽机车也逐渐成熟并投入使用。1814年,英国煤矿工人斯蒂芬逊(George Stephensen,1784—1848)建造出第一台可供实际使用的蒸汽机车。1825年,他又制造出第一台客货混合运输的蒸汽机车。此后,火车作为重要的交通工具进入实用阶段。1836年,从利物浦到曼彻斯特铁路正式通车,仅10年时间,英国和爱尔兰铁路就增加到1350千米,到19世纪40年代,世界铁路总长达9000千米。

化工技术:

化工技术在其他生产技术发展的推动下,也随之兴起。1746年,英国医生约翰·罗巴克(John Roebuck,1718—1794)发明铅室制造硫酸的方法,由此开始了硫酸的工业化生产。1791年,法国医生尼古拉斯·卢布朗(Nicolas Leblanc,1742—1806)发明了以氯化钠为原料的制碱方法。为了提高粮食产量,人们开始研究植物所需的肥料成分,并开始了人工制造肥料的历史。到19世纪40年代,德国、英国等欧洲国家陆续建立了磷肥厂、氮肥厂、钾肥厂,化肥工业获得发展。同时,有机化学合成技术也有了较大发展。

以蒸汽机的改进和推广为重要标志的第一次技术革命，不仅使蒸汽机作为一项专门技术获得了应有的历史地位，而且为更多的新技术的产生创造了条件。但到19世纪中叶以后，蒸汽机在广泛使用中逐步暴露出自身固有的缺点，即热效率低、结构笨重和使用不方便等。为了解决这些问题，最终使电力技术和内燃机应运而生。从这个意义上说，如果第一次技术革命解决了机器和动力问题，那么19世纪出现的第二次技术革命则主要解决了新型机器和电力问题，并以电力技术为中心带动了其他技术的全面更新和发展。

钢铁冶金技术：

在钢铁冶金技术方面，英国的威廉·凯利（William Kelly，1811—1888）最早发现了"靠空气使铁水沸腾法"。1855年，英国的吉利·贝塞麦（H. Bessemer，1813—1898）又提出了"酸性转炉法"，即贝塞麦转炉炼钢法。此后，英国的托马斯（Thomas，1850—1885）于1878年3月又提出了碱性转炉炼钢法，即托马斯炼钢法。特别是1864年德国人马丁（Pierre Emile Martin，1824—1915）在威廉·西门子（Karl William Siemens，1823—1883）的帮助下，用蓄热提高炉温的办法，终于用生铁和废钢试炼出优质钢，而威廉·西门子又用这种改造了的反射炉的蓄热法，使生铁和铁矿石直接炼钢获得成功，这就是现在仍在广泛使用的西门子–马丁炼钢法，即平炉炼钢法。19世纪炼钢方法的发明和使用，使钢铁冶金技术不断发展并日趋完善。

内燃机技术：

早在13世纪初期就产生了把煤炼成焦炭的技术。进入19世纪中叶，一批工程技术人员在热力学理论的指导下，开始了内燃机的研制。1859年，德国的莱思瓦（Lesva，1825—1887）研制成功了二冲程的煤气内燃机。1860年，法国人雷诺（E. Lenoir，1822—1900）研制出第一台电点火的煤气内燃机，但热效率只有4%。1862年，法国工程师罗沙斯（A. B. de Rochas，1815—1893）为提高内燃机效率进行了理论分析，提出了等容燃烧的四冲程循环原理。1876年，德国工程师奥托（Nicolaus August Ouo，1832—1891）依据罗沙斯提出的原理，研制出第一台四冲程往复活塞式内燃机。1883年，与奥托合作的德国工程师戴姆勒（Gottlieb Daimler，1834—1900）用汽油代替煤气做内燃机的燃料，制成了第一台汽油内燃机。从此，马力大、体积小、重量轻、效率高的内燃机成为了交通工具的主要动力，并带动了汽车工业的迅速崛起。

化工技术：

化工业的发展一方面是与19世纪的纺织业、农业的发展相联系的。旧的纺织品漂白需要用酸碱来处理，工艺过程往往需要几周。随着蒸汽纺织机的广泛应用，急需要新的制酸、制碱技术，于是便出现了塔式生产硫酸的新技术。1831年，英国的菲利浦（Phillips，1792—1864）创造了用铂作催化剂的接触法制硫酸的新工艺。关于制碱技术，早在1791年，法国医生卢布朗曾发明了"卢布朗制碱法"，后来经过许多人的改进，1861年比利时的化学家索尔维（E. Ernest Solvay，1838—1922）又发明了制造纯碱的"氨碱法"，并取得了此项发明的专利。到19世纪末，由于电力技术的发展和电能的利用，卢布朗制碱法最终被德国斯特劳夫（Strauf，1863—1924）发明的电能苏打法制碱技术所取代。在制酸、制碱技术的发展中，制皂、造纸、制药、染色、玻璃等有机化学工业也得到了相应的发展，并产生了诸如苯胺、苯胺紫、茜素等许多人工合成的新染料。化工技术发展的另一个方面是化学肥料的研制。1828年德国化学家维勒（Friedrich Wohler，1800—1882）首次人工合成了有机肥料——尿素。其后，德国化学家李比希（Justus von Liebig，1803—1873）提出了合成肥料理论，根据这个理论人们又造出了与植物灰成分相同的人造肥料。到了19世纪40年代，德国、英国和欧洲其他国家都陆续建立了磷肥厂、氮肥厂、钾肥厂，使化肥工业成为无机化学工业中的重要组成部分。人们用化学方法人工合成了许多新材料，如第一种热塑性塑料赛璐珞的合成，以及硝酸纤维人造丝、硝酸纤维炸药等。这些新材料的人工合成极大地促进了有机合成工业的发展。

建筑技术：

建筑是一项综合性的技术。19世纪后欧洲建筑业在继承已往的建筑风格的同时，运用新的建筑技术手段，相继建成了许多著名的建筑物。如1851年英国专门为伦敦国际博览会建筑了一座面积为72000米^{2}的"水晶宫"。当1889年国际博览会在法国巴黎举行时，法国根据埃菲尔（Eiffel，1832—1923）的设计，建造了一座高达1000英尺（1英尺=0.3048米）的铁塔。1890年在瑞士用钢筋混凝土建造了跨度为40米的拱桥。特别是1845年英国建造的一座横跨门莱海峡的不列塔尼亚铁路大桥，仅仅用了5年时间便建成使用。

电力技术：

在电磁理论的指导下，不少工程师和科学家进行着发电机和电动机的研究。1866年，德国的发明家、商人沃纳·西门子（E. Werner von Siemens，1816—1892）用电磁铁代替永久磁铁，并靠电机自身发出的电流为自身电磁铁励磁，制造出了第一台能提供强大电流的自激式发电机，从而打开了近代强电技术的大门。1873年，德国人赫夫纳·阿尔特涅克（Hafner Altynek，1845—1904）又研制成功了鼓状转子，使发电机能产生更加均匀的电流，从此发电机得以广泛推广而进入实用阶段。

通信技术：

19世纪是通信技术全面发展的时代。远距离通信技术早在1791年便产生了。当时法国的夏普（Sharp，1763—1904）与其弟曾发明了一种机械式的"夏普通信机"，用于军事和商业船舶的通信联络。之后德国的索麦林（Sumarin，1746—1824）发明了以伏打电堆为电源、以电解水装置做接收器的电解式电信机。在奥斯特（Hans Christian Oersted，1777—1851）发现电流磁效应以后，德国的高斯（Johann Carl Friedrich Gauss，1777—1855）、韦伯（Wilhelm Eduard Weber，1804—1891）又发明了电磁式有线电报机。但实际使用的电报机则是由美国发明家莫尔斯（Samuel Finley Breese Morse，1791—1872）在亨利（Joseph Henry，1797—1878）等人的帮助下于1835年发明的。1844年美国便在华盛顿和巴尔德摩架设了有线电报线路。随后，世界各国纷纷成立了电报公司。到1851年，在英、法之间架设了横跨英吉利海峡的海底电报电缆。1866年成功地架设了横跨大西洋的海底电缆。关于电话——能直接传递语言的电话，最初是德国的物理学家莱伊斯（Leys，1834—1874）制造的。随后，美国的贝尔（Alexander Graham Bell，1847—1922）、格雷（Elisha Gray，1835—1910）、华特逊（Watson，1854—1934）都曾对电话进行了研究和改进。在1876年，贝尔发明了用电线传递声音的电话，进行了相距150米的通话表演。美国另一著名的发明家爱迪生（Thomas Alva Edison，1847—1931）在1877年发明了一种碳粒话筒。1891年美国的斯特罗齐尔（Almon Strowger，1847—1905）发明了自动电话交换机，从此，电话真正进入到应用和普及的发展阶段。但是，电报和电话都是靠电流的有线传导来传递信息的，这就使通信事业的发展受到通信线路的限制。为了解决这个问题，1894年意大利的马可尼（Guglielmo Marconi，1874—1937）在前人试验研究的启发下，立志献身于无线电技术的开拓。他在哥哥亚比索（Abiso，生卒年不详）的协助下终于在1895年9月成功地完成了第一次无线电通信。接着马可尼又在英国索尔贝林平原上成功地进行了相距15千米的无线电通信。1897年7月，马可尼获得伦敦专利局的"电冲击以及传播信号的改良和设备"的专利。同年又在伦敦建立了马可尼无线电信公司，后改名为"意大利无线电公司"。与马可尼大致同时，俄国水雷学校教官波波夫（Александр Степанович Попов，1859—1906）于1895年在彼得堡大学也成功地进行了无线电通信实验。在1896年他又实现了海上船舶间的无线电联系。1899年3月，马可尼又成功地实现了英法海峡两岸之间的无线电通信。1901年12月12日，马可尼将无线电信号从英国的康瓦耳传到加拿大的纽芬兰，相距约2700千米，终于建立了横越大西洋的无线电联系。从此，无线电通信技术便迅速发展起来。

19世纪的技术发展除了钢铁冶金技术、内燃机技术、化工技术、建筑和通信技术外，电力和其他技术也得到了迅速的发展，其中电力技术是这一时期的主导技术，它在整个19世纪的发展中始终占有核心地位，以电力技术为中心所引起的第二次技术革命，使人类真正进入到了电气化的时代。

第三次技术革命

第三次技术革命是以第二次技术革命所发展的技术为推动，以相对论和量子力学为理论基础，在国家之间军备竞赛和经济竞争为动力等条件下产生的。如果说前两次技术革命的实质是人的体力的解放，那么这次技术革命的实质则是人类智力的解放，是一场智力革命。这次科技革命不仅极大地推动了人类社会经济、政治、文化领域的变革，而且也影响了人类生活方式和思维方式，使人类社会生活和人本身向更高境界发展。正是从这个意义上讲，第三次科技革命是迄今为止人类历史上规模最大、影响最为深远的一次科技革命，是人类文明史上不容忽视的重大事件。

第三次技术革命主要包括信息技术、新材料技术、生物技术、新能源技术、空间技术和海洋技术领域里的革命。

当前新兴的技术革命

当前正在兴起的技术革命浪潮是以3D打印、互联网产业化、工业智能化、工业一体化为代表，以人工智能、清洁能源、无人控制技术、量子信息技术、虚拟现实以及生物技术为主的全新技术革命。这场技术革命的显著特点是：信息化、分散化、知识化。这场技术革命将大大加快社会经济发展的速度，改变其发展路线。随着它的形成和发展，人们将不仅能用机器代替繁重的体力劳动，而且能用"电脑"即"智能机器"代替各种重复性的脑力劳动，使社会生活"自动化"和"信息化"，提高社会劳动生产率。

4. 我国优秀的传统技术文化

在悠久的发展历史中，古老中国的技术成果一直为世界文明做出重要的贡献。这里以重要的古典技术书籍为例，介绍我国优秀的传统技术文化成果。

《黄帝内经》

《黄帝内经》被认为是现存最早的医疗技术经典，一般认为是战国时代成书，分为《灵枢》《素问》两部分，是中国最早的医学典籍。此书将阴阳、五行等哲学思想用于解释人体之生理、病理，形成了自然与人紧密关联的基本认识；在解释具体问题方面，以脏腑、经脉为主要依据；在治疗方面，针灸多于方药。它是中医学基础理论与针灸疗法的奠基之作，因而受到后世医家的重视。这本书奠定了人体生理、病理、诊断以及治疗的认识基础，是中国影响极大的一部医学著作，被称为"医之始祖"。

《齐民要术》

《齐民要术》大约成书于北魏末年，是杰出农学家贾思勰所著的一部综合性农业技术著作，是中国现存最早的一部完整的农书。贾思勰对人力的作用非常重视，要求人们在掌握天时和农作物生长关系的同时，充分利用地利，创造农作物的最佳生活环境，并采取各种促进农作物生长的经营管理措施，以求得更好的收成。全书系统地总结了6世纪以前黄河中下游地区劳动人民农牧业生产经验、食品的加工与储藏、野生植物的利用，以及治荒的方法，详细介绍了季节、气候和不同土壤与不同农作物的关系，被誉为"中国古代农业技术百科全书"。

《梦溪笔谈》

《梦溪笔谈》为北宋时期的政治家、科学家沈括所著。这部著作集中记述了沈括一生的学术成果和重要见闻，其内容极为丰富，涉及社会科学与人文科学，以及科学技术领域的数学、物理、化学、天文、历法、地理、地质、地图、气象、农学、生物、医药、冶金、建筑、水利、印刷等学科和分支，可说是包罗万象的百科全书式著作，具有极高的学术价值和历史价值。尤其是书中记述了大量沈括及同时代人关于科学技术的成就和贡献，使《梦溪笔谈》成为一部珍贵的科技典籍，历来受到人们的重视和高度评价。《四库全书总目提要》称："汤修年跋称其'目见耳闻，皆有补于世，非他杂志之比'，勘验斯编，知非溢美矣。"李约瑟（Joseph Terence Montgomery Needham，1900—1995）甚至称《梦溪笔谈》为"中国科学史上的里程碑"。

《天工开物》

作者为明朝科学家宋应星，初刊于1637年，共3卷18篇，全书收录了农业、手工业，诸如机械、砖瓦、陶瓷、硫磺、烛、纸、兵器、火药、纺织、染色、制盐、采煤、榨油等生产技术。《天工开物》是世界上第一部关于农业和手工业生产的综合性著作，是中国古代一部综合性的科学技术著作，有人也称它是一部"百科全书式的著作"，外国学者称它为"中国17世纪的工艺百科全书"。它对中国古代的各项技术进行了系统的总结，构成了一个完整的科学技术体系，对农业方面的丰富经验进行了总结，全面反映了工艺技术的成就。书中记述的许多生产技术，一直沿用到近代。

《农政全书》

徐光启著，成书于明朝万历年间。该书是在对前人的农书和有关农业的文献进行系统摘编译述的基础上，结合作者的实践经验和数理知识撰写而成的，主要分为农政措施和农业技术两部分。徐光启根据历史文献，发掘濒临绝种的珍稀植物，总结历史上遗留下来的各种有用植物的栽培方法，至今仍为农业技术研究之重要课题。《农政全书》是中国传统农业科技的顶峰。

三、技术的要素与价值

从系统的角度看技术，技术由众多要素组成，每个要素在技术系统中以不同的形态存在，同时也发挥着重要的作用。在技术无处不在的今天，我们必须积极理性地学习和看待技术，拥有良好的技术核心素养，才能适应当今的技术社会。

（一）技术的内在要素

技术的内在要素呈现出不一样的形态，实体形态如工具、材料等，实践形态如加工、连接等，知识经验形态的如试验、工艺等。

1. 工具

"工欲善其事，必先利其器"。工具是人类进行物质性创造活动的媒介和手段，也是人类生活和加工生产过程中的最核心要素，是提高技术素养的重要基础。能否使用工具，是人类与动物的重要区别。日常生活中我们每个家庭都或多或少地存放着一些工具，如农业生产所用的钉耙、锄头、镰刀等农具，家庭日常所用的尺子、剪子、锤子、起子、扳子等。在生产活动中，作为技术设计和生产加工人员，必须事先充分了解工具的种类、功能、使用规范、维护常识等，这样才能高效、经济、精确地完成生产制作任务。基本工具可以分为量具、加工工具、测试工具等，专有的还包括通信工具、交通工具等。

以下是常用加工（测试）工具和设备的种类、功能。

金工工具：台虎钳、桌虎钳、老虎钳、尖嘴钳、手锯、羊角锤、扳手、挫、螺丝刀、丝锥-扳手、板牙-扳手、划针、样冲、钢直尺等。

木工工具：木工刨、木工锯、凿子、木工锉、美工刀、卷尺、角尺等。

电工工具：电烙铁、多用电表、测电笔、镊子等。

电动设备：微型多功能机床、手枪钻、台钻、电热切割丝、激光切割机、砂轮机等。

目前还有近些年发展较为迅速的三维打印机（3D打印机）、快速成型机、激光切割机、激光雕刻机等。

2. 材料

所有发明、工程应用及设备都需要材料，如果没有材料，人类便没法建造众多先进而宏伟的建筑工程，材料的发展在某种程度上体现了一个国家的发达水平。新材料的发展是现代科学技术发展的先导，随着金属材料、无机非金属材料、有机材料、复合材料的发展，材料工业为现代社会的发展奠定了基础。以半导体材料为核心的计算机制造技术、以光导纤维为基础的光纤通信技术、以超导材料为基础的磁悬浮技术以及以耐热轻质材料为基础的航空航天技术等，构成了现代科学技术的基础。

材料种类繁多，按材料本身的性质分，主要有金属材料、陶瓷材料、高分子材料、复合材料、液晶材料等；按材料的作用分，有结构材料、功能材料等；按形成机理分，有人造材料、天然材料等。常用的材料有，木材、三合板、塑料、钢铁、有机玻璃、纸塑板或KT板等。

材料的选择是以材料的性能为主要依据的，设计人员必须首先在分析设计要求的前提下分析材料的性能，再从实用、经济、环保等角度选择合适材料。

物理性能：指材料的颜色、密度、熔点、导热率、热膨胀率、绝缘性等。

尺寸性能：指材料所能达到的尺寸大小、形状和公差等，是设计人员分析产品制作的重要因素之一。

成型性能：指材料能通过相应工艺加工成型的可塑性难易程度。比如，木材就是一种优良的造型材料，相比钢铁材料而言容易加工成型，在产品设计和生产中，尤其在通用技术课程中得到广泛应用。

环境适应性能：指材料适应环境条件，经得起环境因素变化的能力。比如普通塑料的耐高温性能比陶瓷和金属相对较差。

环保性能：由于设计与人们的生活息息相关，材料已成为人们物质生活的基本保证，应具有无毒、无害、易拆装、可回收利用等特点。

在选用材料时并不要求上述基本特性都要同时具备，可以根据需要尽可能考虑其中最重要的要求，综合其他因素，做出理想的选择。

3. 加工

材料加工一般可分为两大类。第一类方法，如液态浇铸成形加工（铸造）、塑性变形加工、连接加工、粉体加工、热处理改性、表面加工等。在加工制造过程中，不仅材料的外部形状和表面状态发生改变，而且材料的内部组织和性能也发生巨大变化。加工制造的目的不只是赋予材料一定的形状、尺寸和表面状态，而且决定材料变成产品后的内部组织和性能。这一类加工制造方法称为材料加工或材料成形。又因为这类加工制造一般都需要将材料加热到一定的温度下才能进行，因而通常又称这类加工制造方法为热加工。另一类加工制造方法，如传统的车、铣、镗、刨、磨等切削加工，以及直接利用电能、化学能、声能、光能等进行的特殊加工，如电火花加工、电解加工、超声波加工、激光加工等，在加工制造过程中通过去除一部分材料来使材料成形。加工制造的目的主要是赋予材料一定的形状、尺寸和表面状态，尤其是尺寸精度和表面光洁度，而一般不改变材料的内部组织与性能。这类加工方法称为切削加工或去除加工。由于这种加工一般在常温下甚至往往是强制冷却到常温下进行，所以习惯上称为冷加工。

在人类社会发展的历史长河中，逐步发展了各种各样的材料加工方法。材料加工工艺千变万化，不同的材料需要不同的适宜加工方法，同样的材料制造不同的工件也要采用不同的加工方法。就热加工而言，对金属材料，常用的加工方法有液态成形加工、固态变形加工、连接加工、粉体成形加工、表面加工等；对陶瓷材料，可以用液态成形加工、变形加工、烧结成形加工等方法；对高分子材料，则常用液态成形加工、挤塑成形加工等方法；对复合材料则需要采用专门开发的液态浸渗、热扩散黏结等成形加工方法。在各种材料的加工方法中，金属的加工方法最多，发展也最完善。

金属的液态成形加工（铸造）是发展最早，也是最基本的金属加工方法。几乎一切金属制品均经历过熔化和铸造成形的过程，无论是作为铸件（最终产品或毛坯）还是铸锭（进一步成形加工的原材料）。铸造加工方法的适用范围极广，几乎可以用它制造任何大小尺寸和复杂程度的产品：从为牙科医生制造的重仅几克的金属假牙，到重达几百吨的大型水轮机叶轮、轧钢机机架，到其他任何方法都不能胜任的复杂零件（如汽车发动机气缸体）制备，到几乎没有塑性、不宜用任何其他方法制造的灰铸铁材料的成形加工。液态成形加工方法现在已经从金属成形加工发展到适用于各种材料，金字旁的铸字已经不只限于铸造金属，还可以铸造陶瓷、有机高分子、复合材料等几乎所有工程材料。铸造成形加工方法的另一个特点是，它是一种材料制备和成形一体化技术。它不仅可以通过合金成分的选择、熔体的改性处理、铸造方法以及工艺的优化来改进铸件的性能，还是新材料开发的重要手段。单晶材料、非晶材料等新材料的获得均离不开铸造方法。

塑性成形也是金属的重要加工方法。材料塑性成形是利用材料的塑性，在外力作用下使材料发生塑性变形，从而获得所需形状和性能的产品的一种加工方法。金属塑性成形也称压力加工，通常分为轧制和锻压两大类。前者主要用于生产型材、板材和管材，后者则主要用于生产零件或毛坯。塑性成形加工的适用范围也非常广，从绣花针到重达上百吨的大型发电机主轴，从汽车覆盖件到飞机、卫星的壳体。材料只要塑性良好，都可以进行塑性加工。材料在特定条件下所表现出来的超塑性（拉伸延伸率达百分之几百到百分之几千），更使许多正常条件下难以塑性变形的金属材料可以方便地成形。从金属成形加工发展起来的塑性成形方法，现在也是塑料成形的主要方法。同时，塑性变形还是消除材料内部气孔、裂纹等缺陷，改善组织结构，提高材料性能的重要手段。高性能、高可靠性的零件往往要求采用塑性成形加工。

材料加工的方法不仅种类繁多、特点各异，其工艺更多，而且在不断发展。想用列举的方法来介绍什么是材料加工将是无穷尽的。但是，如果分析各种加工方法的本质就会发现，所有加工方法均是成形与控性的结合。抓住了这个本质，就可以在统一的框架下讨论加工的原理。

4. 连接

通常情况下，连接有下列几种。

插接

所谓插接，就是将一部分结构插入另一部分结构来进行局部或整体的连接。插接又分活动插接和固定插接两种。活动插接是可以反复松开连接部分的连接方式，如女士用的化妆镜开关、手提电脑盖子的开关、仪器设备的柜门开关，这类结构都属于活动插接。通常活动插接都带有弹性锁止结构。还有一类活动插接常用于家具、玩具类静态产品。而用以连接服装吊牌和衣服的塑料扣带则是一种只能单向抽紧而无法解开的固定插接。一次性结合，无须打开修理或使用的结构通常采用固定插接，这种结构的头部一般带有楔形无弹性卡口。

刚接

把材料完全结合为一体的连接称为刚接。刚接结构在受到外力的时候其余部分会发生形变，而通常结合部分不会发生变形。刚接的形式有下列几种。①榫接：榫接一般用于木材结构的连接，在其他材料的连接中较为少见。除圆榫以外的多种榫接都是固定连接，可看作是刚接。②螺纹连接：大多数螺纹连接都是用来固定两个或多个需要贴合在一起或连接在一起的元件的。螺钉、螺栓是常用的螺纹连接件。用两个或两个以上螺钉或螺栓连接起来的方式都属于刚接。③焊接：焊接是一种通过火焰加热，使材料互相熔化而连接在一起的连接方式。焊接通常在金属间进行，现在也有人将塑料的热熔连接称为塑料焊接。焊接根据材料和方式的不同，有熔焊、压焊、钎焊3类约40多种方法。非虚焊的焊接结构一般强度很好，即使旁边的材料断裂，焊接部位也通常完好无损。④铆接：用铆钉作为连接件的连接称为铆接，铆接分固定铆接和活动铆接。铆接的连接可靠性好，成本较低，占据空间较小。大型交通工具如飞机、船舶的壳体上就常可见到固定铆接的形式，而一些折叠机构通常用活动铆接。铆钉的材料是用延展性好的金属材料制成的，常见的有铝铆钉、铜铆钉等。铆接方法通常在多数材料上都可使用。⑤黏结：采用黏结剂的连接称为黏结。多数材料都有其相应的黏结剂，黏结的优点是连接部位几乎看不到任何连接的痕迹。但黏结有时也不很可靠，实践中经常可看到，随着时间的推移，连接部位的黏结剂出现老化开裂或脱落，造成结构松动或脱开。当然，国外也有很多种性能相当优异的黏结剂，只是价格也高于普通黏结剂。

铰接

生活中常见的门窗合页（又称铰链）就是最典型的铰接。铰接一般用来连接需要互相转动的两个元件，铰接的结构允许被连接的两元件沿铰链轴的径向方向转动，而不允许它们沿铰链轴的轴向窜动。木材的圆榫结构是一种铰接，用螺纹连接但两元件仍可以相互转动的连接也归于铰接之列。

5. 试验

技术试验就是理论知识转化为实际应用的途径，是技术研究不可缺少的基本方法和手段。技术试验与科学实验有共同之处，它们都是人类认识自然、利用自然、改造自然的探索性实践活动。但是两者在本质上又有区别：

第一，技术试验是以科学理论、技术知识的实际应用为目的的实践性探索活动。技术试验的目标是使科学技术获得实际应用的价值。科学实验则是为了揭示自然现象的本质、认识自然规律。

第二，技术试验通常寻求的是多因素综合的效果。在技术试验中，技术应用涉及材料、动力、工艺、控制等多种因素及其相互关联的综合选择，涉及环境的多种制约条件，一般要寻求综合作用效果的可行性最优方案。而在科学实验中，往往是为了寻找某种因素的作用，设法排除其他因素的干扰或影响。

第三，技术试验对实践经验的直接依赖性强。技术试验设计是在人类创造与积累的技术成果和经验基础上，在科学理论、技术原理或实践经验的指引下进行的。实践经验（包括生产和社会应用的经验知识以及试验主体的体验）在技术试验过程中具有重要的作用，甚至有些技术试验是在没有明确的理论指导下实施成功的。古代的技术发明就说明了，仅仅以长期积累的经验知识为指导，也可能有技术上的某些创造。而科学实验远远没有技术试验对实践经验的依赖性更强、更直接。技术试验方法有多种类型，在教学中常用的有试用、试运行或用相似原理建立的模拟试验等。具体来讲，在科学技术物化的过程中，常用的有生产试验法、中间试验法和创新试验模型法。

生产试验法，又被称为工业试验法，就是在生产过程中进行的技术试验和研究。技术成果通过工程设计和实施得到物化，具备了生产能力，但还要接受生产试验的检验，才能在生产实践中发展。生产试验具体包括产前试验、半生产试验和生产试验三个阶段。产前试验，是对设计或实施进行检验和分析，或进行技术、管理和操作等方面的检验和训练。如新装置（新工艺、自动线）的试运行，飞机的试飞。半生产试验是在不停产的情况下，为了推广某项新技术进行的应用试验，其作用是为了预测未来生产状态和技术需求的变化。生产试验是在不降低生产质量、不减少生产任务的情况下，直接进行某项技术的应用试验。

中间试验法，多数技术成果往往要经过中间试验才能向生产或社会服务过渡，如农作物的新品种、新药品的推广、新工艺的应用。其作用是为了技术成果的进一步实现而检验成果，为完善成果提供科学依据，或培训相关技术人员。中间试验法为新技术的发展壮大开辟了道路。

创新试验模型法，现代技术中重大的创新和突破，主要来自自然科学的新发现与新理论向技术成果的转化，创新试验模型法就是这一转化中首先必须采用的重要方法。在教学中，创新试验模型法有两个特点，一是它的设计思想是从科学的新发现或新理论中萌发出来的；二是运用试验手段将"模型化"了的技术思想，变为新的技术发明。例如，迈克尔·法拉第（Michael Faraday，1791—1867）根据电磁感应原理，用创新试验模型法，把"磁生电"的技术设想转化为发电机的原始模型，成为后来发电机的雏形。电话、晶体管、发电机的产生，无不是使用创新试验模型法的结果。

6. 工艺

工艺指利用工具和设备对材料、半成品进行加工处理，使之成为产品的方法。它体现了生产活动中的知识和经验，并随着人们认识的深入和经验的积累而不断地改进和发展。工艺有很多种类，常见的有加工工艺、装配工艺、检测工艺、表面处理工艺等。

常见材料加工工艺有以下几种：

木材加工工艺

木材具有重量轻、强重比高、弹性好、耐冲击、纹理色调丰富美观、加工容易等优点，自古至今都被列为重要的原材料。木材的主要切削工艺有刨削、锯削、铣削、车削、旋切、磨削、钻削、榫槽切削等。随着科技的进步，木材加工技术已由传统手工工艺操作逐步转化为机械化工艺操作。尤其是电子计算机的应用，对制材技术的革新、木制品加工工业系统的变革以至人造板生产工艺和产品设计工程的发展，都产生了重要作用，使木材加工技术的专业化程度在不断提高。此外，在新技术革命的影响下，无木芯旋切、无胶胶合、无屑切削，以及木制品工业中应用柔性加工系统等的试验研究，都预示木材加工技术将进一步发生重大的变革。

金属加工工艺

金属也是最为常见的产品加工材料，小到锅、勺、刀、剪等生活用品，大到机械设备、交通工具、大型建筑物等。常见的金属加工工艺又分为冷加工工艺和热加工工艺，冷加工工艺有划线、锯割、切削、刨削、钻孔、镗削、铣削、攻丝、套丝等；热加工工艺有铸造、锻造、冲压、轧制、滚制、挤压、焊接等。

（二）技术核心素养

技术核心素养主要包括五个方面：技术意识、工程思维、创新设计、图样表达和物化能力。技术意识反映了技术的亲近情感、理性态度、社会责任、伦理精神等，体现了技术的社会性，是技术学习方向感、价值感的集中体现。工程思维和创新设计反映学习者思维发展、问题解决、创新能力方面的自主发展，是学习者可持续发展的重要基础。图样表达和物化能力是实现技术的形态转换、技术操作、加工创造的必备能力。

1. 技术意识

现代社会正越来越多地被技术所控制与主宰，这些技术越来越复杂，而普通公众却对这些主宰我们生活的技术所知越来越少。为应对这样的时代挑战，联合国教科文组织在其教育论著《从现在到2000年教育内容发展的全球展望》中明确提出："在一个科学技术日益深入个人生活和社会生活的世界里，教育不仅在传播科学技术知识方面，而且在发展使人类掌握和利用这些知识的行为方面都应该发挥重大作用。教育还应该承担的任务是，在作为方法的科学技术与作为人类生活与行动目的的价值观之间建立平衡。"

作为未来公民的学生需要具备一定的技术意识，技术意识是对技术现象及技术问题的感知与体悟。它主要涵盖技术安全与责任、技术规范与标准意识、技术伦理与道德意识、技术文化理解与适应、人技关系的把握等方面的内容。

2. 工程思维

人类有两种旨趣殊异的思维活动：一是认知，二是筹划。认知是为了弄清对象本身究竟是什么样子；筹划是为了弄清如何才能利用各种条件做成某件事情。人类科学活动的本质是发现客观对象的真理性，它解决对象"是什么""为什么"的问题，因而，认知是科学思维的根本方式；人类技术活动的本质是发明创造满足人们需要的人工物，它解决的是"做什么""用什么做""怎样做"的问题，人的技术活动是有意识、有目的的活动，它不是通过认知活动实现的，而是通过思维的筹划活动实现的。

3. 创新设计

创新设计指基于技术问题进行创新性方案构思的一系列问题解决过程，它代表一种现代人应该有的思维、态度和技能，而不是设计师独享的思维与技能。梳理各国技术课程标准文献发现，许多国家都把设计作为技术课程的核心内容，从"制作图式"走向"设计图式"，使技术与古老的手工艺课区分开来。《美国国家技术教育标准》中提出，设计被许多人认为是技术开发中的核心过程，设计之于技术的重要性，就像探索之于科学、阅读之于语言艺术一样。创新设计这一核心素养的提出，实际上来自对现代技术本质的深刻认识，无论从技术作为人工物、技术作为知识、技术作为过程、技术作为文化等不同进路出发，似乎都能以设计作为理解技术的切入口，设计在复杂的技术体系中不仅具有独立意义，而且较制作是更为包容和丰富的领域。朱红文在《从哲学看工业设计的问题及其出路》中曾提到："它就在思与行之间、理论与实践之间，就在人类的思维和行动中对人类根本意义上的生活的可能性的思虑和谋划之中，它是一种生活的智慧。"

4. 图样表达

图样表达是用来阐述创新设计的一种表现形式，它是设计者表现设计意图的媒介，同时也是传达设计者情感以及体现整个设计构思的一种技术语言。方案构思与图样表达是为了完成一项具体设计任务而展开的两种不同性质的工作，它们表现为"互为因果"的关系，两者相互依存，没有了"方案构思"，图样表达也就成了"无源之水""无根之木"，表达也就失去了自身存在的意义；同样，如果只有方案构思而不将其表达出来，不经历图样这门技术语言，优秀的创新设计只是一种虚幻的设想，人们所构思到的，也只能是头脑中意想的形象，就像种子离开了土壤而永远没有机会长成参天大树一样，创新设计必须经过图纸的检验，才能将思想转化为形式。而在图样交流过程中，又培养了语言表达能力，使得设计不再是一个人的事，而是成为可多方讨论的协作交流。基于此，图样表达主要涵盖技术对象的图样特征分析、图样的识读与绘制、图样设计工具选择与使用等方面的内容。

5. 物化能力

物化能力这一核心素养最能体现技术特征，它是将意念、方案转化为有形物品或对已有物品进行改进与优化的能力。科学提供物化的可能，技术提供物化的现实。技术活动通常会产生一个有形的结果：模型、产品或者系统等。在亲手操作、亲历情境、亲身体验的过程中，可发展初步的技术行为能力，初步学会模型或产品的制作、装配、调试的方法，体验意念具体化和方案物化过程中的复杂性和创造性，发展问题解决能力和动手实践能力。同时，在这一过程中，需要考虑工艺、材料、工具等多方面的知识、需要考虑成本、时间、安全、环境、审美等诸多制约因素，需要经历测量、试验、制作、安装等丰富的体验活动。

四、技术产品设计及使用维护

人们在生活、生产中，不可避免要和各种各样的技术产品打交道。技术产品是如何设计出来的？技术产品如何较好地使用才能发挥其功效？如何维护和保养技术产品？这些都是我们必须了解的。

（一）技术与设计的关系

设计是对技术活动进行预先计划，通过合理的规划、周密的计划，借助各种感觉形式传达出来的创造性过程。设计是当今技术进步的主要途径和关键因素。

1. 技术设计与技术进步

现代技术的发展在很大程度上影响到技术设计的面貌。技术设计本身就是因为技术革命带来的产业变化而产生的，因此，技术设计与科学技术的任何进步都有密切的关系，根本无法分开。技术发展制约着设计的发展，先进的技术可以使人们的设计得以实现。以达·芬奇（Leonard Di Ser Piero Da Vinci，1452—1519）的飞行器为例。早在1492年，达·芬奇就设计了载人飞行装置并绘制了草图。但当时的技术水平不能满足其设计的要求，达·芬奇的天才设计只能停留在纸面之上。直到400多年后的1903年，莱特兄弟（Willbur Wright，1867—1912；Orville Wright，1871—1948）以活塞式发动机为动力，"飞行者"号双翼机试飞成功，人类的动力航空史才拉开帷幕。随着近现代科学技术的发展，达·芬奇的设计终于得以实现。

20世纪80年代以来，个人电脑开始迅速地进入日常生活，信息交流的日益迅速和信息量的规模巨大，电脑的绘图、制作模具等功能都大大地简化了设计的手续，缩短了设计的时间，同时使设计事务所的人员编制再也不用如同以前那么庞大了。个人电脑（PC）的迅速发展，以及它不断改进的各方面的设计，是现代科学技术和设计密切合作的最好例子。其中，美国的苹果电脑公司的产品设计和开发具有很重要意义。1971 年，美国的英特尔公司发明了第一部微型处理机，这种微型处理机的基本结构是基于一个集成电路板上的，类似微型计算器。总的来说，产品微型化、微型化同时使一些产品的价格大幅度下降和微型处理技术这三个方面共同影响了设计师的技术本身，原来对于手工技术的高度要求，现在基本上全部可以利用电脑解决。

材料的发展，是工业设计的重要发展依据之一。1945年以来，泡沫塑料开始发展，无论从性能还是从价格上讲，它都具有极大的挑战性。它的性能特征特别受到某些工业设计家的喜爱。早期的塑料使用都是比较注重采用脱模较方便的圆角、有机外形，但是，随着工艺的不断发展，对于塑料材料的细节处理，特别是精细的表面处理，开始引起广泛重视。科学技术的发展、材料科学的进步、加工技术的提高、设计手段的进步，这些因素，对于工业设计的进一步完善起到非常重要的促进作用。

2. 技术设计中的人机关系

技术设计以人为设计中心，一切为人服务，除了依据经济、美学原则进行产品造型设计外，还十分强调人使用产品时的安全性、可靠性和宜人性，改善使用人员的工作环境。而人机工程学以"人-机-环境"系统中的人为设计对象，以人的生理、心理特征为依据，以提高人的工作质量为目的，主要研究人与机器、人与环境、机器与环境之间的相互关系，把人的因素作为系统设计的重要条件和原则，为把产品设计成操作简便、省力、安全、可靠、高效、舒适的"人-机-环境"系统提供理论依据和方法。

"人-机-环境"系统，简称为人机系统（man-machine system）。构成人机系统"三大因素"的人、机、环境，可看成是人机系统中的三个相对独立的子系统，虽然它们各自具有自身的因素属性，但系统研究并不等于各子系统因素属性之和，而是取决于系统的组织结构和系统内部的协同作用程度。因此，研究"人-机-环境"系统中的各因素，既要研究人、机、环境每个子系统中的因素，又要研究系统的整体结构及其属性，力求达到人尽其力，机尽其用，环境尽其美，使整个系统安全、高效、对人有较高的舒适度和生命保障功能，最终目的是使系统综合使用效能最高。由此可以看出，人机系统中除了人、机、环境因素外，还有由此而形成的综合因素，即"人-机-环境"中的因素是由人、机、环境、综合等因素构成。

人的因素

人体尺寸参数：主要包括静态和动态情况下的人的作业姿势和空间范围等。

人的力学参数：主要包括人的操作力、操作速度和操作频率，动作的准确性和耐力极限等。

人的信息传递能力：主要包括人对信息的接受、存储、记忆、传递、输出等能力，以及各种感觉通道的生理极限能力等。

人的可靠性及作业适应能力：主要包括人在劳动过程中的心理调节能力、心理反射机制以及人在正常情况下失误的可能性和起因等。

机的因素

信息显示：主要指"机器"接受人的指令后，向人作出反馈信息的各种显示装置。如各种显示器（屏幕显示、模拟显示、数字显示器等）、仪表显示、感觉信息装置（音响信息传达、触觉信息传达、嗅觉信息传达等）等。

操作控制：主要指"机器"接受人发出指令的各种装置，如按钮、旋钮、手柄、控制杆、手轮、摇把、方向盘、键盘等。

安全保障：主要指"机器"出现差错或人出现失误时的安全保障设施和装置，如过载保护（外力方面的过载保护以及电方面的过载保护等）、人的救援逃生装置等。

环境因素

环境因素包括的内容十分广泛，无论在室外还是在室内，人都面临着不同的环境条件，它们直接或间接影响着人们的工作和系统的运行，甚至影响人的生命安全。一般情况下，影响人们的环境因素主要有：

物理环境：主要有温度、湿度、照明、噪声、振动、辐射、气压、重力、磁场等。

化学环境：主要指有毒气体和蒸汽、工业粉尘和烟雾以及水质污染等。

心理环境：主要指被使用"机器"的美感因素（产品的形态、色彩、肌理、装饰以及功能音乐等）、作业空间（厂房的大小、高矮，机器的布局，道路交通等）等。

社会环境：主要指社会状态（政治的、经济的）、就业状况、人际关系等。

综合因素

综合因素不能简单地理解为人、机、环境因素的总和，而是它们在人机系统整体化后所构成的综合使用效能，即人机合理分工与配合、人机信息传递和交换。

在人机系统中，人机合理分工与配合，发挥人的主体作用和"机器"的工具作用是并行进行的；人与"机器"之间不断进行信息传递和交换，不断改变状态，不断实现人的愿望，使系统不停地协调工作着。

在实现合理的人机关系的设计中，一般还应该注意处理好以下几个方面的关系。

普通人群与特殊人群。大多数产品是为普通人群设计的，设计参照的标准是依据普通人群的数据确定的。如常见的门，其高度、宽度、门把手的位置等（一般来说，门高200厘米，宽70~80厘米，门把手高100厘米）都是以普通人群的身高、体宽以及左右手习惯等为标准设计的，适于普通人群操作、使用。通用设计的理念就是基于这方面的考虑。通用设计指对于产品的设计和环境的考虑是尽最大可能面向所有的使用者的一种创造设计活动。通用设计的核心思想是：把所有人都看成是程度不同的能力障碍者，即人的能力是有限的，人们具有的能力不同，在不同环境具有的能力也不同。为了形成良好的人机关系，不仅要使产品符合人体静态尺寸，而且要让人在使用它时，能够方便施力、有足够的空间等。这样的设计有利于减少人体疲劳，提高效率，满足健康、舒适的要求。

人的生理需求与人的心理需求。设计中的人机关系，不仅要满足人的生理需求，而且要满足人的心理需求。产品的色彩、材质等都会对人的心理产生影响，视觉、听觉、触觉、味觉等都影响人的心理感受。如果能在设计中注意满足人在这些方面的心理需求，就可以将人机关系处理得很好。视觉主要获得形状、空间关系、色彩等方面的信息。茶座、咖啡屋的设计应以暖色调为主，将空间处理得小一些，以营造温馨、宁静的效果；而办公间一般应以冷色调为主，空间处理要简洁明快，以求产生严谨、高效的工作氛围。这样的设计都是为了满足人的心理需求。

信息的交互。人与产品的互动过程就是人与产品之间信息传递的过程，即人机之间运用信息语言交流的过程。改善信息传递的途径能够获得更好的人际关系。例如，从人工转接有线电话，到程控交换机；从按键式固定电话，到移动电话；从"大哥大"，到今天的基于移动互联网的智能手机；人际交流、人获得信息的渠道、方式发生了根本的变化。而发展如火如荼的虚拟现实技术，又使人与产品之间的信息传递方式从字符、音频控制，演变成了手势、身体语言识别等自然方式，极大地减少了人们的学习成本和认知难度。

（二）技术设计的一般过程

技术设计是技术产品设计工作中最重要的一个阶段，它将对产品进行全面的技术规划，产品结构的合理性、工艺性、经济性、可靠性等，都取决于这一设计阶段。

1. 发现与明确技术需求

人们生活工作中的各种需求、各种问题的发现是设计的动机和起点。在设计实践中，设计任务的提出会有很多种方式：企业决策层以及市场、技术等部门的分析研究中产生的设计任务；受客户委托的具体项目；直接通过对市场的分析预测，找到潜在的问题进行设计开发等。

发现与明确技术需求主要通过调查、研究与分析，调查内容包括社会调查、市场调查和产品调查三大部分，依据调查结果进行综合分析研究，得出相关结论。这个阶段要达到以下目标：

探索产品化的可能性。

通过对调研结果的分析发现潜在需求。

形成具体的产品面貌。

发现开发中的实际问题。

把握相关产品的市场倾向。

寻求与同类产品的差别点，以树立本企业特有的产品形象。

寻求商品化的方向和途径。

社会调查

从社会需求、社会因素（人与产品的关系）等方面进行调查分析，通常是有针对性地对消费市场、消费者购买动机与行为、消费者购买方式与习惯等涉及消费者的内容展开。

市场调查

针对设计物的行销区域对环境因素（物与环境的关系）进行分析，其中环境因素包括经济环境、地域环境、社会文化环境、政治环境及市场环境等方面。经济环境指总体的国家经济大环境，如国民生产总值与国民收入、基本建设投资规模、能源与资源状况、市场物价与消费结构等。地域环境指设计存在的外部因素，如自然条件、地理位置以及交通状况等。社会文化环境指消费者的总体文化水平、分布状况、风俗习惯、审美观念等。政治环境指政府的有关政策、法令、规章制度等内容。市场环境指与产品相关的产品价格、销售渠道、分配路线、竞争情况、经营效果等。

产品调查

从产品的现状及过去进行的调查分析，其主体是产品自身。对产品的现状如产品的使用功能、结构、外观、包装系统、生产程序等方面，从人机工程学和消费心理学以及管理学等角度进行调查研究。对产品的过去调查是对产品的历史发展状况的调查，包括产品的变迁、更新换代的原因及存在形式等内容。另外，对法规方面如产品的商标注册管理、专利权及有关的政策法规调查也属于产品调查范畴。

资料分析

配合调查各组成因素而收集的文字和图片资料，其内容大致与调查相一致，不可忽视的是在许多资料中存在着的潜在价值，往往是影响准备阶段结果的重要因素。把以上内容的研究分析结论加以综合整理，通过制订相应的各种图表进行分析比较和研究，使结论更加合理、客观。在这一阶段，不要急于得到一个结果，多种可能性结果并存的状态更有利于以后的设计构思和展开。

2. 构思分析及其方法

经过市场调查、分析，找到了需求所在和新旧产品方向之后，就要进入具体勾画产品形象阶段。将调查所获得的与产品相关的各种信息罗列出来，这时可暂不顾及可行性问题，尽量将各种构思提出来。因为即便是存在现实问题的构思，也有成为现实的可能。

在这些罗列出来的产品设想中，对有深入价值的构想进行判断，这是进行下一步骤的基础。这些判断可以概念分析图的形式体现，即将所设想的产品标入分析图中，便可从中看出构思产品所处的市场位置。将此产品与相同位置的其他产品进行比较，看其他产品是否是强势产品，或是有望扩大市场的产品，以及技术上的可行性等，从各种角度对所构想的产品进行评价，使其接近成功。

随着构思范围的集中，产品开发方向也将趋于定位，这关键取决于集体创造性思考对市场领域的准确判断。

产品的最终定位是有利于对市场的正确判断，市场调查分析是完成这种判断的具体手段，而概念框架图是这种手段的有效的作业方式。

用户需求分析

不仅用户会为了解决某一需求而需要某种产品，而且在特定环境、特定的生活方式甚至特定的价值观念下，也需要产品与其"特定"相吻合。例如，在淡水充沛的地区使用目前国内普遍使用的洗衣机没有什么大的问题，但是在淡水资源稀缺的海岛、沙漠等缺水地区，类似的洗衣机能否使用和推广就是一个很大的问题，此时就必须设计一种用水量特别节约的甚至不用水作为洗涤介质的洗衣机，来满足他们的特定需求。

针对中国的人口、城市道路、能源与环境污染，中国人的出行方式除了大力发展公共交通之外，用于上下班及短途交通的工具能否比现有的轿车更小、更轻巧、更节能、更环保、更方便？把发达国家已形成的交通方式原封不动的拿来解决中国城市中人口众多、能源短缺、土地资源紧张的交通问题，是否具备科学性与合理性？在某种意义上，我们是否需要一种特定的方式来解决中国人的出行问题？

因此，设计中的使用者需求分析必须抓住其行为方式的本质，才能准确地了解顾客真正意义的需求本质。成功地进行需求分析应该做到：识别和区分顾客与使用现场，促使消费者表达真实的声音，理性地分析并量化调查数据。从系统论角度看，这个阶段就是要分析研究设计目标系统中的外部因素。

顾客现场是顾客真正关注的地方，也是企业和设计师应该着力加以分析研究的地方。使用者是在"现场"生活、工作、接受产品和服务的。同时，在需求分析时也应该借助于适时创造的产品使用的虚拟现场，以挖掘使用者的潜在需求，创造潜在市场。

有效地进行顾客细分也是寻找优秀解决方案的手段之一。将整体顾客根据不同的行为特点分为若干"共同需求主题"，其中的原则是尽量满足每一位顾客的使用要求，尽管这一点很难做到，但是适当的顾客细分可以简化研究、设计和操作的过程，提高设计效率。

在进一步的使用者需求分析研究的过程中，设计师可以根据研究的深化去调整设计定位，修正设计发展的方向。

概念创意

为了决定新产品的用途、性能、功能、形状等条件，对产品应该有一个具体的想法，这个想法或看法，就是产品的概念。通常人们对产品的竞争力都极为重视，而消费者对产品的感觉更为重要。在设计开发时，产品概念的定义，就是针对特定的消费者，或者说是基于特定的需求，根据企业所处的环境如社会状况、市场动向等，将产品战略性构想具体化。

总之，所谓产品概念就是根据市场需求，找到产品的"亮点"，并将其明确化，成为产品开发设计的方针。如果存在着模糊概念，就可能导致失败。可以说产品概念是赋予产品以特征和个性。

产品概念的确立，是使产品越来越接近现实的过程。在这个过程中，必然伴随着各种技术上的问题，在构想时，应保持对技术上的预见性，设立现实可行的产品概念。在这个阶段与技术人员并行作业是解决问题的有效方法。

在概念创意阶段，设计工作的目的是获得各种解决问题的可能，寻找实现产品功能的最佳构成原理。所有解决方案的创意只能够有一个出发点，就是对用户的研究分析。伊利诺伊理工大学的惠特尼（Patrick Whitney，1894—1942）教授将这种分析研究过程分为两类：第一类，微观意义的产品焦点研究。通常通过概查、集中讨论、面谈、家庭走访和易用性测试来询问顾客。这类研究的优点在于它可以引导出关于供应的具体洞察，能够使得公司修正问题，并增加产品特性。它可以是迅速的、实用的，并能引导出在主要细节方面的有效的统计结果，为进一步的方案设计提供更为有利的功能框架模型。第二类，宏观意义的文化焦点研究。运用类似进行人口普查和人口统计学数据的措施来关注价值系统、社会结构以及朋友和亲戚之间关系的日常生活总体模式。这类研究可以引出关于一种文化的惊人发现。设计师在这一阶段应该训练自身灵活运用各种手段快速记录灵感创意与分析思路的能力。

3. 构思方案的表达

在创新设计过程中，我们很容易被一些思维定式或者经验惯性所左右。如果设计一开始就陷入一些具体的功能、结构细节中，那么得出的方案很难带来创造性的突破。上述诸方面深入细致的研究分析的结论，是从事物的本质入手寻找最佳方案的有力依据，同时它们也有可能给设计师的创造构思带来技术上的禁锢。因此在这个阶段，设计师必须学会将以物为中心的研究方法改变成为以功能为中心的研究方法。实现用户所要求的功能，可有多种多样的方案，现在的方案不过是其中的一种，但并不一定是最理想的方案。从需求与功能研究入手，有助于开阔思路，使设计构思不受现在产品方式和使用功能的束缚。设计师在理性分析与思考后，现在需要更为感性的创造灵感与激情。

产品设计的制约因素复杂多变，设计活动更是一种综合性极强的工作，这就要求设计师具有创造性地综合协调设计目标系统内诸多因素的能力。为了高效快速地记录各种解决草案以及草案的变体，速写性的表达方式是必不可少的。它是设计师传达设计创意必备的技能，是设计全过程的一个重要环节，也是对产品总体造型构思视觉化的过程。但是，这种专业化的特殊语言具有区别于绘画或者其他表现形式的特征，它是从无到有，从想象到具体，是将思维物化的过程，因此是一个复杂的创造性思维过程的体现。设计师将头脑中一闪而过的构思迅速、清晰地表现在纸上，主要是为了展示给设计小组内部的专业人员进行研讨、协调与沟通，以期早日完善设计构想。同时，大量的草图速写也能够在设计初期起到活跃设计思维、使创造性思维得以延展的作用。这种草图类似于一种图解，每个构思都表现产品设计的一个发展方向，孕育未来发展的可能性。设计师可以借助于任何高效便捷的表现工具，例如钢笔、马克笔、彩色铅笔等，还可以使用一些二维绘图软件，例如Photoshop，Corel DRAW，Painter等手段进行表现。

这个阶段的主要任务是尽可能多地提出设想方案，设计师可以借助于排列组合的方法寻找问题解决的多种渠道，学会分解问题的方法是提出更多方案变体的前提，将现有的主要问题分解为诸多子问题，每一个子问题可以提出相应的几种解决方案，将不同子问题的解决方案做排列组合，就会得出意想不到的奇思妙想。

一般而言，呈现设计方案要说明设计思想、设计思路和设计成果。采用的方式通常包括展板、模型、视频及现场报告等；应用的技术手段包括设计方案的全套零部件图纸、3D渲染效果图或短视频、实物模型，以进一步阐释产品的使用场景、使用与维护方式、设计细节等。不同的设计产品一定有不同的呈现方式；在不同的设计阶段，考虑技术交流的目的差异，设计方案呈现的手段、方式、视角也会有很大的区别；由于个人设计观念的差异，同样会导致不同的设计呈现方式。

草图也叫方案草图或设计速写，它能迅速捕捉和记录设计者转瞬即逝的创作灵感，表达设计创意，是把设计构思转化为现实图形的有效手段之一。根据所处的设计阶段的不同，草图可分为构思草图和设计草图。构思草图是对设计者在设计过程中产生的设计想法的记录，它以具体图形的形式记录和描绘设计者头脑中的诸多想法。如要设计一个台灯，通过构思草图呈现设计者对台灯的基本形态构思。设计草图是经过设计和整理、选择和修改完整的草图，是一种正式的草图方案。设计草图是从构思草图中挑选出的，可以继续深入的、可行的设计方案，经过完善细节设计而来的。

三视图（主视图、俯视图、左视图三个基本视图）是能够正确反映物体长、宽、高尺寸的正投影工程图，这是技术与工程界一种对物体几何形状约定俗成的抽象表达方式。一般我们采用三个互相垂直相交的投影面（即正面投影面、水平投影面和侧面投影面）建立一个三投影面体系，再采用正投影法将物体同时向三个投影面投影，所得三个投影图：物体的正面投影，即物体由前向后投射所得的图形，通常反映物体的主要形状特征，称为主视图；物体的水平投影，即物体由上向下投射所得的图形，称为俯视图；物体的侧面投影，即物体由左向右投射所得的图形，称为左视图。主视图、俯视图、左视图统称为三视图。

计算机辅助设计，是利用计算机及其图形设备帮助设计人员进行设计工作，简称CAD。在工程和产品设计中，计算机可以帮助设计人员担负计算、信息存储和制图等多项工作。CAD能够减轻设计人员的劳动负担，缩短设计周期和提高设计质量。在设计中通常要用计算机对不同方案进行大量的计算、分析和比较，以决定最优方案；各种设计信息，不论是数字的、文字的或图形的，都能存放在计算机的内存或外存里，并能快速地检索；设计人员通常用草图开始设计，将草图变为工作图的繁重工作可以交给计算机完成；利用计算机可以进行与图形的编辑、放大、缩小、平移和旋转等有关的图形数据加工工作。

在经过对诸多草图方案及方案变体的初步评价与筛选之后，优选出的几个可行性较强的方案需要在更为严谨的限制条件下进行深化。这时候设计师必须理性地综合考虑各种具体的制约因素，其中包括比例尺、功能要求、结构限制、材料选用、工艺条件等，对草图进行较为严谨的推敲。这一步工作应达到两个要求：①使得初期的方案构想得到深入延展。因为作为一种创造性活动，设计构思通过平面视觉效果图的绘制过程会不断加以提高和改进。这一过程不仅锻炼延展了思维想象力，而且引导设计师探求、发展、完善新的形态，获得新的构思。这时的表现图绘制要求更为清晰严谨地表达出产品设计的重要信息（外观形态特征、内部构造、加工工艺与材料等），设计师可以根据个人习惯选择得心应手的工具，也可以借助于各种二维绘图软件及数位绘图板等计算机辅助设计工具。②它能够有效传达设计预想的真实效果，为下一步进行实体研讨与计算机建模研讨奠定有效的定量化依据。设计师应用表现技法完整的提供产品设计的有关功能、造型、色彩、结构、工艺、材料等信息，忠实客观地表现未来产品的实际面貌，力争做到从视觉感受上沟通设计者、工程技术人员和消费者之间的联系。

4. 模型或原型的制作

在计算机介入产品设计领域的前提下，设计师有时为了缩短设计的周期，开始忽视或者跨过工作模型这一过程，实际上，这是一个具有极大风险的行为。许多设计开发失败都发生在由设计向生产转化的阶段。如从构想效果图直接进入生产工艺设计，然后又基于生产工艺设计进行模具的制作。当发现结构上的问题时，高额的模具费用已经浪费。在造型设计阶段，为了研讨绘出了无数效果图，但那只是在平面上表现的形象。之所以造成失败，问题在于由二维形象向三维形象的转化难以正确把握。有时会因为开发时间紧迫或费用方面的原因而省略制作模型的步骤，这往往就是失败的原因。

将设计形象转化为产品形象时，必须利用模型手段。在设计定案阶段所进行的设计评价和最终承认的是工作模型和生产模型。向生产转化时的生产模型，是从各个方面对产品进行模拟，所以能够明确把握构造上和功能上的问题。这种广泛利用模型的案例，多见于汽车和家电领域的设计。设计汽车时，由于曲面多所以需要制作原大模型，以便于造型研究、生产技术检验与制图检查等。在家电的设计开发生产中，也必须进行类似的模型制作，用于严密的设计研讨和生产技术及构造上的检验。这样的模型制作，在有些企业（如汽车制造厂家）已成为专门的部门，但在多数情况下是通过外部协商解决的。因此，社会上已出现专业化的模型制作公司。模型材料常选用木材、黏土、塑料板材或块材，制作方法则多种多样。

工作模型制作的目的不仅是为了把先前二维图纸上的构思转化成为可以触摸与感知的三维立体形态，以此检验二维图形对三维形态表达的准确性，而更在于在模型制作过程中进一步细化、完善设计方案。尤其是在当前先进的数字化、虚拟化技术得到广泛应用的前提下，设计师的感性知觉评价受到了前所未有的挑战。因为今天的设计师可以远离三维实体的空间感和具体材料的触感，构建起一个活生生的三维视觉形象。但这仅仅是产品视觉形象的平面化，而非产品三维实体综合感觉的存在。总之，设计师应当为使用者创造出全方位、高品质的用品，应该用自己的手指去感知、去创造一个更为微妙的情感物体，而不仅仅是一个冷冰冰的机器。

工作模型的作用与意义就在于使得我们能用手指去感知设计，以综合感觉代替单一的视觉感受，有效弥补了二维图纸与电脑虚拟形态的致命技术缺陷，可以让设计师在更为感性的细节问题上进行深入研讨。工作模型应该是目的性较强的分析模型，是设计深化必不可少的手段。设计师可以根据需要就设计中的某些具体问题进行工作模型的制作研讨，可以专门为研究形态的变化而制作模型，也可以在选择色彩时制作模型，可以就某一工艺细节制作模型，还可以为改良功能组件的分布制作模型等。由于工作研讨模型的特殊要求，在选材制件上应该尽量做到快速有效地达到研讨的目的，一般都选择较为容易成型的材料，如石膏、高密度发泡材料、油泥等。在一些特殊专项的研究中，可以寻找一些更为简单有效的方法。

5. 技术的测试与优化

由设计向生产转化阶段还有一项重要工作就是技术的测试与优化。

第一，结构工艺可行性测试，由于设计过程已对结构、材料、工艺进行了调查研究，因此在设计向生产转化前，设计人员的主要工作是协助工程技术人员把握结构与工艺的最终可视化效果，将其转化为量化的生产指导数据，以求设计原创性不在生产中损失。

第二，模型检验与优化，由于数字化技术的导入，计算机辅助设计与辅助制造技术不断得到完善，现在模型制作就不仅仅停留在传统手工技术的基础上了，设计师在实践当中有了更多的选择。我们可以看到，基于参数化建模技术平台上的RP激光快速成型技术以及NC数控精密车铣技术是当前社会上常用的样机制作手段。虽然它们所应用的技术原理及成型材料具有一定的差异性，但是这些技术手段却拥有一些共同的优点：①由于数控技术操纵下的机器设备处理的是设计研讨后的最终参数化模型文件，这就使得设计原创性得到了完整的体现，避免了传统手工制作产品模型时人为性的信息损失。②在加工精度提高的同时，加工的时间也大大缩短。传统意义上需要一个月左右才能完成的原型，现在只需要三四天就加工完成了。这极大地缩短了产品的研发周期，为现代企业制度下提高市场竞争力提供了有力的武器。③由于从设计初期就导入参数化的理念，使得无论是设计还是试制都在一个共同的数字平台上进行，也就为并行工程的导入提供了技术前提。也就是说，我们可以在设计的同时进行产品生产，在产品制作过程中修改设计，优化结构和功能。同时并没有因为这些调整与修改而使项目实验受到影响，反而进一步优化了设计，真正实现了产品模型的设计检验职能。

第三，设计输出。根据产品和电脑的参数化模型绘制工程图纸，规范数据文件（文件格式应转化为符合数字化加工的要求）。这时模型文件可以交付模具设计与生产，设计师同样肩负着生产监理的任务，以确保最终的实现效果。

6. 说明书的编写与产品维护

在产品使用过程中，正确的使用和维护既可以使产品更好地满足人们的需求，又能延长其使用寿命。掌握正确的使用和维护方法对于产品使用者来说尤为重要。因此，通常要设计一份产品使用说明书。

不同类型的产品，其使用说明书的形式会有所不同。产品说明书的编写，可以采用条款直述式，也可以采用自问自答式。条款直述式说明书把要说明的内容分成若干类别，然后按照一定顺序逐项书写。如果内容类别较多，用数字标上序号，将每类的要点用小标题的方法标出。这种方法的好处是条理清楚、醒目。自问自答式产品说明书将要说明的内容归纳成问题，按一定顺序提出并逐一作答。

产品说明书是指导用户选择产品、使用产品的"路标"和"向导"，它可以帮助用户了解产品特性，确保用户正确、安全地使用产品。产品说明书可以帮助用户了解产品特性，确保用户正确安全地使用产品。产品设计者应以慎重严谨的态度对待产品说明书的写作。产品说明书的结构一般不外乎标题、正文、产品标记三个部分。产品说明书的写作需要充分考虑到用户的阅读需要、产品的设计特点等。

产品说明书可为用户使用产品提供依据。用户应强化保养和维护产品的意识，应理解和掌握有关产品的使用方法、常用的维护与保养的方法、简单故障的排除方法以及产品常用的服务途径等。

参考文献

［1］ 国际技术教育协会. 美国国家技术教育标准：技术学习内容［M］. 黄军英，译. 北京：科学出版社，2003.

［2］ 刘启华. 技术科学论——范畴界定历史分期与发展模式［M］. 北京：科学出版社，2015.

［3］ 李明传. 美国技术创新的历史考察［M］. 武汉：武汉大学出版社，2013.

［4］ 易显飞. 技术创新价值取向的历史演变研究［M］. 沈阳：东北大学出版社，2009.

［5］ 李英华. 旧石器技术：理论与实践［M］. 北京：社会科学文献出版社，2017.

［6］ 卢嘉锡. 中国科学技术史［M］. 北京：科学出版社，2018.

［7］ 胡显章. 科学技术概论［M］. 北京：高等教育出版社，2010.

［8］ 王鸿生. 世界科学技术史［M］. 北京：中国人民大学出版社，2008.

［9］ 殷登祥. 科学、技术与社会概论［M］. 广州：广东教育出版社，2007.

［10］ 中华人民共和国教育部. 普通高中技术课程标准（实验）［M］. 北京：人民教育出版社，2003.

［11］ 教育部基础教育二司. 教育部关于全面深化课程改革落实立德树人根本任务的意见［Z］. 教基二［2014］4号.

［12］ 细谷俊夫. 技术教育概论［M］. 肇永和，王立精，译. 北京：清华大学出版社，1984.

［13］ 马克思恩格斯全集（第16卷）［M］. 北京：人民出版社，1964.

［14］ 陈向阳. 走向澄明之境：技术教育的哲学视域［M］. 北京：高等教育出版社，2015.

［15］ 陈昌曙. 技术哲学引论［M］. 北京：科学出版社，2012.

▷ **编写专家**

顾建军　徐金雷　陈向阳

▷ **审读专家**

段　青　吴铁军　李双寿

▷ **专业编辑**

邹　聪

第二章
信息与通信技术

信息时代的到来，使人类在继蒸汽时代和电气时代之后，再次进入了新的高速发展时期。信息与通信技术已然成为国民经济发展的重要依托，信息与通信技术水平的高低是人民生活水平高低的重要标志，同时也是国家科技综合实力的重要表征。信息与通信技术在发展演化的过程中，不断适应人们日益提高的交流沟通的需求，创造出诸如移动电话、计算机、互联网等新技术、新装备，革命性地缩小了人们之间的时空距离，同时也彻底改变了人们的交往方式和生活习惯，为人类文明打上了新的烙印。

信息与通信技术最原始、最核心的知识要点包括信息的基本原理、信号的发生机制、通信系统、计算机系统、网络技术的基本组成。具体工程实践应用包括集成电路等一些重要的"基础设施"和支撑技术。本章选取几类较为典型的技术应用场景，对近两年发展比较成熟、应用较为广泛的相关技术做了解释说明。计算机网络技术和人工智能技术则是信息与通信技术的集大成者，也是在当下和未来将会产生巨大突破的重要领域。21世纪初很多国家开始建设"信息高速公路"，这个形象的比喻也说明了在信息和通信领域中，象征信息内容的"车"和象征基础设施的"路"在整个信息交通体系中至关重要。信息与通信技术内部相互交织、外部深度融合，将在今后很长的一段时间内发挥不可替代的作用。

"信息与信号"是信息与通信技术的基础，是我们所使用的一切通信工具的最小单元。信息与信号，一个是主体、一个是载体，相互之间赋予了价值和意义。信息传输系统则是通信技术的原始模型，所有的升级进步都在此基础之上展开。多路复用技术提高了通信系统的容量和效益，信息加密技术使得安全性得到了保障，信息编码技术则进一步提高了通信质量。

"电子科学与技术"是把理想变成现实的桥梁，所有通信终端设备制造和使用都依赖于电子科学与技术的持续进步。空间电磁感应带来了无线通信的革命，大规模集成电路的使用让电脑和手机的体积越来越小而功能却越来越多。市场需求与技术进步相互推动，开发出各种类型电子设备，催生了庞大的信息产业，广泛覆盖农业、工业、服务业等各个领域。

"现代通信技术"是系统的通信方式。手持的终端或者独立的计算机，都并非单一的存在，它们需要跟整个通信系统相连接才能成为有效的通信工具。其中最有代表性的系统就是蜂窝移动通信系统、光纤通信系统和卫星通信系统，它们借助各自不同的基础设备和传输特性，以各自独特的优势满足多样的通信要求。短距离无线通信则可以看作是由用户控制的自组织、自连接、自传输的微通信系统，满足了小范围多终端协同工作的需求。

"计算机与网络技术"是各种信息与通信技术相互融合的平台。运用计算机强大的处理能力和兼容性，结合计算机网络的高速度、高容量、高稳定等特性，可实现不同类型的通信技术在同一平台的交互和融通。计算机与网络技术也在不断加强运算性能、兼容性能和安全性能。

"人工智能技术"已势不可挡地出现在大众面前，引发了诸如"机器是否最终会取代人类"的反思和激辩。现实应用的人工智能技术和场景大多建立在模式识别和高性能计算的基础之上，并未真正突破信息与通信技术的基本原理和模型结构。相关技术的普及给人们的生产生活带来了巨大的便利，解放了生产力。在可以预见的将来，"人工智能技术"必然会在更多领域、更深层次上影响人们的生活。

本章知识结构见图2-1。

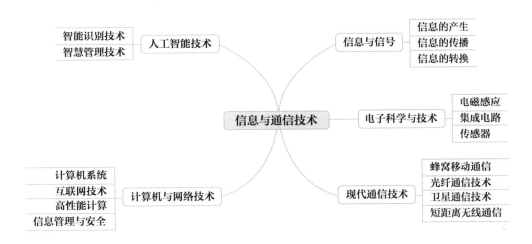

图2-1 信息与通信技术知识结构

一、信息与信号

大千世界，信息无处不在。从古至今，人类的所有活动都在使用和生产着海量的信息。信号则是信息的"手足兄弟"，它不仅本身就是信息的一种，更重要的是它赋予了信息传递的规则，使信息具有了生命和价值。我们在街头看到的交通信号灯，红、黄、绿三种灯光既传递给人们颜色的信息，也借助"红灯停、绿灯行"的普遍规则，成为了指挥交通的信号。

（一）信息的产生

小到一粒灰尘、大到整个宇宙，都蕴含着丰富的信息，其中的一些不因外界环境的改变而改变，另一些则会在与外界互动的过程中发生变化，从而产生新的信息。信息的产生无所谓主动或是被动，信息的存在也无所谓长久或是瞬间，重要的是能够将信息提取和利用起来，从而产生意义和价值。

1. 信息的基本要素

科学家们将信息定义为对客观世界中各种事物的运动状态和变化的反映，是客观事物之间相互联系和相互作用的表征，表现的是客观事物运动状态和变化的实质内容。通信领域中所定义的信息是指通过约定方式传递的、能够被准确接收和再现的特定内容，不涉及信息内容本身的客观性、价值和伦理判定。比如有些在互联网上传播的谣言，虽然是不符合事实的肆意编造，但在通信领域中仍然被认为是一种信息形式。因此，通信领域中的信息具有三项基本要素：有源性、可记录、可再现。

有源性，是指信息的产生由特定人或者事件发起，并且可以通过技术手段追溯到信息的源头。哪怕是一些经过高度聚合的综合信息，它的每一个组成部分也必然有其确定的源头。今天的信息技术让我们能够便捷地了解到地球上其他地方已经发生和正在发生的事情，但如果那些事情无人记录、无人报道，非当事人无从知晓，那也就只是存在，而不成为信息。

可记录，是指信息能够以适当的形式作为载体，这也是信息得以传送的前提。例如，思想的载体是大脑或者文字，景象的载体是照片或者录像，无论信息本身抽象还是具体，只要能够找到记录的载体，就能够实现传送。在科学技术并不发达的古代，人们可以用结绳来计数、用历法来记录天象，这些就成为了信息。而当时的手段无法记录珍稀动物的样貌，因此今天只能从化石中去想象了。

可再现也称为可复原，是指为了便于传送而改变存在形式的信息在接收时可按照约定规则反向变换，从而复原其本来的内容或者效果。最简单的例子就是战争时期的情报传送，为了防止被截获都需要做加密处理，如果接收者不了解加密的规则，那么也就无从知晓这条信息的准确内容。

2. 信息与信号的关系

信号是传送信息的工具，是信息的载体。从广义上讲，它包含光信号、声信号和电信号等各种形式。例如，古代人利用点燃烽火台而产生的滚滚狼烟，向远方军队传递敌人入侵的消息，这属于对光信号的利用；当我们说话时，声波传递到他人的耳朵，使他人了解我们的意图，这属于对声信号的利用；遨游太空的各种无线电波、四通八达的电话网中的电流等，都可以用来向远方表达各种消息，这属于对电信号的利用。人们通过对光、声、电信号进行接收，才知道对方要表达的信息。

同一种信号可以传送不同的信息，例如，包罗文字、音频、视频的移动互联网，利用复杂设备进行导航、操控的民航客机，都利用到电信号的传送。同一个信息也可以采用不同的信号传送。比如温度信息，可以用文字、声音、颜色甚至直接的身体感受来传送，它们之间的区别主要在于精度不同，适用的环境要求不同。

信号的选择取决于信息的复杂程度和传送环境的要求。十字路口的红绿灯只有三种颜色的光作为信号，因为它只需要告诉经过的行人和车辆何时走、何时停的信息，信息复杂度和环境要求都很低。住宅小区业主委员会的公告尽管内容很丰富，信息复杂度高，但传送环境要求低，只需要张贴告示在每幢楼的门口作为信号，每家每户都可以方便地知晓。航天员乘坐飞船从太空返回地球时，需要接收异常复杂的操作指令，并且要确保万无一失，信息复杂度和传送环境要求都非常高，因此要综合采用各种高强度的无线电传输信号。

（二）信息的传播

绝大多数信息因为传递而产生了价值，传递就意味着有发起者和接收者。我们日常生活中的看到、听到、闻到、尝到、触到等感觉，就是在接收信息；同时，我们说话、做表情、比手势等则都是在发出信息。信息的传播因此也形成了基本模式，也被称为通信基本原理。随着信息传播需求和要求的不断提高，人们也在通过各种技术改进升级来提高信息传播的效率和质量。

1. 信息传输系统

信息传输系统，也称为通信系统，是用来完成信息传输过程的技术系统的总称（图2-2）。现代通信系统主要借助电磁波在自由空间的传播或在导引媒体中的传输机理来实现；前者的传输媒质是自由空间，看不见、摸不着，称为无线通信系统；后者的传输媒质一般为导线、电缆、光缆、波导、纳米材料等看得见、摸得着的实物，称为有线通信系统。

无论有线还是无线，信息传输系统一般都由信源（包含发端设备）、信宿（包含收端设备）和信道（传输媒介）等组成，它们也被称为通信的三要素。

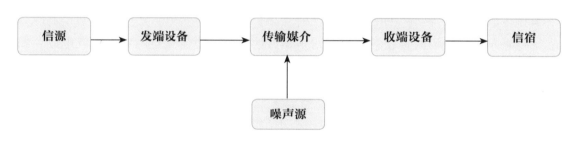

图2-2 信息传输系统基本组成

来自信源的消息（语言、文字、图像或数据）在发信端先由终端设备（如电话机、电传打字机、传真机或数据终端设备等）变换成电信号，然后经发端设备编码、调制、放大或发射后，把基带信号变换成适合在传输媒介中传输。经传输媒介传输，在收信端经收端设备进行反变换恢复成信息提供给收信者。这种点对点的通信大都是双向传输的，因此在通信对象所在的两端均备有发端和收端设备。噪声源是环境产生的不可避免的干扰，传输距离越长、信号抗干扰强度越低，就越容易受到噪声源的影响。

整个过程就好比用集装箱运输货物。无论运输的货物（信息）是什么，都要能够包装组合（发端设备）后装进标准的集装箱（信号），明确发货人和收货人的信息（信源和信宿），保险起见还可以加个密码锁（加密）。然后集装箱通过陆路或者水路（传输媒介）转运到达收货人处，按约定解开密码锁（解密），取出集装箱内的包装并拆解（收端设备）开来，得到原始的货物（信息）。运送过程中难免会遇到风吹雨打太阳晒，甚至磕磕碰碰（噪声源），但一般都不会严重影响到货物本身，特别是不会改变货物的形态和特征，就像家具不会变成食物、汽车不会变成飞机一样的道理。

为了提高设备使用效率、保证通信质量，并满足不同通信业务的需求，实际使用的通信系统比这个基本模型要复杂很多，但基本原理都是一致的。互联网时代带来了更加整合化的信息传输系统，收发端设备更趋智能，使得文字、声音、图像、视频等信息可在电脑、手机等不同终端间实现传输和同步。

2. 多路复用技术

常用的电缆、光缆等信息通道的容量往往会大于传输单一信号的需求，为了充分利用通信渠道（传输媒介）、在不增加额外建设和维护成本的前提下扩大通信容量和降低通信费用，很多通信系统采用多路复用方式，即在同一传输途径上同时传输多路信号。如何能确保不同信号在"狭小"的通道内不撞车、不跑岔呢？这就要充分利用信号本身的特性，加上一些大家共同遵守的"规矩"，因地制宜、因材施教。

各路信号在送往传输媒质以前，需按一定的规则进行调制，以利于各路已调信号在媒质中传输，并不致混淆，从而在传到对方时使信号具有足够能量，且可用反调制的方法加以区分、恢复成原信号。多路复用一般分为频率分割、时间分割、码分割、波分割多路复用。在模拟通信系统中，将划分的可用频段分配给各个信息而共用一个共同传输媒质，称为频分多路复用。在数字通信系统中，分配给每个信息一个时隙（短暂的时间段），各路依次轮流占用时隙，称为时分多路复用。码分多路复用则是在发信端使各路输入信号分别与正交码波形发生器产生的某个码列波形相乘，然后相加而得到多路信号。光的波分多路复用是指在一根光纤中传输多种不同波长的光信号，由于波长不同，所以各路光信号互不干扰，最后再用波长解复用器将各路波长分解出来。波分复用也可以认为是频分复用的典型案例。

3. 信息加密技术

在许多战争题材电影中，经常可见情报人员利用密码本或密码机对情报信息进行加密和解密，从而让对手无法获取战时的重要信息。其实质是通过加密算法和加密密钥将明文转变为密文，而解密则是通过解密算法和解密密钥将密文恢复为明文。在此过程中密码本或密码机就是密钥。随着信息化的高速发展，信息安全变得至关重要，内部窃密、黑客攻击、无意识泄密等窃密手段可能给国家安全或单位发展带来巨大风险。如今的通信系统中，依然采用加密的方式来保护必要的信息不被泄露，或是泄露后不易被破解并公开。与以往不同的是，加、解密的过程不需要人力来完成，而是交由专门的计算设备进行处理，加密的算法也更为复杂而精细。在通信网络中，一般可采用两种具体措施进行加密传输：链路加密和端-端加密。

链路加密是传输数据仅在物理层前的数据链路层进行加密。接收方是传送路径上的各台节点机，信息在每台节点机内都要被解密和再加密，依次进行，直至到达目的地。使用链路加密装置能为某链路上的所有报文提供传输服务。即经过一台节点机的所有网络信息传输均需加、解密，每一个经过的节点都必须有密码装置，以便解密、加密报文。如果报文仅在一部分链路上加密而在另一部分链路上不加密，则相当于未加密，仍然是不安全的。与链路加密类似的节点加密方法，是在节点处采用一个与节点机相连的密码装置（被保护的外围设备），密文在该装置中被解密并被重新加密，明文不通过节点机，避免了链路加密关节点处易受攻击的缺点。

端-端加密是为数据从一端传送到另一端提供的加密方式。数据在发送端被加密，在最终目的地（接收端）解密，中间节点处不以明文的形式出现。采用端-端加密是在应用层完成，即传输前的高层中完成。除报头外的报文均以密文的形式贯穿于全部传输过程。只是在发送端和最终端才有加、解密设备，而在中间任何节点报文均不解密，因此，不需要有密码设备。同链路加密相比，可减少密码设备的数量。另外，信息是由报头和报文组成的，报文为要传送的信息，报头为路由选择信息。由于网络传输中要涉及路由选择，在链路加密时，报文和报头两者均须加密。而在端-端加密时，由于通道上的每一个中间节点虽不对报文解密，但为将报文传送到目的地，必须检查路由选择信息。因此，端-端加密只能加密报文，而不能对报头加密。这样就容易被某些通信分析发觉，而从中获取某些敏感信息。

（三）信息的转换

从信息产生和传递的基本原理中不难发现，要想实现高效率高质量的信息传输，必须确保传输通路上的信号格式统一且互不干扰。就好比远洋运输中的标准集装箱，统一大小、统一规格，便于装卸、便于堆放，货物互相之间有效隔离、互不干扰。信息的转换就是把各种不同的信息源用统一的规则来重新编排整理，为实现高效率的传输做好准备；到达目的地之后，还能用统一的规则快速完整地恢复出其本来的样子。

1. 信息编码技术

信息编码是为了方便信息的存储、检索和使用，在进行信息处理时赋予信息元素以代码的过程。即用不同的代码与各种信息中的基本组成单元建立一一对应的关系。在当前通信系统中，编码是对原始信息符号按一定的数学规则所进行的变换。编码的根本目的是要使信息能够标准化地转换和存储，高质量、低失真、高效率地进行传输和处理。

历史最悠久的信息编码就是字符编码，就是把字符集中的字符编定为指定集合中的某一对象，并用有序的代码明确表示出来，以便文本可被机器识别和记录，特别是在计算机中存储和通过通信网络传递。常见的例子包括将拉丁字母表编码成摩斯电码和ASCII。

目前使用最广泛的西文字符集及其编码是 ASCII 字符集和 ASCII 码（American Standard Code for Information Interchange），它同时也被国际标准化组织（International Organization for Standardization，ISO）批准为国际标准。ASCII码于1961年提出，用于在不同计算机硬件和软件系统中实现数据传输标准化，它是一种使用七个或八个二进制位进行编码的方案，最多可以给256个字符（包括字母、数字、标点符号、控制字符及其他符号）分配（或指定）数值。

为了满足国内在计算机中使用汉字的需要，中国国家标准总局发布了一系列的汉字字符集国家标准编码，统称为GB码，或国标码。其中最有影响的是于1980年发布的《信息交换用汉字编码字符集基本集》，标准号为GB 2312—1980，因其使用非常普遍，也常被通称为国标码。GB 2312是一个简体中文字符集，由6763个常用汉字和682个全角的非汉字字符组成。

图像、音频和视频也都有各自领域的编码体系，无论是语音或图像，由于其信号中包含很多的冗余信息，所以当利用数字方法传输或存储时均可以得到数据的压缩，因此图像、音频、视频编码也更多地被称为压缩编码。不同的编码方式用于满足不同信息质量和传输效率的综合需求，一些计算机和信息领域的大型技术公司也会根据自身产品特性开发和推广独特的编码标准。比如，视频流传输中最为重要的编解码标准有国际电联的H.261、H.263、H.264，运动静止图像专家组的M-JPEG和国际标准化组织运动图像专家组的MPEG系列标准，此外在互联网上被广泛应用的还有Real-Networks的RealVideo、微软公司的WMV以及Apple公司的QuickTime等。

编码和解码的过程类似于信息传输系统中发端设备和收端设备的工作原理，需要用统一约定的规则进行，否则最终显示出的只能是一堆没有含义的乱码。我们有时打开一些文件或是网页，出现乱码的多数原因都是编码方式不一致，应用程序没有使用对应的编码表去打开原始文件而导致的。

2. 信息记录与存储

正因为人脑无法永远准确记录所有的信息，我们才需要将信息用特定的方式保存下来，以便共享、更新和使用。从甲骨文到云存储，人们不断在探索更便捷和可靠的信息记录和存储的方式。在发明计算机之前，我们用文字、照片和影像来记录和保存信息，这些信息载体尽管看起来略显古老和陈旧，但却承载了许许多多珍贵的历史档案资料。

现如今，信息更多地以电子化的形式存在于我们的工作和生活之中。与古老的档案资料看得见、摸得着不同的是，我们在计算机显示器上看见的文字、图片等信息在电脑里面其实并不是我们看见的样子，即使你知道所有信息都存储在硬盘里，把它拆开也看不见里面有任何东西，只有些盘片。假设，你用显微镜把盘片放大，会看见盘片表面凹凸不平，凸起的地方被磁化，凹的地方是没有被磁化；凸起的地方代表数字1，凹的地方代表数字0。硬盘只能用0和1来表示所有文字、图片等信息。全世界的信息似乎以一种更统一的格式客观存在了下来。

当前信息的记录与存储最重要的两个要素就是介质和容量。磁盘、磁带、光盘、闪存等都是常用的基本存储介质，以它们为基础制造出的硬盘、优盘、蓝光碟、存储卡等各类产品已经成为了我们生活的必需品，信息存储通过特殊设备以电擦写或光擦写的方式写入到相应介质中。随着互联网时代"云计算"的兴起，类似网盘之类的云端存储应用也日益普及，但"云"更多的是面向使用者的体验，其实它依然是在某个地方有实体存储介质的。介质类型和数据形态决定了存储容量的大小。我们常用的设备小到700兆的光盘，大到2千千兆的移动硬盘，这些数字表征的都是容量。每个人每天都在生产和持有各种信息，其中的大多数都被暂时或永久储存起来。IBM的研究称，整个人类文明所获得的全部数据中，有90%是过去两年内产生的。而到了2020年，全世界所产生的数据规模将达到今天的44倍。每一天，全世界会上传超过五亿张图片，每分钟就有20小时时长的视频被分享。可见，未来世界的信息存储是一个不小的挑战！

二、电子科学与技术

电气时代的到来，为人类社会发展带来了前所未有的强劲动力，催生了由电力驱动的无数重大发明创造，从体力上解放和发展了生产力，成为了人类文明的重要象征。电子科学与技术则是在相对微观的层面，不断改造着各种机器的大脑和神经中枢，从脑力上协助人们实现了生产力的一次次飞跃。

（一）电磁感应

一段通电导线隔空晃动了周围的小磁针，也打开了电磁感应的新世界，由人类主动发射的无线电波横空出世。这一壮举彻底消除了地理空间造成的通信障碍，也使今天的人们逐渐摆脱了线缆的束缚，进入无线的时代。

1. 无线电技术

无线电是指在所有自由空间（包括空气和真空）传播的电磁波。1864年，英国科学家麦克斯韦（James Clerk Maxwell，1831—1879）在总结前人研究电磁现象的基础上，建立了完整的电磁波理论。他断定电磁波的存在，推导出电磁波与光具有同样的传播速度。1887年德国物理学家赫兹（Heinrich Rudolp Hertz，1857—1894）用实验证实了电磁波的存在。之后，人们又进行了许多实验，不仅证明光是一种电磁波，而且发现了更多形式的电磁波，它们的本质完全相同，只是波长和频率有很大的差别。美国科学家尼古拉·特斯拉（Nikola Testa，1856—1943）和古列尔莫·马可尼（Guglielmo Marconi，1874—1937），都是无线电技术实践应用的先驱。

无线电技术是通过无线电波传播信号的技术。无线电技术的原理在于，导体中电流强弱的改变会产生无线电波。利用这一现象，通过调制可将信息加载于无线电波之上。当电波通过空间传播到达收信端，电波引起的电磁场变化又会在导体中产生电流。通过解调将信息从电流变化中提取出来，就达到了信息传递的目的。无线电经历了从电子管到晶体管，再到集成电路，从短波到超短波，再到微波，从模拟方式到数字方式，从固定使用到移动使用等各个发展阶段，无线电技术已成为现代信息社会的重要支柱。

无线通信在现代通信中占据着极其重要的位置，商业、气象、金融、军事、工业以及民用的各种领域都会使用到各种无线通信设施和设备。卫星导航系统就是基于无线电技术原理建立起来的。装备了精确时钟的导航卫星播发其位置和定时信息，接收机同时接受多颗导航卫星的信号，接收机通过测量电波的传播时间得出它到各个卫星的距离，然后计算得出其精确位置。雷达则是通过测量反射无线电波的延迟来推算目标的距离，并通过反射波的极化和频率感应目标的表面类型。

2. NFC技术

NFC技术的全称为"近距离无线通信技术"，也称为"近场通信技术"，它是由非接触式射频识别（RFID）及互联互通技术整合演变而来，在单一芯片上结合感应式读卡器、感应式卡片和点对点的功能，它能在短距离内与兼容设备进行识别和数据交换。它是一种短距高频的无线电技术，在13.56兆赫频率运行于20厘米距离内。支持NFC的设备可以在主动或被动模式下交换数据。在被动模式下，启动NFC通信的设备，也称为NFC发起设备（主设备），在整个通信过程中提供射频场（RF-field），它可以选择106比特率、212比特率或424比特率其中一种传输速度，将数据发送到另一台设备。另一台设备称为NFC目标设备（从设备），不必产生射频场，而使用负载调制（load modulation）技术，即可以相同的速度将数据传回发起设备。

与RFID一样，NFC信息也通过频谱中无线频率部分的电磁感应耦合方式传递，但两者之间还是存在很大的区别。首先，NFC是一种提供轻松、安全、迅速的通信的无线连接技术，其传输范围比RFID小，RFID的传输范围可以达到几米，甚至几十米，但由于NFC采取了独特的信号衰减技术，相对于RFID来说NFC具有距离近、带宽高、能耗低等特点。其次，NFC与现有非接触智能卡技术兼容，目前已经成为得到越来越多主要厂商支持的正式标准。再次，NFC还是一种近距离连接协议，提供各种设备间轻松、安全、迅速而自动的通信。与无线世界中的其他连接方式相比，NFC是一种近距离的私密通信方式。最后，RFID更多地被应用在生产、物流、跟踪、资产管理上，而NFC则在门禁、公交、手机支付等领域内发挥着巨大的作用。

NFC、红外、蓝牙同为非接触传输方式，它们具有各自不同的技术特征，可以用于各种不同的目的，其技术本身没有优劣差别。

目前NFC技术多用于手机产品。NFC手机内置NFC芯片，比原先仅作为标签使用的RFID更增加了数据双向传送的功能，这个进步使得其更加适合用于电子货币支付的场景；特别是RFID所不能实现的相互认证、动态加密和一次性钥匙（OTP），能够在NFC上实现。NFC技术支持多种应用，包括移动支付与交易、对等式通信及移动中信息访问等。通过NFC手机，人们可以在任何地点、任何时间，通过任何设备，与他们希望得到的娱乐服务与交易联系在一起，从而完成付款，获取海报信息等。NFC设备可以用作非接触式智能卡、智能卡的读写器终端以及设备对设备的数据传输链路。NFC技术在手机上应用主要有以下五类：

接触通过（touch and go），如门禁管理、车票和门票等，用户将储存车票证或门控密码的设备靠近读卡器即可，也可用于物流管理。

接触支付（touch and pay），如非接触式移动支付，用户将设备靠近嵌有NFC模块的POS机可进行支付，并确认交易。

接触连接（touch and connect），如把两个NFC设备相连接，进行点对点（peerto-peer）数据传输，例如下载音乐、图片互传和交换通信录等。

接触浏览（touch and explore），用户可将NFC手机接靠近街头有NFC功能的智能公用电话或海报，来浏览交通信息等。

下载接触（load and touch），用户可通过GPRS网络接收或下载信息，用于支付或门禁等功能，比如，用户可发送特定格式的短信至家政服务员的手机来控制家政服务员进出住宅的权限。

3. 无线充电技术

2007年6月7日，麻省理工学院的研究团队在美国《科学》杂志的网站上发表了研究成果。研究小组把共振运用到电磁波的传输上而成功"抓住"了电磁波，利用铜制线圈作为电磁共振器，一团线圈附在传送电力方，另一团在接受电力方。传送方送出某特定频率的电磁波后，经过电磁场扩散到接受方，电力就实现了无线传导。这项被他们称为"无线电力"的技术经过多次试验，已经能成功为一个2米外的60瓦灯泡供电。这项技术的最远输电距离还只能达到2.7米，但研究者相信，电源已经可以在此范围内为电池充电。而且只需要安装一个电源，就可以为整个屋里的电器供电。无线充电将大大改善我们的生活。无线充电技术得到推广后，人们只需要一个充电器就可以给所有的设备进行充电。而且，随着这项技术的不断推广，无线充电发射器可以在我们生活、居住、工作的每个地方很便利地找到，甚至可以在汽车、飞机上、宾馆里、办公地点安置充电发射器，这意味着人们不用再随身携带任何电线，即可随时随地为自己的电器进行充电。

无线充电技术是指具有电池的装置不需要借助于电导线，利用电磁波感应原理或者其他相关的交流感应技术，在发送端和接收端用相应的设备来发送和接收产生感应的交流信号来进行充电的一项技术。它源于无线电能传输技术，小功率无线充电常采用电磁感应式，大功率无线充电常采用谐振式，由供电设备将能量传送至用电的装置，该装置使用接收到的能量对电池充电，并同时供其本身运作之用。由于充电器与用电装置之间以磁场传送能量，两者之间不用电线连接，因此充电器及用电的装置都可以做到无导电接点外露。

从具体的技术原理及解决方案来说，目前无线充电技术主要有电磁感应式、磁共振式、无线电波式、电场耦合式四种基本方式。这几种技术分别适用于近程、中短程与远程电力传送。当前最成熟、最普遍的是电磁感应式。其根本原理是利用电磁感应原理，类似于变压器，在发送端和接收端各有一个线圈，初级线圈上通一定频率的交

x

流电，由于电磁感应在次级线圈中产生一定的电流，从而将能量从传输端转移到接收端，如图2-3所示。

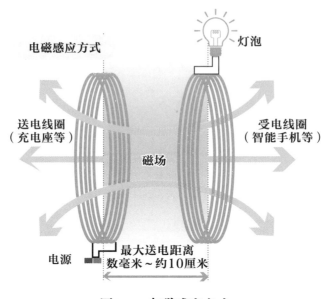

图2-3　电磁感应方式

磁共振式也称为近场谐振式，由能量发送装置和能量接收装置组成，当两个装置调整到相同频率，或者说在一个特定的频率上共振，它们就可以交换彼此的能量，其原理与声音的共振原理相同，排列在磁场中的相同振动频率的线圈，可从一个向另一个供电。它的技术难点是小型化和高效率化，磁共振式被认为是将来最有希望广泛应用于电动汽车无线充电的一种方式。

无线电波式，基本原理类似于早期使用的矿石收音机，主要有微波发射装置和微波接收装置组成。典型的是20世纪60年代布朗（William C. Brown，1916—1999）的微波输电系统。整个传输系统包括微波源、发射天线、接收天线三部分；微波源内有磁控管，能控制源在2.45吉赫频段输出一定的功率；发射天线是64个缝隙的天线阵，接收天线拥有25%的收集和转换效率。

电场耦合式利用通过沿垂直方向耦合的两组非对称偶极子而产生的感应电场来传输电能，其基本原理是通过电场将电能从发送端转移到接收端。这种方式主要是村田制作所采用，具有抗水平错位能力较强的特点。

目前，阻碍无线感应式充电技术大规模运用的瓶颈主要是对于辐射的担忧，因为无线充电会产生强大的磁场。当人或动物位于电动车和充电装置之间时，有可能带来电磁伤害。所以确保无线充电系统的安全性也是一个关键节点，在这方面，各家公司还需要大量的测试来改进相关技术。

（二）集成电路

人们习惯用"芯片"来通称各种集成电路，非常形象和贴切。指甲盖大小的一片集成电路，其运算和控制能力超乎想象，它往往也是一件科技产品中含金量最高的核心部件之一。随着制造工艺的不断精进，单位面积集成电路上的元器件数量一直在飞快上升，"芯片"越做越小，功能却越来越强大。并且，集成电路不再仅仅是计算机生产厂商的统一规格，更多适用于特殊需求的"定制"芯片也广泛出现在各种电子电器产品之中。

1. 半导体材料

自然界的物质、材料按导电能力大小可分为导体、半导体和绝缘体三大类。半导体材料（semiconductor material）是一类具有半导体性能（导电能力介于导体与绝缘体之间，电阻率约在1毫欧·厘米～1吉欧·厘米范围内）、可用来制作半导体器件和集成电路的电子材料。

反映半导体材料内在基本性质的是各种外界因素，如光、热、磁、电等作用于半导体而引起的物理效应和现象，这些可统称为半导体材料的半导体性质。构成固态电子器件的基体材料绝大多数是半导体，正是这些半导体材料的各种半导体性质赋予各种不同类型半导体器件以不同的功能和特性。半导体材料可按化学组成来分，再将结构与性能比较特殊的非晶态与液态半导体单独列为一类。按照这种分类方法可将半导体材料分为元素半导体、无机化合物半导体、有机化合物半导体和非晶态与液态半导体。硒（Se）是最早发现并被利用的元素半导体，曾是固体整流器和光电池的重要材料。元素半导体锗（Ge）放大作用的发现开辟了半导体历史新的一页，从此电子设备开始实现晶体管化。采用元素半导体硅（Si）以后，不仅使晶体管的类型和品种增加、性能提高，而且迎来了大规模和超大规模集成电路的时代。

电路之所以具有某种功能，主要是因为其内部有电流的各种变化，之所以形成电流，主要是因为有电子在金属线路和电子元件之间流动（运动或迁移）。所以，电子在材料中运动的难易程度，决定了其导电性能。常见的金属材料在常温下电子就很容易获得能量，发生运动，因此其导电性能好；绝缘体由于其材料本身特性，电子很难获得导电所需能量，其内部很少电子可以迁移，因此几乎不导电。而半导体材料的导电特性则介于这两者之间，并且可以通过掺入杂质来改变其导电性能，并人为控制它导电或者不导电以及导电的难易程度。这一点称之为半导体的可掺杂特性。集成电路的基础是晶体管，发明了晶体管才有可能创造出集成电路，而晶体管的基础则是半导体，因此半导体也是集成电路的基础。半导体之于集成电路，如同土地之于城市。很明显，山地、丘陵多者不适合建造城市，沙化土壤、石灰岩多的地方也不适合建造城市。"建造"城市需要选一块好地，"集成"电路也需要一块合适的基础材料——就是半导体。常见的半导体材料有硅、锗、砷化镓（化合物），其中应用最广的、商用化最成功的当推硅。

半导体，特别是硅，适合制造集成电路有多方面的原因。硅是地壳中最丰富的元素，仅次于氧。自然界中的岩石、砂砾等存在大量硅酸盐或二氧化硅，这是原料成本方面的原因。硅的可掺杂特性容易控制，容易制造出符合要求的晶体管，这是电路原理方面的原因。硅经过氧化所形成的二氧化硅性能稳定，能够作为半导体器件中所需的优良的绝缘膜使用，这是器件结构方面的原因。最关键的一点还是在于集成电路的平面工艺，硅更容易实施氧化、光刻、扩散等工艺，更方便集成，其性能更容易得到控制。因此后续主要介绍的也是基于硅的集成电路知识，对硅晶体管和集成电路工艺有了解后，会更容易理解这个问题。

除了可掺杂性之外，半导体还具有热敏性、光敏性、负电阻率温度、可整流等几个特性。因此，半导体材料除了用于制造大规模集成电路之外，还可以用于功率器件、光电器件、压力传感器、热电制冷等用途；利用微电子的超微细加工技术，还可以制成MEMS（微机械电子系统），应用在电子、医疗领域。

2. 超大规模集成电路

超大规模集成电路（very large scale integration circuit，VLSI）是一种将大量晶体管组合到单一芯片的集成电路，其集成度大于大规模集成电路。集成的晶体管数在不同的标准中有所不同。从20世纪70年代开始，随着复杂的半导体以及通信技术的发展，集成电路的研究、发展也逐步展开。计算机里的控制核心微处理器就是超大规模集成电路的最典型实例，超大规模集成电路设计（VLSI design），尤其是数字集成电路，通常采用电子设计自动化的方式进行，已经成为电子科学与计算机工程的重要分支之一。

集成电路（integrated circuit，IC）按集成度高低的不同可分为小规模集成电路、中规模集成电路、大规模集成电路、超大规模集成电路、特大规模集成电路和巨大规模集成电路等。在一块芯片上集成的元件数超过10万个，或门电路数超过万门的集成电路，称为超大规模集成电路。超大规模集成电路是20世纪70年代后期研制成功的，主要用于制造存储器和微处理机。超大规模集成电路的集成度已达到600万个晶体管，线宽达到0.3微米。用超大规模集成电路制造的电子设备，体积小、重量轻、功耗低、可靠性高。利用超大规模集成电路技术可以将一个电子分系统乃至整个电子系统"集成"在一块芯片上，完成信息采集、处理、存储等多种功能。例如，可以将整个386微处理机电路集成在一块芯片上，集成度达250万个晶体管。超大规模集成电路研制成功，是微电子技术的一次飞跃，大大推动了电子技术的进步，从而带动了军事技术和民用技术的发展。

在集成电路领域，有著名的摩尔定律，它是由英特尔（Intel）创始人之一戈登·摩尔（Gordon Moore，1929—　）最早于1965年提出来的。其内容为：当价格不变时，集成电路上可容纳的元器件的数目，约每隔18～24个月便会增加一倍，性能也将提升一倍。换言之，每一美元所能买到的电脑性能，将每隔18～24个月翻一倍以上。摩尔定律是简单评估半导体技术进展的经验法则，其重要的意义在于长期而言，IC制程技术是以一直线的方式向前推展，使得IC产品能持续降低成本，提升性能，增加功能。这一定律揭示了信息技术进步的速度。尽管这种趋势已经持续了超过半个世纪，摩尔定律仍应该被认为是观测或推测，而不是一个物理或自然规律。

超大规模集成电路已成为衡量一个国家科学技术和工业发展水平的重要标志，也是世界主要工业国家，特别是美国和日本竞争最激烈的一个领域。

3. 芯片封装

安装半导体集成电路芯片用的外壳，起着安放、固定、密封、保护芯片和增强电热性能的作用，而且还是沟通芯片内部世界与外部电路的桥梁——芯片上的接点用导线连接到封装外壳的引脚上，这些引脚又通过印制板上的导线与其他器件建立连接。因此，封装对CPU和其他LSI集成电路都起着重要的作用。芯片的封装技术已经历了好几代的变迁，从DIP，PQFP，PGA，BGA到CSP再到MCM，技术指标一代比一代先进，包括芯片面积与封装面积之比越来越接近于1，适用频率越来越高，耐温性能越来越好。引脚数增多，引脚间距减小，重量减小，可靠性提高，使用更加方便等。

DIP（dual inline-pin package）是指采用双列直插形式封装的集成电路芯片，绝大多数中小规模集成电路均采用这种封装形式，其引脚数一般不超过100个。采用DIP封装的CPU芯片有两排引脚，需要插入到具有DIP结构的芯片插座上。当然，也可以直接插在有相同焊孔数和几何排列的电路板上进行焊接。DIP封装的芯片在从芯片插座上插拔时应特别小心，以免损坏引脚。

PQFP（plastic quad flat package）封装的芯片引脚之间距离很小，管脚很细，一般大规模或超大型集成电路都采用这种封装形式，其引脚数一般在100个以上。用这种形式封装的芯片必须采用SMD（表面安装设备技术）将芯片与主板焊接起来。采用SMD安装的芯片不必在主板上打孔，一般在主板表面上有设计好的相应管脚的焊点。将芯片各脚对准相应的焊点，即可实现与主板的焊接。用这种方法焊上去的芯片，如果不用专用工具是很难拆卸下来的。PFP（plastic flat package）方式封装的芯片与PQFP方式基本相同。唯一的区别是PQFP一般为正方形，而PFP既可以是正方形，也可以是长方形。

PGA（pin grid array package）芯片封装形式在芯片的内外有多个方阵形的插针，每个方阵形插针沿芯片的四周间隔一定距离排列。根据引脚数目的多少，可以围成2～5圈。安装时，将芯片插入专门的PGA插座。为使CPU能够更方便地安装和拆卸，从486芯片开始，出现一种名为ZIF的CPU插座，专门用来满足PGA封装的CPU在安装和拆卸上的要求。ZIF（zero insertion force socket）是指零插拔力的插座。把这种插座上的扳手轻轻抬起，CPU就可很容易、轻松地插入插座中。然后将扳手压回原处，利用插座本身的特殊结构生成的挤压力，将CPU的引脚与插座牢牢地接触，绝对不存在接触不良的问题。而拆卸CPU芯片只需将插座的扳手轻轻抬起，则压力解除，CPU芯片即可轻松取出。

随着集成电路技术的发展，对集成电路的封装要求更加严格。这是因为封装技术关系到产品的功能性，当IC的频率超过100兆赫时，传统封装方式可能会产生所谓的"CrossTalk（串扰）"现象，而且当IC的管脚数大于208 Pin时，传统的封装方式有其困难度。因此，除使用PQFP封装方式外，现今大多数的高脚数芯片（如图形芯片与芯片组等）皆转而使用BGA（ball grid array package）封装技术。

BGA一出现便成为CPU、主板上南、北桥芯片等高密度、高性能、多引脚封装的最佳选择。随着全球电子产品个性化、轻巧化的需求蔚为风潮，封装技术已进步到CSP（chip size package）。它减小了芯片封装外形的尺寸，做到裸芯片尺寸有多大，封装尺寸就有多大。即封装后的IC尺寸边长不大于芯片的1.2倍，IC面积只比晶粒（Die）大不超过1.4倍。为解决单一芯片集成度低和功能不够完善的问题，把多个高集成度、高性能、高可靠性的芯片，在高密度多层互联基板上用SMD技术组成多种多样的电子模块系统，从而出现MCM（multi chip module）多芯片模块系统。

（三）传感器

人为了从外界获取信息，必须借助于自身的感觉器官，例如眼、耳、鼻、舌、皮肤等感官。如果让一部机器或设备从周围环境获取信息，则需要各种各样的传感器，传感器就相当于人获取信息时使用的感觉器官。

传感器是一种检测装置，能感受到被测量的信息，并能将感受到的信息，按一定规律变换成为电信号或其他所需形式的信息输出，以满足信息的传输、处理、存储、显示、记录和控制等要求。传感器的特点包括：微型化、数字化、智能化、多功能化、系统化、网络化。它是实现自动检测和自动控制的首要环节。传感器的存在和发展，让物体有了触觉、味觉和嗅觉等感官，让物体慢慢变得活了起来。如果做个类比，光敏传感器相当于视觉器官；声敏传感器相当于听觉器官；气敏传感器相当于嗅觉器官；化学传感器相当于味觉器官；压敏、温敏、流体传感器相当于触觉器官。通常根据其基本感知功能分为热敏元件、光敏元件、气敏元件、力敏元件、磁敏元件、湿敏元件、声敏元件、放射线敏感元件、色敏元件和味敏元件等十大类。根据不同的使用场合和技术要求，传感器的灵敏度、响应率和精度也大为不同。

传感器一般由敏感元件、转换元件、变换电路和辅助电源四部分组成。敏感元件直接感受被测量，并输出与被测量有确定关系的物理量信号；转换元件将敏感元件输出的物理量信号转换为电信号；变换电路负责对转换元件输出的电信号进行放大调制；转换元件和变换电路一般还需要辅助电源供电。

1. 模拟传感器

模拟传感器能够将被测量的非电学量转换成模拟电信号输出。早期的烟雾报警器是比较典型的模拟传感器，通过烟敏元器件感知并触发报警电路，从而发出警报或打开消防喷淋装置。在行车电脑普及前，各种数显式汽车驾驶仪表盘上的数据，也都是通过速度、压力等模拟传感器输出的电信号来完成速度、胎压、油量等数据的测量和显示。现如今，在一些简单的儿童玩具中还常见有模拟传感器，比如碰碰车上的碰撞传感器，遥控装置上的红外接收器等。一般来说，模拟传感器体积比同类数字传感器更大，制造成本相对较低，适合于对精度要求不高的使用场景。

2. 数字传感器

数字传感器能够将被测量的非电学量转换成数字输出信号，尽管原理与模拟传感器类似，但其精度和抗干扰性都要比模拟传感器高出许多，最重要的是可以实现微型化甚至芯片化。以智能手机为例，一般都集成了众多数字传感器，包括光线、距离、重力、加速度、磁场、陀螺仪、指纹传感器等，这些传感数据能够最终以同样的格式输入到手机的控制单元，作为运算和执行动作的依据。在各种机器人装置上，数字传感器更是被高度集成应用，成为机器人的"眼、耳、口、鼻、手、脚"。

三、现代通信技术

通过手机或是计算机随时随地接入互联网，联络、购物、搜索信息，似乎成为了现代人每天跟吃饭睡觉一样正常的举动。甚至有不少人，一旦长时间离开了手机和网络，便感觉已经无法很好地生活了。然而，实现这些功能并不是理所当然的，其背后是整合了各种现代通信技术的强大支撑，不同的终端、不同的网络、不同的地域，都要无缝衔接，让使用者感受到没有差别的体验。

（一）蜂窝移动通信

自从20世纪70年代贝尔实验室提出蜂窝概念以来，蜂窝技术就是移动通信的基础。蜂窝移动通信（cellular network）是一种移动通信硬件架构，把移动电话的服务区分为一个个正六边形的小子区，每个小区设一个基站，形成了形状酷似"蜂窝"的结构，因而把这种移动通信方式称为蜂窝移动通信方式，目前世界上各个国家均采用蜂窝移动通信作为民用移动通信网络的主要方式。蜂窝网络被广泛采用的原因是源于一个数学结论，即以相同半径的圆形覆盖平面，当圆心处于正六边形网格的各正六边形中心，也就是当圆心处于正三角网格的格点时所用圆的数量最少。蜂窝移动电话最大的好处是频率可以重复使用。大家或许知道，在我们使用移动电话手机进行通信时，每个人都要占用一个信道，也就是说，系统要拿出一个信道供你使用。同时通话的人多了，有限的信道就可能不够使用，于是便会出现通信阻塞的现象。采用蜂窝结构就可以使用同一组频率在若干个相隔一定距离的小区重复使用，从而达到节省频率资源的目的。

蜂窝网络组成主要有三部分：移动站，基站子系统，网络子系统。移动站就是网络终端设备，比如手机或者一些蜂窝工控设备。基站子系统包括移动基站（大铁塔）、无线收发设备、专用网络（一般是光纤）、无线的数字设备等。基站子系统可以看作是无线网络与有线网络之间的转换器。网络子系统主要是放置计算机系统设备、交换机、程控交换机等，对移动用户之间通信和移动用户与其他通信网络用户之间通信起着管理作用。

1. 制式

蜂窝只是较为统一的网络形态，就像小汽车一般都是四个轮子，但蜂窝网中传输的信号类型和特征则可以各式各样，就像市场上有各种品牌、各类型号的小汽车。这种多样的信号频段也被称为通信制式。随着当前第四代（4G）移动通信系统的普及，第五代（5G）移动通信系统正在加紧研发应用，通信制式也随之升级换代。

第一代蜂窝通信系统（1G）：1G是基于模拟技术，且基本面向模拟电话的通信系统。它诞生于20世纪80年代初，是移动通信的第一个基本框架——包含了基本蜂窝小区架构、频分复用和漫游的理念。高级移动电话服务（AMPS）就是一种主流1G技术，昔日的"大哥大"就是1G的标志。

第二代蜂窝通信系统（2G）：2G网络标志着移动通信技术从模拟走向了数字时代，这个引入了数字信号处理技术的通信系统诞生于1992年。2G系统第一次引入了流行的用户身份模块（SIM）卡。主流2G接入技术是CDMA（码分多址）和TDMA（时分多址）。GSM是一种非常成功的TDMA网络，以数字语音传输技术为核心，它从2G的时代到现在都在被广泛使用。2.5G网络出现于1995年后，是从2G迈向3G的衔接性技术，突破了2G电路交换技术对数据传输速率的制约，引入了分组交换技术，对2G系统进行了扩展，从而使数据传输速率有了质的突破。

第三代蜂窝通信系统（3G）：3G的基本思想是在支持更高带宽和数据速率的同时，提供多媒体服务。3G同时采用了电路交换和包交换策略。主流3G接入技术是TDMA、CDMA、宽频带CDMA（WCDMA）、CDMA2000和时分同步CDMA（TS-CDMA）。我们国家主要有三种3G标准，分别是TD-SCDMA、WCDMA和CDMA2000，这三种3G的标准分别由移动、联通和电信来运营。相对第一代模拟制式手机（1G）和第二代GSM、TDMA等数字手机（2G），第三代手机一般是指将无线通信与国际互联网等多媒体通信结合的新一代移动通信系统。它能够方便、快捷地处理图像、音乐、视频流等多种媒体形式，提供包括网页浏览、电话会议、电子商务等多种信息服务。为手机融入多媒体元素提供强大的支持。

第四代蜂窝通信系统（4G）：广泛普及的4G包含了若干种宽带无线接入通信系统。4G的特点可以用"MAGIC"描述，即移动多媒体、任何时间任何地点、全球漫游支持、集成无线方案和定制化个人服务。4G系统不仅支持升级移动服务，也支持很多既存无线网络。

第五代蜂窝通信系统（5G）：5G比现有的4G网络将采用更新的技术、有更快的传输速度，例如智能手机的下载速度可达每秒20千兆字节。而且5G网络还可以支持智能手机之外的其他许多设备。2014年，三星电子宣布已率先开发出了首个基于5G核心技术的移动传输网络，并表示将在2020年之前进行5G网络的商业推广。中国和欧盟也投入大量资金用于5G网络技术的研发。我国工信部发布的《信息通信行业发展规划（2016—2020年）》就提出到2020年启动5G商用服务。

2. 基站

基站，即公用移动通信基站，是无线电台站的一种形式，是指在一定的无线电覆盖区中，通过移动通信交换中心，与移动电话终端之间进行信息传递的无线电收发信电台。在整个蜂窝移动通信系统中，基站子系统是移动台与移动中心连接的桥梁，其地位极其重要。整个覆盖区中基站的数量、基站在蜂窝小区中的位置，基站子系统中相关组件的工作性能等因素决定了整个蜂窝系统的通信质量。基站子系统主要包括两类设备：基站收发台（BTS）和基站控制器（BSC）。

大家常看到房顶上高高的天线，就是基站收发台的一部分。一个完整的基站收发台包括无线发射、接收设备、天线和所有无线接口特有的信号处理部分。基站收发台可看作一个无线调制解调器，负责移动信号的接收、发送处理。一般情况下在某个区域内，多个子基站和收发台相互组成一个蜂窝状的网络，通过控制收发台与收发台之间的信号相互传送和接收来达到移动通信信号的传送，这个范围内的地区也就是我们常说的网络覆盖面。如果没有了收发台，那就不可能完成手机信号的发送和接收。基站收发台不能覆盖的地区也就是手机信号的盲区。所以基站收发台发射和接收信号的范围直接关系到网络信号的好坏以及手机是否能在这个区域内正常使用。基站收发台在基站控制器的控制下，完成基站的控制与无线信道之间的转换，实现手机通信信号的收发与移动平台之间通过空中无线传输及相关的控制功能。收发台可对每个用户的无线信号进行解码和发送。基站的辐射频率约为900兆赫，与电视的辐射频率基本相当。其发出和接收的功率只有十几至二十毫瓦，不足以构成辐射污染。

"伪基站"即假基站，设备一般由主机和笔记本电脑组成，通过短信群发器、短信发信机等相关设备能够搜取以其为中心、一定半径范围内的手机卡信息，通过伪装成运营商的基站，冒用他人手机号码强行向用户手机发送诈骗、广告推销等短信息。

3. 漫游

漫游是移动电话用户常用的一个术语。指的是蜂窝移动电话的用户在离开本地区或本国时，仍可以在其他一些地区或国家继续使用他们的移动电话手机。漫游只能在网络制式兼容且已经联网的国内城市间或已经签署双边漫游协议的地区或国家之间进行。

为实现漫游功能在技术环节上是比较复杂的，主要是用户身份的认证和计费。首先要通过基站识别并记录漫游用户所在的位置、使用的业务类型和数量，最重要的是在运营公司之间还要有一套利润结算的办法。对用户而言，必须要持有兼容漫游地网络制式的手机，并且在运营商处登记并开通相应地区的漫游功能。当以上条件都满足的时候，漫游的使用体验与本地用户并无差别。

（二）光纤通信技术

光纤通信技术是以激光为主要传输载体，在特制的线缆中实现高速信号传输的通信技术，具有高速率、高复用率、高安全性等特点。它与传统通信系统最大的不同就在于增加了电信号与光信号之间的转换，并且采用了全新的传输介质。目前很多网络运营商提供的光纤到楼、光纤入户等服务，都是光纤通信普及的结果。

1. 光纤

光纤是光导纤维的简写，是一种由玻璃或塑料制成的纤维，可作为光传导工具。光导纤维是由两层折射率不同的玻璃组成。内层为光内芯，直径在几微米至几十微米，外层的直径0.1~0.2毫米。一般内芯玻璃的折射率比外层玻璃大1%。根据光的折射和全反射原理，当光线射到内芯和外层界面的角度大于产生全反射的临界角时，光线透不过界面，全部反射，因此光纤的传输原理就是"光的全反射"，光纤中传输的信号就是光信号。通常，光纤的一端的发射装置使用发光二极管或一束激光将光脉冲传送至光纤，光纤的另一端的接收装置使用光敏元件检测脉冲。高锟（Charles Kuen Kao，1933—2018）制造出世界上第一根光导纤维，他被誉为"光纤之父"。

在日常生活中经常可见光纤的实际应用。利用光导纤维制成的内窥镜，可以帮助医生检查胃、食道、十二指肠等的疾病。光导纤维胃镜是由上千根玻璃纤维组成的软管，它有输送光线、传导图像的功能，又有柔软、灵活，可以任意弯曲等优点，可以通过食道插入胃里。光导纤维把胃里的图像传出来，医生就可以窥见胃里的情形，然后根据情况进行诊断和治疗。

光导纤维也可以用在通信技术里，由于光在光导纤维的传导损耗比电在电线传导的损耗低得多，光纤被用作长距离的信息传递。利用光导纤维进行的通信叫光纤通信。一对金属电话线至多只能同时传送一千多路电话，而根据理论计算，一对细如蛛丝的光导纤维可以同时通一百亿路电话。铺设1000公里的同轴电缆大约需要500吨铜，改用光纤通信只需几公斤石英就可以了。沙石中就含有石英，几乎是取之不尽的。

通常光纤与光缆两个名词会被混淆。多数光纤在使用前必须由几层保护结构包覆，微细的光纤封装在塑料护套中，使得它能够弯曲而不至于断裂，包覆后的缆线即被称为光缆。光纤外层的保护层和绝缘层可防止周围环境对光纤的伤害，如水、火、电击等。光缆分为：缆皮、芳纶丝、缓冲层和光纤。光纤和同轴电缆相似，只是没有网状屏蔽层，中心是光传播的玻璃芯。我国于1989年开始投入到全球海底光缆的投资与建设中，并于1993年实现了首条国际海底光缆的登陆（中日之间C-J海底光缆系统）；随后在1997年，我国参与建设的全球海底光缆系统（FLAG）建成并投入运营，这也是第一条在我国登陆的洲际海底光缆；2000年，随着亚欧海底光缆上海登陆站的开通，我国实现了与亚欧33个国家和地区的连接，也标志着我国海底通信达到了新的高度。

2. 光网络

光网络也称为光纤通信网络，是以光波为载波、使用光纤作为主要传输介质的广域网、城域网或者新建的大范围的局域网。光网络具有传输速度高、传输距离长等特点。

最基本的光纤通信系统由数据源、光发送端、光学信道和光接收机组成。其中数据源包括所有的信号源，它们是话音、图像、数据等业务经过信源编码所得到的信号；光发送机和调制器则负责将信号转变成适合于在光纤上传输的光信号。光学信道包括最基本的光纤，还有中继放大器EDFA等；而光学接收机则接收光信号，并从中提取信息，然后转变成电信号，最后得到对应的话音、图像、数据等信息。由基本光通信系统叠加组合而成的交互网络，即为光网络。当前光网络发挥带宽高、安全性好、成本低等优势，主要承载网络干路连接，并未完全实现端到端设备之间的全光互联，需要许多的中间器件和设备。特别是在网络节点上还没有全光交换机，在网络上只好采用"光-电-光"方式进行交换，即先把来自光纤网的光信号转变为电信号，用电子交换机进行交换，之后，又把电信号转变为光信号，再进入光纤网。实现这些变换的装置称为光器件，它可分为有源器件和无源器件，光有源器件是光通信系统中需要外加能源驱动工作的可以将电信号转换成光信号或将光信号转换成电信号的光电子器件，是光传输系统的心脏。光无源器件是不需要外加能源驱动工作的光电子器件。"光-电-光"转换这种方法显然是不经济的，虽然已经有小规模的光交换，它是作光线路保护的。通常这种光交换的通路是固定而不是可改变的，对于线路的调度不利。光传输网络的最终目标是构建全光网络，在接入网、城域网、骨干网完全实现"光纤传输代替铜线传输"。

（三）卫星通信技术

自从人类开始将自己的足迹向地球外延伸，通信技术就与航空航天技术如影随形地共同发展起来。卫星所在的空间轨道，大大超出了普通通信装备所能到达的高度和精度，能够从地球外覆盖到更广大的海陆区域，甚至为地表无线电波无法传送到的高原、山谷都送去实时的传输信号。早期的卫星通信主要服务于军事需要，而今也越来越多地实现民用，特别是为海上航行的飞机、船舶提供"永不消失的电波"。

1. 卫星定位技术

卫星定位技术，就是使用卫星对某物进行准确定位的技术。可以保证在任意时刻，地球上任意一点都可以同时观测到四颗卫星，以便实现导航、定位、授时等功能。可以用来引导飞机、船舶、车辆以及个人，安全、准确地沿着选定的路线，准时到达目的地，还可以应用到手机等追寻。目前，世界上共有四个商业运行的卫星导航系统。

美国GPS卫星导航系统，以全球24颗定位人造卫星为基础，向全球各地全天候地提供三维位置、三维速度等信息。它由三部分构成，一是地面控制部分，由主控站、地面天线、监测站及通信辅助系统组成。二是空间部分，由24颗卫星组成，分布在6个轨道平面。三是用户装置部分，由GPS接收机和卫星天线组成。民用的定位精度可达十米。

欧洲"伽利略"卫星导航系统，由轨道高度为23616千米的30颗卫星组成，其中27颗工作星，3颗备份星。卫星轨道高度约2.4万千米，位于3个倾角为56度的轨道平面内。2015年3月，伽利略全球卫星导航系统第7颗、第8颗卫星成功发射升空。太空中已有的8颗正式的伽利略系统卫星，可以组成网络，初步发挥地面精确定位的功能。该项目总共将发射32颗卫星，总投入达34亿欧元。因各成员国存在分歧，计划已几经推迟。

俄罗斯GLONASS卫星导航系统，由24颗卫星组成，均匀分布在3个近圆形的轨道平面上，每个轨道面8颗卫星，轨道高度19100千米，运行周期11小时15分，轨道倾角64.8度，系统单点定位精度水平方向为16米，垂直方向为25米。

中国北斗卫星导航系统，由空间段、地面段和用户段三部分组成，空间段包括5颗静止轨道卫星和30颗非静止轨道卫星，地面段包括主控站、注入站和监测站等若干个地面站，用户段包括北斗用户终端以及与其他卫星导航系统兼容的终端。

以应用最广泛的GPS为例，GPS导航系统的基本原理是测量出已知位置的卫星到用户接收机之间的距离，然后综合多颗卫星的数据就可知道接收机的具体位置。要达到这一目的，卫星的位置可以根据星载时钟所记录的时间在卫星星历中查出。而用户到卫星的距离则通过记录卫星信号传播到用户所经历的时间，再将其乘以光速得到。GPS导航系统卫星部分的作用就是不断地发射导航电文。GPS接收机可接收到可用于授时的准确至纳秒级的时间信息，用于预报未来几个月内卫星所处概略位置的预报星历，用于计算定位时所需卫星坐标的广播星历，精度为几米至几十米（各个卫星不同，随时变化），以及GPS系统信息，如卫星状况等。GPS定位的基本原理是根据高速运动的卫星瞬间位置作为已知的起算数据，采用空间距离后方交会的方法，确定待测点的位置。

2. 海事卫星电话

海事卫星电话指通过国际海事卫星接通的船与岸、船与船之间的电话业务。海事卫星电话用于船舶与船舶之间、船舶与陆地之间的通信，可进行通话、数据传输和传真。海事卫星电话通过国际公用电话网和海事卫星网连通实现。海事卫星网路由海事卫星、海事卫星地球站、船站以及终端设备组成。海事卫星覆盖太平洋、印度洋、大西洋东区和西区。船只的电话号码一般按编号办法规定由七位数字组成。海事卫星电话可由用户自己直拨或通过话务员接续。

提供全球范围海事卫星移动通信服务的政府间合作机构是国际移动卫星公司，其前身是国际海事卫星组织（inmarsat），成立于1979年。1999年，国际海事卫星组织改革为商业公司，更名为国际移动卫星公司。国际移动卫星公司已经具备了3颗四代卫星，除了南北极以外，可以实现宽带业务的全球覆盖，卫星手持机业务的应用范围已扩展到全球。

Inmarsat系统是由国际海事卫星组织管理的全球第一个商用卫星移动通信系统。在20世纪70年代末80年代初，Inmarsat租用美国的Marisat、欧洲的Marecs和国际通信卫星组织的Intelsat-V卫星（都是GEO卫星），构成了第一代的Inmarsat系统，为海洋船只提供全球海事卫星通信服务和必要的海难安全呼救通道。第二代Inmarsat的3颗卫星于20世纪90年代初布置完毕。对于早期的第一、二代Inmarsat系统，通信只能在船站与岸站之间进行，船站之间的通信应由岸站转接形成"两跳"通信。现在运行的系统是具有点波束的第三代Inmarsat，船站之间可直接通信，并支持便携电话终端。

（四）短距离无线通信

随着智能终端设备的普及，中国人均手机拥有量早就已经超过了一人一台，笔记本电脑拥有量也超过了一家一台。试想如果每台手机和电脑都需要一根网线才能连接上网，那在人流如织的车站、商场、大学校园里，得是多么恐怖的一个画面。多亏短距离无线通信的发展，让这一幕不会发生。通过智能终端之间的自主交互连接，实现了信息的便捷分享，也推动了更多智能应用的开发和实现。

1. Wi-Fi技术

Wi-Fi是一种允许电子设备连接到一个无线局域网（WLAN）的技术，通常使用2.4G特高频或5G SHF ISM 射频频段。连接到无线局域网通常是有密码保护的，但也可以是开放的，这样就允许任何在WLAN范围内的设备可以连接上。无线网络上网也可以简单理解为无线上网，几乎所有智能手机、平板电脑和笔记本电脑都支持Wi-Fi上网，是当今使用最广的一种无线网络传输技术。无线网络在无线局域网的范畴是指"无线相容性认证"，实质上是一种商业认证，同时也是一种无线联网技术，以前通过网线连接电脑，而Wi-Fi则是通过无线电波来联网；常见的就是一个无线路由器，那么在这个无线路由器的电波覆盖的有效范围都可以采用Wi-Fi连接方式进行联网，如果无线路由器连接了一条ADSL线路或者别的上网线路，则又被称为热点。

无线网络技术由澳洲政府的研究机构CSIRO在20世纪90年代发明，并于1996年在美国成功申请了无线网技术专利。发明人是悉尼大学约翰·奥沙利文（John O'Sullivan，1947— ）领导的一群由悉尼大学工程系毕业生组成的研究小组。国际电工电子工程学会（IEEE）曾请求澳洲政府放弃其无线网络专利，让世界免费使用Wi-Fi技术，但遭到拒绝。澳洲政府随后在美国通过官司胜诉或庭外和解，收取了世界上几乎所有电器电信公司（包括苹果、英特尔、联想、戴尔、AT&T、索尼、东芝、微软、宏碁、华硕，等等）的专利使用费。2010年我们每购买一台含有Wi-Fi技术的电子设备的时候，我们所付的价钱就包含了交给澳洲政府的Wi-Fi专利使用费。

802.11协议是IEEE为无线局域网络制定的标准，主要用于解决办公室局域网和校园网中用户与用户终端的无线接入，业务主要限于数据存取，速率最高只能达到2兆每秒。由于它在速率和传输距离上都不能满足人们的需要，因此，IEEE小组又相继推出了802.11b、802.11a、802.11n等一系列新标准。

虽然由Wi-Fi技术传输的无线通信质量不是很好，数据安全性能比蓝牙差一些，传输质量也有待改进，但传输速度非常快，可以达到54兆每秒，符合个人和社会信息化的需求。Wi-Fi最主要的优势在于不需要布线，可以不受布线条件的限制，因此非常适合移动办公用户的需要，并且由于发射信号功率低于100兆瓦，低于手机发射功率，所以Wi-Fi上网相对也是最安全健康的。

近年来，Wi-Fi技术的普及也带来了一些隐患，尤其是在公共场所的Wi-Fi连接可能通过黑客技术植入流氓软件或是利用安全漏洞窃取用户终端的隐私信息。在防范技术跟上之前，只能依靠用户自身养成良好的使用习惯，不要随意接入身份不明的免费Wi-Fi网络，毕竟天下没有"免费的午餐"。

2. 蓝牙技术

蓝牙（bluetooth）是一种无线技术标准，可实现固定设备、移动设备和楼宇个人域网之间的短距离数据交换（使用2.4～2.485吉赫的ISM波段的UHF无线电波）。蓝牙技术最初由电信巨头爱立信公司于1994年创制，当时是作为RS232数据线的替代方案。蓝牙可连接多个设备，克服了数据同步的难题。"蓝牙"一词是10世纪的一位国王哈拉尔德·布鲁托（Harald Bluetooth）的绰号，他将纷争不断的丹麦部落统一为一个王国，蓝牙的发明者们意指蓝牙也将把通信协议统一为全球标准。

蓝牙是一个标准的无线通信协议，基于设备低成本的收发器芯片，传输距离近、低功耗。射程范围取决于功率和类别，但是有效射程范围在实际应用中会各有差异。蓝牙技术规定每一对设备之间进行蓝牙通信时，必须一个为主角色，另一为从角色，才能进行通信，通信时，必须由主端进行查找，发起配对，建链成功后，双方即可收发数据。理论上，一个蓝牙主端设备，可同时与七个蓝牙从端设备进行通信。一个具备蓝牙通信功能的设备，可以在两个角色间切换，平时工作在从模式，等待其他主设备来连接，需要时，转换为主模式，向其他设备发起呼叫。一个蓝牙设备以主模式发起呼叫时，需要知道对方的蓝牙地址，配对密码等信息，配对完成后，可直接发起呼叫。蓝牙核心规格提供两个或以上的微微网连接以形成分布式网络，让特定的设备在这些微微网中自动同时地分别扮演主和从的角色。

蓝牙技术特别适用于外围设备与主设备之间的连接。以计算机为例，耳机、音箱、鼠标、键盘、摄像头等这类外部设备均可通过蓝牙与计算机相连，省去了以往"剪不断、理还乱"的连接线。时下，智能终端间也可以通过蓝牙近距离迅速组网，安全、便捷、高速地即时分享照片、视频等信息。

四、计算机与网络技术

计算机已经是现代人生活中密不可分的一部分，计算机通过安装在硬件设备上的系统和软件实现了人们日常使用到的各类功能和服务。同时计算机通过网络技术得以互联互通，并借助计算机系统和应用提供的各类服务，组成了一个功能强大、信息庞大互联网世界。

（一）计算机系统

计算机系统是计算机相关技术的一个整合体，一个完整的计算机系统由计算机硬件设备和软件系统两部分组成。硬件设备是指看得见、摸得着的物理存在，而软件系统则是通过各种编码指令运行的虚拟存在。计算机系统的正常工作需要硬件和软件两方面的相关支撑进行协同工作。

1. 计算机硬件组成

传统意义上的计算机无论规模大小，都是基于冯·诺依曼原理。该结构思路来源于1945年6月美籍匈牙利著名数学家冯·诺依曼（John von Neumann，1903—1957）等人提出的"储存程序"的设计思想。因此，计算机的硬件组成也是依据这个结构设计的，计算机的硬件系统由运算器、控制器、存储器、输入设备和输出设备五部分组成（图2-4）。

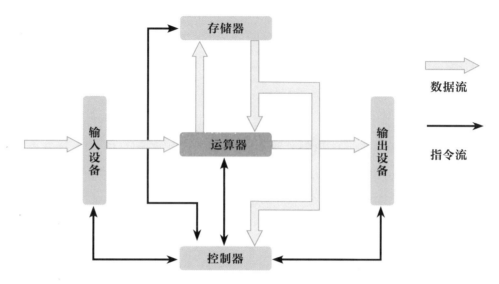

图2-4 冯·诺依曼"储存程序"计算机工作原理

在冯·诺依曼机的结构中，核心部件是运算器。运算器依照程序的指令功能，完成对数据的加工和处理。它能够提供算术运算（加、减、乘、除）和逻辑运算（与、或、非），通过这些简单的运算将可以实现复杂的操作指令。

结构中第二重要的是控制器，也是计算机的指挥控制中心，按照人们事先给定的指令步骤，统一指挥各部件有条不紊地协调动作。控制器的功能，决定了计算机的自动化程度。运算器和控制器通常做在一块半导体芯片上，称为中央处理器，或微处理器，简称CPU。由于目前各类不同的控制器越来越多，所以人们日常接触的控制器也很多被集成在了计算机主板之中。

第三个部分就是存储器，计算机的存储器分为内存储器和外存储器。内存储器由半导体材料做成，通过电路和CPU相连接。计算机工作时，将用户需要的程序与数据装入内存，CPU到内存中读取指令与数据，在运算过程中产生的结果，CPU会将其写入内存。一旦切断电源，这种可读写内存中的信息将全部丢失。外存储器则用来放置需要长期保存的数据，它解决了内存断电后不能保存数据的缺点。日常接触的内部存储器往往都已经集成在了CPU之中，而外存储器有硬磁盘驱动器、光盘驱动器、闪存等。

剩下的两个部分分别是输入设备和输出设备，这也是我们日常接触到最多的计算机硬件。计算机在与人进行会话、接受人的命令或是接收数据时，需要的设备叫作输入设备。常用的输入设备有键盘、鼠标、扫描仪、游戏杆、触摸屏等。输出设备是将计算机处理的结果以人们能够认识的方式输出的设备。常用的输出设备有显示器、音箱、打印机、绘图仪等。现在越来越多的输出设备和输入设备集成在了一起，以方便人机之间的互动，例如VR眼镜等。

作为沟通计算机硬件之间的连接线路，通常可以分为网状结构与总线结构。当然现在绝大多数计算机都采用总线（BUS）结构。借助系统总线，计算机在各系统部件之间实现传送地址、数据和控制信息的操作。可以使得各部分的硬件能够在控制器的指挥下按照指令有序地协同工作。

2. 操作系统

操作系统（operating system，简称OS）是用户和计算机的接口，同时也是计算机硬件和其他软件的接口。它是管理和控制计算机硬件与软件资源的计算机程序，是直接运行在"裸机"上的最基本的软件，是其他应用类软件的基础，任何其他软件都必须在操作系统的支持下才能运行。通俗地说，操作系统构建了大平台，协同和支持其他软件在上面"载歌载舞"。

操作系统主要管理计算机系统的硬件、软件及数据资源，控制程序运行，改善人机界面，为其他应用软件提供支持。它使得计算机系统所有资源都最大限度地发挥了作用，比如我们常用的Windows和Linux系统为我们提供的用户界面，使用户有一个好的工作环境，为其他软件的开发提供必要的服务和相应的接口等。目前微型计算机上常见的操作系统有DOS、MacOS、Unix、Linux、Windows，以及适用于手机的iOS、Android等。这些平台有大有小，取决于硬件设备本身的性能和用户想要实现的功能。

嵌入式系统（embedded system），是操作系统中体积最小、应用最广泛的一种，是简约版的操作系统。国内普遍认同的嵌入式系统定义为：以应用为中心，以计算机技术为基础，软硬件可裁剪，适应应用系统对功能、可靠性、成本、体积、功耗等严格要求的专用计算机系统。嵌入式系统是一个控制程序存储在ROM中的嵌入式处理器控制板，它通常是用来控制或者监视机器、装置、工厂等大规模设备的系统。事实上，所有带有数字接口的设备，如手表、微波炉、录像机、汽车等，都使用嵌入式系统，有些嵌入式系统还包含操作系统，但大多数嵌入式系统都是由单个程序实现整个控制逻辑。

它是一种"完全嵌入受控器件内部，为特定应用而设计的专用计算机系统"，在这一点上，它与个人计算机这样的通用计算机系统不同，嵌入式系统通常执行的是带有特定要求的预先定义的任务，而计算机上的操作系统则是作为一种平台，为解决各类任务，提供各类的应用接口。由于嵌入式系统只针对一项特殊的任务，设计人员能够对它进行优化，减小尺寸，降低成本。嵌入式系统通常进行大量生产，所以单个的成本节约，能够随着产量进行成百上千的放大。

3. 软件开发技术

计算机软件分为系统软件和应用软件，系统软件主要是指类似于操作系统性质的提供硬件设备控制平台的基础软件，而应用软件更偏向于为用户提供某些功能的辅助发生程序。软件开发是根据用户要求建造出软件系统或者系统中的软件部分的过程，这个过程依靠编程语言来具体实现。

软件开发是一项包括需求捕捉、需求分析、设计、实现和测试的系统工程。软件开发的目的是通过使用一种或者多种程序设计语言来实现用户的需求，产出一套或者多套具有解决方案性质的应用软件。但通常来说，软件开发也包括了后期软件维护等一系列长期的服务。这个开发的过程通常采用软件开发工具来执行，软件开发工具的核心就是编程语言，是计算机世界的通用"语种"。

编程语言（programming language），是用来定义计算机程序的形式语言。它是一种被标准化的交流技巧，用来向计算机发出指令，也可以说编程语言是一种人类可以读懂，并且经过解释最终可以被计算机理解的标准化语言。一种计算机语言让程序员能够准确地定义计算机所需要使用的数据，并精确地定义在不同情况下所应当采取的行动。编程语言种类非常多，总的来说可以分成机器语言、汇编语言、高级语言三大类。

机器语言是用二进制代码表示的计算机能直接识别和执行的一种机器指令的集合，它是计算机的设计者通过计算机的硬件结构赋予计算机的操作功能。机器语言具有灵活、直接执行和速度快等特点，但不同型号的计算机的机器语言是不相通的。

汇编语言中，用助记符代替机器指令的操作码，用地址符号或标号代替指令或操作数的地址。汇编语言对应着一个指定的机器语言指令集，通过汇编过程转换成机器指令，故而不同型号的计算机汇编语言也不一致。

高级语言是以人类的日常语言为基础的一种编程语言，它与计算机的硬件结构及指令系统无关，可方便地表示数据的运算和程序的控制结构，描述各种算法。高级语言编译生成的程序代码一般比用汇编程序语言设计的程序代码要长，执行的速度也慢，但可移植性要好。

综合比较来说，机器语言就是计算机自身的语言，在传统的计算机模型中，由于其完全由二进制代码组成，故而完全不具有可读性；高级程序语言更接近人类的日常语言，人们通过适当的训练，可以完全读懂程序的逻辑，并且方便人们根据自己的需求，向计算机提出自己的逻辑要求，但由于这种日常语言具有极强的跨平台优势，直接翻译成计算机语言并不能满足不同计算机型号的需要；汇编语言就解决了高级语言和机器语言之间的沟通问题，每一种高级语言在解释的过程中，都要解读成汇编语言，通过汇编人员对机器的针对性选择，最终解释成可执行的机器语言。

4. 虚拟现实技术

虚拟现实（VR）是指在视、听、触、嗅、味觉等方面高度逼真的计算机模拟环境，是以客观世界为基础的环境再现。用户可与此环境进行互动，产生身临其境的体验。虚拟现实技术是一种综合计算机图形技术、多媒体技术、传感器技术、人机交互技术、网络技术、立体显示技术以及仿真技术等多种技术而发展起来的综合性技术。与其他计算机应用类似，虚拟现实技术同样需要硬件和软件来共同构建。

虚拟现实的实现首先需要能够实时提供各种物体的精确图像，这个图像要求是立体的，而且图像可以根据用户的位置和头部动作进行调整。这种要求是非常高的，需要具有非常强劲的图形计算能力的硬件设备作支持。立体感的图像就和3D电影一样要求用户的两只眼睛看到的不同图像，有的系统通过特殊的眼镜，一只眼睛只能看到奇数帧图像，另一只眼睛只能看到偶数帧图像，奇、偶帧之间的不同也就是视差，从而产生了立体感，有的则是通过双眼看到不同的图像而呈现出来的。图像根据用户的位置和头（眼）的方向来调整的，这就需要新型的工具来实现人和设备之间的沟通，比如虚拟现实头套或者眼镜等。

虚拟现实还需要向用户提供真实环境的模拟反馈。在现实生活中，人们转动头部，来捕捉不同方向的声音。同样还有感觉反馈系统，用户看到一个虚拟的物体并尝试抓住它，但虚拟环境中无法提供真正的触感，解决这一问题的常用装置是在手套内层安装一些可以振动的触点来模拟触觉。

虚拟现实设备需要解决用户的输入问题，虚拟现实设备特殊的使用方式，摆脱了传统的鼠标键盘操作，使得语音的输入输出很重要。这就要求虚拟环境能听懂人的语言，并能与人实时交互。

目前，虚拟现实技术已广泛应用于军事、建筑、工业仿真、考古、医学实验、文化教育等各个方面。譬如，在医学院校，学生可在虚拟实验室中进行解剖和各种手术练习。外科医生在真正动手术之前，可以利用虚拟现实技术在显示器上重复地模拟手术，寻找最佳的手术方案以及提高熟练度。在灾难模拟方面，虚拟现实技术可以模拟并重现矿山事故，模拟分析飞机遇难情况，对减少和避免灾难的发生意义重大。

（二）互联网技术

互联网技术指在计算机技术的基础上开发建立的一种信息技术。互联网技术的普遍应用，是进入信息社会的标志。互联网技术可以这样简单来描述：它为所有计算机提供了一种沟通语言和沟通桥梁，通信协议提供了一种通用性的语言，使得不同的计算机之间有了标准化的交流方式；为了保证信息在传输中的安全性，互联网协议和设备也提供了很多加密性技术，虚拟网络技术就是其中的一个类型。

1. 网络通信协议

网络通信协议是一种网络通用语言，用来连接不同操作系统和不同硬件，是网络世界的"规则"，只有符合"规则"的信息才被允许进入这个信息高速公路的世界。第一，它作为一种标准在各种操作系统中被定制，不同平台之间采用同一标准，但实现的硬件基础和软件程序却可以不一致。第二，网络协议只是作为一种传输标准，不涉及数据的处理，故而只是定义数据传输中的信息，对数据加密及传输的内容只做出格式要求而不涉及。

网络通信协议由三个要素组成：语义、语法和时序。语义解释控制信息每个部分的意义，它规定了控制信息的目的和性质。语法约定了用户数据与控制信息的结构与格式，以及数据出现的顺序。时序是对事件发生顺序的详细说明。可以形象地把这三个要素描述为：语义表示要做什么，语法表示要怎么做，时序表示做的顺序。

常见的网络通信协议有：TCP／IP协议、IPX／SPX协议、NetBEUI协议等。

TCP／IP（transmission control protocol／internet protocol，传输控制协议／网际协议）协议具有很强的灵活性，支持任意规模的网络，几乎可连接所有服务器和工作站。TCP／IP参考模型是由ARPANET所使用的网络体系结构，共分为四层：网络接口层（又称链路层）、网络层（又称互联层）、传输层和应用层，每一层都呼叫它的下一层所提供的网络来完成自己的需求。也是目前使用最广泛的网络协议，在使用TCP／IP协议时需要进行复杂的设置，每个结点至少需要一个"IP地址"、一个"子网掩码"、一个"默认网关"、一个"主机名"。

IPX／SPX（internetwork packet exchange／sequences packet exchange，网际

包交换／顺序包交换）是Novell公司的通信协议集。IPX／SPX具有强大的路由功能，适合于大型网络使用。当用户端接入NetWare服务器时，IPX／SPX及其兼容协议是最好的选择。但在非Novell网络环境中，IPX／SPX一般不使用。

NetBEUI（NetBios enhanced user interface，NetBios增强用户接口）协议是一种短小精悍、通信效率高的广播型协议，安装后不需要进行设置，特别适合于在"网络邻居"传送数据。

2. 虚拟专用网络技术

虚拟专用网络技术（VPN）被定义为通过一个公用网络建立一个临时的、安全的连接，是一条看不见的穿过混乱的公用网络的安全、稳定的专用隧道。使用这条隧道可以对数据进行几倍加密达到安全使用互联网的目的。

虚拟专用网是对企业内部网的扩展。虚拟专用网可以帮助远程用户、公司分支机构、商业伙伴及供应商同公司的内部网建立可信的安全连接，用于经济有效地连接到商业伙伴和用户的安全外联网虚拟专用网。VPN主要采用隧道技术、加解密技术、密钥管理技术和使用者与设备身份认证技术。

VPN技术细分起来也有3种主流技术：PPTP VPN、IPSec VPN以及SSL VPN。

PPTP是一种远程拨号技术，Windows自带的拨号程序就提供PPTP VPN拨号。PPTP VPN的优势在于技术的普及，Windows自带拨号程序使得最终用户无须另行购买安装额外的软件，降低了成本和维护，缺点在于PPTP协议本身也提供较低等级的加密，为数据在公网上传输提供相比较低的安全性。

IPSec VPN以其高达168位的加密安全性，以及核心技术的普及所带来的成本下降，已经成为企业构建跨地域VPN网络的首选方案。IPSec VPN如果用来解决远程访问的需要，必须在远程PC上安装IPSec VPN客户端程序。客户端程序成本并不低廉且要求一定的技术操作水平。另外它在权限管理的设计不够完全，不利于内部信息安全管理。

SSL VPN所采用的128位加密技术，同样能够提供高等级的数据传输安全性。且SSL技术普遍内置于各类主流浏览器，一般用户只需要通过https方式进行访问，正是由于有着高安全性、应用简便以及低成本的优势，SSL加密技术已经广泛应用与网上银行、在线购物、在线支付等对安全性和移动性要求较高的行业。目前由于HTML5技术的普及，SSL技术开始大范围的应用，很多主流的网站出于安全性的考虑已经要求用户必须使用HTTPS来访问，这也使得VPN技术的重要性越来越突显。

（三）高性能计算

我们熟知的超级计算机和云计算等都属于高性能计算里面的一个概念。高性能计算主要应用在需要庞大计算量的领域，包括常见的气象预测、天气预警、复杂产品设计和模拟。高性计算设备的出现，极大地促进了相关领域的研究了发展，具有缩短了研究周期，节约研制费用等多种优势。在国际上，高性能计算能力也是体现一个国家整个科技水平的重要指标。

1. 超级计算机

超级计算机（super computer）是指能够执行一般个人电脑无法处理的大数据量与高速运算的电脑。其具有很强的计算和处理数据的能力，主要特点表现为高速度和大容量，配有多种外部和外围设备及丰富的、高性能的软件系统。

超级计算机和个人计算机同样是采用冯·诺依曼的结构，只是其性能远超过普通的计算机。另外超级计算机通常由大量的中央处理器（CPU）和图形处理器（GPU）组成，而个人电脑往往只有一个CPU和一个GPU。因此超级计算机的描述主要是通过性能指标，比如峰值速度、实测速度和运行效率等，并且计算速度一般以计算机系统"每秒执行的浮点运算次数"为单位。

自1946年第一台电子计算机ENIAC问世至今，超级计算机的发展已先后经历了五个阶段或五代，即早期的单处理器巨型机、向量处理系统、大规模并行处理系统、共享内存处理系统和机群系统。目前新建的超级计算机大都使用机群式结构，只不过在具体采用的节点机型、拓扑结构及互联技术会有所不同。

1983年，我国第一台被命名为"银河"的亿次巨型电子计算机历经五年研制在国防科技大学诞生。1993年，国家智能计算机研究开发中心研制成功"曙光一号"全对称共享存储多处理机。2009年10月29日，我国首台千万亿次超级计算机"天河一号"诞生，并于2010年在全球超级计算机排名第一。2013年10月23日，超级计算机"π"系统在上海交通大学上线运行，将支持俗称"人造太阳"的惯性约束核聚变项目等高端科研工程。我国的"天河二号"连续六次获得全球超级计算机排名冠军。2016年6月20日，新一期全球超级计算机500强榜单公布，使用中国自主芯片制造的"神威太湖之光"取代"天河二号"登上榜首，中国超算上榜总数量也有史以来首次超过美国名列第一。

超级计算机是国家科研的重要基础工具，在地质、气象、石油勘探等领域的研究中发挥关键作用，也是汽车、航空、化工、制药等行业的重要科研工具，是国家科技发展水平和综合国力的重要标志。

2. 量子计算机

量子计算是一种依照量子力学理论进行的新型计算，量子计算的基础和原理以及量子算法为在计算速度上超越传统的图灵机模型提供了可能。量子计算机作为量子计算理论的实现，随着量子计算理论的发展与完善，量子计算机的物理实现方案也不断被提出，比如光子量子计算机、基于核磁共振、离子阱或谐振子等技术的量子计算机模型已经被逐一实现。但是量子计算机的普及还尚需时日。

普通计算机都是基于冯·诺依曼的体系结构设计的，其计算模型则是基于1936年艾伦·麦西森·图灵（Alan Mathison Turing，1912—1954）提出的图灵机模型。而量子计算则是基于量子物理而非经典物理思想进行设计的，这也是量子计算机与普通计算机的最大区别：在二进制量子计算机中，最基本信息单元称为量子位（qubit），等同于普通计算机中的比特位。量子位是量子计算的理论基石，相对于经典的二进制比特只有两种状态："0"和"1"，量子位除了处于"0"态或"1"态外，还可处于叠加态。

量子计算的概念最早由IBM的科学家罗尔夫·威廉·兰道（Rolf Willian Landauer，1927—1999）及查尔斯·亨利·班尼特（Charles Henry Bennett，1943—　）于20世纪70年代提出。1985年，牛津大学的戴维·埃利赛尔·德奇（David Elieser Deutsch，1953—　）提出量子图灵机（quantum Turing machine）的概念，量子计算才开始具备了数学的基本形式。1994年，贝尔实验室的专家彼得·威廉·秀尔（Peter Williston Shor，1959—　）证明量子计算机能完成对数运算，而且速度远胜传统计算机。至此，正式开启了量子计算具有实用性新阶段。加拿大量子计算公司D-Wave于2011年5月11日正式发布了全球第一款商用型量子计算机"D-Wave One"，虽然D-Wave的工作温度需保持在绝对零度附近（20mK）。

量子计算机与经典计算机的区别在于：

经典计算机从物理上可以被描述为对输入信号序列按一定算法进行变换的机器，其算法由计算机的内部逻辑电路来实现，其输入态和输出态都是经典信号。而量子计算机的输入态和输出态为一般的叠加态，其相互之间通常不正交。

经典计算机内部的每一步变换都演化为正交态，经典计算机中的变换（或计算）只对应一类特殊集。而量子计算机中的变换为所有可能的幺正变换，得出输出态之后，量子计算机对输出态进行一定的测量，给出计算结果。

由此可见，量子计算对经典计算做了极大的扩充，经典计算是一类特殊的量子计算。量子计算最本质的特征为量子叠加性和量子相干性。量子计算机对每一个叠加分量实现的变换相当于一种经典计算，所有这些经典计算同时完成，量子并行计算。

量子计算的意义在于突破了传统计算机的结构，也就表明一旦进入实用，可以轻松解决传统计算机中无法解决的一些问题，比如机器学习，加密与破解问题，包括一些前沿宇宙研究问题等，并且可以突破摩尔定律的限制，在计算速度和能力上完全超越传统计算机。

（四）信息管理与安全

互联网拥有极其庞大的信息量。个人作为信息的使用者，如何快速在浩瀚如海的数据中找到自己需要的数据，就需要相应的信息检索与计算技术。比如我们日常生活中熟知的几个著名搜索引擎百度、必应、谷歌，就是提供这种服务的软件商。同样因为信息量的巨大，信息的加工和处理就需要用到一些更加智能和便捷的技术，这几年流行的云计算提供了信息加工的一种分布式解决方案，是信息处理的一个重要发展领域。而信息的保存与传输就离开信息的存储和加密技术。这些方面，共同组成了信息管理这个大概念。

1. 搜索引擎技术

搜索引擎（search engine）是指根据一定的策略、运用特定的计算机程序从互联网上搜集信息，在对信息进行组织和处理后，为用户提供检索服务，将用户检索相关的信息展示给用户的系统。我们所熟悉的百度、必应、谷歌等都曾经或者仍然是举世闻名的搜索引擎服务供应商。有了搜索引擎，我们在面对海量的互联网信息时，可以方便自由地各取所需。搜索引擎包括全文索引、目录索引、元搜索引擎、垂直搜索引擎、集合式搜索引擎、门户搜索引擎与免费链接列表等。

一个搜索引擎由搜索器、索引器、检索器和用户接口四个部分组成。搜索器的功能是在互联网中漫游，发现和搜集信息。索引器的功能是理解搜索器所搜索的信息，从中抽取出索引项，用于表示文档以及生成文档库的索引表。检索器的功能是根据用户的查询在索引库中快速检出文档，进行文档与查询的相关度评价，对将要输出的结果进行排序，并实现某种用户相关性反馈机制。用户接口的作用是输入用户查询、显示查询结果、提供用户相关性反馈机制。

搜索引擎最关键的核心技术是网络机器人（robot），又被称作spider、worm或random，它的目的是为获取Internet上的信息。机器人利用主页中的超文本链接遍历万维网，通过URL引用从一个HTML文档爬行到另一个HTML文档。网上机器人收集到的信息有多种用途，如建立索引、HTML文件合法性的验证、URL链接点验证与确认、监控与获取更新信息、站点镜像等。

索引技术是搜索引擎的核心技术之一。搜索引擎要对所收集到的信息进行整理、分类、索引以产生索引库，而中文搜索引擎的核心是分词技术。分词技术是利用一定的规则和词库，切分出一个句子中的词，为自动索引做好准备。索引器生成从关键词到URL的关系索引表。索引表也要记录索引项在文档中出现的位置，以便检索器计算索引项之间的相邻关系或接近关系，并以特定的数据结构存储在硬盘上。

检索器的主要功能是根据用户输入的关键词在索引器形成的倒排表中进行检索，同时完成页面与检索之间的相关度评价，对将要输出的结果进行排序，并实现某种用户相关性反馈机制，这也是搜索引擎检索中最为主观的一部分，比如百度的竞价排名，就是通过人工干预检索器的结果排序而产生出商业价值的。

通过搜索引擎获得的检索结果往往成百上千，为了得到有用的信息，常用的方法是按网页的重要性或相关性给网页评级，进行相关性排序。这里的相关度是指搜索关键字在文档中出现的额度。当额度越高时，则认为该文档的相关程度越高。能见度也是常用的衡量标准之一。一个网页的能见度是指该网页入口超级链接的数目。但有些文档尽管相关程度高，但并不一定是用户最需要的文档。

搜索引擎的行业应用大体体现在以下几个场景，政府机关行业应用；企业行业应用；新闻媒体行业应用；行业网站应用；网络信息监察与监控。在信息化时代，信息的价值被不断放大，由此衍生出搜索引擎之间的竞争，搜索结果的排名也具有了极大的商业化价值。

2. 云计算技术

云计算是一种商业计算模型，它将计算任务分布在大量计算机构成的资源池上，使用户能够按需获取计算力、存储空间和信息服务，这种模型包含了云计算、云储存、云计划等诸如此类的概念。其中的资源池就被称为"云"。"云"是一些可以自我维护和管理的虚拟计算资源，通常是一些大型服务器集群，包括计算服务器、存储服务器和宽带资源等。

1983年，太阳（Sun）电脑公司提出"网络是电脑"，2006年3月，亚马逊

（Amazon）推出弹性计算云服务。2006年8月9日，Google首席执行官埃里克·施密特（Eric Schmidt）在搜索引擎大会（SES San Jose 2006）首次提出"云计算"的概念。

大数据与云计算的关系像硬币的正反面一样，两者之间"你中有我，我中有你"。大数据是指无法在可承受的时间范围内用常规软件工具进行捕捉、管理和处理的数据集合，而现在更多是引申为一种海量数据的新型处理模式。云计算较为普遍的定义是指通过网络提供可伸缩的廉价的分布式计算能力。大数据已经无法用单台的计算机进行处理，必须采用分布式架构，其目的在于对海量数据进行分布式数据挖掘，所以其必须依托于云计算的分布式处理、分布式数据库和云存储、虚拟化技术。

目前用于处理大数据的技术，包括大规模并行处理（MPP）数据库、数据挖掘电网、分布式文件系统、分布式数据库、云计算平台、互联网和可扩展的存储系统。大数据技术的战略意义不在于掌握庞大的数据信息，而在于对这些含有意义的数据进行专业化处理，也就是通过加工数据实现数据增值。

大数据和云计算的结合是发展的大趋势，目前移动互联网、物联网、社交网络、数字家庭、电子商务等应用不断产生大数据。云计算为这些海量、多样化的大数据提供存储和运算平台。通过对不同来源数据的管理、处理、分析与优化，将结果反馈到上述应用中，创造出巨大的经济和社会价值。同时两者的结合也为整个信息产业的发展提供了新的增长点，也提供了更丰富的科研手段。我国最近提出的加快建立统一社会信用代码制度，也是实现大数据服务的尝试。

3. 反病毒与防护技术

信息安全意为保护信息及信息系统免受未经授权的进入、使用、披露、破坏、修改、检视、记录及销毁，涵盖各类不同信息的使用、存储、传播的全过程。目前由于绝大多数信息都被收集、产生、存储使用在计算机内，并通过网络进行传输和传递，因此信息安全主要包括计算机安全和网络信息安全，并且随着网络化的普及，两者的安全越加密切相关。

计算机安全为数据处理系统建立和采用的技术和管理的安全保护，以保护计算机硬件、软件和数据不因偶然和恶意的原因遭到破坏、更改和泄露。其目的是旨在保证信息和财产可被受权用户正常获取和使用的情况下，保护这些信息和财产不受偷窃、污染、自然灾害等的损坏。计算机安全中面临的主要威胁包括：计算机病毒、非法访问、计算机电磁辐射、硬件损坏等。比如2006年底我国出现的熊猫烧香病毒，被其感染的计算机无法打开正常文件，并且会传染其他计算机无法工作。

网络信息安全主要是指网络系统的硬件、软件及其系统中的数据受到保护，不受偶然的或者恶意的原因而遭到破坏、更改、泄露，系统连续、可靠、正常地运行，网络服务不中断。需要特别提到的是黑客技术，它可以说是同网络技术同步发展起来的，专指是关注对计算机系统和网络的缺陷和漏洞的发现，以及针对这些缺陷实施攻击的技术。这些专门进行网络攻击的人员就被称为黑客。比如2000年底成立的中国红客联盟就是专门进行反黑客斗争的。

目前，信息安全的内涵也已经发展为"攻（攻击）、防（防范）、测（检测）、控（控制）、管（管理）、评（评估）"等多方面的基础理论和实施技术。其常用的基础性安全技术包括以下几方面的内容：身份认证技术、加解密技术、边界防护技术、访问控制技术、主机加固技术、安全审计技术、检测监控技术等。

网络信息安全是一个关系国家安全和主权、社会稳定、民族文化继承和发扬的重要问题。其重要性正随着全球信息化步伐的加快越来越重要。目前兴起的云安全将是网络信息技术的另外重要发展领域。

五、人工智能技术

人工智能的目标在于提供一种可以像人类一样做出智能反应的机器或程序。这些机器或者程序可以协助或者替代人类完成一些具有智能性的行为，使它们能像人一样思考和行动，做出判断。该领域的研究包括机器人、语言识别、图像识别、自然语言处理和专家系统等。人工智能从诞生以来，理论和技术日益成熟，应用领域也不断扩大，是未来科技发展的一个重要突破领域。

（一）智能识别技术

计算机的相关设备要想具有人类一样的判断力，第一就是需要具有对外界的感知能力。这种感知能力就是识别技术，通过相关的设备分辨出现实世界的物体，并按人类的预想做出判断。现实世界的同一物体可能具有相似的特征，却不会完全相同，这就提出了智能识别技术，在不同的环境下，或者是非静态的环境中，自行进行识别优化，这是组成人工智能技术的一个必要前提。

1. 文字识别技术

文字识别技术是指利用计算机自动识别字符的技术，是模式识别应用的一个重要领域。人们在生产和生活中，要处理大量的文字、报表和文本。为了减轻人们的劳动，提高处理效率，文字识别在近些年来有了快速的发展，并且在扫描、手写输入等各个领域都有极为广泛的应用。

概括来说，文字识别一般包括文字信息的采集、信息的分析与处理、信息的分类判别等几个步骤。首先，通过信息采集将纸面上的文字灰度变换成电信号，输入到计算机中去。信息采集由文字识别机中的送纸机构和光电变换装置来实现，有飞点扫描、摄像机、光敏元件和激光扫描等光电变换装置。其次是信息分析和处理，对变换后的电信号消除各种由于印刷质量、纸质（均匀性、污点等）或书写工具等因素所造成的噪音和干扰，进行大小、偏转、浓淡、粗细等各种正规划处理。最后是信息的分类判别，对去掉噪声并正规化后的文字信息进行分类判别，以输出识别结果。

文字识别根据识别的内容又分为了印刷字体和手写字体的识别。相对于印刷字体的标准化，比较特殊的是手写识别技术。手写识别（hand writing recognition）是指将在手写设备上书写时产生的有序轨迹信息化转化为汉字内码的过程，实际上是手写轨迹的坐标序列到汉字的内码的一个映射过程，是人机交互最自然、最方便的手段之一。手写识别能够使用户按照最自然、最方便的输入方式进行文字输入，易学易用，可取代键盘或者鼠标。用于手写输入的设备有许多种，比如电磁感应手写板、压感式手写板、触摸屏、触控板、超声波笔等。手写识别属于文字识别和模式识别范畴，我们常说的手写识别是指联机手写体识别。

随着我国信息化建设的全面开展，OCR文字识别技术诞生20余年来，经历从实验室技术到产品的转变，已经进入行业应用开发的成熟阶段。相比发达国家的广泛应用情况，OCR文字识别技术在国内各行各业的应用还有着广阔的空间。随着国家信息化建设进入内容建设阶段，为OCR文字识别技术开创了一个全新的行业应用局面。文通、云脉技术、汉王等中国文字识别的领军企业将会更加深入到信息化建设的各个领域。

2. 语音识别技术

语音识别技术就是让机器通过识别和理解过程把语音信号转变为相应的文本或命令的技术。中国物联网校企联盟形象的把语音识别比作为"机器的听觉系统"。

我国语音识别研究工作起步于20世纪50年代，但近年来发展很快。研究水平也从实验室逐步走向实用。从1987年开始执行国家"863"计划后，国家"863"智能计算机专家组为语音识别技术研究专门立项，每两年滚动一次。目前我国语音识别技术的研究水平已经基本上与国外同步，在汉语语音识别技术上还有自己的特点与优势，并达到国际先进水平。

语音识别技术主要包括特征提取技术、模式匹配准则及模型训练技术三个方面。语音识别系统可以根据对输入语音的限制加以分类。

根据识别的对象不同，语音识别任务大体可分为三类，即孤立词识别（isolated word recognition）、连续语音识别和关键词识别（或称关键词检出，keyword spotting）。其中孤立词识别的任务是识别事先已知的孤立的词，如"开机""关机"等；连续语音识别的任务则是识别任意的连续语音，如一个句子或一段话；关键词识别是在连续语音流中检测出一组给定的关键词的过程，它并不识别全部文字，而只是检测已知的若干关键词在何处出现，如在一段话中检测"计算机""世界"这两个词。

从说话的方式考虑，语音识别的方法有三种：基于声道模型和语音知识的方法、模板匹配的方法以及利用人工神经网络的方法。

语音识别的应用领域非常广泛，常见的应用系统有：语音输入系统，相对于键盘输入方法，它更符合人的日常习惯，也更自然、更高效；语音控制系统，即用语音来控制设备的运行，相对于手动控制来说更加快捷、方便，可以用在诸如工业控制、语音拨号系统、智能家电、声控智能玩具等许多领域；智能对话查询系统，根据客户的语音进行操作，为用户提供自然、友好的数据库检索服务，例如家庭服务、宾馆服务、旅行社服务系统、订票系统、医疗服务、银行服务、股票查询服务等。

3. 图像识别技术

图像识别是计算机对图像进行处理、分析和理解，以识别各种不同模式的目标和对象的技术。识别过程包括图像预处理、图像分割、特征提取和判断匹配。简单来说，图像识别就是计算机如何像人一样读懂图片的内容。

图像识别的发展经历了三个阶段：文字识别、数字图像处理与识别、物体识别。文字识别的研究是从1950年开始的，一般是识别字母、数字和符号，从印刷文字识别到手写文字识别，应用非常广泛。数字图像处理与识别的研究开始于1965年。数字图像与模拟图像相比具有存储，传输方便可压缩、传输过程中不易失真、处理方便等巨大优势，这些都为图像识别技术的发展提供了强大的动力。物体识别主要指的是对三维世界的客体及环境的感知和认识，属于高级的计算机视觉范畴。它是以数字图像处理与识别为基础的结合人工智能、系统学等学科的研究方向，其研究成果被广泛应用在各种工业及探测机器人上。现代图像识别技术的一个不足就是自适应性能差，一旦目标图像被较强的噪声污染或是目标图像有较大残缺往往就得不出理想的结果。

图像识别问题的数学本质属于模式空间到类别空间的映射问题。目前，在图像识别的发展中，主要有三种识别方法：统计模式识别、结构模式识别、模糊模式识别。当信息由文字记载时，我们可以通过关键词搜索轻易找到所需内容并进行任意编辑，而当信息是由图片记载时，我们却无法对图片中的内容进行检索，这就影响了我们从图片中找到关键内容的效率。图片给我们带来了快捷的信息记录和分享方式，却降低了我们的信息检索效率。在这个环境下，计算机的图像识别技术就显得尤为重要。

图像识别技术是人工智能的一个重要领域。为了编制模拟人类图像识别活动的计算机程序，人们提出了不同的图像识别模型。例如模板匹配模型。这种模型认为，识别某个图像，必须在过去的经验中有这个图像的记忆模式，又叫模板。当前的刺激如果能与大脑中的模板相匹配，这个图像也就被识别了。例如有一个字母A，如果在脑中有个A模板，字母A的大小、方位、形状都与这个A模板完全一致，字母A就被识别了。图像识别中的模式识别（pattern recognition），是一种从大量信息和数据出发，在专家经验和已有认识的基础上，利用计算机和数学推理的方法对形状、模式、曲线、数字、字符格式和图形自动完成识别、评价的过程。模式识别包括两个阶段，即学习阶段和实现阶段，前者是对样本进行特征选择，寻找分类的规律，后者是根据分类规律对未知样本集进行分类和识别。这个模式识别的模板匹配模型简单明了，也容易得到实际应用。但这种模型强调图像必须与脑中的模板完全符合才能加以识别，而事实上人不仅能识别与脑中的模板完全一致的图像，也能识别与模板不完全一致的图像。例如，人们不仅能识别某一个具体的字母A，也能识别印刷体的、手写体的、方向不正、大小不同的各种字母A。同时，人能识别的图像是大量的，如果所识别的每一个图像在脑中都有一个相应的模板是不可能的。

（二）智慧管理技术

人工智能技术，在模拟人类做出智能识别的同时，还需要根据人们的需要提供相应的智能服务，这就是智能管理。智能管理的载体可以是计算机，也可以是像手机一样的智能终端，物流网特殊定制设备。并且智能管理应该能够克服终端的性能瓶颈提供一些智能化服务和计算服务。具有智能化服务的人工智能技术才能真正进入人类的生活，实现社会的智能化，造就智慧管理。

1. 智能终端

移动智能终端指拥有接入互联网能力，通常搭载各种操作系统，可根据用户需求定制化各种功能的电子产品。移动智能终端本身和个人计算机一样，具有相似的结构和操作系统，只是结构部件是根据智能终端本身的体积采取特定的材料和工艺来选用，使之能够实现全部或者部分个人电脑的功能，甚至通过添加传感器之类的额外部件实现个人计算机无法实现的功能。生活中常见的智能终端包括移动智能终端、车载智能终端、智能电视、可穿戴设备等。

智能手机，是指"像个人电脑一样，具有独立的操作系统，可以由用户自行安装软件、游戏等第三方服务商提供的程序，通过此类程序来不断对手机的功能进行扩充，并可以通过移动通信网络来实现无线网络接入的这样一类手机的总称"。比如通常使用苹果手机、安卓手机等。

平板电脑是一种小型、方便携带的个人电脑，以触摸屏作为基本的输入设备。它拥有的触摸屏（也称为数位板技术）允许用户通过触控笔或数字笔来进行作业。目前我们通常接触到的类似于苹果公司的iPad、微软公司的Surface系列平板电脑。

车载智能终端，具备GPS定位、车辆导航、倒车影像、采集和诊断故障信息等功能，在新一代汽车行业中得到了大量应用，能对车辆进行现代化管理，车载智能终端将在智能交通中发挥更大的作用。

可穿戴设备，越来越多的科技公司开始大力开发智能眼镜、智能手表、智能手环、智能戒指等可穿戴设备产品。目前已经实现的包括Google的智能眼镜和大量的运动手环等。

但随着智能终端的发展，各种安全问题也暴露出来，随着移动互联网终端和业务中恶意收费、信息窃取、诱骗欺诈等行为的影响和危害更加突出，有关部门正在制订《移动智能终端管理办法》，保护消费者权益。

2. 大数据分析

大数据分析是指对规模巨大的数据进行分析。随着大数据时代的来临，大数据分析技术的需要也顺势而生。

大数据分析具备几个特点：数据量大、速度快、类型多、价值、真实性。大数据处理数据强度几个关键的要素：数据要包涵全体不要数据抽样；分析过程要求效率但不要求绝对精确；要数据间相关联系不要因果分析。根据以上的特点，对大数据分析的处理流程主要分为以下几个阶段：分别是采集、导入和预处理、统计和分析以及挖掘。

大数据的采集是指利用多个数据库来接收发自客户端的数据，并且用户可以通过这些数据库来进行简单的查询和处理工作。在大数据的采集过程中，其主要特点和挑战是并发数高，因为同时有可能会有成千上万的用户来进行访问和操作，为了应对这种数据采集的需要，业界提出了一些新型的非关系型数据库，通常被称为NoSQL数据库，在设计上，NoSQL数据库更加关注对数据高并发地读写和对海量数据的存储等。现在主流的NoSQL数据库有BigTable、Hbase、Cassandra、SimpleDB、CouchDB、MongoDB和Redis等。

统计与分析主要利用分布式数据库，或者分布式计算集群来对存储于其内的海量数据进行普通的分析和分类汇总等，统计与分析这部分的主要特点和挑战是分析涉及的数据量大，其对系统资源，特别是I／O会有极大的占用。主要包括一些EMC的Green Plum、Oracle的Exadata，或者基于半结构化数据分析的Hadoop。

对这些海量数据进行有效的分析，通常是将前端的数据导入到一个集中的大型分布式数据库，或者分布式存储集群。在这个导入的过程中，可以做一些简单的清洗和预处理工作。这个过程的主要挑战是导入的数据量大，每秒钟的导入量经常会达到百兆，甚至千兆级别。

数据挖掘主要是在现有数据上面进行基于各种算法的计算，从而起到预测的效果，从而实现一些高级别数据分析的需求。过程的特点和挑战主要是用于挖掘的算法很复杂，并且计算涉及的数据量和计算量都很大，比较典型算法有用于聚类的K-Means、用于统计学习的SVM和用于分类的Naive Bayes，主要使用的工具有Hadoop Mahout等。

综合来说，大数据分析是整个大数据时代的技术核心，通过采用高效、合理的分析技术，可以有效地将海量的数据转化为商业价值和社会价值，这在各个行业中都是极其需要的。

3. 机器人技术

机器人（robot）是自动执行工作的机器装置。机器人既可以接受人类指挥，又可以运行预先编排的程序，也可以根据以人工智能技术制定的原则纲领行动。它的任务是协助或取代人类工作的工作，例如生产业、建筑业或是危险的工作。

中国的机器人专家从应用环境出发，将机器人分为两大类，即工业机器人和特种机器人。所谓工业机器人就是面向工业领域的多关节机械手或多自由度机器人。而特种机器人则是除工业机器人之外的、用于非制造业并服务于人类的各种先进机器人，包括：服务机器人、水下机器人、娱乐机器人、军用机器人、农业机器人、机器人化机器等。国际上的机器人学者，从应用环境出发将机器人也分为两类：制造环境下的工业机器人和非制造环境下的服务与仿人型机器人。

工业机器人的主要技术功能和特点就是"可编程"和"示教再现"。将数控机床的伺服轴与遥控操纵器的连杆机构连接在一起，预先设定的机械手动作经编程输入后，系统就可以离开人的辅助而独立运行。这种机器人还可以接受示教而完成各种简单的重复动作，示教过程中，机械手可依次通过工作任务的各个位置，这些位置序列全部记录在存储器内，任务的执行过程中，机器人的各个关节在伺服驱动下依次再现上述位置。

特种机器人根据2013年美国机器人发展路线图给出的未来15年内的发展方向将主要围绕医疗护理、服务、太空、军事应用四个方向展开。对比我国机器人与外国机器人的核心技术差距主要表现在灵巧性、自主决策能力和交互能力上。其中交互性是指不像过去靠编程、键盘交流，而是通过其他交互方式，解决机器人与人的共融性。并且这些差距主要集中在以下两个技术上：一是机器人传感技术，多种传感器的使用是其解决该问题的关键。除采用传统的位置、速度、加速度等传感器外，遥控机器人则采用视觉、声觉、力觉、触觉等多传感器的融合技术来进行环境建模及决策控制。二是虚拟现实技术，虚拟现实技术在机器人中的作用已从仿真、预演发展到用于过程控制，如使遥控机器人操作者产生置身于远端作业环境中的感觉来操纵机器人。基于多传感器、多媒体和虚拟现实以及临场感技术，实现机器人的虚拟遥控操作和人机交互。

机器人已在工业领域得到了广泛的应用，同时在计算机技术和人工智能科学发展的基础上，产生了智能机器人的概念。智能机器人是具有感知、思维和行动功能的机器，也是未来机器人的主要发展方向。

参考文献

［1］　符福，申玉儒. 信息学基础理论［M］. 北京：科学技术文献出版社，1994.

［2］　殷小贡. 通信原理教程［M］. 武汉：武汉大学出版社，2009.

［3］　张忠. 现代信号处理理论与应用［M］. 北京：电子工业出版社，2011.

［4］　郭勇，周冬梅. 数字通信原理［M］. 成都：电子科技大学出版社，2010.

［5］　张煦. 光纤通信技术［M］. 上海：上海科学技术出版社，1985.

［6］　卢玉民，李振玉. 现代通信中的编码技术［M］. 北京：中国铁道出版社，1996.

［7］　牛少彰. 信息安全概论［M］. 北京：北京邮电大学出版社，2004.

［8］　干福熹. 数字光盘存储技术［M］. 北京：科学出版社，1998.

［9］　曹学军. 无线电通信设备原理与系统应用［M］. 北京：机械工业出版社，2007.

［10］　王爱英. 智能卡技术IC卡、RFID标签与物联网［M］. 北京：清华大学出版社，2015.

［11］　王淼. NFC技术原理与应用［M］. 北京：化学工业出版社，2014.

［12］　罗萍，张为. 集成电路设计导论［M］. 北京：清华大学出版社，2010.

［13］　唐文彦. 传感器［M］. 北京：机械工业出版社，2014.

［14］　曹达仲，侯春萍. 移动通信原理、系统及技术［M］. 北京：清华大学出版社，2004.

［15］　王丽娜，王兵. 卫星通信系统［M］. 北京：国防工业出版社，2014.

［16］　严紫建，刘元安. 蓝牙技术［M］. 北京：北京邮电大学出版社，2001.

［17］　王国辉. 无线充电技术及其特殊应用前景［J］. 电子产品世界，2014，07.

［18］　郑达峰. 短距离无线通信技术的优势及运用［J］. 通信电源技术，2014，06.

［19］　石世怡. 关于Inmarsat海事卫星通信系统［J］. 广播电视信息，2009，06.

［20］　卢山. 中国信息化发展蓝皮书［M］. 北京：人民出版社，2016.

［21］　杨起全. 我国重点高新技术领域技术预见与关键技术选择研究实施方案［J］. 世界科学，2003（4）：38-40.

［22］　周炯槃，庞沁华，等. 通信原理［M］. 北京：北京邮电大学出版社，2005.

［23］　ERIK DAHLMAN著，STEFAN PARKVALL等译. 4G LTE：LTE-Advanced for Mobile［M］. 北京：人民邮电出版社，2012.

［24］　赵斌，张红雨. RFID技术的应用及发展［J］. 电子设计工程，2010，10：123-126.

［25］　傅民仓，冯立杰，李文波. 短距离无线网络通信技术及其应用［J］. 现代电子技术，2006，11：15-17，20.

［26］　王宇伟，张辉. 基于手机的NFC应用研究［J］. 中国无线电，2007，06：3-8.

［27］　王建华，张国钢，耿英三，宋政湘. 智能电器最新技术研究及应用发展前景［J］. 电工技术学报，2015，09：1-11.

［28］ 廖湘科，谭郁松，卢宇彤，等. 面向大数据应用挑战的超级计算机设计［J］. 上海大学学报（自然科学版），2016，01：3-16.

［29］ 陈特，刘璐，胡薇薇. 可见光通信的研究［J］. 中兴通信技术，2013，01：49-52.

［30］ 孟小峰，慈祥. 大数据管理：概念、技术与挑战［J］. 计算机研究与发展，2013，01：146-169.

［31］ 蒋永生，彭俊杰，张武. 云计算及云计算实施标准：综述与探索［J］. 上海大学学报（自然科学版），2013，01：5-13.

［32］ 王元卓，靳小龙，程学旗. 网络大数据：现状与展望［J］. 计算机学报，2013，06：1125-1138.

［33］ 谭民，王硕. 机器人技术研究进展［J］. 自动化学报，2013，07：963-972.

［34］ 林闯，苏文博，孟坤，等. 云计算安全：架构、机制与模型评价［J］. 计算机学报，2013，09：1765-1784.

［35］ 吴楠，宋方敏，XIANGDONG LI. 通用量子计算机：理论、组成与实现［J］. 计算机学报，2015.

［36］ 王田苗，陶永. 我国工业机器人技术现状与产业化发展战略［J］. 机械工程学报，2014，09：1-13.

［37］ 赵斌，张红雨. RFID技术的应用及发展［J］. 电子设计工程，2010，10：123-126.

［38］ 傅民仓，冯立杰，李文波. 短距离无线网络通信技术及其应用［J］. 现代电子技术，2006，11：15-17，20.

［39］ 王宇伟，张辉. 基于手机的NFC应用研究［J］. 中国无线电，2007，06：3-8.

［40］ 李学龙，龚海刚. 大数据系统综述［J］. 中国科学：信息科学，2015，01：1-44.

▷ **编写专家**

黄庆桥　王培丞　周　正

▷ **审读专家**

关增建　钮卫星　蒋兴浩

▷ **专业编辑**

丁士拥

第三章
材料与制造技术

　　人类历史的发展与材料的发展密切相关，材料的发现和利用使人类支配和改造自然的能力相应得到提高。材料更是现代社会生活中不可缺少的部分，而且在国家的昌盛和安全中起着举足轻重的作用，因此，世界各国对材料科学都非常重视。材料科学的水平已成为衡量国家科学技术、经济水平及综合国力的重要标志之一。

　　20世纪以来，随着现代科学技术和生产的迅速发展，材料科学的水平也越来越高。人们在大力发展高性能金属材料的同时，又迅速发展和应用了高性能的有机高分子材料、无机非金属材料和复合材料，并正在发展人工合成材料。材料研究发展的方向应该是充分利用和发展现有材料的潜力，继续开发新材料以及研制材料的再循环工艺。随着高新技术的发展，制备具有特殊功能的材料，如新型电子材料、光学材料、磁性材料、智能材料、隐身材料、能源材料以及生物材料，这类材料日益受到重视并快速发展，成为新材料研究的重点。当前，材料科学的发展趋势有以下四种。第一，从均质材料向复合材料发展。以前人们只能使用金属材料、高分子材料等均质材料，现在开始越来越多的使用金属材料和高分子材料结合在一起的复合材料。第二，结构材料向功能材料、多功能材料并重的方向发展。以前讲材料，实际上都是指结构材料。但高新技术的发展，对功能材料的质量和数量提出了更高的要求。第三，材料结构的尺寸向越来越小的方向发展。如以前组成材料的颗粒，其尺寸都向微米大小的方向发展。由于颗粒极度细化，使有些材料的性能发生截然不同的变化。如以前给人以极脆印象的陶瓷，居然可以用来制造发动机零件。第四，被动性材料向具有主动性的智能材料方向发展。过去的材料是被动性的，不会对外界环境的作用做出反应，新的智能材料能够感知外界条件变化、进行判断并主动做出反应。

材料技术不仅是传统材料生产、改性、提高生产效率、降低成本及延长服役寿命的基本保证，而且也对促进新材料的开发、应用和产业化具有决定性的作用。现代材料技术的重要特点之一是各类技术的相互交叉与融合。这一特点在金属材料领域尤其突出，例如，制备与成形加工技术的一体化，评价与模拟仿真技术的一体化，成形加工与改质改性技术的一体化等。

因此，飞速发展的高性能、多功能和经久耐用的新材料为21世纪的高新技术提供扎扎实实的基础，为能源、电子、航空航天和汽车等相关产业的腾飞提供原动力。

本章知识结构见图3-1。

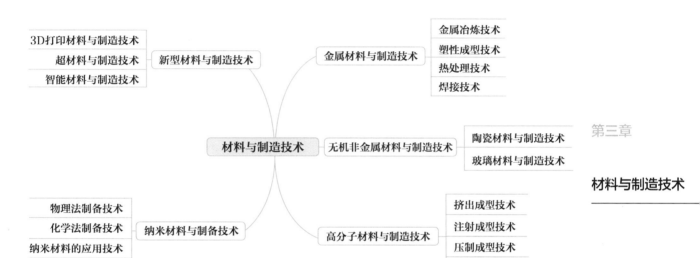

图3-1　材料与制造技术知识结构

一、金属材料与制造技术

金属材料与人们的日常息息相关，是现代文明各个领域不可缺少的物质基础。金属材料是指金属元素或以金属元素为主构成的具有金属特性的材料的统称，包括纯金属、合金、金属间化合物和特种金属材料等。目前，自然界中有70多种纯金属，其中常见的有铁、铜、铝、锡、镍、金、银、铅、锌等。而合金常指两种或两种以上的金属或金属与非金属通过合金化工艺（熔炼、机械合金化、烧结、气相沉积等）而形成的具有金属特性的金属材料。常见的合金包括铁和碳组成的钢合金；铜和锌、锡、镍形成的铜合金，分别是黄铜、青铜和白铜等。

金属材料通常可以分为三类，即黑色金属、有色金属和特种金属材料。黑色金属又称钢铁材料，包括含铁90%以上的工业纯铁，含碳2%～4%的铸铁，含碳小于2%的碳钢，以及各种用途的结构钢、不锈钢、耐热钢、高温合金、精密合金等。广义的黑色金属还包括铬、锰及其合金。有色金属是指除铁、铬、锰以外的所有金属及其合金，通常分为轻金属、重金属、贵金属、半金属、稀有金属和稀土金属等。有色金属的强度和硬度一般比纯金属高，并且电阻大、电阻温度系数小。特种金属材料包括不同用途的结构金属材料和功能金属材料。其中有通过快速冷凝工艺获得的非晶态金属材料，以及准晶、微晶、纳米晶金属材料等；还有隐身、抗氢、超导、形状记忆、耐磨、减振阻尼等特殊功能合金以及金属基复合材料等。

任何材料在使用前都要经过制造加工成形，使其具有一定的形状、轮廓和尺寸，并成为具备一定使用性能的零件、部件及构件，再以特定方式组合、装配而构成各种装置、设备、仪器、设施、器件或用具，从而应用于各行各业。制造业是国家的支柱产业，反映国家的生产力水平和国防能力，对国家的经济发展和国防安全都至关重要。其中，金属材料制造业又占据着特别重要的地位，金属材料是现代工业的基础，也是国民经济发展的支柱。发展金属材料的制造技术是实现中华民族伟大复兴的中国梦的必经之路。

（一）金属冶炼技术

冶炼金属是从矿石中提取金属单质的过程，除物理方法外，金属的冶炼都是利用氧化还原反应，使金属得到电子从化合态转化为游离态的化学过程。根据金属的化学活动性不同，工业上冶炼金属一般有物理冶金技术、火法冶金技术、湿法冶金技术、电冶金技术等方法。从矿石或精矿中提取金属的生产工艺流程，常常是既有火法过程，又有湿法过程。即使是以火法为主的工艺流程，比如硫化精矿的火法冶炼，最后还需要有湿法的电解精炼过程。而在湿法炼锌中，硫化锌精矿还需要用高温氧化焙烧对原料进行炼前处理。

1. 物理冶金技术

物理冶金是通过非化学方法达到改变金属性能的目的，用于提取不活泼的金属，如金、铂等金属，它们在自然界中主要以单质形式存在，可以用物理方法分离得到。如"沙土淘金"就是利用水冲洗沙子，将沙土冲走，剩下密度很大的金砂，再进一步分离可得到金属金。

2. 火法冶金技术

火法冶金是在高温条件下进行的冶金过程。矿石或精矿中的部分或全部矿物在高温下经过一系列物理化学变化，生成另一种形态的化合物或单质，分别富集在气体、液体或固体产物中，达到所要提取的金属与脉石及其他杂质分离的目的。实现火法冶金过程所需热能，通常是依靠燃料燃烧来供给，也有依靠过程中的化学反应来供给的，比如，硫化矿的氧化焙烧和熔炼就无需由燃料供热，金属热还原过程也是自热进行的。火法冶金包括：干燥、焙解、焙烧、熔炼、精炼、蒸馏等过程。

3. 湿法冶金技术

湿法冶金是在溶液中进行的冶金过程。湿法冶金温度不高，一般低于100℃。现代湿法冶金中的高温高压过程，温度也不过200℃左右，极个别情况温度可达300℃。湿法冶金包括：浸出、净化、制备金属等过程。浸出是指用适当的溶剂处理矿石，使要提取的金属成某种离子形态进入溶液，而其他杂质不溶解。浸出后经沉清和过滤，得到含金属离子的浸出液和由脉石矿物组成的不溶残渣，也就是浸出渣。对某些难浸出的矿石在浸出前常常要经过预处理过程，使被提取的金属转变为易于浸出的某种化合物或盐类。在浸出过程中，常常有部分金属或非金属杂质与被提取金属一道进入溶液，从溶液中除去这些杂质的过程叫作净化。最后的制备金属的过程是指用置换、还原、电积等方法从净化液中将金属提取出来。

4. 电冶金技术

电冶金是利用电能提取金属的方法，根据利用电能效应的不同，电冶金又分为电热冶金和电化冶金。电热冶金是利用电能转变为热能进行冶炼的方法。在电热冶金的过程中，按其物理化学变化的实质来说，与火法冶金过程差别不大，两者的主要区别只是冶炼时热能来源不同。电化冶金（电解和电积）是利用电化学反应，使金属从含金属盐类的溶液或熔体中析出。前者称为溶液电解，如铜的电解精炼和锌的电积，可列入湿法冶金一类。后者称为熔盐电解，不仅利用电能的化学效应，而且也利用电能转变为热能，借以加热金属盐类使之成为熔体，故也可列入火法冶金一类。

（二）塑性成型技术

金属的塑性是指固体材料在外力作用下发生永久变形，而不破坏其完整性的能力。金属的塑性加工又称为金属的压力加工，它是利用金属的塑性，使其改变形状、尺寸并改善其性能，获得型材、板材、棒材、线材或锻压件的加工方法。塑性成型是在工具及模具的外力作用下来加工制件，具有少切削或无切削的特点。各类钢和大多数有色金属及其合金都具有一定的塑性，因此它们可以在热态或冷态下进行压力加工。塑性成型工艺的分类如图3-2所示。

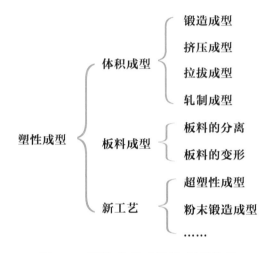

图3-2　塑性成型工艺的主要分类

利用材料塑性变形的性质，使坯料在外力作用下，在三维方向产生外形尺寸变化称为体积成型。体积成型又可以分为锻造、挤压、拉拔和轧制。锻造是一种借助工具或模具冲击力或压力的作用加工金属机械零件或零件毛坯的方法。挤压是金属坯料在挤压模内受压被挤出模孔而变形的加工方法［图3-3（a）］。拉拔是将金属坯料拉过拉拔模的模孔而变形的加工方法。轧制是指金属坯料在两个回转轧辊的孔隙中受压变形以获得各种产品的加工方法［图3-3（b）］。

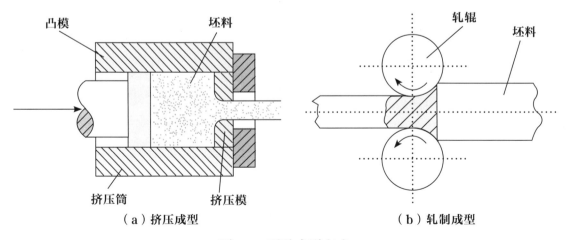

图3-3　两种成型方式

板料成型是指板料在外力的作用下产生分离或最多二维方向的变形，在板厚度方向不产生变形或很少的变形。板料的分离指的是使坯料的一部分与另一部分相互分离的工序，如落料、冲孔、切断等。板料的变形是使坯料的一部分相对于另一部分产生位移而不破裂的工序，如拉伸、弯曲、翻边、胀型等。

随着科技的进步，许多塑性成型新工艺不断涌现，包括超塑性成型、粉末锻造成型、精密模锻、高能高速成型、连续挤压与包覆等塑性成型工艺。本节重点介绍超塑性成型工艺。

1928年，英国物理学家森金斯（C. H. M. Jenkins，1889—1956）下了一个定义：凡金属在适当的温度下变得像软糖一样柔软，而且其应变速率为每秒10毫米时产生300％以上的延伸率，均属超塑性现象。1945年，苏联科学家包奇瓦尔（Bauchival，生卒年不详）针对这一现象，正式提出"超塑性"术语。金属和合金具有超常的均匀变形能力，其延伸率可达到百分之几百，甚至百分之几千。目前，常用的超塑性成型材料主要有铝合金、镁合金、低碳钢、不锈钢及高温合金等。

超塑成型工艺按成型介质可分为气压成型、液压成型、无模成型、无模拉拔；按原始坯料成型可分为体积成型、板材成型、管材成型、杯突成型等。其中，在航空航天领域中，应用最为广泛的超塑成型方法是板材气压成型，也称吹塑成型。吹塑成型是一种用低能、低压获得大变形量的板料成型技术。通过设计制造专用模具，在模具与板料中间形成一个封闭的压力空间，板料被加热到超塑性温度后，在气体作用下产生超塑性变形，逐渐向模具型面靠近，直至同模具完全贴合形成预定形状。具备超塑性的材料包括钛合金、铝合金、镁合金、高温合金、锌铝合金、铝锂合金等。超塑成型技术最广泛的应用是与扩散连接技术组合而成的超塑成型／扩散连接组合工艺技术，利用金属材料在一个温度区间内兼具超塑性与扩散连接性的特点，一次成型出带有空间夹层结构的整体构件。

锻造工艺是一种利用锻压机械对金属坯料施加压力，使其产生塑性变形以获得具有一定力学性能、一定形状和尺寸锻件的加工方法。锻造生产是机械制造工业中提供机械零件毛坯的主要加工方法之一。通过锻造，不仅可以得到机械零件的形状，而且能改善金属内部组织，提高金属的力学性能和物理性能。一般受力大、要求高的重要机械零件，大多采用锻造的生产方法制造。如汽轮发电机轴、转子、叶轮、叶片、护环、大型水压机立柱、高压缸、轧机轧辊、内燃机曲轴、连杆、齿轮、轴承等。根据坯料的移动方式，锻造可分为自由锻、镦粗、挤压、模锻、闭式模锻、闭式镦锻。自由锻是指利用冲击力或压力使金属在上、下两个抵铁（砧块）间产生变形以获得所需锻件，主要有手工锻造和机械锻造两种。模锻又分为开式模锻和闭式模锻，金属坯料是在具有一定形状的锻模膛内受压变形从而获得锻件。其中闭式模锻和闭式镦锻由于没有飞边，材料的利用率较高，用一道工序或几道工序就可以完成复杂锻件的精加工。由于没有飞边，锻件的受力面积减少，所需要的荷载也减少。但是，应注意坯料并不能完全受到限制，为此要严格控制坯料的体积，控制锻模的相对位置并对锻件进行测量，努力减少锻模的磨损。

锻造温度范围是指由始锻温度到终锻温度之间的温度间隔。始锻温度是指开始锻造时的温度，也是允许锻造的最高温度。在坯料不出现过热或过烧的前提下，应尽量提高始锻温度。终锻温度是指坯料经过锻造成型后，终止锻造的温度。在保证锻造结束前金属还具有足够的塑性以及锻造后能获得再结晶组织的前提下，终锻温度应低一些。表3-1列举了各类钢的始锻温度和终锻温度。

表3-1　典型材料的锻造温度

钢的类别	始锻温度（℃）	终锻温度（℃）
碳素结构钢	1280	700
优质碳素结构钢	1200	800
碳素工具钢	1100	700
机械结构用合金钢	1150～1200	800～850
合金工具钢	1050～1150	800～850
不锈钢	1150～1180	825～850
耐热钢	1100～1150	850
高速钢	1100～1150	900～950
铜及铜合金	850～900	650～700
铝合金	450～480	380
钛合金	950～970	800～850

（三）热处理技术

热处理是指在固态下加热、保温、冷却，以改变金属材料的内部组织结构，从而获得所需要的性能的一种工艺。热处理的目的是提高使用性能、改善工艺性能、提高产品质量、延长使用寿命、利于冷热加工，提高经济效益。热处理与冷加工的最主要区别是加工温度不同，热加工是在再结晶温度以上，冷加工是在再结晶温度以下。

热处理按处理方式可分为普通热处理、表面热处理、特殊热处理等，具体分类如图3-4所示。本章节以铁-碳（Fe-C）相图为例，重点介绍钢的退火、正火、淬火和回火热处理，如图3-5所示。

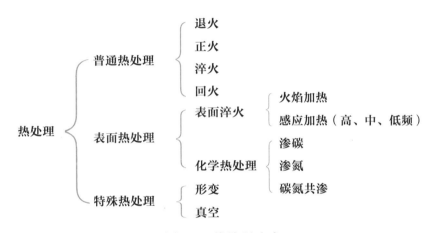

图3-4　热处理分类

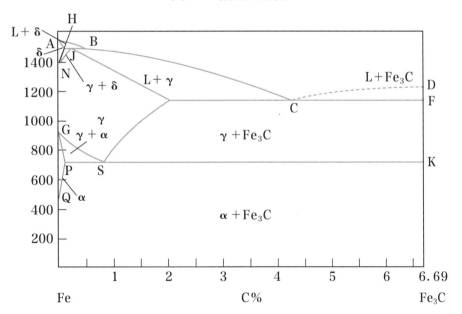

图3-5　铁-碳（Fe-C）相图和碳钢在加热和冷却时的临界点在铁-碳化铁（Fe-Fe₃C）相图上的位置

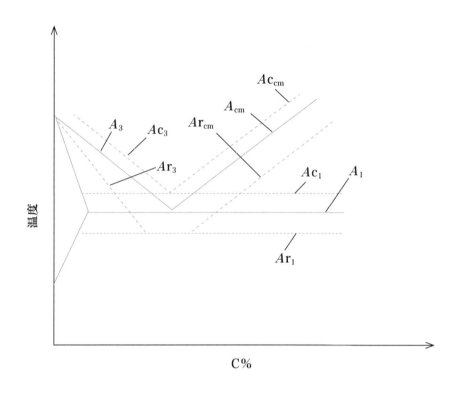

图3-5 铁-碳（Fe-C）相图和碳钢在加热和冷却时的临界点在铁-碳化铁（Fe-Fe₃C）相图上的位置（续）

1. 退火

退火是将钢加热至临界点Ac_1以上或以下温度，保温以后随炉缓慢冷却以获得近于平衡状态组织的热处理工艺。主要目的是消除组织缺陷，均匀钢的化学成分及组织，细化晶粒，调整硬度，提高力学性能，消除内应力和加工硬化，改善钢的成型及切削加工性能，并为淬火做好组织准备。退火既为了消除和改善前道工序遗留的组织缺陷和内应力，又为后续工序做好准备，故退火是属于半成品热处理，又称预先热处理。退火根据目的不同，可以分为第一类退火和第二类退火，其中第一类退火包括扩散退火、再结晶退火、去应力退火，是不以组织转变为目的的工艺方法，由不平衡状态过渡到平衡状态；第二类退火包括完全退火、不完全退火、等温退火、球化退火，以改变组织和性能为目的，改变钢中珠光体、铁素体和碳化物等组织形态及分布，具体分类如表3-2所示。

表3-2　钢退火分类

退火分类	加热温度	冷却方法	目的	适用范围
完全退火	A_3线以上 20~30℃	缓慢冷却	消除粗晶和不均匀组织	亚共析钢
球化退火	A_1线以上 20~40℃	缓慢冷却至600℃	将片状变为球状	过共析钢
等温退火	A_3线以上 30~50℃	快冷至A_1线下保温	获得均匀组织	合金钢高合金钢
扩散退火	A_3线以上150~250℃	缓慢冷却	消除偏析	合金钢铸锭铸件
去应力退火	A_1线以下600~650℃	缓慢冷却	消除残余应力	铸、锻、焊接
再结晶退火	再结晶温度以上 150℃	缓慢冷却	消除加工硬化	冷塑性变形件

　　完全退火是将钢件或钢材加热至Ac_3以上20~30℃，保温足够长时间，使组织完全奥氏体化后缓慢冷却，以获得近于平衡组织的热处理工艺。主要用于亚共析钢（$\omega_c = 0.0218\% ~ 0.77\%$），其目的是细化晶粒，均匀组织，消除内应力，降低硬度和改善钢的切削加工性。不完全退火是将钢加热至$Ac_1 ~ Ac_3$（亚共析钢）或$Ac_1 ~ Ac_{cm}$（过共析钢）之间，经保温后缓慢冷却以获得近于平衡组织的热处理工艺。球化退火是使钢中碳化物球化，获得粒状珠光体的一种热处理工艺。主要用于共析钢、过共析钢和合金工具钢，其目的是降低硬度，均匀组织，改善切削加工性，并为淬火作组织准备。均匀化退火又称扩散退火，它是将钢锭、铸件或锻坯加热至略低于固相线的温度下长时间保温，然后缓慢冷却以消除化学成分不均匀现象的热处理工艺。其目的是消除铸锭或铸件在凝固过程中产生的枝晶偏析及区域偏析，使成分和组织均匀化。为了消除铸件、锻件、焊接件及机械加工工件中的残留内应力，以提高尺寸稳定性，防止工件变形和开裂，在精加工或淬火之前将工件加热到Ac_1以下某一温度，保温一定时间，然后缓慢冷却的热处理工艺称为去应力退火。钢的去应力退火加热温度较宽，但不超过Ac_1点，一般在500~650℃之间。铸铁件去应力退火温度一般为500~550℃，超过550℃容易造成珠光体的石墨化。焊接钢件的退火温度一般为500~600℃。再结晶退火是把冷变形后的金属加热到再结晶温度以上保持适当的时间，使变形晶粒重新转变为均匀等轴晶粒，同时消除加工硬化和残留内应力的热处理工艺。经过再结晶退火，

钢的组织和性能恢复到冷变形前的状态。再结晶退火既可作为钢材或其他合金多道冷变形之间的中间退火，也可作为冷变形钢材或其他合金成品的最终热处理。一般钢材再结晶退火温度为650～700℃，保温时间为1～3小时，通常在空气中冷却。

2. 正火

正火是指将钢加热至Ac_3或Ac_{cm}以上适当温度，保温后在空气中冷却得到珠光体类组织的热处理工艺。与完全退火不同，正火冷却速度较快，转变温度较低，因此获得的珠光体组织较细，钢的强度和硬度也较高。正火的目的包括：改善钢的切削加工性能；消除热加工缺陷组织，均匀组织，细化晶粒，消除内应力；消除过共析钢的网状碳化物，便于球化处理等。正火一般可作为预备热处理，为大型或形状复杂零件的最终热处理做好组织准备。正火保温时间和完全退火相同，应该以工件透烧，即心部达到要求的加热温度为准，还应考虑钢材成分、原始组织、装炉量和加热设备等因素。通常根据具体工件尺寸和经验数据加以确定。正火冷却方式最常用的是将钢件从加热炉中取出在空气中自然冷却。对于大件也可采用吹风、喷雾和调节钢件堆放距离等方法控制钢件的冷却速度，达到要求的组织和性能。

3. 淬火

将钢加热至Ac_3或Ac_1以上一定温度，保温后以大于临界冷却速度的速度冷却得到马氏体（或者下贝氏体）的热处理工艺。淬火的主要目的是使奥氏体化后的工件获得尽量多的马氏体并配以不同温度回火获得各种需要的性能。淬火保温时间主要根据钢的成分特点、加热介质和零件尺寸来确定。含碳量越高，合金元素越多，导热性越差，则保温时间就越长；零件尺寸越大，保温时间越长。在实际生产中常根据经验确定保温时间。常用的有四种淬火方法：单液淬火、双液淬火、分级淬火和等温淬火。单液淬火是指将加热的工件放入一种淬火介质中连续冷却至室温的操作方法。单液淬火操作简单，易实现机械化与自动化，适用于形状简单的工件，但此法水冷变形大，油冷难淬硬，可将油、水双冷结合起来进行双液淬火。将加热的碳钢先在水或盐水中冷却，冷却到300～400℃时迅速移入油中冷却，这种水淬＋油冷的方法称为双液淬火法。该种淬火工艺既可使工件淬硬，又能减少淬火的内应力，有效地防止产生淬火裂纹，主要用于形状复杂的高碳工具钢，如丝锥、板牙等。缺点是操作困难，技术要熟练。分级淬火法是把加热好的工件先投入温度稍高于Ms点的盐浴或碱中快速冷却停留一段时间，待其表面与心部达到介质温度后取出空冷，使之发生马氏体转变。该方法比双液淬火进一步减少了应力和变形，操作简便。但由于盐浴、碱浴的冷却能力较小，只适用于形状较复杂、尺寸较小的工作。等温淬火法与分级淬火法相类似，只是在盐浴或碱浴中的保温时间要足够长，使过冷奥氏体等温转变为有高强韧性的下贝氏体组织，然后取出空冷。由于淬火内应力小，能有效地防止变形和开裂，但此方法的缺点是生产周期较长又要一定的设备，常用于薄、细等形状复杂，尺寸要求精确，强韧性要求高的工件，如成型刀具、模具和弹簧等。

4. 回火

回火是指将淬火钢在A_1以下温度加热，使其转变为稳定的回火组织，并以适当方式冷却到室温的工艺过程。回火工艺的目的是减小或消除淬火应力，保证相应的组织转变，提高钢的韧性和塑性，获得硬度、强度、塑性和韧性的适当配合，以满足各种用途工件的性能要求。回火工艺按照温度可分为：低温回火、中温回火和高温回火。对碳钢来说，低温回火指的是回火温度范围150~250℃，回火的目的是降低应力和脆性，获得回火马氏体组织，使钢具有高的硬度、强度和耐磨性。低温回火一般用来处理要求高硬度和高耐磨性的工件，如刀具、量具、滚动轴承和渗碳件等。中温回火的温度在350~500℃，回火的目的是获得回火屈氏体，具备高的弹性极限和韧性，并保持一定的硬度，主要用于各种弹簧、锻模、压铸模等模具。高温回火温度在500~650℃，回火的目的是具备良好的综合力学性能（较高的强度、塑性、韧性），得到回火索氏体组织。一般把淬火＋高温回火的热处理称为"调质处理"。适用于中碳结构钢制作的曲轴、连杆、连杆螺栓、汽车拖拉机半轴、机床主轴及齿轮等重要机器零件。

（四）焊接技术

焊接是被同种或异种焊工件通过加热或加压或二者并用，并且或用或不用填充材料，使工件的材质达到原子间的结合而形成永久性连接的工艺过程。焊接应用广泛，既可用于金属，也可用于非金属。焊接与黏接的最大区别是两个被焊材料之间形成了共同的晶粒，而黏接材料之间一般没有原子间的相互渗透和扩散，是靠黏结剂和母材之间的黏合作用。

目前实现焊接的方法有很多，按焊接过程的特点大致可归纳为三大类：熔焊、压焊和钎焊，具体分类如图3-6所示。

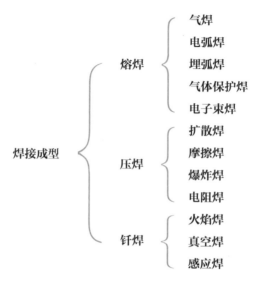

气焊
电弧焊
熔焊 { 埋弧焊
气体保护焊
电子束焊

扩散焊
摩擦焊
焊接成型 { 压焊 { 爆炸焊
电阻焊

火焰焊
钎焊 { 真空焊
感应焊

图3-6 焊接方法分类

1. 熔焊

　　熔焊是在焊接过程中将工件接口加热至熔化状态，不加压力完成焊接的方法。这类焊接方法的特点是，将被焊金属的结合处局部加热到熔化状态，互相熔合，冷却凝固彼此结合在一起。如气焊、电弧焊、埋弧焊、气体保护焊、电子束焊等。熔焊时，热源将待焊两工件接口处迅速加热熔化，形成熔池。熔池随热源向前移动，冷却后形成连续焊缝而将两工件连接成为一体。在熔焊过程中，如果大气与高温的熔池直接接触，大气中的氧就会氧化金属和各种合金元素。大气中的氮、水蒸气等进入熔池，还会在随后冷却过程中在焊缝中形成气孔、夹渣、裂纹等缺陷，恶化焊缝的质量和性能。为了提高焊接质量，人们研究出了各种保护方法。例如，气体保护电弧焊就是用氩、二氧化碳等气体隔绝大气，以保护焊接时的电弧和熔池率；又如钢材焊接时，在焊条药皮中加入对氧亲和力大的钛铁粉进行脱氧，就可以保护焊条中有益元素锰、硅等免于氧化而进入熔池，冷却后获得优质焊缝。

2. 压焊

　　压焊是在加压条件下，使两工件在固态下实现原子间结合，又称固态焊接。这类焊接方法的特点是，在焊接过程中，对被焊金属施加一定的压力（也可同时加热或不加热），促使被焊件间的接合面精密接触，使原子间产生结合作用，以获得永久性的连接。如电阻焊、摩擦焊、扩散焊等。常用的压焊工艺是电阻对焊，当电流通过两工件的连接端时，该处因电阻很大而温度上升，当加热至塑性状态时，在轴向压力作用下连接成一体。各种压焊方法的共同特点是在焊接过程中施加压力而不加填充材料。多数压焊方法都没有熔化过程，因而没有像熔焊那样的有益合金元素烧损、有害元素侵入焊缝的问题，从而简化了焊接过程，也改善了焊接安全卫生条件。同时由于加热温度比熔焊低、加热时间短，因而热影响区小。许多难以用熔化焊焊接的材料，往往可以用压焊焊成与母材同等强度的优质接头。

3. 钎焊

钎焊是使用比工件熔点低的金属材料作钎料，将工件和钎料加热到高于钎料熔点、低于工件熔点的温度，利用液态钎料润湿工件，填充接口间隙并与工件实现原子间的相互扩散，从而实现焊接的方法。与前两种焊接不同的是，钎料只是熔化钎料，而母材不熔化，一般不易形成共同的晶粒，只在钎粒和母材之间有相互原子渗透。

二、无机非金属材料与制造技术

无机非金属材料（inorganic nonmetallic materials）是以某些元素的氧化物、碳化物、氮化物、卤素化合物、硼化物以及硅酸盐、铝酸盐、磷酸盐、硼酸盐等物质组成的材料，是除有机高分子材料和金属材料以外的所有材料的统称。无机非金属材料的提法是20世纪40年代以后，随着现代科学技术的发展，从传统的硅酸盐材料演变而来的。无机非金属材料是与有机高分子材料和金属材料并列的三大材料之一。

（一）陶瓷材料与制造技术

陶瓷材料是用天然或合成化合物经过成型和高温烧结制成的一类无机非金属材料。它具有高熔点、高硬度、高耐磨性、耐氧化等优点，可用作结构材料、刀具材料。由于陶瓷还具有某些特殊的性能，又可作为功能材料。陶瓷是指用黏土、石英等天然硅酸盐原料经过粉碎、成型、煅烧等过程而得到的具有一定形状和强度的制品。主要指日常生活中常见的日用陶瓷和建筑陶瓷、电瓷等。陶瓷的生产发展经历了漫长的过程，从传统的日用陶瓷、建筑陶瓷、电瓷发展到今天的氧化物陶瓷、压电陶瓷、金属陶瓷等特种陶瓷，虽然所采用的原料不同，但其基本生产过程都遵循着"原料配制-配料成型-制品烧结"这种传统方式，因此，陶瓷可以认为是用传统的陶瓷生产方法制成的无机多晶产品。

1. 原料配制

传统陶瓷工业生产中，最基本的原料是石英、长石和黏土三大类和一些化工原料。从工艺角度可把上述原料分为两类。一类为可塑性原料，主要是黏土类物质，包括高岭土、多水高岭土、烧后成白色的各种类型黏土和作为增塑剂的膨润土等。它们在生产中起塑化和结合作用，赋予配料以塑性与注浆成型性能，保证干坯强度及烧结后的各种使用性能，如机械强度、热稳定性、化学稳定性等。它们是成型能够进行的基础，也是黏土质陶瓷的成瓷基础。另一类为非可塑性原料，主要是石英和长石。石英属于减黏物质，可降低坯料的黏性，烧结过程中部分石英溶解在长石玻璃中，提高液相黏度，防止高温变形，冷却后在瓷坯中起骨架作用。长石属于熔剂原料，高温下熔融后，可溶解一部分石英及高岭土分解产物，形成玻璃状的流体，并流入多孔性材料的孔隙中，起到高温胶结的作用。

传统日用陶瓷坯料通常按制品的成型法分成含水量19%～26%的可塑法成型坯料与含水量30%～35%的注浆法成型坯料两种。

可塑法成型坯料

可塑法成型坯料要求在含水量低的情况下有良好的可塑性，同时坯料中各种原料与水分应混合均匀，并且空气含量低。可塑法成型是陶瓷生产中最常见的一种成型方法。

注浆法成型坯料

注浆法成型用的坯料含水量为30%～35%。对注浆料来说要求它在含水量较低的情况下具有良好的流动性、悬浮性与稳定性，料浆中各种原料与水分均匀混合，而且料浆具有良好的渗透性等。上述这些性能主要通过调整坯料配方与加入合适的电解质来解决。但正确选择制备流程与工艺控制也可以在某种程度上改善料浆性能。如泥浆搅拌可促使泥浆组成均一，保持悬浮状态，减少分层现象。

2. 配料成型

针对粉体和坯体的不同形状，有很多成型工艺，下面简单介绍几种成型方法。

挤压成型

挤压成型是将经过添加增塑剂的粉体混合后经搅拌和混炼，再经抽真空去除气泡和陈化处理，在一定的压力下通过压模嘴挤压成所需形状的坯件。混炼的目的是将不同组分充分混合并使颗粒与有机添加剂间充分润滑，挤压所用的塑形剂本质上是弹性的，采用大分子量的有机黏结剂可以增加弹性压缩，减少水分迁移，使成型体具有足够的强度，采用的黏结剂和增塑剂常有甲基纤维素、羟基乙基纤维素、石蜡、聚乙烯醇等，水和其他化合物如桐油等作为润滑剂加入。

注射成型

注射成型也是一种成型方法，将原料粉末与黏结剂加热混合后调制成塑性粉料，经模压造粒、加热挤压，将成型颗粒再粉碎后，通过注射成型机将混料在130~300℃下注射到金属模中形成素坯。

注浆成型

注浆成型是一种浆料浇注成型方法，将具有流动性的浆料注入多孔的模具，原料粉体加水或酒精或甘油等溶剂、分散剂、黏结剂、除气剂等制成一定浓度的粉浆，注入多孔的模具内，毛细管力使液体从浆料排出来，经过一定时间脱模形成铸件，经干燥后得到坯料。

模压成型

模压成型是将粉末原料加入少量增塑剂混合并经过处理后装入钢模内，通过冲压对装在模具内的粉体施压成型，压力范围在40~100兆帕，卸载后即得到具有一定形状的坯料，由于成型时单向施压，因此坯体中的压力分布不均匀，使坯体容易变形，质量不高。

3. 制品烧结

烧结是制备陶瓷制品的第三阶段，也是最后的环节，因此烧结对陶瓷制品的性能和质量影响很大，烧结的主要目的是致密化。

在陶瓷材料烧结过程中，伴随着显微结构的改变，晶粒长大和晶界形成，粉末颗粒聚集成为晶粒结合体，材料致密度增加，吸附气体和空隙减少，颗粒间的结合力增强，从而得到所需物理和力学性能的烧结体，因此烧结也可以定义为将经过成型的坯体或将形状可以变化的组成均匀的小颗粒或团聚体在较高温度下经一定时间使其变成具有一定强度的致密陶瓷的过程，这个过程主要发生了粉体颗粒的结合及气孔的连接、收缩和排除。影响烧结的因素很多，主要有：烧结温度和时间，粉体的粒度、形状、表面态和团聚，添加剂，烧结气氛和气压，组分之间的扩散等，而且实际烧结过程常为几种原子机制同时作用的过程，在不同的烧结条件下，起主要作用的烧结机制可能相异，因而很难建立起完善的烧结理论。

（二）玻璃材料与制造技术

玻璃是由二氧化硅和其他化学物质熔融在一起形成的，主要生产原料为：纯碱、石灰石、石英等。在熔融时形成连续网络结构，冷却过程中黏度逐渐增大并硬化而不结晶的硅酸盐类非金属材料。普通玻璃的化学组成是硅酸钠（Na_2SiO_3）、硅酸钙（$CaSiO_3$）、二氧化硅（SiO_2）或$Na_2O \cdot CaO \cdot 6SiO_2$等，主要成分是二氧化硅，是一种无规则结构的非晶态固体。广泛应用于建筑物，用来隔风透光，属于混合物。另有混入了某些金属的氧化物或者盐类而显现出颜色的有色玻璃和通过物理或者化学的方法制得的钢化玻璃等。有时把一些透明的塑料（如聚甲基丙烯酸甲酯）也称作有机玻璃。

玻璃的分子排列是无规则的，其分子在空间中具有统计上的均匀性。在理想状态下，均质玻璃的物理、化学性质（如折射率、硬度、弹性模量、热膨胀系数、热导率、电导率等）在各方向都是相同的；因为玻璃是混合物，非晶体，所以无固定熔沸点。玻璃由固体转变为液体是一定温度区域（即软化温度范围）内进行的，它与结晶物质不同，没有固定的熔点。软化温度范围$Tg \sim T1$，Tg为转变温度，$T1$为液相线温度，对应的黏度分别为$10^{13.4}$毫帕·秒、$10^{4\sim6}$毫帕·秒；玻璃态物质一般是由熔融体快速冷却而得到，从熔融态向玻璃态转变时，冷却过程中黏度急剧增大，质点来不及做有规则排列而形成晶体，没有释出结晶潜热，因此，玻璃态物质比结晶态物质含有较高的内能，其能量介于熔融态和结晶态之间，属于亚稳状态。从力学观点看，玻璃是一种不稳定的高能状态，比如存在低能量状态转化的趋势，即有析晶倾向，所以，玻璃是一种亚稳态固体材料；玻璃态物质从熔融态到固体状态的过程是渐变的，其物理、化学性质的变化也是连续的和渐变的。这与熔体的结晶过程明显不同，结晶过程必然出现新相，在结晶温度点附近，许多性质会发生突变。而玻璃态物质从熔融状态到固体状态是在较宽温度范围内完成的，随着温度逐渐降低，玻璃熔体黏度逐渐增大，最后形成固态玻璃，但是过程中没有新相形成。相反玻璃加热变为熔体的过程也是渐变的。

玻璃生产的主要工艺流程包括：

配料，按照设计好的料方单，将各种原料称量后在一混料机内混合均匀。玻璃的主要原料有：石英砂、石灰石、长石、纯碱、硼酸等。

熔制，将配好的原料经过高温加热，形成均匀的无气泡的玻璃液。这是一个很复杂的物理、化学反应过程。玻璃的熔制在熔窑内进行。熔窑主要有两种类型：一种是坩埚窑，玻璃料盛在坩埚内，在坩埚外面加热。小的坩埚窑只放一个坩埚，大的可多到20个坩埚。坩埚窑是间隙式生产的，现在仅有光学玻璃和颜色玻璃采用坩埚窑生产。另一种是池窑，玻璃料在窑池内熔制，明火在玻璃液面上部加热。玻璃的熔制温度大多在1300～1600℃。大多数用火焰加热，也有少量用电流加热的，称为电熔窑。现在，池窑都是连续生产的，小的池窑可以是几米，大的可以达到400多米。

成型，是将熔制好的玻璃液转变成具有固定形状的固体制品。成型必须在一定温度范围内才能进行，这是一个冷却过程，玻璃首先由黏性液态转变为可塑态，再转变成脆性固态。成型方法可分为人工成型和机械成型两大类。

退火，玻璃在成型过程中经受了激烈的温度变化和形状变化，这种变化在玻璃中留下了热应力。这种热应力会降低玻璃制品的强度和热稳定性。如果直接冷却，很可能在冷却过程中或以后的存放、运输和使用过程中自行破裂（俗称玻璃的冷爆）。为了消除冷爆现象，玻璃制品在成型后必须进行退火。退火就是在某一温度范围内保温或缓慢降温一段时间以消除或减少玻璃中热应力。此外，某些玻璃制品为了增加其强度，可进行刚化处理。包括：物理刚化（淬火），用于较厚的玻璃杯、桌面玻璃、汽车挡风玻璃等；化学刚化（离子交换），用于手表表蒙玻璃、航空玻璃等。刚化的原理是在玻璃表面层产生压应力，以增加其强度。

玻璃的成型是熔融玻璃转变为固有几何形状的过程。玻璃成型的方法有很多，主要有压制法、吹制法、拉制法、延压法、浇铸法和浮法成型等。

压制法

压制是通过内模压入外模，把玻璃料挤压成型。两模间的空隙影响产品的厚薄，而内模是通过气压来控制的，所以气压太大可能减少两模上下的空隙，使产品底变薄；若气压太小，则相反。一般直筒的杯状都采用压制，但如产品比较高且边部要求较薄，则一般用吹制，而这种产品最薄处在中部，所以中部易破。

吹制法

吹制法分为两种。一种是机器吹制，主要设备是制瓶机或吹杯机，也是利用玻璃液的可塑性，用高压气体将玻璃液吹制成型。市场上见到的基本是完全明料（透明）产品，造型单一，款式较少，产品较笨重，产品的流线型较差，杯挺与底部结合处过渡生硬，但产品尺寸规格的一致性较好，没有气泡和水波纹，牢固性差。另一种是人工吹制，这种工艺是用一根粗细合适的钢管，将玻璃液挑到钢管的一端，另一端工人用嘴对着吹气，将挑在钢管上的玻璃液吹成气泡状，然后再次蘸上玻璃液继续吹大，再进入模具成型，这种工艺叫作人工吹制。人工吹制玻璃以透明料辅以各种装饰，造型变化多，色彩及款式丰富，产品较轻盈，产品流线性好，明显流露出美感，产品自身设计能够紧跟市场消费的时尚潮流，能够给消费者较多的选择，能够最大限度满足个性化消费主张，有气泡和水波纹，牢固性好。

拉制法

拉制法是将熔制好的玻璃注入模型，经过冷却器，采用机械的手段拉制成制品的方法。此法适用于成型各种板材和管材，其作用原理是在液面保持一条均匀拉力，在板的两个边部加强冷却，形成半固化的边，加上板面两侧的两片大水包的冷却作用，使整个板面固化，以抵抗纵向拉引时板面的横向收缩。玻璃板表层硬化，深层还较软时，在拉引力和重力的作用下不断变薄，最后定型，并在垂直引上机中进行退火切割成片。

延压法

将熔制好的玻璃液在辊间或者辊板间压延成玻璃制品的方法。该方法主要用于成型厚平板玻璃、刻花玻璃、夹丝玻璃等。

浇铸成型法

将玻璃融化，通过模具成型。一般是将熔制好的玻璃熔液注入模具中或者在预先制作好的模具中叠放玻璃碎料，连模具一起放进熔炉中进行熔化，待玻璃域模具吻合后退火成型。该方法设备要求低，产品限制小，适合制大型制品，但制品准确率较差。浇铸成型法主要用于成型艺术雕刻、建筑装饰品、大直径玻璃管、反应锅等。

浮法成型

浮法是指玻璃液漂浮在熔融金属表面上生产平板玻璃的方法。该方法是英国皮尔金顿公司经30年的研究，在1959年进行工业生产的。其成型原理是让处于高温熔融状态的玻璃液浮在比它重的金属液表面上，受表面张力作用使玻璃具有光洁平整的表面，并在其后的冷却硬化过程中加以保持，则能生产接近于抛光表面的平板玻璃。浮法生产玻璃的优点是玻璃质量高（接近或相当于机械磨光玻璃），拉引速度快，产量大，厚度可控制在1.7~30毫米，宽度目前可达5.6米，便于生产自动化。浮法玻璃的问世是世界玻璃生产发展史上的一次重大变革，它正逐步取代平板玻璃的各种拉制法生产方式。

三、高分子材料与制造技术

高分子材料俗称聚合物材料，是由基体（高分子化合物）和添加剂（助剂）所构成的材料。尽管现实中一些高分子材料仅由高分子化合物组成，但大多数高分子材料，除基本高分子化合物之外，为了获得具有各种使用性能和改善其成型加工性能，一般还有各种添加剂。高分子材料按特性分为塑料、橡胶、纤维、胶黏剂、涂料和高分子基复合材料等。

橡胶是有机高分子弹性化合物，在很宽的温度范围内具有优异的弹性，所以又称为高弹体。其分子链间次价力小，分子链柔性好，在外力作用下可产生较大形变，除去外力后能迅速恢复原状。根据原料来源可分为天然橡胶和合成橡胶两种。

纤维分为天然纤维和化学纤维，前者指蚕丝、棉、麻、毛等，后者是以天然高分子或合成高分子为原料，经过纺丝和后处理制得。塑料是以合成树脂或化学纤维的天然高分子为主要成分，再加入填料、增塑剂和其他添加剂制得。其分子间次价力、模量和形变量等介于橡胶和纤维之间。

胶黏剂是能把各种材料紧密地结合在一起的物质，通常由几种材料配制而成，这些材料按其作用不同，一般分为主体材料和辅助材料两类。

涂料是指涂布在物体表面具有保护和装饰作用的膜层材料。根据成膜物质不同，分为油脂涂料、天然树脂涂料和合成树脂涂料。

高分子基复合材料是以高分子化合物为基体，添加各种增强材料制得的一种复合材料，它综合了原有材料的性能特点，并可根据需要进行材料设计。

高分子材料的加工成型不是单纯的物理过程，而是决定高分子材料最终结构和性能的重要环节。除胶黏剂、涂料一般无须加工成型而可直接使用外，橡胶、纤维、塑料等通常需用相应的成型方法加工成制品。一般塑料制品常用的成型方法有挤出、注射、压延、吹塑、模压或传递模塑等。橡胶制品有塑炼、混炼、压延或挤出等成型工序。纤维有纺丝溶体制备、纤维成型和卷绕、后处理、初生纤维的拉伸和热定型等。在成型过程中，聚合物有可能受温度、压强、应力及作用时间等变化的影响，导致高分子降解、交联以及其他化学反应，使聚合物的聚集态结构和化学结构发生变化。因此加工过程不仅决定高分子材料制品的外观形状和质量，而且对材料超分子结构和织态结构甚至链结构有重要影响。

近年来，由于高分子制造理论的研究，制造设备设计和制造过程自动化等方面取得了很大的进展，产品质量和生产效率都大大提高，产品适应范围扩大，原材料和产品成本降低，高分子材料制备工业更进入了一个高速发展时期。高分子材料的发展已经超过钢铁、水泥和木材三大传统材料。

（一）挤出成型技术

挤出成型是固体进料的挤出过程，经历固体-弹性体-黏性液体的变化。同时物料又处在变动的温度之下，在螺槽与机筒之间，物料既产生拖拽流动又有压力流动。因此，挤出成型是一种高效、连续、低成本、适应面宽的成型加工方法。挤出成型是塑料材料加工最主要的形式之一，它适合于除某些热固性塑料外的大多数塑料材料，约50%的热塑性塑料制品是通过挤出成型完成的，同时，也大量用于化学纤维和热塑性弹性体及橡胶制品的成型。挤出成型方法能生产管材、棒材、板材、片材、异型体、电线电缆护层、单丝等各种形态的连续型产品，还可以用于混合、塑化、造粒、着色等工艺以及高分子材料的共混改性。并且，以挤出成型为基础，配合膨胀、拉伸等方法的挤出–吹塑成型技术和挤出–拉幅成型技术是制造薄膜和中空制品的重要方法。

（二）注射成型技术

注射成型是一种注射兼塑形的成型方法，又称注射模型，如图3-7所示。与其他塑性成型方法相比，注射成型不仅周期短，生产效率高，能够一次成型外形复杂、尺寸精确、带金属嵌件的制品，而且成型适应性强，制品种类繁多，容易实现生产自动化。迄今为止，几乎所有的热塑性塑料、部分热固性塑料及橡胶都可采用此方法成型。注塑制品的产量已占塑料制品总量的30%以上，在国民经济的各个领域有着广泛的应用。注射成型是一种间歇式的操作过程，是将颗粒状或粉状原料从注塑机的料斗送进加热的料筒中，在热和机械剪切力的作用下，原料塑化成具有良好流动性的熔体，然后借助注射机柱塞的推动作用将熔体通过料筒端部的喷嘴注入闭合夹紧的模具内。充满模腔的熔体在受压的情况下，经冷却或热固化加热后，开模得到与磨具型腔相适应的制品。完成一次注塑成型所需的时间称为注射成型周期，它包括加料、加热、充模、保压、冷却时间，以及开模、脱模、闭模及辅助作业等时间。在整个注射成型周期中，注射速度和冷却时间对制品的性能有着决定性的影响。

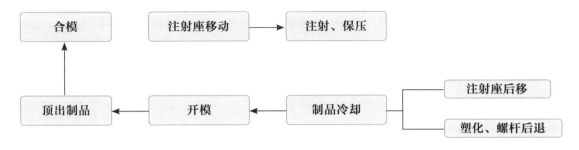

图3-7　注射成型循环工作示意

（三）压制成型技术

压制成型是高分子材料成型加工技术历史最悠久，也是最重要的一种工艺。几乎所有的高分子材料都可以用此方法来成型制品。是目前四大成型方法之一。它不但可以成型热固性塑料制品，还可以成型热塑性制品。主要应用于热固性塑料的成型。压制成型的主要特点是需要较大的压力，根据材料的性状和成型加工工艺的特征，可分为模压成型和层压成型。对于热固性塑料，由于压制时间长，模具交替加热和冷却，生产周期长，生产效率较低，同时模具易损坏，故在生产中很少采用此方法。模具成型与注射成型相比，生产过程控制使用的设备和模具较简单，较易成型大型制品。缺点是生产周期长，效率低，尺寸准确性差。用模压法加工的塑料主要有：酚醛塑料、氨基塑料、环氧树脂、有机硅、硬聚氯乙烯、聚三氟氯乙烯、氯乙烯与醋酸乙烯共聚物、聚酰亚胺等。

（四）压延成型技术

压延成型简称压延，是将熔融塑化的热固性塑料通过一系列加热的压辊，使熔料连续地被挤压剪切，延展拉伸而成型为规定尺寸的薄膜和片材的一种方法。压延过程是物料在压延机辊筒的挤压力作用下发生塑性变形的过程。所以，要掌握压延过程的规律，就必须了解压延时物料在辊筒间的受力状态和流动变形，如物料进入辊距中的条件、物料的延伸变形情况、受力状态和流动速度分布状况、压延效应及压延后的收缩变形等。用作延压成型的塑料大多数是热塑性塑料，其中以非晶型的聚氯乙烯（PVC）及其共聚物最多，其压延制品主要有薄膜、片材和人造革。其次是丙烯腈-丁二烯-苯乙烯塑料（ABS）、乙烯-醋酸乙烯共聚物（EVA）以及改性聚苯乙烯等。近年来也有压延聚乙烯等结晶性塑料。压延制品一般可以分为薄膜、片材、人造革和其他涂层制品。薄膜与片材之间大抵以0.25毫米为厚度分界线，薄者为薄膜，厚者为片材。聚氯乙烯薄膜与片材又有硬质、半硬质与软质之分，由所含增塑剂量而定，当含增塑剂0~5份为硬质品，6~25份为半硬制品，25份以上者则为软制品。主要应用于农业薄膜、工业包装薄膜、室内装饰品及生活用品。压延成型在塑料成型中占有相当重要的地位，它的优点是加工能力大、生产线速度大、产量质量好、能连续化生产、自动化程度高。压延成型的主要缺点是设备庞大、投资高、维修复杂、制品宽度受到压延辊筒长度的限制等。另外该技术程序繁多，所以在生产连续片材方面不如挤出机成型技术发展快。

四、纳米材料与制备技术

1959年，著名理论物理学家、诺贝尔奖获得者费曼（Richard Phillips Feynman，1918—1988）曾预言："毫无疑问，当我们得以对纳微尺度的事物加以操纵的话，将大大地扩充我们可能获得物性的范围"。同时他又提出疑问"如果有朝一日人们能把百科全书储存在一个针尖大小的空间并能移动原子，那么这将给科学带来什么？"这就是关于纳米科技"小尺寸大世界"的著名预言。

1991年，IBM的首席科学家阿姆斯特朗（Tim Armstrong）曾预言："我们相信纳米科技将在信息时代的下一个阶段占中心地位，并发挥革命的作用，正如20世纪70年代初以来微米技术已经起的作用那样"。

纳米材料是指在三维空间中至少有一维处于纳米尺寸范围或由他们为基本单元所构成的材料。纳米材料的分类主要有以下几种。按性质，纳米材料可分为纳米金属材料、纳米非金属材料、纳米高分子材料和纳米复合材料。其中纳米非金属材料又可分为纳米陶瓷材料、纳米氧化材料和其他非金属纳米材料。按维数来分类，纳米材料的基本单元可以分为三类：零维，指在空间三维尺度均为纳米尺寸，如纳米尺寸颗粒、原子团簇等；一维，指在空间有两维处于纳米尺寸，如纳米丝、纳米棒、纳米管等；二维，指在三维空间中有一维处于纳米尺寸，如超薄膜、多层膜、超晶格等。按形态，纳米材料可分为纳米颗粒材料、纳米固体材料（也称纳米块体材料）、纳米薄膜材料以及纳米液体材料（如磁性液体纳米材料和纳米溶胶等）。按功能，纳米材料可分为纳米生物材料、纳米磁性材料、纳米药物材料、纳米催化材料、纳米智能材料、纳米吸波材料、纳米热敏材料以及纳米环保材料等。纳米材料具有四大特性，分别为小尺寸效应表面，界面效应，量子尺寸效应与宏观量子隧道效应。

（一）物理法制备技术

基于物理原理的纳米制造过程主要是指利用机械、物理等方式实现纳米材料规模化加工的过程，主要包括机械粉碎法、惰性气体冷凝法、大塑性变形法和爆炸法。

1. 机械粉碎技术

纳米机械粉碎是在传统的机械粉碎技术中发展起来的。这里的"粉碎"主要包括"破碎"和"粉磨"两个过程。"破碎"是由大物块变小物块的过程，而"粉磨"是由小物块变成粉体的过程。物料的基本粉碎方式是压碎、剪碎、冲击粉碎和磨碎。一般设备的粉碎原理都是这几种粉碎方式的组合，如球磨机和振动磨是磨碎与冲击粉碎的组合；雷蒙磨是压碎、剪碎与磨碎的组合；气流磨是冲击、磨碎与剪碎的组合等。物料在粉碎设备内粉碎的过程中，存在粉碎极限。粉碎极限是机械粉碎必须面临的一个重要问题。随着颗粒粒径的减小，被粉碎的物料结晶均匀性增加，颗粒强度增大，断裂能提高，粉碎所需要的机械应力也大大增加，即颗粒度越细，粉碎的难度就越大。粉碎到一定程度后，尽管继续施加机械应力，物料的粒度不再继续减小或者减小的速率相当缓慢，这就是物料的粉碎极限。理论上，固体粉碎的最小粒径可达10~50纳米。然而，目前的机械粉碎设备基本上达不到理想值。粉碎极限主要取决于物料种类、粉碎方式、粉碎环境等因素。随着粉碎技术的发展，物料的粉碎极限也逐渐得到改善。下面将介绍几种典型的纳米粉碎技术及其特点。

搅拌磨

搅拌磨主要部分为一个静止研磨桶和一个旋转的搅拌器。在搅拌过程中，一般使用球形研磨介质，其平均直径小于6毫米，用于纳米粉碎时，一般小于3毫米。

胶体磨

胶体磨是利用一对固体磨子和高速旋转磨体的相对运动所产生的强大剪切、摩擦、冲击等作用力来粉碎或分散物料粒子的。被处理的浆料通过两磨体之间的微小间隙，被有效地粉碎、分散、乳化、微粒化。在短时间内，处理后的产品粒径可达1微米。

振动磨

这种方式仍然是采用球形或柱形的球磨介质，利用研磨介质可以在作一定振幅上下振动的筒体内对物料进行冲击、摩擦、剪切等作用而使得物料粉碎。选择适当的研磨介质，振动磨可用于各种硬度物料的超微粉碎，相应产品的平均粒径可达1微米以下。

球磨法是利用球磨机的转动或振动硬球对密封在球磨罐内的原料进行强烈的撞击、研磨和搅拌从而制备出纳米颗粒的方法。该方法的特点是设备及工艺简单，制备出的样品产量大，易于实现工业化生产。缺点是所制得的粉体尺寸不均匀，易引入杂质，球磨过程中有污染，对环境有害。

2. 惰性气体冷凝法

惰性气体冷凝法的主要过程是在真空蒸发室内充入惰性气体，然后对蒸发源进行真空加热，蒸发，使原料气化或形成等离子体，原料气体与惰性气体原子碰撞失去能量而骤冷成纳米尺寸的团簇。该方法的特点是反应速度快，结晶较快，不会引入外来污染物。缺点是设备要求高，投入较大。目前，这种方法广泛应用于大部分金属纳米粒子的制备。

3. 大塑性变形法

大塑性变形技术（severe plastic deformation，SPD）是指在静压力作用下，使块状材料发生严重的形变，最终细化到纳米尺度，得到晶态材料和非晶态材料的混合物，再经过一定的热处理，从而得到纳米材料。该方法制备出的纳米材料纯度高，粒度可控性好。

4. 爆炸法

将高能炸药置于密闭压力容器内，将容器抽成真空，再充入保护性气体，炸药爆轰发生分解反应生成游离碳，在轰炸产物高温和高压作用下发生碳原子的聚集、晶化等一系列变化，从而合成纳米级粉体，然后再酸洗提纯就可以得到纳米级金刚石粉。该法可大量制备纳米晶粒，纯度可达91%以上。

（二）化学法制备技术

化学法主要包括气相反应法和液相反应法，其中气相反应法中的典型代表是化学气相沉积法，液相反应法中常见的方法有水热合成法、沉淀法、溶胶-凝胶法、电沉积法、化学镀法和微乳液法。

1. 化学气相沉积

化学气相沉积（chemical vapor deposition，CVD）是在相当高的温度下，混合气体与基体表面相互作用，使混合气体中的某些成分分解，并在基体上形成一种金属或化合物的固态薄膜和镀层。化学气相沉积主要包括：金属有机化学气相沉积、等离子体化学气相沉积、激光化学气相沉积、原子层沉积等。该种方法的主要特点是不会改变基体材料的成分和强度，而仅通过气体之间的反应使得材料表面形成所需要的纳米层。目前，该方法已经广泛应用于刀具材料、耐磨耐热耐腐蚀材料、生物医用材料、金刚石薄膜、铁电材料薄膜、磁性材料薄膜以及光电子材料薄膜的制备。

2. 水热合成法

水热合成法是指通过高温高压在水溶液或蒸汽等流体中合成物质，再经过分离和热处理得到纳米颗粒。依据反应类型不同，水热法可以分为：水热氧化、水热还原、水热沉淀、水热合成等。这种方法的优点是制备过程所需能耗低，纳米粒子团聚少，颗粒形状可控等。该方法的弊端是生产效率低，产品纯度不高，产品的均一度不易控制等。目前，这种方法在软化学合成氧化物中具有广泛的应用。

3. 沉淀法

沉淀法通常是在溶液的状态下将不同化学成分的物质混合，在混合溶液中加入适当的沉淀剂，使得纳米材料沉淀析出，最后烘干得到纳米材料的方法。

4. 溶胶-凝胶法

溶胶-凝胶法就是利用含高化学活性组分的化合物作前驱体，在液相下将这些原料均匀混合，并进行水解、缩合化学反应生成活性单体，然后活性单体进行聚合，在溶液中形成稳定的透明溶胶体系，溶胶经过陈化胶粒缓慢聚合，形成三维空间网络结构的凝胶。凝胶经过干燥、烧结固化制备出分子乃至纳米结构的材料。图3-8为溶胶-凝胶法制备纳米粉体的基本工艺过程。这种方法的优点是反应物可以在很短的时间内达到分子水平上的均匀混合；作为掺杂元素的掺杂物也可以与基体实现分子水平上的均匀掺杂；反应温度低，反应进行容易；可以通过改变反应条件较容易地实现纳米粒子尺寸和形貌的改变。缺点是制备的原料较贵并且污染环境；反应时间较长，使得生产周期变长；产品在干燥过程中易发生收缩变形。溶胶-凝胶法作为低温或温和条件下合成无机化合物和无机材料的重要方法，在软化学合成中占有重要地位，在制备玻璃、陶瓷、薄膜、纤维以及复合材料等方面具有重要应用。

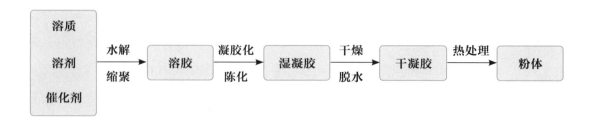

图3-8　溶胶-凝胶法制备纳米粉体的基本工艺过程

5. 电沉积法

电沉积法是指金属或合金从其化合物水溶液、非水溶液或熔盐中电化学沉积的过程。该方法的优点是设备简单，生产效率高，可以进行产品大规模生产；可以根据产品需要在一定范围内调节产品的化学成分；产品的结构可以根据需要相应变化。缺点是目前只能用来生产厚度较薄的纳米材料，制备较厚的纳米材料还十分困难。电沉积技术的应用主要集中在电磁屏蔽材料制备中的电沉积铜、镍、镍合金、非晶以及合金几个方面。

6. 化学镀法

化学镀法指在金属的催化作用下，通过可控制的氧化还原反应产生金属的沉积过程。该方法的特点是镀层均匀；能在非导体上沉积；废液排放少，环境污染小；制备成本低等。目前已经广泛应用于航天航空、石油化工、机械制造等领域。

7. 微乳液法

微乳液法是指金属盐和一定的沉淀剂形成微乳状液，在较小的区域内控制胶粒的成核和生长，再通过热处理即可得到纳米颗粒。该方法的特点是微粒的单分散性好，但是粒径较大且较难控制。

（三）纳米材料的应用技术

纳米材料由于其体积效应，表面效应，量子尺寸效应，宏观量子隧道效应等，使其在光、磁、电等领域显示出常规材料所不具备的特性。我国著名科学家钱学森曾经说过"纳米左右和纳米以下的结构将是下一阶段科技发展的重点，会是第三次技术革命，从而将是21世纪的又一次产业革命"。目前纳米科技的发展越来越成为各国关注的焦点，纳米技术的应用也愈加广泛。

1. 纳米材料在生物医学领域的应用

纳米微粒的尺寸往往比生物体细胞要小，这就为医学研究提供了契机。应用纳米材料来跟踪生物体内的活动，并利用纳米材料的传感性能对疾病进行初期诊断。纳米材料还具有生物兼容性，纳米载体可以提高药物的靶向性，利用纳米材料反应器还可以控制药物的释放速度。此外，纳米材料还具有优异的抗菌性能。目前纳米粒在生物医学领域已经得到了广泛的应用，主要归纳为以下几个方向：①纳米技术在医学诊断技术方面的应用；②纳米技术在药物治疗方面的应用；③纳米技术在健康预防方面的应用。纳米技术与生物医学的结合，为医学界提供了新的思路。但是目前大部分的研究停留在动物实验阶段，还需要大量的临床试验予以证明。纳米生物技术也存在一定的风险，还有很多问题没有搞清楚，其生物安全性有待进一步提高。制造出更加先进的纳米生物仪器也需要相关领域的研究人员的进一步努力。我们相信，随着纳米技术在生物医学领域的更广泛的应用，人们的生命安全将会得到更大的保障。

2. 纳米材料在日常用品中的应用

纳米材料具有抗菌、除味、防腐、抗老化、抗紫外线等作用。既可以对饮用水进行消毒，也可以对鞋、垃圾、纺织品、厨房灯进行抗菌除味处理。如纳米氧化钛在纺织品中的应用。上海交大"纳米氧化钛（TiO_2）抗紫外线纤维"通过上海市科委组织专家鉴定，纳米氧化钛具有较高的化学稳定性、热稳定性、无味无毒、无刺激性、使用安全等特点。该项目产品可以广泛应用于遮阳伞、广告布、帐篷、夏季女装等纺织用布中。

纳米材料在电池中也发挥着积极作用。利用纳米技术制备的电池，显著降低了蓄电池的电阻，抑制了蓄电池在充放电过程中，因为温度和电极极化等原因而导致的极板钝化问题，使得电池的充放电效率更高，容量更大，寿命更长。

3. 纳米材料在环境保护方面的应用

光催化纳米材料在大气污染物治理方面有突出的表现。此外，功能独特的纳米膜也能够探测到由化学和生物制造剂造成的污染，从而消除污染物。如由纳米氧化钛与纯丙树脂配置成的涂料，其对氮氧化物、油脂、甲醛等污染物具有明显的催化降解作用，其中对氮氧化物的降解效率可达80%。

4. 纳米材料在国防科技中的应用

纳米电子器件、纳米探测系统、纳米微机械系统和纳米材料的隐形技术在国防军事领域的应用产生了积极深远的影响。

5. 纳米材料在机械工业领域的应用

采用纳米涂层对金属表面进行涂层处理可以提高机械设备的耐磨性、硬度和使用寿命。此外，纳米技术还被应用于制造超微型机械，如纳米执行机构、纳米发电机等。

五、新型材料与制造技术

材料是当前世界新技术革命的三大支柱（材料、信息、能源）之一，与信息技术、生物技术一起构成了21世纪世界最重要和最具发展潜力的三大领域。对材料的认识与利用能力，往往决定着社会的形态和人类生活的质量。人类的历史已经证明，材料是人类社会发展的物质基础和先导，而新型材料则是人类社会进步的里程碑。新型材料（或称先进材料），是指那些新近发展或正在发展之中的、具有比传统材料性能更为优异的一类材料，而新型材料技术则被称为"发明之母"和"产业粮食"，是先进制造技术的保证，推动了先进制造技术的快速发展。

新型材料与制造技术的发展不仅促进了信息技术和生物技术的革命，在发展高新技术、改造和提升传统产业、增强综合国力方面都起着重要的作用，而且对自然科学和工程技术领域的发展中也产生着重大影响。例如，超纯硅、砷化镓的研制成功，使得大规模和超大规模集成电路诞生，计算机运算速度从每秒几十万次提高到现在的每秒百亿次以上；隐身材料通过吸收电磁波或降低武器装备的红外辐射，可以使得敌方探测系统难以发现；人工合成生物高分子材料，因其与人体器官组织的天然高分子有着极其相似的化学结构和物理性能，因而可以植入人体，部分或全部取代有关器官等。

（一）3D打印材料与制造技术

3D打印也称增材制造技术，是基于三维数学模型数据，采用材料逐渐累加的方法制造实体零件的技术，是一种"自下而上"的制造方法。3D打印技术是制造业领域正在迅速发展的一项新兴技术，被称为"具有工业革命意义的制造技术"，其核心是数字化、智能化制造，实现了随时、随地、按需生产。

3D打印技术的基本原理为：数字分层–物理层积，即首先对被打印对象建立数字模型并进行数字分层，获得每层的、二维的加工路径或轨迹；然后，选择合适的材料及相应的工艺方式，在上述获得的每层、二维数字路径驱动下，逐层打印，并最终累积制造出被打印的对象。近年来，3D打印技术的发展突飞猛进，在工业造型、包装、建筑、文化艺术、医学、航空航天和影视等领域都得到了广泛应用。

此外，3D打印制造技术在医学治疗方面也被寄予厚望，极有可能解决因疾病、衰老、事故导致的组织器官功能性损伤，但从活体或已故捐献者身上得到的器官却非常紧缺的棘手难题。同时还有望消除现有的治疗手段如细胞治疗、自体移植、异体移植、人工替代物等的局限性，真正从根本上解决组织和器官的修复及重建问题，实现个体化、精准化医疗。迄今为止，国内外研究机构已经在构建结构性组织如皮肤、骨、软骨、血管、膀胱等领域取得了很大的进展，在功能型器官及组织如肝脏、心肌、脑神经等方面也取得了一定的成绩。随着3D打印技术的日益成熟和普及，问题接踵而来。有分析认为，3D打印技术在带来医学新革命的同时，也将带来伦理、审批、监管方面的问题。依照现在的发展速度，未来从仿真医疗模型、生物医疗器械，到更具个性化的移植组织或器官，都有望将归拢于3D打印麾下，我们将面临不可避免的生物伦理挑战。

根据化学组成，3D打印材料分为聚合物材料、金属材料、陶瓷材料和复合材料。以塑料为代表的高分子聚合物具有在相对较低温度下的热塑性，良好的热流动性与快速冷却黏接性，或在一定条件（如光）的引发下快速固化的能力，因此在3D打印领域得到快速的应用和发展。

1. 聚合物材料及其3D打印技术

熔融沉积成型（FDM）技术为热塑性高分子材料的主要3D打印手段，就是将丝状的热熔性材料进行加热融化，通过打印头挤出后固化，按照零件每一层的预定轨迹，最后在立体空间上排列形成立体实物。

丙烯腈-丁二烯-苯乙共聚物（ABS）、聚碳酸酯（PC）和聚乳酸（PLA）等是FDM打印的主力材料。其中ABS打印温度为210～260℃，玻璃转化温度为105℃，打印时需要底板加热。ABS具有相当多的优点，如强度较高、韧性较好、绝缘性能好、抗腐蚀、容易出丝和着色等，其打印产品质量稳定，强度也较为理想。与ABS相比，PC树脂作为工程材料具有更为优异的特性，其丝材的机械强度要明显高于ABS，同时兼具无味、无毒、收缩率低、阻燃性好等优点，可以制备高强度的3D打印产品。PLA作为生物塑料，打印时不产生难闻的气味，熔化后容易附着和延展，打印后的材料几乎不会收缩。美中不足的是，该材料力学性能较差，韧性和抗冲击强度明显不如ABS，不宜做太薄或者需要承重的部件。

此外，立体光固化成型工艺（SLA）和聚合物喷射技术（PolyJet）都是高分子聚合物材料常用的3D打印制造技术，主要适合于液态光敏树脂的打印工艺。光敏树脂通常包括聚合物单体、预聚体和紫外光引发剂等组分，在打印过程中，紫外激光的照射能令其瞬间固化。因此，这类打印耗材有很好的表干性能，成型后表面平滑光洁，产品分辨率高，细节展示出色，质量甚至超过注塑产品。

立体光固化成型工艺（SLA），又称为立体光刻技术，是最早实用化的3D打印工艺，于1986年由查克·赫尔（Charles Hull 1939— ）首先推行，并以此技术建立世界上第一家3D打印设备制造商3D Systems公司，被誉为3D打印技术发展的里程碑。其工作原理为采用激光束对液态光敏树脂进行逐点扫描，从而使其逐层凝固成型。该制作技术通过对立体光刻制作参数、新型光聚合树脂的优化，以及加工装置上的发展，可以精确到微米或亚微米单位，这种高分辨率和自由化设计促使立体光刻技术的应用将对生物医学领域产生重要的影响。

聚合物喷射技术（polyJet）是以色列Objet公司于2000年初推出的专利技术。成型原理与FDM有点类似，不过喷头喷出的不是热塑性的丝状耗材，而是液态的光敏高分子，同时需要一个UV紫外灯作为固化源。一般地，当光敏聚合材料被喷射到工作台上后，UV紫外灯将沿着喷头工作的方向发射出紫外光对光敏聚合物进行固化。当完成一层的喷射打印和固化后，设备内置的工作台会精准地下降一个成型层厚，喷头继续喷射光敏聚合材料进行下一层的打印和固化，如此循环直到打印完成。

2. 金属材料及其3D打印技术

金属增材制造技术对高性能金属材料（包括稀有金属材料）而言，是一种高效有利的加工制造技术。当前增材制造技术的金属材料主要集中在航空航天用钛合金、高温合金、高强钢以及铝合金等材料体系。所采用的制造技术主要有激光选区熔化技术（SLM）、电子束选区熔化技术（EBSM）和激光快速成型技术（LDMD）。

激光选区熔化技术（SLM）是利用高能量的激光束照射预先铺覆好的金属粉末材料，将其直接熔化并固化，进而成型获得金属制件。该项技术最先由德国弗劳恩霍夫（Fraunhofer）研究所提出，并在2002年研究成功。SLM技术可以成型出结构复杂、性能优异、表面质量良好的金属零件，国外已经将SLM工艺应用于航空制造上，也有研究人员采用SLM成型了高纵横比的镍钛微电子机械系统（MEMS），并投入应用。

电子束选区熔化技术（EBSM）是在真空环境下以电子束为热源，以金属粉末为成型材料，通过不断在粉末床上铺展金属粉末然后用电子束扫描熔化，使一个个小的熔池相互熔合并凝固，直至形成一个完整的金属零件实体。该项技术的典型代表是瑞典雅俊（Arcam）公司的S12生产系统，美、日、德等国的许多研究机构，也在不同领域开展了EBSM的应用研究。

激光快速成型技术（LDMD）以激光束为热源，通过自动送粉装置将金属粉末同步、精确地送入激光在成型表面上所形成的熔池中，随着激光斑点的移动，粉末不断地送入熔池中熔化然后凝固，最终获得所需金属零件的工艺方法。这种成型工艺制造速度快、成本低、节省时间，而且采用非接触加工的方式，没有传统加工的残余应力的问题，无切割、噪音和振动等，有利于环保，但是无法成型结构非常复杂的零件。

3. 陶瓷材料及其3D打印技术

陶瓷材料具有耐高温、高强度等优点，在工业制造、生物医疗、航空航天等领域有着广泛应用。但是相对于高分子树脂材料和金属材料的3D打印，目前国内对于3D打印陶瓷材料的研究还处于起步阶段，对其研究和应用远远落后于国外。

3D打印陶瓷技术主要有喷墨打印技术（IJP）、立体光刻成型技术（SLA）和分层实体制造技术（LOM）等。其中3D打印陶瓷技术的起源就是喷墨打印技术，这种技术的主要原料是"陶瓷墨水"，一般由陶瓷粉体与各种有机物和溶剂配制而成。因为陶瓷墨水的配制是喷墨打印技术的关键，所以要求陶瓷粉体在墨水中具有良好的均匀分散度，合适的表面张力、黏度及电导率，较快的干燥速率和较高的固相含量。喷墨打印技术通常分为固体喷墨和液体喷墨两种，都是通过计算机指令将陶瓷墨水逐层喷打到平台上，形成所需形状和尺寸的陶瓷坯体。

立体光刻成型技术（SLA）最初用于高分子材料成型，之后才用于陶瓷材料的成型。在制备陶瓷零件时，首先将陶瓷粉与光固化树脂均匀混合，获得高固相含量、低黏度的陶瓷料浆，然后控制紫外光选择性照射料浆表面，使得含有陶瓷粉的料浆光聚合，形成高分子聚合体结合的陶瓷坯体，再经过脱脂与烧结，得到所需的陶瓷部件。在商业化应用方面，奥地利Lithoz公司开发了基于光刻的陶瓷制造技术，制造了首款可打印高精度、高纯度陶瓷零部件的三维打印机——CeraFab 7500，该设备可打印四点弯曲强度分别达430兆帕和650兆帕的高纯氧化铝、氧化锆陶瓷件。

分层实体制造技术（LOM）是一种薄片材料叠加工艺，所以又称为薄形材料选择性切割技术。该技术是直接通过激光切割薄膜材料（含黏结剂），移动升降工作台，切割新的一层薄膜材料叠加在之前的一层材料上，在热黏压部件的作用下黏结成型，是一种直接由层到立体零件的过程。分层实体制造技术因为存在这种特殊性，同时结合激光切割轮廓叠加成型的技术原理，故成型速度快，适合用于制造层状复杂结构零件。

4. 复合材料及其3D打印技术

随着科学技术的发展和社会需求的多样化，人们对材料的性能提出更高的要求。传统结构材料渐渐难以满足社会对高强、轻质材料的综合需求，材料的复合化成为了研究者们关注的焦点。在各种3D打印技术中，能够进行复合材料3D制造的主要技术有熔融沉积成型技术（FDM）、选区激光烧结技术（SLS）以及分层实体制造技术（LOM）。常用的3D打印复合材料包括纤维增强复合材料、无机填料复合材料、金属填料复合材料和多功能纳米复合材料等。

目前，熔融沉积成型技术的原料只有热塑性线材，但是经由FDM制造的纯的热塑性塑料存在强度低、承载能力弱以及功能不全的缺点，这严重限制了熔融沉积成型技术的广泛应用。所以，为了改善这种状况，我们可以添加增强材料（如碳纤维）于热塑性材料中形成碳纤维增强复合材料（CFRP）。将碳纤维和热塑性塑料制成预浸丝束，再将预浸丝束送入喷嘴。丝束在喷嘴处受热融化并按设计轨迹堆放在平台上形成一层层材料，层与层之间通过完全融化形成连接。这样，碳纤维增强复合材料中碳纤维能用来支持负载，同时，热塑性塑料基质可以用于结合、保护纤维并转移负载到增强纤维上。例如，Meisha Shofner等采用熔融沉积法开发纳米纤维增强ABS复合材料。原料线材由单壁碳纳米管和ABS塑料组成。与未填充的ABS样品相比，当单壁碳纳米管填充量为10%（wt）时，复合材料的拉伸强度和拉伸模量分别增加了约40%和60%。

选区激光烧结技术（SLS）制造复合材料的主要方法是混合粉末法，即基体粉末与增强体粉末混合，激光按设计图纸的截面形状对特定区域的粉末进行加热，使熔点相对较低的基体粉末融化，从而把基体和增强体黏接起来实现组分的复合。SLS技术使得热塑性塑料与陶瓷或金属粉末相结合变得可行，使得复合材料能改变其内部结构。这种技术也可以用在医疗方面，如骨组织工程、开发使用定制假体等。

分层实体制造技术（LOM）是利用激光或刀具切割塑料薄膜、薄层纸、金属薄板或陶瓷薄片等片材，通过热压或黏结剂加热方式层层黏接，叠加获得三维实体零件。克洛斯特曼（Klosterman）等采用双峰碳化硅粉体、炭黑和石墨粉末与高分子黏合剂体系混合制成陶瓷薄片，利用LOM技术制造了SiC陶瓷部件，探讨了碳化硅陶瓷间的界面问题，得到了四点弯曲强度为（169±43）兆帕的陶瓷件。

（二）超材料与制造技术

超材料，也被称为特异性材料，是一种具有人工设计结构并呈现出天然材料所不具备的超常物理性质的复合材料。该材料所具有的特异物理性质往往不能通过现有自然材料的本征物理性质获得，例如目前电磁超材料具有负折射率、旋光性、类双折射、超吸收等奇特的物理性质。典型的超材料有左手材料、光子晶体材料和超磁性材料等，在隐形斗篷、高效率发光二极管等方面都已有所应用。不可否认，超材料的成功开发对于航空航天、高速列车、生活制造等行业具有非常重要的意义。

近年来，随着微纳科技的迅猛发展，超材料的制备也得到了便利，促进了超材料的发展。目前，超材料加工技术中应用最多的是光刻技术。这里的光刻技术包含了广义的光刻加工工艺，如薄膜沉积、金属结构和非金属结构的制作技术等，也包括多层光刻技术和微立体光刻技术。金属结构的光刻一般是在建模后进行金属沉积，再通过去胶获得所需的金属结构。光刻技术的曝光可以选用多种光源，如紫外光、X射线、电子束、质子束等。不同的光源需要选择不同的光刻胶，并且会有不同的曝光深度，对应着不同的金属沉积方法。紫外曝光获得的金属层厚度一般在100纳米量级，而质子束直写与电镀技术相结合可使金属层的厚度在10微米左右。

多层光刻技术是目前制作三维超材料的主要方法，可以通过电介质和金属结构的交替堆叠、套刻来实现，这种方法的制作过程复杂，一般只能制作有限几层来获得特定的响应性质，主要用于宽带响应超材料和基于超材料的吸收体的制备。微立体光刻是在传统3D打印工艺——立体光固化成型（SL）基础上发展起来的一种新型微细加工技术，与传统的SL工艺相比，微立体光刻采用的层厚通常是1～10微米。2014年6月，采用微立体光刻技术，美国劳伦斯利弗莫尔国家实验室和麻省理工学院的研究人员开发出一种新的超轻、超强的超材料，该材料可以承受至少16万倍自重的负载，在重量和密度相同的情况下，刚度是气凝胶材料的1万倍。

此外，超材料的制造工艺还有模板沉积技术，该技术直接通过金属沉积来形成超材料结构，不需要光刻胶的辅助，虽然简化了制备程序，提高了制备质量，但是沉积过程会造成模板的污染。目前，超材料的研究和应用还需要进行更深入的探索，高质量超材料的快速简单制作，特别是三维超材料的实现，都需要结构设计的优化和加工工艺的提高。但是，超材料作为一种前途不可限量的新型材料，通过更深度地发展必有更广泛的应用，未来将会极大地推动科学技术的进步。

（三）智能材料与制造技术

1. 智能材料及其关键技术

智能材料是一种能够感知、判断、处理外部环境变化信息，并能做出相应反应改变自身结构与功能，使其很好地与外界协调的、具有自适应性的材料系统。一般认为，智能材料的基础是功能材料，是由多种材料系统组元通过有机、紧密或严格的科学组装的一体化系统，是敏感材料、驱动材料和控制材料（系统）的有机结合，它有着自检测、自诊断、自调节、自适应、自修复等类似于生物系统的各种特殊功能。如图3-9所示为智能材料的基本构成和工作原理。随着研究工作的逐步深入，智能材料的种类日益丰富，主要有形状记忆材料、智能高分子材料等，可作为驱动器元件，还有光导纤维、压电元件等，可用作智能材料系统中的感知材料。智能材料设计的3种关键技术包括了智能传感技术、智能驱动技术和智能控制技术。

智能传感技术是实现智能结构实时、在线和动态检测的基础，其中用于感受周围环境变化以实现传感的一类功能元件叫传感元件，它相当于人的神经系统，通过埋入或黏结于主题材料内部或表面的传感元件能够有效地将所感受的物理量（如力、声、光、电、磁、热等）的变化转换成另一种物理量（如电、光的变化），它是结构实现智能化的基础元件之一。

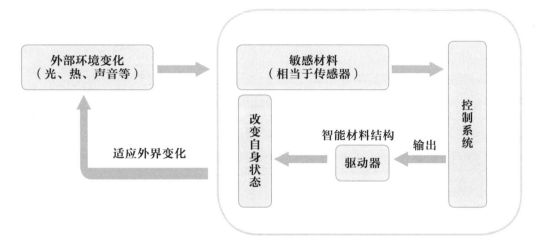

图3-9 智能材料的工作原理

智能驱动技术（包括驱动元件、激励和控制方式等）是智能结构实现形状或力学性能自适应变化的核心问题，也是困扰结构自适应的一个"瓶颈"。其中，驱动元件是使结构自身适应其环境的一类功能元件，它的作用就像人的肌肉，可以改变结构的形状、刚度、位置、固有频率、阻尼、摩擦阻力、流体流动速率、温度、电场及磁场等。驱动元件是自适应结构区别于普通结构的根本特征，也是自适应结构从初级形态走向高级形态的关键。

智能控制系统在智能结构中所起的作用相当于人的大脑，它包括控制元件及控制策略与算法等。智能结构的控制元件集成于结构之中，其控制对象就是结构自身。由于智能结构本身是分布式、强耦合的非线性系统，且所处的环境具有不确定性和时变性，因此，要求控制元件能够自己形成控制规律，并能够快速完成优化过程，需有很强的实时性和在线性。

此外，智能信息处理与传输对于智能材料的运用也是至关重要的，多传感器数据与信息融合，及多传感器的优化配置的研究都是智能结构信息处理研究的重要内容。放眼未来，智能材料作为一种新型材料，是现代高新技术新材料发展的重要方向之一，将支撑未来高新技术的发展，使传统意义下的功能材料和结构材料之间的界线逐渐消失，实现结构功能化、功能多样化，在航空航天、生命科学等领域应用前景很是广阔。

2. 智能材料的应用

航空航天是最早开展智能材料结构研究的领域。随着航空科学技术的飞速发展，对飞行器的结构提出了更高要求，如轻质、高可靠性、高维护性、高生存能力，为了适应这些要求，必须增加材料的智能性，使用智能材料结构。智能材料结构在航空飞行器上的应用主要有智能蒙皮、自适应机翼、振动噪声控制和结构健康监测等。

智能材料应用在土木工程的混凝土结构中也发挥着至关重要的作用，将机敏材料融合到混凝土中，可使混凝土构件具有自诊断、自增强、自我调节和自愈合的功能。其中有感觉和自我调节功能的混凝土智能减振结构是由可调参数智能结构构件和普通结构构件组合而成的。它是以普通动力感知器作为结构振动状态的"感觉神经"，由智能材料调节器根据感觉神经测得的结构振动状态，自我调节智能结构构件的参数，来实现减小整个混凝土结构振动的目标。

智能材料除了应用在航空领域以及混凝土的结构中，还应用在电子、机械、自动化等领域，其应用原理基本上都是相同的，就是利用相关技术赋予相关的一种或者几种材料于智能的思维，使得材料变得具有生物体的特征，即智能化。

参考文献

[1]　夏巨谌. 金属塑性成型工艺及模具设计［M］. 北京：机械工业出版社，2015.

[2]　王平. 金属塑性成型力学［M］. 2版. 北京：冶金工业出版社，2013.

[3]　雷玉成，汪健敏，贾志宏. 金属材料成型原理［M］. 北京：化学工业出版社，2010.

[4]　孙玉福，张春香. 金属材料成形工艺及控制［M］. 北京：北京大学出版社，2010.

[5]　许翠萍，孙方红，齐秀飞. 材料成型技术基础［M］. 北京：清华大学出版社，2013.

[6]　李庆峰. 金属材料与成型工艺基础［M］. 北京：冶金工业出版社，2012.

[7]　崔更生. 铸钢件特种铸造技术金属材料及成型［M］. 北京：化学工业出版社，2012.

[8]　齐勇田. 钎焊技术问答［M］. 北京：化学工业出版社，2015.

[9]　王培铭. 无机非金属材料学［M］. 上海：同济大学出版社，1999.

[10]　李世普. 特种陶瓷工艺学［M］. 武汉：武汉理工大学出版社，2005.

[11]　林宗寿. 无机非金属材料学［M］. 武汉：武汉理工大学出版社，2008.

[12]　周达飞. 高分子材料成型加工［M］. 北京：中国轻工业出版社，2005.

[13]　吴崇周. 塑料加工原理及应用［M］. 北京：化学工业出版社，2007.

[14]　吴智华. 高分子材料成型工艺学［M］. 成都：四川大学出版社，2010.

[15]　周殿明. 塑料压延技术［M］. 北京：化学工业出版社，2003.

[16]　王培铭. 无机非金属材料学［M］. 上海：同济大学出版社，1999.

[17]　林宗寿. 无机非金属材料学［M］. 武汉：武汉理工大学出版社，2008.

［18］ 张光辉，张拴. 纳米材料的特点及制备方法研究［J］. 价值工程，2012（24）：21-22.

［19］ 李星，刘东辉，唐辉，等. 纳米材料的制备方法及其在塑料中的应用［J］. 石化技术与应用，2002（1）：51-56.

［20］ 李刚，陈莹. 纳米材料制备方法的研究初探［J］. 广东化工，2011，38（9）：97-98，79.

［21］ 黄烨，张玲榕. 纳米材料制备方法的研究现状及其发展趋势［J］. 科技创新导报，2015（10）：248.

［22］ 袁树礼，卢世杰，何建成，等. 几种典型搅拌磨机在金属矿山的应用进展［J］. 矿山机械，2014（7）：1-5.

［23］ 唐一科，许静，韦立凡. 纳米材料制备方法的研究现状与发展趋势［J］. 重庆大学学报：自然科学版，2005（1）：5-10.

［24］ 杨玉华，王九思，许力. 纳米材料制备方法简述［J］. 甘肃水利水电技术，2004，40（1）：59-60.

［25］ 叶永庆. 浅谈纳米材料应用前景及制备方法［J］. 建材世界，2009（3）：62-64.

［26］ 刘倩. 浅析纳米材料制备方法的研究现状［J］. 中国市场，2016（15）：49-50.

［27］ 田爱环. 有关纳米材料的特性和制备方法及应用［J］. 山东工业技术，2016（13）：220-221.

［28］ 楚华琴，卢云峰. 功能化纳米材料的制备及在食品安全检测中的应用研究进展［J］. 分析化学，2010（3）：442-448.

［29］ 张姵. 纳米材料的合成及其在表面等离子体共振生物传感器中的应用［D］. 长春：吉林大学，2015.

［30］ 李利淼. 纳米材料的合成及其在电化学传感和锂离子电池中的应用［D］. 长沙：湖南大学，2011.

［31］ 叶灵. 纳米材料的应用与发展前景［J］. 科技资讯，2011（20）：116，118.

［32］ 朱世东，徐自强，白真权，等. 纳米材料国内外研究进展Ⅱ——纳米材料的应用与制备方法［J］. 热处理技术与装备，2010（4）：1-8.

［33］ 马小艺，陈海斌. 纳米材料在生物医学领域的应用与前景展望［J］. 中国医药导报，2006（32）：13-15.

［34］ 邱坚，李坚. 纳米科技及其在木材科学中的应用前景（Ⅰ）——纳米材料的概况、制备和应用前景［J］. 东北林业大学学报，2003（1）：1-5.

［35］ 倪星元，等. 纳米材料制备技术［M］. 北京：化学工业出版社，2007.

［36］ 林志东. 纳米材料基础与应用［M］. 北京：北京大学出版社，2010.

［37］ 鲍里先科，等. 认知纳米世界：纳米技术手册［M］. 北京：科学出版社，2014.

［38］ 陈乾旺. 纳米科技基础［M］. 北京：高等教育出版社，2014.

［39］ 姜山，鞠思婷. 纳米［M］. 北京：科学普及出版社，2013.

［40］ 杨英慧. 纳米材料商业化现状及展望［J］. 现代材料动态，2006（11）.

［41］ 刘漫红. 纳米材料及其制备技术［M］. 北京：冶金工业出版社，2014.

［42］ 张立德. 纳米功能材料的进展和趋势［J］. 材料导报，2003（9）：1-4.

［43］ 郝春城，崔作林，尹衍升. 纳米科技及纳米材料发展的哲学思考［J］. 青岛化工学院学报：社会科学版，1999（3）：48-51.

［44］ 崔大祥，高化建. 生物纳米材料的进展与前景［J］. 中国科学院，2003（1）：20-24.

［45］ TATSUMI T. Appl Energ［J］. 2000，67（1／2）：1673-1676.

［46］ SAIN M，PARK S H，SUHARA F. Polym Degrad Stabil［J］. 2004，83：363-367.

［47］ FASOLINO A，LOS JH，Katsnelson MI. Intrinsic ripples in graphene［J］. Nature Materials，2007，6：858-861.

［48］ JOHAN M. Carlsson，Graphene: Buckle or break［J］. Nature Materials，2007，6：801-802.

［49］ 袁茂强，郭立杰，王永强，等. 增材制造技术的应用及其发展［J］. 机床与液压，2016，05：183-188.

［50］ 陈硕平，易和平，罗志虹，等. 高分子3D打印材料和打印工艺［J］. 材料导报，2016（7）：54-59.

［51］ 张学军，唐思熠，肇恒跃，等. 3D打印技术研究现状和关键技术［J］. 材料工程，2016，44（2）：122-128.

［52］ 余冬梅，方奥，张建斌. 3D打印材料［J］. 金属世界，2014（5）：6-13.

［53］ 王延庆，沈竞兴，吴海全. 3D打印材料应用和研究现状［J］. 航空材料学报，2016，36（4）：89-98.

［54］ 曾光，韩志宇，梁书锦，等. 金属零件3D打印技术的应用研究［J］. 中国材料进展，2014（6）：376-382.

［55］ 赵剑峰，马智勇，谢德巧，等. 金属增材制造技术［J］. 南京航空航天大学学报，2014（5）：675-683.

［56］ 李伶，高勇，王重海，等. 陶瓷部件3D打印技术的研究进展［J］. 硅酸盐通报，2016，35（9）：2982-2987.

［57］ 贲玥，张乐，魏帅，等. 3D打印陶瓷材料研究进展［J］. 材料导报，2016（21）：109-118.

［58］ 李梦倩，王成成，包玉衡，等. 3D打印复合材料的研究进展［J］. 高分子通报，2016（10）：41-46.

［59］ 王强华，孙阿良. 3D打印技术在复合材料制造中的应用和发展［J］. 玻璃钢，2015（4）：9-14.

［60］ 潘学聪，姚泽瀚，徐新龙，等. 太赫兹波段超材料的制作、设计及应用［J］. 中国光学，2013（3）：283-296.

［61］ 兰红波，李涤尘，卢秉恒. 微纳尺度3D打印［J］. 中国科学：技术科学，2015（9）：919-940.

［62］ 谢建宏，张为公，梁大开. 智能材料结构的研究现状及未来发展［J］. 材料导报，2006，20（11）：6-9.

［63］ 刘九羊，黄少萌，高安秀. 生物医学材料概论［J］. 科技风，2012，05：195.

［64］ 任玲，杨柯. 医用金属的生物功能化——医用金属材料发展的新思路［J］. 中国材料进展，2014，33（2）：125-128.

［65］张永涛，刘汉源，王昌，等. 生物医用金属材料的研究应用现状及发展趋势［J］. 热加工工艺，

2017，46（4）：21-26.

［66］周长忍. 生物材料学［M］. 北京：中国医药科技出版社，2004.

［67］凤兆玄，戚国荣. 医用高分子［M］. 杭州：浙江大学出版社，1989.

▷ **编写专家**

郭新立　赵　丽　陈忠涛　刘园园　祝　龙　张伟杰　金　开　刘　闯　殷亮亮　王艺璇

▷ **审读专家**

杨　颖　王增梅　周　勇

▷ **专业编辑**

杨　希

第四章
能源与动力技术

能源是国民经济的重要物质基础，与人们的日常生活息息相关。能源的开发和利用水平是生产和生活水平的重要标志之一。

全球能源发展经历了从薪柴时代、煤炭时代，到油气时代，再到电气时代的演变过程。纵观人类社会的发展历程，人类文明的每一次重大飞跃都伴随着能源种类的更替和能源与动力技术的重大进步。长期以来，世界能源消费总量持续增长，能源结构不断调整，总体上形成了煤炭、石油、天然气三分天下的新格局，其中，核能稳步增长，新能源快速发展。能源与动力技术致力于传统能源（亦即常规能源）的利用与新能源的开发，被广泛应用于水利水电、机械制造、石油化工、交通运输、航天航空、舰船武备、市政设施、工民建筑等众多领域。

世界能源消费结构长期以来以化石能源为主。化石能源在使用过程中会产生有污染的烟气，直接威胁到全球生态。更重要的是，化石能源属于一次性非再生能源，储藏量是有限的，在可预见的未来，煤炭、石油、天然气等常规化石能源可能被消耗殆尽，全球将面临严重的能源危机。因此，如何高效利用常规能源，如何有效开发利用新能源，如何在利用能源的同时最大限度地减少对生态环境的威胁，都是非常重要的课题。

实践技术是一把双刃剑。换言之，人类在使用某种技术为人类造福的同时也会埋下安全隐患。随着人类社会的进步与发展，实践技术的不断发明与更新，技术、安全与伦理道德问题也越来越突出。

以核能技术为例，它给人类带来巨大福祉的同时，也带来了灾难。苏联时期，在乌克兰境内建造了切尔诺贝利核电站，当时很多人都期待这座核电站能够发挥巨大作用。但是在1986年4月26日，由于工作人员违反操作规程，致使第四号核反应堆起火，之后发生爆炸。这起事故最终造成约8吨的强辐射物质泄漏，导致约9.3万人死亡，临近切尔诺贝利的普里皮亚季城也遭到废弃。事故已经过去了30多年，但核物质泄漏所产生的负面影响仍难以统计。技术的巨大负面影响再一次刺激着人类的安全神经。2011年3月11日，日本地震后发生了福岛核泄漏事件。此后，日本政府宣布福岛第一核电站将完全退出历史舞台。一直以来，反对使用核能技术的呼声从未间断。每次核能技术出现的问题都在给人类敲响警钟，即如何更恰当地协调技术与安全之间的关系。

而同样不能忽视的还有生物技术与伦理道德之间的关系问题。以生物质能技术为例，这种技术主要利用的对象是能够提供能源的动植物。如果生物质能技术与生物纳米技术相结合，就会涉及众多的伦理道德问题。

总而言之，技术的"能够做"与伦理的"应该做"之间每每出现重大冲突，继而使技术与伦理道德之间面临着重重困境。

能源与动力技术涉及的领域非常广泛，本书参考中国国家学科标准分类中对"能源与动力工程"专业的分类，着重介绍能源利用与动力机械中相对热门与前沿的技术；同时，从能源与动力技术的现实发展出发，介绍各领域最基本、最常见、与日常生活关系最密切的相关技术。

"能源与动力技术"分为12小节，涵盖了从常规能源到新能源、从动力机械到低温工程等方面的知识点。其中"火电技术"与"水利水电"两部分主要介绍了这两个领域的能源利用的基本原理和现阶段受到学界较高关注的技术。"动力机械""流体机械"和"制冷与低温工程"介绍了目前正在广泛应用与发展的动力技术或动力系统。"核能与动力技术""太阳能与动力技术""风能与动力技术""生物质能与动力技术""海洋能源与动力技术""地热能与动力技术""氢能与动力技术"和"电能储存技术"则从新能源的种类出发，每类选取最关键的核心技术加以重点说明。本文不仅介绍了这些技术的基本概念与科学原理，更重视其与社会、环境、公众的关系。希望读者在阅读此章之后，能够了解能源与动力技术的整体架构，理解能源与动力技术同社会民生的关系，从而能够在认识能源与动力技术对能源形势作用的基础上，深入了解当前全球能源形势与中国的能源现状，积极思考当代科学技术在日常生活应用及未来社会发展中所起的重要作用。

第四章

能源与动力技术
————

本章知识结构见图4-1。

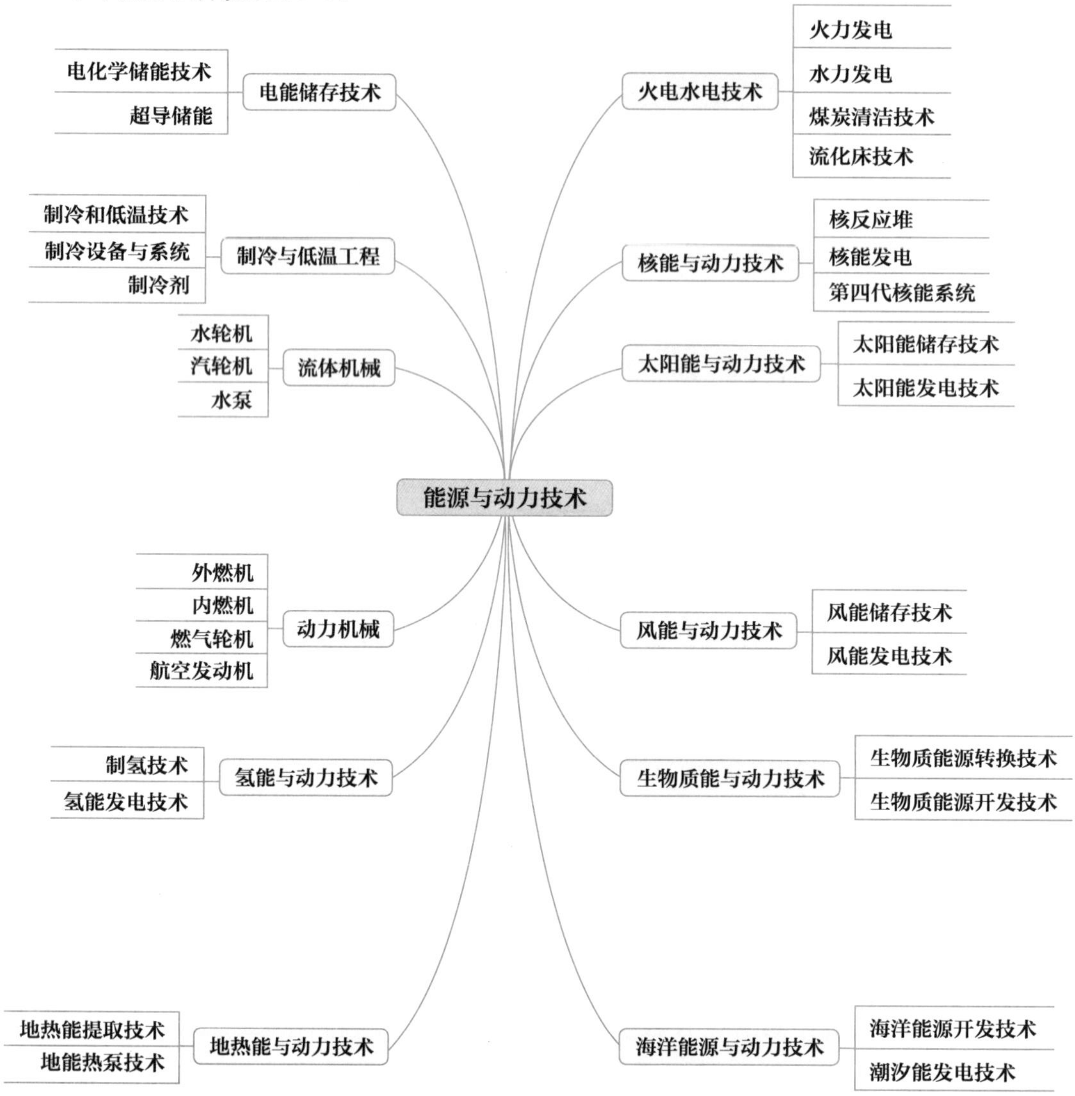

图4-1　能源与动力技术知识结构

一、火电水电技术

　　火力火电和水利水电工程是以机械功转换为电能的动力工程，研究利用水能和可燃物燃烧时产生的热能转换为电能的工程建设和生产运行等技术经济问题的科学技术已经相当成熟。电力是大工业生产的基础能源，是国民经济发展的重要保障，也是国家工业化和国防现代化的重要能源支撑。发电技术的产业关联度高，对从原材料工业、机械制造业、装备工业及电子、信息等一系列产业发展均具有推动和带动作用。发电技术的提高对提高整个国民经济效益、促进经济社会可持续发展、提高人民生活质量作用显著。不仅如此，中国是一个煤炭资源和水能资源都非常丰富的国家，即使加上脱硫脱硝脱尘等环保相关的技术成本，火电与水电仍具有无可比拟的低成本优势，因而占我国电力市场的大部分份额。为适应和谐社会节能降耗、环境友好的要求，火电水电技术也在不断发展提高，在可预见的未来，依然会占据十分重要的地位。

（一）火力发电

火力发电（thermal power, thermoelectricity power generation），是指利用可燃物燃烧时产生的热能，通过发电动力装置转换成电能的发电方式。简单地说，就是利用燃料燃烧放出的热能将水加热成过热蒸汽，推动汽轮机旋转，带动发电机发出电能，再由升压变压器升到系统电压，与系统并网向外输送电能。广义的火电包括燃油、燃煤、燃气、可燃生物质固体等诸多类别。火力发电按其作用可分为单纯供电和既发电又供热，按原动机类型可分为汽轮机发电、燃气轮机发电和柴油机发电，按所用燃料则主要有燃煤发电、燃油发电和燃气发电。为了提高综合经济效益，火力发电应尽量靠近燃料基地附近进行，而在大城市和工业区则应实施热电联供。

最早的火力发电始于1875年巴黎北火车站的火电厂。20世纪30年代以后，随着发电机、汽轮机制造技术的完善，输变电技术的改进，特别是电力系统的出现以及社会电气化对电能的需求增加，火力发电进入大发展时期，大机组、大电厂使火力发电的热效率大为提高，每千瓦建设投资和发电成本也在不断降低。

火力发电是中国目前主要的发电方式。一方面，我国是一个煤炭资源丰富的国家，相当多的煤炭品质较好，所以燃煤发电是一个显而易见的经济选择。另一方面，火电具有仅次于水电的优异的调峰性能。电力供需需要实时平衡，但又要保证大家时时刻刻都能用电，不能随便拉闸限电，所以只能通过调节发电厂的发电量维持系统的稳定。而这是目前的核能与各种新能源都难以做到的。

火力发电的成本优势使得它在用电需求上具有重要地位，但其造成的污染却不能忽视。中国大约90%的二氧化硫和80%的二氧化碳排放量均来自煤电，煤炭的直接燃烧排放的二氧化硫、氮氧化物等酸性气体使中国很多地区酸雨量增加，加上火电站附近的粉煤灰污染，对人们的生活及植物的生长造成不良影响。除此之外，火力发电消耗的资源也是巨大的，中国发电供热用煤占全国煤炭生产总量的50%左右；发电用汽轮机通常选用水作为冷却介质，一座1000兆瓦级的火力发电厂的日耗水量约10万吨。随着中国电力供应的逐步宽松，以及国家对节能降耗的重视，中国开始加大力度调整火力发电行业结构，未来火力发电技术的发展趋势主要有以下几点：①利用压力转换技术提高发电效率；②对烟尘采用脱硫除尘处理或改烧天然气；③大力发展洁净煤技术；④汽轮机改用空气冷却；⑤提高产生的沸水能量利用率，如与热能源转化站进行合作等。

（二）水力发电

水力发电技术（hydroelectric power technology），是指利用河流、湖泊等位于高处具有势能的水流至低处，将其中所含势能转换成水轮机的动能，再借水轮机作为原动力，推动发电机产生电能的过程。水力发电站则是指将水能转换为电能的工程建设和生产运行的技术体系。水力发电生产的电力电压较低，如果需要输送给相距较远的用户，还需要将电压经过变压器增压，再由空架输电线路输送到用户集中区的变电所，最后降为适合家庭用户、工厂用电设备的电压，并由配电线输送到工厂及家庭。水能是一种可再生的清洁能源，因而水力发电对环境破坏较小。除去可提供廉价电力、改善电力供应外，水电站还有诸多优点，如控制洪水泛滥、提供灌溉用水、改善河流航运、改善当地交通以及发展旅游业和水产养殖等。

19世纪90年代起，水力发电在北美、欧洲的许多国家受到重视，利用山区湍急合流、跌水、瀑布等优良地形修建了一批数十至数千瓦的水电站。到如今，水力发电站囊括了从第三世界乡间所用几十瓦的微小型，到大城市供电用的几百万瓦的各种规模的类型。进入20世纪以后，由于长距离输电技术的发展，使边远地区的水力资源逐步得到开发与利用，并向城市及用电中心供电。从20世纪30年代起，水电建设的速度和规模有了更快和更大的发展，由于筑坝、机械、电气等科学技术的进步，人们已能在十分复杂的自然条件下修建各种类型和不同规模的水力发电工程。

中国第一座水电站是1910年建于云南省螳螂川上的石龙坝水电站。1950年以后，中国水电建设有了较大发展，大、中、小型水电站并举，建设了一批大型骨干水电站。在此期间建成的三峡水电站就是目前已建成的世界上最大的水力发电站和清洁能源生产基地，更是开发和治理长江的世纪工程，具有防洪、发电、航运、抗旱供水、渔业和旅游等综合效益。在2016年特大洪水期间，三峡大坝连续两天大幅消减出库流量，有效缓解了长江中下游的汛情。至2010年，中国水电总装机容量突破两亿千瓦，由此跃居世界第一。

全世界可开发的水力资源约为22.61亿千瓦，分布不均匀，各国开发的程度亦各异。中国是世界上水力资源最丰富的国家之一，水能资源技术可开发装机容量为5.42

亿千瓦，经济可开发装机容量为4.02亿千瓦，开发潜力巨大。在国内电力需求的强力拉动下，我国水力发电技术进入快速发展期，其经济规模及技术水平都有显著提高。其中，我国水轮机制造技术已达世界先进水平。目前，节能、环保、高效机组已成为发电设备产品的发展方向，作为水力发电设备重要组成部分的水轮机，未来也将朝着大功率和高性能方向发展。

（三）煤炭清洁技术

煤炭清洁技术（clean coal technology）是指在煤炭的开发、加工与利用等过程中，为了提高煤炭利用率以及减少其对环境污染而使用的一系列技术的统称。煤炭燃烧对环境的直接危害是产生大量的烟尘与有害气体，它们又会产生二次污染，例如酸雨等危害现象。因此，人类必须使用煤炭的清洁技术。这种技术主要分为两大类：一是煤炭的洁净开采技术，二是煤炭的洁净利用技术。煤炭的洁净开采技术包含：①煤炭的地下气化；②煤炭的地下液化；③煤层甲烷开发利用技术等。煤炭的洁净利用技术主要包含：煤炭的加工、燃烧与净化等。

从煤炭燃烧的过程看，清洁技术应用于燃烧前、中、后三个阶段。煤炭燃烧前，需要经过选煤与洗煤的处理，目的是去除或减少煤炭原料中的杂质，包括灰分、矸石和硫等物质，并且按照生产与生活要求进行严格地分类。煤炭燃烧过程中，发生着许多复杂的化学反应。从实际情况来看，煤炭清洁技术最重要的用途在于去除煤炭中的硫化物，简称脱硫过程。其主要化学原理就是利用石灰石作为脱硫剂，将其粉碎到适当的颗粒度并且喷入燃烧炉内。在高温条件下，碳酸钙氧化生成氧化钙和二氧化碳，因此，氧化钙与二氧化硫发生了脱硫反应。在煤炭燃烧之后，会产生大量粉尘，此时的煤炭清洁技术主要效果就是防止粉尘污染环境，其主要应用就是电除尘技术。通过各种不同的作用力（例如重力、惯性力、离心力、静电力等）把粉尘从煤炭的燃烧物中分离出去。

在各种资源中，煤炭在我国资源所占比例最高。2010年，煤炭占据我国一次能源消费结构约在60%以上。初步预计，至21世纪中叶，煤炭在我国资源的使用比例仍然高达50%左右。因此，广泛应用煤炭清洁技术对于我国的能源产业与环境保护都起到了至关重要的作用。2009年4月20日，中国政府与国际能源机构共同发布了《中国洁净煤战略》研究报告。这表明我国正在进一步加强与世界各国和国际组织之间在环境保护方面的合作，也从另一个侧面说明我国对于煤炭洁净技术的重视。

（四）流化床技术

在化工、冶金、材料、能源与机械等领域，需要使用固体流态化的应用技术，即流化床技术（fluidized bed technology），简称流化床。所谓流态化是指：具有一定速度的气体通过固体颗粒床层的时候，由于气体作用，使得固体颗粒达到悬浮状态，并且在床层之中发生剧烈运动，导致它们具有像流体（包括气体与液体）一样的流动性，这种现象称之为流态化。根据参与流化介质的不同，流态化可以分为三种：液固流态化、气固流态化和气液固流态化。

流化床技术早在我国古代就有使用的历史：在1637年，宋应星著《天工开物》之中就有关于使用不断颠簸方法的记载，大幅度减少粒子之间内摩擦力作用，可以令谷物具有一定的流动特性，从而达到沙粒分离的目标。20世纪初，德国工程师弗里克·温克勒（Fritz Winkler，1888—1950）发明了流化床粉煤气化方法，并且在1922年获得德国专利。世界首台流化床煤气发生炉在1926年成功投入使用。

近些年，流化床技术不断地改进与提升。其中，循环流化床锅炉技术（circulating fluidized bed boiler technology）因为它是一种高效与低污染的清洁燃烧技术备受世界各国的青睐。循环流化床锅炉技术具有以下四个特点：第一，脱硫率高，可达80%～95%，亦可减少氮氧化物气体排放量；第二，燃料适应性强，特别适合中、低硫煤；第三，烧烧效率高，可达95%以上；第四，负荷适应性好，调节范围在30%～100%。此外，循环流化床锅炉技术在利用生物质秸秆发电方面具有巨大的优势。锅炉设备采用直接燃烧方式将生物质能转化为热能，再将热能转化为电能，其便利之处还在于可以是纯粹的生物质燃烧，也可以与燃煤等其他燃料混合燃烧。

目前，中国在使用与建设循环流化床锅炉方面取得世界领先地位。循环流化床锅炉机组的总装机容量超过9000兆瓦，其中300兆瓦级循环流化床锅炉机组已经投入运行的有40多台。世界上单机容量最大的600兆瓦循环流化床锅炉已在我国四川白马投入运行。循环流化床锅炉对于优化我国电力结构，提高我国整体资源利用效率，以及降低污染物排放等方面发挥着重要作用。

二、核能与动力技术

核能（nuclear energy）又称为原子能，是通过核反应从原子核释放的能量原理是：质能方程$E=mc^2$，其中E=能量，m=质量，c=光速。核能可通过三种核反应释放：

①核裂变，较重的原子核（如铀）分裂释放结合能；②核聚变，较轻的原子核（如氘、氚、锂等）聚合在一起释放结合能；③核衰变，原子核自发衰变过程中释放能量。核能是人类最具希望的未来能源之一。地球上可供开发的核燃料资源及其可提供的能量是矿石燃料的10万多倍。核能应用作为缓和世界能源危机的一种经济有效的措施有着许多优点，如核燃料体积小而能量大、成本低、污染少、安全性强等。

目前全世界投入运行的核电站已达400多座，30多年来基本上是安全正常运行的。1979年美国三里岛压水堆核电站事故，1986年苏联切尔诺贝利石墨沸水堆核电站事故，以及2011年日本福岛核电站由地震和海啸引发的核事故，都与人为因素有密切关系。随着压水堆的进一步改进，核电站将变得更加安全。

核能的安全问题（简称核安全）是目前核能利用中备受关注的议题。核安全是指对核设施、核活动、核材料和放射性物质采取必要和充分的监控、保护、预防和缓解等安全措施，防止由于任何技术、人为或自然灾害而造成事故的发生，并最大限度地减轻事故情况下的放射性后果，从而保护工作人员、公众和环境免受不当辐射的危害。为保证核安全，在核设施的设计、建造、运行和退役期间，需要采取技术和组织上的综合措施。国际上，国际原子能机构致力于提倡安全、保险、和平地使用核科学与核技术，很多已经应用核能的国家都有专门的机构监督和控制核安全，中国也是世界上第一个提出"核安全观"的国家。长期以来，特别是2010年华盛顿峰会以来，中国积极采取措施增强国家核安全能力，完善有关法规和监管体系，已经组建30余个国家级核应急专业救援队，并与多国积极合作，共同应对核风险。

（一）核反应堆

核反应堆，又称原子能反应堆或反应堆，是维持可控自持链式核裂变反应，以实现核能利用的装置。核反应堆通过合理布置核燃料，使得在无须补充中子源的条件下能在其中发生自持链式核裂变过程。严格地说，反应堆这一术语应覆盖裂变堆、聚变堆和裂变聚变混合堆，但一般情况下仅指裂变堆。人类第一台核反应堆由著名物理学家费米领导的小组于1942年在芝加哥大学建成，命名为芝加哥一号堆（chicago pile-1），开启了人类原子能时代。

核反应堆是核电站的心脏。以重金属元素铀235为例，其工作原理是，一个原子核被外来一个中子轰击后分裂成两个质量较小的原子核及两三个自由中子，此即为裂变，这两三个自由中子又去轰击另外的铀235原子核，引起新的裂变，如此持续进行，即为裂变的链式反应，从而释放出巨大热能；用循环水（或其他物质）带走热量才能避免反应堆因过热烧毁。反应堆主要由活性区、反射层、外压力壳和屏蔽层组成。活性区又由核燃料、慢化剂、冷却剂和控制棒等组成。当前用于原子能发电站的反应堆中，压水堆是最具竞争力的堆型（约占61%），沸水堆占一定比例（约占24%），重水堆用得较少（约占5%）。压水堆（pressurized water reactor）是以低浓铀为燃料，使用加压轻水（即普通水）作为冷却剂和慢化剂，并且水在堆内不沸腾的核反应堆。

根据用途，核反应堆可以分为五种类型：①研究堆，将中子束用于实验或利用中子束的核反应堆；②生产堆，生产易裂变材料、放射性同位素，或用来进行工业规模辐照的核反应堆；③多目标堆，提供取暖、海水淡化、化工等所用热量的核反应堆；④发电堆，为发电而发生热量的核反应堆；⑤动力堆，用于推进船舶、飞机、火箭等的核反应堆，部分观点认为发电堆也属于动力堆的一种。未来核反应堆的发展前景主要集中在4个维度：可持续发展、提高安全性、提高经济性和防止核扩散，其主要的技术趋势则是通过对核燃料的有效利用，实现提供持续生产能源的手段，并且实现核废物量的最少化。

（二）核能发电

核能发电（nuclear electric power generation）是指利用核反应堆中核裂变所释放出的热能进行发电。核能发电与火力发电极其相似，只是以核反应堆及蒸汽发生器代替火力发电的锅炉，将水加热成高温高压，以核裂变能代替矿物燃料的化学能，核反应放出的热量较燃烧同体积化石燃料所放出的能量高得多（相差约百万倍）。但是已经使用过的核燃料具有高放射性，而放射性只能通过向环境稀释排放的方式减少，这类高放射性核废料的处理仍然是国际性难题，也是核电发展论争的焦点问题。

核能发电源于对消灭核武器、和平利用原子能的呼吁。1954年，苏联建成了世界上第一座实验核电站，这是"第一代核电站"。20世纪70年代，能源危机促进了核电发展，各国采用压水堆或沸水堆为热源，被称为"第二代核电站"。三里岛核电站和切尔诺贝利核电站发生事故后，人们在反思的基础上提出了"第三代核电站"的概念。进入21世纪后，美国能源部发起了研发"第四代核能系统"的计划，总目标是在2030年左右，向市场推出能够解决核能经济性、安全性、废物处理和防止核扩散问题的核能系统。

核电是当今世界各国缓解能源紧张、改善能源结构的主要措施之一。据统计，全球核电站现役核动力堆为434座，核能总发电容量为37770万千瓦，在建反应堆共72座。虽然日本福岛核事故影响了全球对于核电战略的选择，德国已宣布在2022年关停所有核电站，瑞士也宣布关闭部分核电站，但以法国、美国为首的25个国家仍坚持核电战略，另有30多个国家正在考虑核电计划或正在将核电纳入其能源结构。未来最理想的核能利用方式是受控的聚变核技术。相比核裂变，核聚变不会产生核裂变所出现的长期和高水平的核辐射，不产生核废料、温室气体，基本不污染环境，而且原料可直接取自海水中的氘，来源丰富。但目前人类只掌握了不受控的核聚变能使用技术，如氢弹、受控聚变发电尚在研发之中。

（三）第四代核能系统

第四代核能系统是具有更好的安全性、更强的经济竞争力、核废物量少、可有效防止核扩散的先进核能系统，代表了先进核能系统的发展趋势和技术前沿。这一系统正在研发中，尚未投入实际使用。

1999年6月，美国能源部（department of energy，DOE）核能、科学与技术办公室首次提出了第四代核电站的倡议。2000年1月，DOE又发起并组织了由阿根廷、巴西、加拿大、法国、日本、韩国、南非、英国和美国九个国家参加的高级政府代表会议，就开发第四代核电的国际合作问题达成了十点共识，其基本思想是：全世界（特别是发展中国家）为社会发展和改善全球生态环境需要发展核电；第三代核电站还需改进；发展核电必须提高其经济性和安全性，并且必须减少废物，防止核扩散；核电技术要同核燃料循环统一考虑。2001年7月，上述九国成立了第四代核能系统国际论坛（generation IV international forum，GIF），并征集到94个第四代核电站反应堆系统。2002年9月19日至20日，GIF在东京召开会议，除上述九国参加外，增加了瑞士，会上各国在上述94个概念堆的基础上就第四代核电站堆型的技术方向问题达成共识，即在2030年以前开发以下六种第四代核电站的新堆型：①气冷快堆系统（Gas-cooled fast reactor，GFR）：该系统是通过综合利用快中子谱与锕系元素的完全再循环，将长寿命放射性废物的产生量降到最低。此外，快中子谱还能利用现有的裂变材料和可转换材料（包括贫铀）。②铅合金液态金属冷却快堆系统（lead-cooled fast reactor，LFR）：该系统的特点是可在一系列电厂额定功率中进行选择，以满足市场上对小电网发电的需求。③熔盐反应堆系统（molten salt reactor，MSR）：该系统的液体燃料不需要制造燃料元件，并允许添加钚这样的锕系元素。锕系元素和大多数裂变产物在液态冷却剂中会形成氟化物，其良好的传热特性可降低对压力容器和管道的压力。④液态钠冷却快堆系统（sodium-cooled fast reactor，SFR）：该系统主要用于管理高放射性废弃物，安全性能较好。⑤超高温气冷堆系统

（very high temperature reactor，VHTR）：该系统可为石油化工或其他行业生产氢或工艺热。系统中也可加入发电设备，以满足热电联供的需要。此外，该系统在采用铀／钍燃料循环，使废物量最小化方面具有灵活性。⑥超临界水冷堆系统（super-critical water-cooled reactor，SCWR）：该系统的特点是，冷却剂在反应堆中不改变状态下，直接与能量转换设备连接，因此可极大地简化电厂配套设备。

三、太阳能与动力技术

太阳能（solar energy）是指太阳通过辐射所产生的能量，原理是太阳内部的氢氦通过核聚变产生能量。太阳能主要有两种转换方式：第一种是光能转换成热能；另一种是光能转换成电能。太阳能具有众多优点：①清洁性，太阳能的开发和利用不会产生环境污染；②丰富性，地球上的太阳能每年约为130万亿吨煤炭所产生的能量；③无限制性，与其他新能源相比，太阳能的利用不受地域限制。但是，太阳能利用同样存在以下困难：首先，虽然太阳能总量巨大，但是能量密度很低；其次，太阳能由于受到昼夜、气候和天气状况的影响，利用时具有不稳定性；最后，吸收太阳能的设备需要高新材料与高新技术的支撑。太阳能发电由于其自身的固有特点，大量太阳能发电系统接入电网后会对电网运行产生一系列不利影响，这是需要注意并认真研究解决的问题。所以，太阳能的发电技术与储存技术，是太阳能利用的关键之处。

（一）太阳能储存技术

太阳能储存技术（solar energy storage technology）是将太阳能储存在新能源材料中的技术。根据储热机理的不同，储能技术可以分为三种方式：①显热储热，即通过储能介质温度的变化来实现储能过程；②潜热储热，又称相变储能，主要是通过储热材料发生相变时吸收或释放热量来进行能量的存储与释放；③化学反应储热，又称热化学储能，热化学储能主要是以可逆的热化学反应为基础，热化学储能过程可以分为三个步骤：储热过程、储存过程和热释放过程。对比这三种储能方式，热化学储能方法是较为优良的选择，原因是其储能密度高，且能在环境温度下长期无热损储存，因而为太阳能热发电中的热能储存提供的一种潜在的方法。

未来的太阳能储存技术的发展方向有：①选择合适的储能体系，包括反应可逆性好、腐蚀性小、无副反应、适宜的操作条件；②储能、释能反应器和热交换器设计，高温热化学储能系统能量储、释过程研究；③储能系统㶲流结构模型和反应物物料流到能量流转换过程的理论与模型；④热化学储能式太阳能发电的中试放大研究及整个发电系统的技术经济分析。

（二）太阳能发电技术

太阳能发电技术（solar power generation technology）是指利用太阳的光能或热能来生产电能的技术，主要分为两种：①太阳能光伏发电技术；②太阳能热发电技术。利用太阳光能直接生产电能的太阳能光伏电池发电技术，是目前应用最为广泛的太阳能发电技术，被认为是未来世界上发展最快和最有前途的一种可再生新能源技术。太阳能光伏发电具有结构简单、体积较轻、建设周期短、维护简单、可靠性高、寿命长、应用范围广等一系列突出优点，其技术已比较成熟，发展迅速，具有良好的发展前景。

太阳能光伏电池的基本原理是利用半导体的"光生伏打效应"［photovoltaic effect，1839年法国物理学家贝克勒尔（Henri Becquerel，1852—1908）发现］将太阳的光能直接转换成电能。利用"光伏效应"产生电能的物质，被称为光伏材料（photovoltaic materials）。利用光伏效应将太阳能直接转换成电能的器件叫太阳能光伏电池，简称光伏电池。光伏电池是太阳能光伏发电系统的核心组件。光伏电池在光电转换过程中，光伏材料既不发生任何化学变化，也不产生任何机械磨损，因此太阳能光伏电池是一种无噪声、无气味、无污染、可以产生理想清洁能源的装置和设备。

第一代光伏电池的主要材料是单晶硅，这种材料的光伏电池是目前太阳能光伏电池市场的主流，其光电转换率可达24.7%。太阳能光伏电站是将若干个光伏转换器件即光伏电池封装成光伏电池组件，再根据需要将若干个组件组合成一定功率的光伏阵列，并与储能、测量和控制装置相配套，构成太阳能光伏电站。当太阳能光伏电站的容量达到一定规模时，还可与电网相连，即所谓的并网型光伏电站。

此外，太阳能热发电技术（solar thermal power generation technology）是指将太阳辐射热能转换成电能的发电技术，包括两大类型：一类是利用太阳热能直接发电，如半导体或金属材料的温差发电，真空器件中的热电子和热离子发电，以及碱金属热点转换和磁流体发电等；另一类是将太阳热能通过热机带动发电机发电，其基本组成与常规发电设备类似，只不过其热能来自于太阳能。太阳能热发电技术以其对太阳能的收集方式不同，分为聚光式太阳能热发电和非聚光式太阳能热发电。前者由于集热温度较高，属于中高温太阳能热发电系统；后者则属于低温太阳能热发电系统。

2006年，中国太阳能电池生产总量首次达到400兆瓦，超过美国成为全球第三大生产国，也是世界上在该领域发展最快的国家。2010年12月，我国投入运行的大丰20兆瓦光伏电站，是目前全国最大的薄膜光伏电站，年发电量约2300万千瓦。

四、风能与动力技术

风能（wind energy source）指的是水平方向流动的空气所具有的动能，它是一种资源丰富、清洁、不产生温室气体的可再生能源。空气的流动形成自然界中的风，造成空气压力差和流动的根本原因在于太阳能。目前，世界各国主要利用的是风能发电技术。以风电技术发展处于世界领先地位的德国为例，近期德国制定的风电发展长远规划中指出，至2025年左右，实现风电占电力总容量25%的目标；至21世纪中叶，力图实现占总用量的50%的目标。除去用于发电外，风能发电技术还可以广泛地应用在提水、灌溉、船舶助航、风力致热等工程上。风能自身的缺点是具有间歇性和不可调度性，因此，风能储存技术是克服风能利用难题的重要手段。

（一）风能储存技术

风能储存技术（wind energy storage technology）主要是指将风能转换成其他形式能量的技术形式。风能储存技术，首先对于风速有严格要求。一般来讲，只有在风速大于4米每秒情况下才可能将风能转换成机械能。一台55千瓦的风力发电机组，当风速为9.5米每秒时，机组的输出功率为55千瓦；当风速为8米每秒时，功率为38千瓦；风速为6米每秒时，只有16千瓦；而风速为5米每秒时，仅为9.5千瓦。

中国的风力资源极为丰富，绝大多数地区的平均风速都在3米每秒以上，特别是在我国的东北地区和西北地区；而西南高原和沿海岛屿的平均风速更大，更有利于风能的开发和利用。中国风力发电事业始于20世纪70年代，当时都是小型风力发电机组，其主要目标就是满足远离电网的边远地区的农村、牧区、海岛等地对电能的迫切需求。进入80年代，我国开始大力研制中型风力发电机组。1986年，山东荣成建成我国第一个示范风力发电场。进入21世纪后，我国在风力发电技术方面取得了重大突破，

2005年，自行研制的1.0兆瓦变速恒频风力发电机组投入运行。2006年，自行研制成功了1.5兆瓦功率的变桨距变速风力发电机组，标志着中国兆瓦级大型风电机组的自主创新能力已经达到世界先进水平。与此同时，制定了《可再生能源中长期发展规划纲要（2004—2020）》计划书，纲要中设立了两个目标：第一，至2010年并网风电装机容量为500万千瓦；第二，至2020年为3000万千瓦。

（二）风能发电技术

风能（或风力）发电技术（wind power generation technology）的原理是依靠风力发电机将风能转换为电能。风能发电技术系统要求由三个部分组成：①风轮机；②发电机；③电能变换器件。风力发电机采用并网运行方式指的是将风力发电机组与电网连接并将输出的电力并入电网。风力发电的并网技术大致可以分为三种：①异步发电机式，其主要方式又分为直接并网、降压并网和通过晶闸管软并网；②同步发电机式，准同步并网方式、自同步并网方式；③双馈发电机式。发电机及其控制系统负责将机械能转化为电能，其不但直接影响发电效率和供电质量，而且还影响到风能转化成机械能的方式和效率。因此，研究并设计可靠且高效的发电机系统是发展风力发电的一个重要内容。

在风能发电技术中，当风力发电机与电网并网时，要求风电输出电流与电网电压同频与同相。其中，电能变换器件的技术性能要求最高，原因是风力发电存在风速变化或风速较低情形，导致风力发电机输出的电能电压变化较大，幅值较低且频率变化等缺点，所以不能采取直接将发电机与电网相连接并网，必须在风力发电机的输出端增加电力电子装置的功率接口，将电压和频率均随机变化的电能转换成频率、相位都符合电网要求的交流电能，再与公用电网连接实现并网。

风能发电技术最初始于丹麦。丹麦政府早在1890年就制定了一项风力发电技术的重大计划，随后建成世界上首座风力发电站。此后，在20世纪上半叶，苏联和美国相继研制出大功率的风力发电机组。风力发电机组本身还存在一些技术难题，为了解决风力发电机输出电能的不稳定性和容量不大等问题，采用在同一场地装设大量台数的风力发电机并联合向电网供电的系统。这种系统也被称之为风电场，极大地解决了风力发电遇到的许多问题。目前，世界各国均在大力、广泛地建设大型风电场。随着技术的不断更新与改进，现阶段除去可以建设内陆风电场外，一些国家还在建设海上风电场，以期获得更为强大和丰富的海上风能。

五、生物质能与动力技术

生物质（biomass）直接或间接地来源于植物光合作用产生的各种有机体，主要包括动植物和微生物。利用生物质的特性产生的能量即生物质能（biomass energy）。严格意义上，生物质能是绿色植物利用叶绿素将太阳能转化为化学能蕴藏在其内部的一种能量形式，它以生物质为载体，也是可再生的绿色能源。同时，生物质能也是唯一可以替代化石能源，转化成液态和气态燃料及其他化工原料或者产品的可再生碳资源。生物质能技术有一个重要特点：生物质能技术的使用几乎不产生环境污染，其使用过程中几乎没有二氧化硫产生，且产生的二氧化碳气体又可以为生物质的生长所吸收，形成所谓的二氧化碳平衡循环。由于生物质自身的特殊性，其利用途径没有太阳能、风能方便，所以对将生物质能转换成其他形式能量的技术要求较高。

（一）生物质能源转换技术

生物质能源转换技术（biomass energy conversion technology）主要是指将生物质中的能源转换成其他可利用能源的技术。生物质能源转换技术主要涉及三类物质：物理类、化学类和生物类。利用这三种转换技术，将可再生的生物质能源转化为洁净的高品位气体或者液体燃料，作为化石燃料的替代能源用于电力、交通运输、城市煤气等方面。①物理类转换技术，以压缩成型技术为例，主要是将松散的生物质原料，经过高压／高温压缩成一定形状且密度大的成型物，以减少运输费用，提高使用设备的有效容积燃烧强度，提高转换利用的热效率。②化学类转换技术，以热化学转换法为例，可获得木炭、焦油和可燃气体等品位较高的能源产品。③生物类转换技术，以生物制氢技术为例，光合微生物制氢主要是光合细菌和藻类通过光合作用将底物分解产生氢气。

生物质能源原料主要分成以下五类：①草本植物，低密度营养体的利用；②木本植物，木质营养体的利用；③富含油植物，种子或营养体中富含油脂物质的利用；④富含糖植物，种子或营养体中富含淀粉、糖类的利用。⑤动物（家畜和家禽）粪便消化后的残存体利用，成分因动物而异。生物质能的优点是：一方面，生物质能源的生产需要吸收大量温室气体，有利于改善环境；另一方面，生物质能源材料虽因含氧量高，燃烧值较低（大约只相当于燃煤的1／2，燃油的1／3），但生物质能热解技术却可以在低排气量和低氮氧化物产生量条件下将有机物转化为高热值能的储存性能源。

中国幅员辽阔，气候多样，动、植物种类非常丰富，不同地区有着最适宜各自气候的乔、灌、草等能源物种。但是，我国在生物质能源树种的遗传改良问题上还是一个空白，未来应更多地探讨和研究其在整个生物质能源开发中的地位。

（二）生物质能源开发技术

生物质能源开发技术（biomass energy development technology）指的是将生物质中存储的能量开发出来的各种技术形式，以燃烧生物质能燃料（biomass fuel）为基础和前提。目前，按照时间顺序分，国际上有三代生物质能燃料：第一代，以乙醇和生物柴油为主要燃料；第二代，以麦秆、草和木材等农林弃物为主要燃料；第三代，以微藻等为主要燃料。

但是，以上三代生物质能燃料开发的相关技术发展都面临着重重困难：首先，受到世界经济形式和粮食危机的影响，世界各国使用的第一代燃料主要是玉米、小麦、甘蔗和油料（大豆油）等农作物。玉米和小麦都是人类生活中的重要粮食，所以它们的产量与价格，具有不稳定性。其次，第二代生物燃料的技术成本较高，真正能够商业化的项目非常稀少。最后，第三代生物燃料的技术还处在实验研究阶段，相关技术并不成熟。

虽然生物质能源的开发技术，与其他新能源技术相比，仅处于刚刚起步阶段，但是这种技术的未来前景是广阔的。以第三代生物质能燃料为例，微藻作物可以用来生产植物油、生物柴油、生物乙醇、生物甲醇、生物丁醇、生物氢等生物燃料。微藻作物也可以在海洋或者废水中养殖，不会污染淡水资源，对生态环境的危害相对较小。

微藻燃料的研发始于1978年美国能源部资助的"水上能源作物计划"，起初这个计划是以生物氢能为目的，1982年后逐渐转向生物柴油和燃料乙醇。2016年，美国已用生物能源替代5%的汽油燃料，替代13%的交通消耗柴油燃料。至2020年，在欧盟，可再生能源将占其能源消耗总量的20%左右，生物燃料在交通燃料消费中的比重也将高达10%。从世界范围看，在各种形式的可再生能源利用的总份额中生物质能源的利用所占的比重也是最大的，例如北欧一些国家已大范围地实现将生物能源转化成电力。生物质能是人类实现能源可持续利用的重要领域，虽然第一代生物质能短期内不会被第二、三代生物质能所替代，但是随着生物质能技术的更新与提高，第二、三代生物质能势必会成为人类社会的理性选择。

此外，科学家们正在尝试和探索利用转基因作物作为燃料的可能性，这也是未来生物质能燃料技术领域内的研究热点。

六、海洋能源与动力技术

海洋能源（ocean energy resources）主要是指蕴藏在海水里面的可再生资源，其主要有以下五种形式：波浪能、潮汐能、海流能、海水盐差能和海水温差能。波浪能与潮汐能是由于太阳与月球对于地球的引力变化所产生的能源形式，海流能、海水盐差能和海水温差能三种能源形式则均来源于太阳能。海洋能按储存形式又可分为机械能、热能和化学能；所以，从最前沿的技术领域研究看，在广阔的海洋空间中风力所产生的能源与各种生物能源也可以算作广义的海洋能源。目前，国内外最成熟的、应用最广的技术是利用潮汐能源发电，而其他几种海洋能源形式的开发和利用是各国正在研究的热点。

（一）海洋能源开发技术

波浪能开发技术（wave energy power generation technology）是现在应用较为广泛的一种海洋能源开发技术，其原理是：利用海面波浪的垂直运动、水平运动和海浪中水的压力变化产生的能量发电。波浪能发电技术是利用波浪的推动力，将波浪能转化为推动空气流动的压力，使气流推动空气涡轮机叶片旋转而带动发电机发电。目前已经研究开发比较成熟的波浪发电装置基本上有三种类形：①振荡水柱型，用一个容积固定的、与海水相通的容器装置，通过波浪产生的水面位置变化引起容器内的空气容积发生变化——压缩容器内的空气（中间介质），然后用压缩空气驱动叶轮带动发电装置发电；②机械型，利用波浪的运动推动装置的活动部分，通过中间介质推动转换发电装置发电；③水流型，通过收缩水道将波浪引入高位水库，因而会形成水位差（水头），利用水头直接驱动水轮发电机组发电。

中国现阶段在海洋能源的开发上存在以下三个难题：第一，从国家层面讲，缺乏具有"整体的、完整的、全局意义的"部署与规划；第二，在制度层面上，缺少相关扶持开发海洋能源的政策与法规，以及大力推进海洋能源利用的措施；第三，海洋能源开发与利用，属于高新技术产业的范畴，但是缺少相关专业领域的人才。海洋能源的开发与利用，对于我国沿海地区的经济发展起到极其重要的作用：其一，缓解主要依靠内陆能源供给的压力；其二，由于运输等条件，利用海洋能源可以极大地降低能源输送过程中的损耗。

（二）潮汐能发电技术

潮汐现象是指海水在天体（主要是月球和太阳）引潮力的作用下所产生的周期性运动。一般情况下，把海面铅直向涨落称为潮汐，而海水水平方向的流动称为潮流。潮汐所具有的能量称为潮汐能（tidal energy）。潮汐能是人类最早利用的海洋能源，最早可以追溯到公元1000年左右。世界上最早利用潮汐能的国家是英国、法国和西班牙。

潮汐能发电技术（tidal power generation technology）是利用海水潮涨潮落的势能发电的技术。通常，潮汐的能量与潮量和潮差呈正比。潮汐能利用的必要条件是：在潮涨与潮落的最大潮位差须在10米以上（平均潮位差≥3米）才能获得经济效益。潮汐发电技术主要分为两个过程：第一，在适当的地点建造大坝，当涨潮时，海水从大海流入坝内水库，带动水轮机旋转发电；第二，当落潮时，海水流向大海，同样推动水轮机旋转而发电。因此，潮汐发电所用的水轮机需要在正、反两个方向的水流作用下均能同向旋转。

另外，建造潮汐能发电站也有其自身的特点：潮汐能电站的发电量主要随着太阳、月球和地球三者运行过程中相对位置不同而变化，具有间歇性、变动性、周期性及可预见性等特点。世界上许多国家都有不同规模的潮汐能电站，潮汐能发电技术已经很成熟，但是，对与此相关的潮汐能海水淡化的研究却很少。如果能将已成熟的潮汐能利用技术与海水淡化技术相耦合，则有可能实现大规模海水淡化，其前景非常可观。

中国的潮汐发电站建设开始于20世纪50年代中期，先后经历了1958年前后、70年代初期和80年代以后三个时期，曾经建设的潮汐电站有76座，在80年代运行的有8座。目前，浙江江厦、海山潮汐电站和山东白沙口潮汐电站还在运行中，江厦潮汐试验电站是目前最大的一个潮汐电站，总装机容量3200千瓦。我国海域辽阔、海岸线长，大陆海岸线长达18000千米，再加上6500多个海岛的岸线，岸线长度超过32000千米。全国可开发装机容量200千瓦以上的424处港湾坝址的调查资料表明，我国的潮汐能蕴藏量约为1.1亿千瓦，可开发总装机容量为2179万千瓦，预计年发电量624亿千瓦时，且容量在500千瓦以上的站点共191处，可开发总装机容量为2158万千瓦。

七、地热能与动力技术

地热能（geothermal energy）是指地壳具有的能源，这种能源的来源主要有两个方面：其一，是太阳辐射造成的地壳表面所具有的能源；其二，是来自于地球内部热源所产生的能源。在地表到地下的10米范围内，地表温度受大气环境的影响；10米深度以下，地表温度恒定，并且不受大气环境的影响。地热能源由于其恒温效果使它成为高能位冷、热源：在夏季，地能的低温（相对空气温度而言）使它成为制冷设备的高能位"冷源"；在冬季，地能的高温（相对空气温度而言）使它成为制热设备的高能位"热源"。在实际应用上，地热能源的利用率也远超过太阳能。因此，从理论和实践两个方面说，相比其他新能源形式，地热能源都更具优势。

（一）地热能提取技术

地热能提取技术（geothermal energy extraction technology）主要是通过地热井钻探方式进行的，也是勘探和开发地热资源的唯一手段。但是，在地热能发电工程项目中，地热生产井的钻井平均成功率仅为70%左右。钻井成功率不高的原因与地质勘探以及地热井工程技术有关。地热井工程主要包括钻井和成井两部分。

地热能源的提取与利用是一项系统工程，需要暖通空调技术与地质钻井技术结合，需要各部门联合协作。浅层地热能的开发与利用需以保护地下水资源为前提，应做好对地质环境的影响评估并加强对地质环境的监测评估，开采不能过度，以避免或控制地面沉降和其他地质灾害的发生。

地热能提取与利用面临的难题主要有三个方面：其一，浅层地热能属于低品位的地热资源，其分布状态、运移规律、品位高低、开发利用方式及规模等均受到地质体富水性及导热性能等的限制；其二，地下水源热泵系统的浅层地下水多为自然回灌，回灌井堵塞问题严重，而多层混合开采回灌方式和热泵机组润滑油的泄漏都会造成地下水质的污染；其三，中国地热能提取技术起步较晚，相对落后，地热能的提取与利用涉及土壤学、传热传质学、建筑材料学、钻井技术、热泵技术等多个学科，影响因素众多，我国缺少与此相关的各个方面的专业人才。

（二）地能热泵技术

浅层地热能的利用主要是借助于地能热泵技术（ground energy heat pump technology）提取浅层地热能，如图4-2所示。地源热泵技术的系统由以下四部分共同组成：①压缩机；②蒸发器；③冷凝器；④节流装置。通过消耗一部分高品质能源即电能，吸收低温物体的热能排放给高温物体，释放热能，实现供热和制冷的目的。地能热泵技术的三个特点：第一，它是可再生能源利用技术，地能热泵利用的就是储存于地表浅层近乎无限的可再生能源，同时地能也是清洁的可再生能源；第二，由于地能或地表浅层地热资源的温度相对稳定，这种温度特性使地源热泵比传统空调系统运行效率要高约为40%；第三，地源热泵的污染物排放量与空气源热泵相比，减少约40%以上，与电供暖相比减少约70%以上。

地源热泵技术的科学原理，是热力学中的逆卡诺原理，即从外部供给热泵较小的耗功W，同时从低温环境T_L中吸收大量的低温热Q_L，热泵就可以输出温度高得多的热能Q_H，并送到高温环境T_H中去，从而达到将不能直接利用的低温热利用起来。

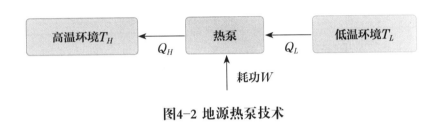

图4-2 地源热泵技术

地热发电成本大多数情况下比水电、火电、核电低，设备的利用时间长，建厂投资一般低于水电站，且不受降雨和季节变化的影响，发电稳定，可以大大减少对环境的污染。对于具有高温地热资源的地域，地热发电是地热利用的首选方式。目前，地热电站利用的载热体主要是地下的天然蒸汽和热水。

瑞士学者里巴赫（Rybach，生卒年不详）曾在1999年指出：中国是世界上直接利用地热潜力最大的国家，名列世界第一。这主要有两个原因：一方面，中国国土十分辽阔，近地表低温地热资源极为丰富；另一方面，以采暖和制冷工业为例，相对而言中国基础薄弱，但是人口众多所以未来会有巨大的需求量。我国从20世纪70年代开始进行地热能相关研究、开发和利用，1977年，建成了羊八井电站，后又分别建设了郎久地热电站和那曲地热电站，总装机容量约为25千瓦，其中羊八井电站为高温蒸汽地热田，它也是我国规模最大的地热电站。到2014年年底，它们共为西藏发电12亿千瓦时，年发电量在拉萨电网中约占45%。截至2009年6月，中国应用浅层地热能供暖制冷的建筑项目已经有2236个，建筑面积近8000万米^2。

八、氢能与动力技术

氢能（hydrogenic energy）是世界公认的现今最清洁的可再生能源。氢能的优点在于：①自然界中资源丰富；②氢能发热值非常高；③氢能燃烧性好，点燃快；④利用氢能是一个环保的过程；⑤氢能利用的形式广泛，应用的领域宽阔。氢能缺点在于两个方面：不易存储和难于运输。纵观人类利用能源的发展历史，从最初使用固态的木柴、煤炭直到液态的石油，再到气态的天然气这三个阶段，从科学与技术方面讲就是其"脱碳"的趋势和固、液、气的渐变过程。木柴的氢碳比约在1:3~1:10之间，煤约为1:2，石油约为2:1，天然气约为4:1。从19世纪中叶至20世纪末，"氢碳比"上升约6倍。每一次能源的"脱碳"都会推动人类社会的进步和文明程度的提高。由于自然界中没有可以直接利用的氢能源，所以制氢技术就成为利用氢能源的第一道工序。

（一）制氢技术

关于氢能利用的起点就是制氢技术，而制氢技术的首要目标：高效地制备大量的廉价氢气。目前，煤炭、石油和天然气这些化石能源是氢的主要来源。氢气在大气层中的含量很低，它主要以化合物状态存在，只能通过技术途径制取才能获得。根据氢气制备的原料来源，可将制氢技术分为四大类：①水制氢，主要是电解水制氢技术，这种方法是已经成熟的一种传统制氢方式，但是其生产成本较高；②化石能源制氢，即是主要是以化石能源（煤、天然气、石油）为原料与水蒸气在高温下发生转化反应，缺点是转换过程损耗大量能量，并且会排出大量二氧化碳气体；③生物质制氢，其主要形式分为两类，微生物转化制氢技术和生物质热化学转化制氢技术，这两种制氢技术对于制备过程的条件要求严格；④太阳能制氢，其原理就是利用太阳光伏电池将太阳能转化成电能，再通过电解槽电解水制氢，"电→氢"的转化效率约为75%。以上四大类制氢技术中，水制氢与化石能源制氢是目前国内外使用的主要制氢技术，生物质制氢与太阳能制氢是国际前沿制氢技术研究的热点和未来技术的发展方向。

为制氢提供原料的化石能源本身不是清洁能源，所以，它们的制取与制备过程对自然环境有一定污染。对于未来制氢技术来讲，只有通过水、太阳能、生物能、风能和地热能等可再生能源作为制氢的原料或能量来源时，才可以称整个氢能系统是清洁和无污染的。

（二）氢能发电技术

氢能发电技术（hydrogen power generation technology，HPGT）是指通过燃料

电池内部的电化学反应，把氢气所含的能量直接连续地转换成电能的技术方式，其显著特点是清洁与高效。氢能发电技术是继火电技术、水电技术和核电技术之后的第四代发电技术，它是电力能源领域的革命性成果，对于人类的能源利用具有重要的价值和意义。目前，氢能发电技术主要运用方向之一，就是利用氢能为汽车提供能源。

氢能发电技术的系统主要由氢源、燃料电池和电力变换器及其控制系统三部分构成。燃料电池与普通电池类似，由阳极、阴极和电解质组成，其科学原理可看成电解水的逆反应，即氢气与氧气发生电化学反应生成水并释放出电能。燃料电池产生的电力输出为直流电，负载电压与空载电压或电动势之间存在较大差异。在一般情况下，满载时的输出电压仅为电池电动势的一半，所以，燃料电池输出的直流电必须经过变换处理后才能供给负荷。与常规的火力发电技术不同，氢能发电技术不会受到热力学中卡诺循环（由两个绝热过程和两个等温过程构成的循环过程）的限制和制约，并且能量转换效率较高。目前，国际前沿最值得关注的燃料电池是质子交换膜燃料电池（PEMFC）。

如果在技术方面，氢能的生产、制取与应用等得到有效的改善，不仅可以提高氢能的利用效率，更为重要的是它将给人类社会与经济关系，甚至整个经济发展模式带来重大的变革——氢能经济模式。以氢能为动力的电动汽车，将会实现"零排放"（zero emission）。氢能最终要代替碳氢能源，实现碳氢能源的安全脱碳，这将是一次彻底的能源革命。对于后工业化的人类社会来说，氢能的清洁性是最为重要的，这对中国来说，更是具有迫切的现实意义。根据我国目前的资源状况和市场条件，氢能在国家未来能源战略中位于最优的技术选择序列。

九、动力机械

动力机械是将自然界中的能量转换为机械能而做功的机械装置，根据将不同能量转变为机械能的不同方式，可以分为风力机械、水力机械和热力发动机三大类。动力机械深刻地影响着人类生产力的发展。从风帆、风车、水车水磨到蒸汽机、内燃机，再到燃气轮机、喷气式发动机、火箭发动机等各种动力机械的发明与应用，大大提高了劳动生产率，人类交通运输业的面貌发生了巨大的变革，机械制造业也获得了巨大的发展，同时还带动和促进了其他科学和工业的发展，也使得人们的交往更加便捷，活动的领域也更加开阔。

（一）外燃机

外燃机是指燃烧过程在热机外部进行，利用燃料燃烧加热循环工质，使热能转化为机械能的一种热机。与内燃机相比，外燃机能避免传统内燃机的震爆做功问题，从而实现了高效律、低噪声、低污染和低成本运行。外燃机可以燃烧各种可燃气体，如：天然气、沼气、石油气、氢气、煤气等，也可燃烧柴油、液化石油气等液体燃料，还可以燃烧木材，以及利用核能与太阳能等。只要热腔达到700℃，设备即可做功运行，环境温度越低，发电效率越高。斯特林发动机就是一种典型的外燃机。

斯特林发动机是一种外燃的闭循环往复活塞式热力发动机，以其发明者英国物理学家斯特林（Robert Stirling，1790—1878）1816年发明得名。闭循环是指工作燃气一直保存在气缸之内。斯特林发动机通过气体在冷热环境转换时的热胀冷缩做功，发动机内的工作气体（工质）处于封闭中，本身不直接参与燃烧，也不更换，因此可以用惰性气体作为工质。

随着全球能源与环保问题日趋严峻，外燃机因其对多种能源的广泛适应性和优良的环境特性已经越来越受到重视。事实上，斯特林发动机的几个特性非常适合潜艇的性能需求，它不排放废气，除燃烧室内原有的空气之外，不需要其他空气，所以适用于都市环境和外层空间。另外，斯特林循环发动机是AIP（不依赖空气动力）技术的一个方向，保证常规动力潜艇长时间在水下航行，而不需上浮。不仅如此，在理性状况下，斯特林循环的效率可以无限地提高。

（二）内燃机

内燃机是通过燃料在机器内部燃烧，并将其释放出的热能直接转换为动能的热动力发动机。广义上的内燃机包括往复活塞式内燃机、旋转活塞式发动机、自由活塞式发动机及旋转叶轮式的喷气式发动机，但通常所说的内燃机主要是指活塞式内燃机。活塞式内燃机自19世纪60年代问世以来，经过不断地改进和发展，现已比较完善，它热效率高、功率和转速范围宽、配套方便且机动性好，获得了广泛的应用。全世界各种类型的汽车、农工机械、小型移动电站等大都以内燃机为动力，内河船舶、海上商船、常规舰艇及某些小型飞机也大都由内燃机推进。全世界内燃机的保有量在动力机械中居首位，它在人类活动中占有非常重要的地位。

内燃机是由许多机构和系统组成的复杂机器，主要包括曲柄连杆机构、配气机构、燃料供给系统、润滑系统、冷却系统、点火系统和起动系统。其中，曲柄连杆机构是内燃机实现工作循环、完成能量转换的主要运动零件；配气机构则通过定时开启或关闭进气门与排气门，实现可燃混合气或空气与废气的换气。

由于内燃机对燃料的洁净度要求较高，对环境的污染也越来越严重。内燃机未来的发展将着重于以下五个方面：①改进燃烧过程，提高机械效率，减少散热损失，降低燃料消耗率；②开发和利用非石油制品燃料，扩大燃料资源；③减少排气中有害成分，降低噪声和振动，减轻对环境的污染；④采用高增压技术，进一步强化内燃机，提高单机功率；⑤研制复合式发动机、绝热式涡轮复合式发动机等。

（三）燃气轮机

燃气轮机是以连续流动的气体为工质带动叶轮高速旋转，将燃料的能量转变为有用功的内燃式动力机械。燃气轮机是一种典型的高新技术密集型产品，代表了21世纪多理论学科和多工程领域发展的综合水平，是衡量一个国家高技术水平和科技实力的重要标志之一，具有十分突出的战略地位。在我国"十二五"及长期发展规划中，重型燃气轮机是国家优先发展的十项重大技术装备之一。随着我国能源需求迅猛增长以及天然气资源进入大规模开发利用阶段，中国正在"爆发性增长"为世界最大的燃气轮机市场。

燃气轮机的工作过程很简单，大多数燃气轮机都采用简单循环，在空气和燃气的主要流程中，只有压气机（compressor）、燃烧室（combustor）和燃气透平（turbine）这三大部件。这充分体现出燃气轮机所特有的体积小、重量轻、启动快、安装快、少用或不用冷却水等一系列优点，它还能使用多种液体和气体燃料，功率密度比较大，噪声低频分量较低，因而已广泛应用于火力发电厂、油气开采输送、交通、冶金、化工、船舰等各个领域。自20个世纪50年代末起，尤其是60年代中期以来，舰船燃气轮机动力装置已得到了极其广泛的应用，已由快艇发展到了护卫舰、导弹驱逐舰、巡洋舰和直升机航空母舰等方面。一些海军强国如美国海军、英国海军、日本海上自卫队的主力水面作战舰只自从之后很快实现动力燃气轮机化。

燃气轮机的未来发展趋势主要有四个方向：①提高效率，即提高燃气初温、压缩比以及各个部件的效率；②采用高温陶瓷材料，高温陶瓷材料能在1360℃以上的高温下工作，如果用它制作涡轮叶片和燃烧室的火焰筒等高温零件，就能在不用空气冷却的情况下大大提高燃气初温，从而较大地提高燃气轮机效率；③利用核能，按闭式循环工作的装置能利用核能，它用高温气冷反应堆作为加热器，反应堆的冷却剂（氦或氮等）同时作为压气机和涡轮的工质；④发展燃煤技术。除此之外，燃气轮机先进密封技术在发动机性能提高、燃油消耗率降低、运行和维修成本减少等方面有着重要作用，也是近十几年来在国内外引起高度重视的一个分支领域。

（四）航空发动机

航空发动机是一种高度复杂和精密的热力机械，为航空器提供飞行所需动力。目前，航空发动机主要有三种类型：活塞式航空发动机、燃气涡轮发动机与冲压发动机。活塞式航空发动机是两次世界大战期间主要的航空动力，应用于飞机或直升机上以带动螺旋桨或旋翼。如今，活塞式发动机已逐步退出主要航空领域，转而广泛应用于轻型飞机、直升机及超轻型飞机等。第二次世界大战结束后至今，航空燃气涡轮发动机开创了喷气时代，逐步居于航空动力的主导地位，它包括涡轮喷气发动机、涡轮风扇发动机、涡轮螺旋桨发动机和涡轮轴发动机，它们在不同时期不同的飞行领域内发挥着各自的作用，使航空器性能跨上一个又一个新的台阶。冲压发动机是指无压气机和燃气涡轮的航空发动机，它利用高速飞行时的冲压作用给进入燃烧室的空气增压，其构造简单、推力大，特别适用于高空飞行，但应用范围受限，目前仅用在导弹和空中发射的靶弹上。

作为飞机的心脏，航空发动机被誉为"工业之花"，它直接影响飞机的性能、可靠性及经济性，是一个国家科技、工业和国防实力的重要体现。而且发动机技术具有良好的军民两用性，对国防和国民经济具有双重意义。目前，世界上能够独立研制高性能航空发动机的国家只有美国、英国、俄罗斯、法国等少数国家，技术门槛较高。

航空发动机的结构复杂，其设计原理与技术均为各国的国防关键技术。例如，一台用于超音速战机的涡轮风扇发动机需要在有限的体积（直径1米左右，长度4米左右）内，安装多级风扇、多级压气机、多级涡轮、可收敛-扩张喷管、燃烧室、加力燃烧室、冷却空气通道及燃油控制系统等。例如，美国F-22的F-119发动机之中，一片面积仅几平方厘米的叶片就需要有大量自由曲面、复杂的内腔用于进气冷却，这需要极高超的精密铸造工艺。俄罗斯、中国至今尚未或是刚展开发动机单晶空心涡轮叶片的工业制造。除了复杂的结构之外，航空发动机的各部件都需要能够承受数吨的压力及高温高压的考验，这对材料性能的要求同样极高。不仅如此，航空发动机在装配上也需要极高的技术、工艺支撑。总而言之，航空发动机是新理论、新材料与新工艺的综合成果。

航空发动机行业具有高技术、高投入、高风险、高壁垒的特性。研发普通单台发动机的投入在10～30亿美元，时间周期10～15年。在世界航空发动机市场格局中，中国的飞机发动机制造水平和市场份额均远落后于欧美发达国家，相比他们中国在航空发动机预研上的规划和投入也存在较大差距。随着中国航空工业的快速发展，各种先进战斗机不断被研制出来，C-919则是中国在民用大飞机方面的标志性工程之一。但同时必须看到，中国航空发动机制造的落后，严重制约着各种新战机装备，航空发动机成为中国迫切需要解决的难题之一。

十、流体机械

流体机械是以流体作为工作介质和能量载体的机械设备。各种流体机械由于作用原理、结构形式和用途不同，所用工质的温度、流量和压力的差别也很大。常见的流体机械主要有水轮机、汽轮机、水泵等，水轮机、汽轮机和燃气轮机的工质分别为水、蒸汽和燃气。泵输送的是水、油或其他液体。流体机械及其相关流体动力学研究与开发可以为国防工业现代化和新型高科技兵器提供理论和技术保障服务，同时兼顾能源、机械、航空、航天和水利等领域的需求。

（一）水轮机

水轮机（turbine）一种把水流的能量转换为旋转机械能的动力机械装置。在水轮机的发明与使用方面，中国拥有悠久的历史。早在公元前100多年，中国就出现了水轮机的雏形——水轮。古代水轮是用于提灌和驱动粮食的器械。进入民国时期，有许多中国工程技术专家亲自制造水轮机。1935年，韩子揆为四川金堂玉虹桥水电站设计了40千瓦的混流式水轮机；五年之后，纪廷洪为福建顺昌白龙泉水电站设计了多台近代水轮机；1942年，由吴震寰设计的2×1000马力水轮机在重庆民生机器厂制造生产。

水轮机主要由三部分组成：①转动部分，包括转轮、主轴密封与大轴等；②固定部分，包括顶盖、底环、座环与支持环等；③埋入部分，包括蜗壳与座环等。为了扩大水轮机使用能力与作用，需要建造大型水电厂或水电站。现代水轮机主要安装在水电站之中，其主要功能是用于驱动发电机发电。水轮机的工作过程是：通过将水电站上游水库中的水引入水轮机中，推动水轮机转动，以此带动发电机发电。

根据水轮机不同的工作原理，可以分为冲击式水轮机和反击式水轮机两大类型：冲击式水轮机又可以分为水斗、斜击和双击三种；而反击式水轮机又可以分为混流、轴流、斜流和贯流四种。具体而言，冲击式水轮机中的转轮，在受到水流冲击的时候发生旋转。因此，在水流压力不变的情况下冲击式水轮机将水流的动能转化成其他形式的能量；反击式水轮机则不同，它的转轮在水流的反作用力下旋转，水流的压力能与动力能均有改变。

在水轮机设备制造方面，我国已经取得了突破性的进展。2010年，投入运行的三峡右岸电厂的12台水轮机组设备（尤其是调速系统）全部实现了国内采购，标志着我国巨型水电机组及其辅助设备国产化取得了重要进展。2012年，自主制造的世界最大水轮机组——单容量80万千瓦的向家坝水电站7号机组正式投产发电，标志着我国第三大水边站——向家坝水电站开始投产发电。根据近几年的统计数据看，我国电站水轮机产量呈现稳定增长的态势。2014年，我国电站水轮机产量已经达到936.20万千瓦，同比增长13.34%。

（二）汽轮机

汽轮机（steam turbines）是将蒸汽的能量转化成机械能的动力机械装置。汽轮机的主要用作发电功能的原动机，也可以直接驱动各种机械装置，如水泵、大型风机和压缩机等。汽轮机主要由三个部分构成：①转动部分，包含主轴、叶轮、轴封、动叶片和联轴器等；②固定部分，包含汽缸隔板、静叶片和汽封等；③控制部分，调节系统、保护系统和油系统。对于汽轮机，有三个因素决定其性能优劣：可靠性、经济性和灵活性。首先，汽轮机的可靠性又分为狭义与广义之分：狭义方面主要是指汽轮机的强度、振动技术与设计技术等；广义方面主要指汽轮机的设计制造、安装、调试、运行与检修等全过程。其次，经济性的指标包括相对内效率、热耗率和汽耗率。最后，灵活性的指标包括迟缓率、调峰能力和速度变动率等。进一步而言，汽轮机的可靠性、经济性和灵活性三个因素是互相影响和互相制约的关系。

汽轮机的工作原理是将锅炉里输出蒸汽的热能转化为汽轮机转子旋转的机械能，根据不同形式的能量转换，汽轮机的工作原理也略有不同。汽轮机的分类非常复杂：根据用途分类，可以分为工业汽轮机、船用汽轮机与电站汽轮机；根据气缸数目分为单缸汽轮机、双缸汽轮机与多缸汽轮机；根据热力特性，可分为凝汽式汽轮机、供热汽轮机、抽气式汽轮机和背压式汽轮机等。

我国于1953年研制出首台单机容量为6兆瓦的中压汽轮机组。1969年，第一台超高压中间再热125兆瓦汽轮机组正式投入使用。随着核电技术安全性的不断提升，核电汽轮机组得到了广泛的使用。核电汽轮机作为核电站常规岛中最关键的设备之一，在核电技术领域发挥着举足轻重的作用。经过几十年的不断努力与奋斗，中国在核电汽轮机方面已经基本上实现国产化，国内三大汽轮机制造商（上海汽轮机厂、哈尔滨汽轮机厂与东方汽轮机厂）均已经具备独立设计、独立制造核电汽轮机的能力。截至2015年，我国已经投入商业运行的核电汽轮机组共计27台，分布在10个核电基地中。另外，我国正在建设24台核电汽轮机组，而核电的总装机容量已经达到了5000万千瓦。

（三）水泵

水泵（water pump）是一种用来输送各种液体（包括水、油、悬浊液和各种固液气混合液体等）的机械装置。根据不同的工作原理，可以将水泵分为叶片水泵与容积水泵等类型。其中，叶片水泵的工作原理是利用装置自身的回转叶片与水之间的相互作用，以此传递能量，叶片水泵又可以分为离心泵、轴流泵及混合流泵等类型；而容积水泵的工作原理是利用装置自身工作室的容积变化传递能量。人类最初发明水泵机械装置的目的，是为了更方便地利用地下水资源。随着水泵技术的不断提升，水泵被用到越来越多的生活实践之中。

在电力系统发达地区，水泵的使用可以为日常生活提供便利的作用。但是在偏远地区，或者电力匮乏地区，传统水泵装置的使用受到极大的限制。目前，光伏水泵系统的研究成为水泵技术的一个热点。光伏水泵系统的工作原理就是利用太阳能电池直接将太阳能转化为电能，然后通过电动机带动水泵运行，发挥输送各种液体的功能。光伏水泵系统拥有较多优点，比如使用寿命长、零污染、高效率、全自动工作、不受天气与气候的影响、光伏器件的成本逐渐降低等。

光伏水泵系统为缓解偏远地区用水等问题提供了一个新途径。我国中西部地区拥有丰富的日照资源，为推广光伏水泵系统的应用提供了得天独厚的条件。实践证明，在我国中西部的干旱地区，光伏水泵系统为当地的居民获得洁净的人畜饮水，农作物的浇灌都发挥着重大的作用。从宏观层面讲，光伏水泵系统极大地促进了中西部地区的经济发展。

水泵在我国的使用非常广泛，在农业、石油化工、建筑、城市给排水、火力发电与冶金等行业领域都用重要应用。单一水泵可以应用在具体生产实践当中。为了让水泵装置发挥更大的作用，需要建设泵站工程。泵站工程主要是指可以提供具有一定液压动力与气压动力的装置和工程，也简称泵站（pumping house）。按照使用功能分类，泵站分为污水泵站、河水泵站与雨水泵站。近些年来，我国自主研制的水泵效率也屡创新高，例如，万家寨引黄工程中的五座泵站，其中的四种机型模型的最高效率都已经达到90%以上，这个指标在国际上处于先进水平。

十一、制冷与低温工程

制冷是指用人工方法在一定时间和空间内将物体冷却，使其温度降低到环境温度以下，保持并利用这个温度。按照所获得的温度，一般按温度范围划分为三个区域：120开以上，普冷；120～0.3开，低温；0.3开以下，极低温。温度不同，采用的制冷低温技术与制冷设备都有很大差异。但总体讲，都是将电能转换为机械功的过程，与上一节中的流体机械相似，也是能源与动力工程的重要应用领域。人们熟悉的食品冷冻、冷藏和舒适性空气调节是制冷技术应用最广泛的领域，在农业、建筑工程、医疗卫生等方面，制冷和低温工程也起到了十分重要的作用，不仅如此，它还是开展前沿科学研究、发展高新技术和国民经济不可或缺的核心技术或关键性支撑技术。

（一）制冷和低温技术

制冷和低温技术是指制冷所采用的降温方式。人类很早就懂得何如制冷。我国古代就有用天然冰冷藏食品和防暑降温的记载。1755年，查利·奥古斯丁·库仑（Charles Augustin cle Coulomb，1736—1806）利用乙醚蒸发使水结冰，他的学生约瑟夫·布莱克（Joseph Black，1728—1799）从本质上解释了融化和气化现象，标志着现代制冷技术的开始。进入20世纪之后，米里杰（Mirije，生卒年不详）发现氟利昂制冷剂并用于蒸汽压缩式制冷循环，大大推动了普冷领域制冷技术的发展。低温领域的制冷技术主要以气体液化技术为主，1892年，詹姆斯·杜瓦（James Dewar，1842—1923）发明的用于储存低温液体的杜瓦瓶为低温领域的研究提供了重要条件。1934年，卡皮查（Kapitza Peter Leonidovich，1894—1984）发明的膨胀机在制冷技术的开发和应用中起到重要作用。在极低温领域，目前主要采用的是顺磁盐绝热退磁，核子绝热去磁法，^{3}He-^{4}He混合液稀释制冷法，以及压缩液态^{3}He的绝热固化法。

20世纪后半期，由于人们对食品、舒适和健康的需求，以及在空间技术、国防建设和科学实验方面的需要，制冷技术得到飞速发展。如今，制冷与低温技术的发展趋势受到了微电子、计算机技术、新材料及其他相关工业领域技术进步的渗透和促进，如计算机仿真制冷循环技术、高级制冷控制系统、低温制冷机和低温恒温器等，辐射制冷、固态制冷、稀释制冷等原理的低温制冷技术均已经实现实际应用，并部分商品化。在未来，低温制冷技术的研发热点将集中在撬装式液化技术，这是一种基于热声效应研制的完全没有机械运动部件的技术，具有高可靠性、低成本（包括维护成本）和高效率等特点。

（二）制冷设备与系统

制冷设备与系统是指为满足各种用冷的需要所设计与制造出来的各类机器与设备，主要有压缩机、膨胀机、制冷机，以及各种气体分离设备、热交换器与低温恒温器等。

压缩机，是将低压气体提升为高压气体的一种从动的流体机械，是制冷系统的心脏。它从吸气管吸入低温低压的制冷剂气体，通过电机运转带动活塞对其进行压缩后，向排气管排出高温高压的制冷剂气体，为制冷循环提供动力，从而实现压缩→冷凝（放热）→膨胀→蒸发（吸热）的制冷循环过程。压缩机以高新、可靠、低振动、低噪声、结构简单、成本低为追求目标。在压缩机的驱动装置上，变频器可用于空调、热泵及集中式制冷系统的变速驱动，从而带来节能效果。一般家用冰箱和空调器的压缩机的结构原理基本相同，但两者使用的制冷剂有所不同。

膨胀机是利用压缩气体膨胀降压时向外输出机械功使气体温度降低的原理以获得能量的机械，常用于深低温设备中。膨胀机按运动形式和结构分为活塞膨胀机和透平膨胀机两类。活塞膨胀机使气体在可变容积中膨胀，输出外功制冷的膨胀机（通常由电动机制动吸收外功），主要适用于高压力比和小流量的中小型高、中压深低温设备。透平膨胀机以气体膨胀时速度能的变化来传递能量，与活塞膨胀机相比，具有流量大、结构简单、体积小、效率高和运转周期长等特点，适用于大中型深低温设备。

低温制冷机是只用来获得120K以下低温的制冷机。根据制冷原理的不同，主要有焦耳–汤姆逊制冷系统、膨胀机制冷系统、斯特林制冷机、维尔米勒制冷机、索尔凡制冷机、吉福特–麦克马洪制冷机、脉冲管制冷机、热声制冷机、吸附式制冷机、磁制冷机、稀释制冷机等类型。例如，热声制冷机的基本工作原理是，谐振管内的气体受到声压作用产生绝热压缩和膨胀；磁制冷机主要依靠顺磁物质代替气体或液体，磁场代替流体的膨胀得到低温等。目前，低温制冷机主要应用于各类红外探测器、超导技术以及MRI系统中超导磁体的冷却等。

（三）制冷剂

制冷剂又称制冷工质，它是在制冷系统中不断循环并通过其本身的状态变化以实现制冷的工作物质。制冷剂在蒸发器内吸收被冷却介质（水或空气等）的热量而汽化，在冷凝器中将热量传递给周围空气或水而冷凝。在蒸汽压缩式制冷机中，使用在常温或较低温度下能液化的工质为制冷剂，如氟利昂（饱和碳氢化合物的氟、氯、溴衍生物），共沸混合工质（由两种氟利昂按一定比例混合而成的共沸溶液）、碳氢化合物（丙烷、乙烯等）、氨等；在气体压缩式制冷机中，使用气体制冷剂，如空气、氢气、氦气等，这些气体在制冷循环中始终为气态；在吸收式制冷机中，使用由吸收剂和制冷剂组成的二元溶液作为工质，如氨和水、溴化锂（分子式：LiBr，白色立方晶系结晶或粒状粉末，极易溶于水）和水等；蒸汽喷射式制冷机用水作为制冷剂。制冷剂的主要技术指标有饱和蒸汽压强、比热、黏度、导热系数、表面张力等。

早期的制冷剂几乎多为可燃或有毒的，或两者兼而有之，而且有些还有很强的腐蚀性和不稳定性，或有些压力过高，经常发生事故，当时的应用只能局限于工业过程。20世纪30年代，一系列卤代烃制冷剂相继出现，杜邦公司将其命名为氟利昂（Freon）。这些物质性能优良、无毒、不燃，能适应不同的温度区域，显著地改善了制冷机的性能。制冷机开始商业化生产并很快进入家用。自此，开创了制冷和空调的纪元。20世纪50年代，共沸制冷剂开始使用。到20世纪70年代中期，人们发现CFC族物质对臭氧层变薄可能要承担部分的责任。1987年，蒙特利尔议定书通过，CFC和HCFC族被禁止用作制冷剂，转而开发HFC族逐步替代之。R-404A、R-410A制冷剂作为不含氯的氟代烷非共沸混合制冷剂，是不会破坏大气臭氧层的环保制冷剂。

由于R410A在温室效应方面不够环保，也注定终会逐渐被其他更环保的新型制冷剂代替，例如R290、R32等。碳氢制冷剂主要有节能和环保两大优点：①节能方面，用R433b的空调要比用R134，R22的空调节省能耗15%～35%；②环保方面，碳氢制冷剂属于天然工质，因此对大气无污染、对臭氧层无破坏和温室效应几乎为零。R290（丙烷）又称冷煤，是一种新型环保制冷剂，它与R22的标准沸点、凝固点、临界点等基本物理性质非常接近，具备替代R22的基本条件。R290具有良好的材料相容性，与铜、钢、铸铁、润滑油等均能良好相容。未来，我国还将进一步加大使用R290作为制冷剂的空调产线的改造示范试点力度。随着对R290应用技术研究的不断深入、使用经验的不断积累，环保型制冷剂R290未来将拥有广阔的市场应用前景。

十二、电能储存技术

自电力应用一百多年来，电力极大地影响和改善了人类的生活。但是，如何方便经济地储存电力，仍然是困扰科学家的难题，目前人们还无法实现大规模地储存电能，因此，电力的生产和消费几乎是同时发生的，随着用电峰谷差值逐渐增大、人们对电能的质量要求越来越高，以及未来可再生能源将会大规模发展并入电网和电网安全稳定性的需求，电能储存技术是其中最为重要的一环。

电能的存储设备通常需要将电能转化为其他类型的能量。在特定时间段内，将此种类型的能量再次反转为电能以用于生产生活所需。全球储能技术主要有化学储能（如钠硫电池、液流电池、铅酸电池、镍镉电池和超级电容器等）、物理储能（如抽水蓄能、压缩空气储能和飞轮储能等）和电磁储能（如超导电磁储能等）三大类。目前，技术进步最快的是化学储能，其中钠硫、液流及锂离子电池技术在安全性、能量转换效率和经济性等方面取得重大突破，产业化应用的条件日趋成熟。物理储能中最成熟也是世界范围内应用最普遍的是抽水蓄能，主要用于电力系统的调峰、填谷、调频、调相、紧急事故备用等，但是这种储能方式造价较高，建设周期较长，而且抽水储能电站的选址又受到地形的限制，建设难度较大。但就原理看，超导储能可能才是真正意义上的储存电能。科学家们发现，电流在超导中没有损耗，可以长时间的保持下去。由于超导储能效率比其他技术高，还能够长时间储存，而且是以直接存电（不是将电能转换为其他形式的能量间接地存储起来）的方式储存电能，因此，超导储能会有很广阔的发展前景。

（一）电化学储能技术

电化学储能技术（electrochemical energy storage technology，EEST）是指利用储能设备（燃料电池等）将化学能转换成电能的技术。传统的电化学储能方式是通过将化石燃料中的化学能转换成热能，热能转换成机械能，机械能再转换电能，这种方式最大缺点就是转化效率偏低。当前，最新的方式是利用燃料电池直接将化学能转换成电能，这种技术的能源利用率高达80%，主要依靠燃气轮机与蒸汽轮机热电联供。

电化学储能技术的核心器件就是燃料电池。燃料电池按照电解质区分包括碱性、固体氧化物、熔融碳酸盐、磷酸盐和质子交换膜五种，一般燃料电池电效率为40%~60%。电化学储能技术主要使用的电池包括锂离子电池、钠电池、液流电池和铅炭电池等，其中锂离子电池技术已成为发展最快的电化学储能技术。

锂电池虽然在各个方面都具有极佳的性能，但是由于锂的自然资源稀少而且分布不均，所以未来锂电池的发展空间并不乐观。当前，许多科学家将目光对准钠电池。相比锂电池而言，钠电池的优点在于：成本低且资源非常丰富。钠比锂的电位高，意味着对电解质溶液及电解质盐的要求更低，电解质的选择范围更宽，安全性能更优，可以在空气和水存在的情况下对电池组件进行装配或维修。

电化学储能技术可以在两个领域内加强推广：第一，电动汽车领域，可以提升发电质量和延长电池使用寿命以及增强电源供给的稳定性等；第二，制造低成本并且拥有大容量的电池，以钠离子电池为例，其成本不足锂离子电池的1／3，却有高达5000次充放电的循环寿命，拥有超过85%的能量效率及丰富的原料储备，未来将是一个新兴的热点项目。从总体上看，根据电化学储能技术未来发展的趋势，主要有三个难点指标需要攻克：①长寿命；②低成本；③高安全。

（二）超导储能

随着社会与经济的发展，人类对于能源的需求与日俱增。因此，如何储备能源就是科学家与技术专家面对的重大课题。现今，超导储能技术的利用是实现缓解发电压力的一个重要途径。超导储能（superconducting magnetic energy storage，SMES），最大的优点在于：①利用率较高，损耗极少；②洁净，无噪声也没有环境污染；③调节电压和频率速度快，且方便容易；④无机械装置，设备使用寿命较长。早在20世纪70年代初，美国等国就开始对于SMES进行深入的研究。1986年，日本成立SMES研究会。我国在20世纪60年代就开始对"超导"进行研究，但是对SMES来说仍属起步阶段。

超导储能，简言之就是充放电时间很短的脉冲能量储存的技术，其主要的科学原理分为两部分：第一，利用超导线圈产生的电磁场将电磁能直接储存起来；第二，需要使用能源时再将电磁能返回电网。由于超导线圈的电阻为零，电能储存在线圈中几乎没有损耗，其储能效率高达95%甚至更高。超导储能系统主要包括以下五个部分：①超导线圈；②低温冷却系统；③磁体保护系统；④变流器与变压器；⑤控制系统，而超导线圈是超导储能技术的核心装置。超导线圈的性能又取决于超导材料的选择，因此超导材料技术的发展是提升超导储能技术的前提和基础。超导材料大致可分为三种：低温超导材料、高温超导材料和室温超导材料。现阶段，低温超导材料的应用是较为成熟的超导储能技术。

超导储能的大规模应用还取决于两个方面的因素：一方面，制备低成本、低损耗、机械性能良好的高温超导线材；另一方面，提高低温系统和制冷系统长期运行的可靠性，降低其造价和维护运行费用。自"超导"诞生那一天起，就备受各个方面关注，而超导储能技术就是"超导"最重要的应用之一。超导储能对于改善供电品质和提高电网的动态稳定性有巨大的作用。国际超导工业界的数据显示，2010年全球超导电力技术产业产值约75亿美元（其中超导储能市场规模约15亿美元），预计到2020年，该产值将达750亿美元。综上所述，超导储能技术的前景非常广阔。

参考文献

［1］ 刘博. 我国新能源技术发展问题及对策［J］. 辽宁工业大学学报（社会科学版），2009，（4）：30-33.

［2］ 桂长清. 风能和太阳能发电系统中的储能电池［J］. 电池工业，2008，（2）：50-54.

［3］ 关根志. 太阳能发电技术［J］. 水电与新能源，2013，（1）：6-15.

［4］ 徐泽玮. 关于我国发展太阳能发电技术产业的思考［J］. 电源技术应用，2006，（12）：1-7.

［5］ 于静. 太阳能发电技术综述［J］. 世界科技研究与发展，2008，（2）：56-59.

［6］ 马常耕. 生物质能源概述［J］. 世界林业研究，2005，（12）：32-38.

［7］ 蒋剑春. 生物质能源转化技术与应用［J］. 生物质化学工程，2007，（5）：59-65.

［8］ 车长波. 世界生物质能源发展现状及方向［J］. 天然气工业2011，（1）：104-106.

［9］ 张国伟. 风能利用的现状及展望［J］. 节能技术，2007，（1）：71-76.

［10］ 吴丰林. 中国风能资源价值评估与开发阶段划分研究［J］. 自然资源学报，2009，（8）：1413-1421.

［11］ 江耀. 浅层地能热泵技术在农业设施中的应用研究［J］. 内蒙古农业大学学报，2007，（9）：28-36.

［12］ 于鸣. 地能利用中的蓄能时间效应［J］. 吉林大学学报（工学版），2009，（3）：321-325.

［13］ 杨如辉. 浅层地热能的开发利用［J］. 徐州工程学院学报（自然科学版），2011，（6）：69-72.

［14］ 张明龙. 国外氢能开发新进展概述［J］. 生态经济，2011，（12）：101-104.

［15］ 王金全. 氢能发电及其应用前景［J］. 解放军理工大学学报（自然科学版），2002，（10）：50-56.

［16］ 王建涛. 生物制氢和氢能发电［J］. 节能技术，2010，（1）：56-59.

［17］ 毛宗强. 中国氢能发展战略思考［J］. 电池，2002，（6）：150-152.

［18］ 李泓. 电化学储能基本问题综述［J］. 电化学，2015，（10）：412-424.

［19］ 肖立业. 超导电力技术应用前景分析［J］. 世界科技研究与发展，2003，（2）：38-43.

［20］ 李守宏. 我国海洋能开发用海现状及发展建议［J］. 海洋开发与管理，2014，（9）：7-11.

［21］ 刘冬生，孙友宏. 浅层地能利用新技术——地源热泵技术. 岩土工程技术，2003，（1）：57.

▷ **编写专家**

黄庆桥　田　锋　胡　晗

▷ **审读专家**

关增建　钮卫星　蒋兴浩

▷ **专业编辑**

朱　宇

第五章
生物与医疗技术

生物与医疗技术的产生与发展一直与人类所面临的食品、环境及经济问题有密切关系。本章着重围绕日常生活和生产中常见的生物与医疗技术，介绍它们的基本原理和应用、这些技术的发展历程及其与个人、环境、社会的关系，以及该技术对社会发展的促进作用和存在的风险，让读者能够对这些技术加以选择和使用。

生物技术是以生命科学为基础，利用生物（或生物组织、细胞及其他组成部分）的特性和功能，按照预先的设计改造生物体或加工生物原料，为人类生产所需产品、帮助人类达到某种目的的技术。随着生命科学的发展，生物技术已经广泛地应用于医药卫生、农林牧渔、轻工、食品、化工、能源和环保等众多领域，产生了巨大的经济和社会效益。生物技术被世界各国视为高新技术。生物技术促进了传统产业的技术改造和新兴产业的形成，对人类生活已经产生并将继续产生深远的影响。

各种生物技术统称为生物工程，它运用生物化学、分子生物学、微生物学、遗传学等原理，结合生化工程改造或重新设计细胞的遗传物质、培育新品种，以工业规模利用现有生物体系，以生物化学过程来制造工业产品。它包括基因工程、细胞工程、酶工程、微生物工程以及新兴的蛋白质工程等，其中基因工程是现代生物工程的核心。

医药卫生领域是现代生物技术应用最广泛、成绩最显著、发展最迅速、潜力最大的一个领域，许多生物技术已经衍生为人类重要的医疗技术。生物与医疗技术在诊断、预防、控制乃至消灭传染病、保护人类健康中发挥着越来越重要的作用。生物技术在基因科学、蛋白质学、生物信息学、计算机辅助药物设计、DNA生物芯片和药物基因学等领域中的突破，使人类对疾病的攻克进入分子水平。21世纪的第一年，科学家们完成了人类基因组的测序，这一成就对生物与医疗技术的发展产生了深远的影响。

科学和技术的进步在当今多数医疗诊断和治疗实践中产生了重要影响。通过应用激光、新药物及改进了的医疗程序，依靠新设备或新系统，断肢再植手术或通过新的医疗程序挽救生命已成为可能。生物医学工程通过各种手段和材料开发医疗检测的工具或各种器官、组织的替代物。在提高人类生命质量方面，营养改善和预防性的药物开发发挥着关键作用，比如疫苗和遗传工程药物等方面的进步，更有效地改善了医疗服务。信息化时代的到来，人们正在设计和开发多种技术来提供更简便的手段以利用医学专家的技能，如远程医疗，将地理上分散的服务整合起来，从而提高医疗服务的质量。生物技术的应用不仅仅局限在健康行业，农业可以依靠生物技术用更少的土地生产更多的健康食品，制造业可以利用生物技术减少环境污染、节省能耗，工业可以利用再生资源生产原料，以保护自然生态环境。

生物与医疗技术革命的浪潮席卷全球，在带来巨大的社会效益和经济效益的同时，也对传统观念造成了极大冲击，引发了人们对生物与医疗技术的安全性和伦理问题的广泛讨论。例如：克隆技术的问世和发展就曾引发一场关于克隆人问题的热烈讨论，因为克隆技术一旦应用于人类自身，必然会对人类的伦理道德产生威胁，对家庭关系观念产生冲击；转基因技术涉及对生物基因的改动，而这种改动可能会引起生物体内未知结构和功能的变化并通过遗传一代代传递下去，转基因技术应用不当也可能产生某些不良后果，某些公众和学者对这类问题目前仍然存有疑虑，摄食大量转基因食品是否会对人类自身及其后代健康产生不良影响的问题目前仍然存在争论。生物技术的研发和应用会比其他类型的技术更容易引起伦理和社会问题。围绕技术应用的一些观点常常是彼此冲突，或与观念和伦理发生冲突。因此，以精确信息为基础的知识作出正确的决策就显得尤为重要。

本章知识结构见图5-1。

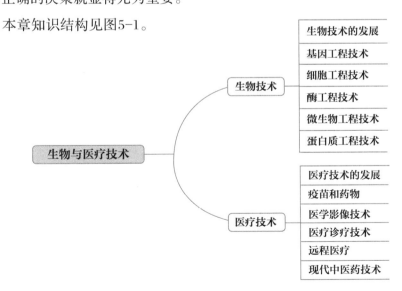

图5-1　生物与医疗技术知识结构

一、生物技术

生物技术（biotechnology），是指人们以现代生命科学为基础，结合其他基础科学原理，采用先进的方法，按照预先的设计改造生物体或加工生物原料（生物组织、细胞及其他组成部分），为人类生产出所需产品或达到某种目的的技术。它主要包括发酵技术和现代生物技术，是人们利用微生物、动植物体对物质原料进行加工，以提供产品来为社会服务的技术。现代生物技术被世界各国视为高新技术，各种生物技术统称为生物工程，包括基因工程、细胞工程、酶工程、微生物工程以及新兴的蛋白质工程等，其中基因工程是现代生物工程的核心。随着生命科学的不断发展和突破，生物技术已经广泛地应用于医药卫生、农林牧渔、轻工、食品、化工、能源和环保等众多领域，产生了巨大的经济和社会效益。

（一）生物技术的发展

生物技术包括传统生物技术和现代生物技术两部分，前者以微生物发酵技术为核心，后者以重组DNA和PCR技术为基础手段。传统的生物技术是指旧有的制造酱、醋、酒、面包、奶酪、酸奶及其他食品的传统工艺，也被称为发酵技术；现代生物技术则是在20世纪70年代末80年代初发展起来的，以现代生物学研究成果为基础，以基因工程、细胞工程、酶工程、微生物工程和蛋白质为代表的技术。现代生物技术发展迅猛，影响和改变着人们的生产和生活方式。

传统生物技术从史前时代起就一直为人们所开发和利用。生物技术的源头可以追溯到石器时代后期的酿造技术，利用谷物造酒是最早的发酵技术，我国人民制作豆腐、酱和醋的方法也源远流长。在西方，苏美尔人和巴比伦人在公元前6000年就已开始啤酒发酵；埃及人则在公元前4000年前就开始制作面包。直到19世纪60年代法国微生物学家路易·巴斯德（Louis Pasteur，1822—1895）证实发酵是由微生物引起的，并首先建立了微生物的纯种培养技术，从而为发酵技术的发展提供了理论基础，使发酵技术纳入了科学的轨道。到了20世纪20年代，工业生产中开始采用大规模的纯种培养技术发酵生产化工原料丙酮、丁醇。20世纪50年代，在青霉素大规模发酵生产的带动下，发酵工业和酶制剂工业大量涌现，发酵技术和酶技术被广泛用于医药、食品、化工、制革和农产品加工等产业部门。

传统生物技术的更新换代是从20世纪70年代初期开始的。分子生物学的某些突破使人们能够分离基因，即决定遗传性状的分子，并在体外进行重组。新一代的生物技术虽脱胎于原始的和传统的生物类生产技术，但它们之间在内容和手段上均有质的不同。现代生物技术是以20世纪70年代DNA重组技术的建立为标志的。1944年，美国的艾弗里（Avery Oswald Theodore，1877—1955）等人通过肺炎双球菌转化实验验证了DNA是遗传物质，也就是遗传信息的携带者。1953年，詹姆斯·杜威·沃森（James Dewey Watson，1928— ）和弗朗西斯·哈利·康普顿·克里克（Francis Harry Compton Crick，1916—2004）提出了DNA的双螺旋结构模型，阐明了DNA的半保留复制模式，从而开辟了分子生物学研究的新纪元。

生物技术的新方法为解决生物学和医学中的一些重大问题提供了强有力的手段。生物技术的使用正在打开一扇大门，提高了向各种疾病作战的能力，改善人类健康。生物制药就是把生物工程技术应用到药物制造领域的过程，其中最为主要的是基因工程方法。即利用克隆技术和组织培养技术，对DNA进行切割、插入、连接和重组，从而获得生物医药制品。一批生物工程药物，例如人生长激素、胰岛素、干扰素和各类细胞生长因子与调节因子等，已陆续投放市场。生物技术的应用领域相当广泛，它的最大用武之地是在农业领域。使用细胞融合和基因重组等技术，可以组建出不受气候条件限制和抗病虫害的优质高产农作物品种，从而极大地提高农作物的生产率。

基因工程、细胞工程、酶工程、微生物工程与蛋白质工程，以及这些工程和技术手段中所用到的生化分离与分析技术彼此互相联系、互相渗透。其中的基因工程技术是核心技术，它能带动其他技术的发展。例如，通过基因工程对细菌或细胞改造后获得的"工程菌"或"工程细胞"，都必须分别通过微生物工程或细胞工程来生产有用的物质；通过基因工程技术对酶进行改造，以增加酶的产量、酶的稳定性，以及提高酶的催化效率等。

（二）基因工程技术

基因工程是20世纪70年代以后兴起的一门新技术，是现代生物工程的主体核心技术。其主要原理是应用人工方法把生物的遗传物质，通常是脱氧核糖核酸（DNA）分离出来，在体外进行切割、拼接和重组。然后将重组了的DNA导入某种宿主细胞或个体，从而改变它们的遗传品性；有时还使新的遗传信息（基因）在新的宿主细胞或个体中大量表达，以获得基因产物（多肽或蛋白质）。这种通过体外DNA重组创造新生物并给予特殊功能的技术就称为基因工程。通俗地讲，基因工程就是指按照人们的愿望，把一种生物的某种基因提取出来，运用现代生物学技术加以修饰改造，在体外构建外源DNA分子，然后放到另一种生物的细胞里，定向地改造生物的遗传性状，从而获得新品种、产生新性状。转基因技术是基因工程的一种。

1973年，美国斯坦福大学的斯坦利·诺曼·科恩（Stanley Norman Cohen，1935— ）教授，把两种质粒上不同的抗药基因 "裁剪" 下来，"拼接" 在同一个质粒中。当这种杂合质粒进入大肠杆菌后，这种大肠杆菌就能抵抗两种药物，且其后代都具有双重抗菌性。科恩的重组实验拉开了基因工程的大幕。基因工程的最大特点是可打破生物种属界限，进行生物种（属、科、目、纲、门、界）内外基因的重组、遗传信息的转移。因此，它是人工定向改变生物遗传特性的根本技术，可以在基因水平上，按照人类的需要进行设计，然后按设计方案创建出具有某种新的性状的生物新品系，并能使之稳定地遗传给后代。

目前，基因工程在许多领域都产生了重要影响，有着广泛应用。在生物学基础研究领域，基因工程技术从基因的结构与功能入手，在分子水平上为细胞、组织、器官及个体的生长、发育、分化、进化等理论研究开辟了新途径。基因工程的出现使人类有可能按照自己的意愿直接定向地改变生物，培育出新品种。在动植物生产、食品工业等领域，具有新的优良性状的转基因植物、动物和食品的出现，极大地推动了这些领域的发展，并且还将发挥越来越大的作用。在农业方面，基因工程主要用于农作物的品种改良，例如：某些农作物含有某种抗癌物质，另一种农作物含有有益于心脏的物质，还有一些农作物含有高质量蛋白质，人们可以通过基因工程技术，根据自己的具体需求，将以上某种优良性状的基因引入到不同的农作物中，从而产生新品种，提高人们的生活质量。在工业方面，基因工程也发挥了重要作用。例如，人们可以利用基因工程技术得到工程菌，工程菌能够大大提高降解污染有机物的效率。而且，通过构建具有特殊降解功能的菌株，还扩大了可降解的污染物的种类，有利于环保产业的发展。

在医药学领域，基因工程为采用基因疗法根治遗传性疾病及肿瘤等奠定了坚实的理论与技术基础，使传统技术难以或不能获得的许多珍贵药品得以大量生产，从而实现商品化。基因工程对人类健康方面产生了不可想象的影响，正在兴起并日益成熟的基因芯片技术，使人类可能得到大量基因序列信息，可以推测出蛋白质的表达功能情况，将使人类在疾病发生之前就看到了疾病的起因，做到了早知道、早治疗，防患于未然。基因芯片诊断技术以其快速、高效、自动化等特点，将成为一项现代化诊断新技术，并成为学术界和企业界所瞩目的研究和开发热点。利用基因工程技术可以生产传统技术难以生产的药物和疫苗，在治疗疾病和预防疾病方面发挥了重要作用，展现出喜人的应用前景。基因工程还有望用于遗传病诊断与治疗。目前，能够进行基因诊断的遗传病有数十种，例如苯丙酮尿症。通过基因诊断，人们可以及早准确诊断疾病，从而预防疾病或者使疾病得到及时治疗。如果基因诊断发现基因缺陷等问题，可通过转换病人细胞中的坏损基因或者引入正常基因来治疗。目前，在基因水平上治疗遗传病尚处于试验研究阶段，"人类基因组计划"的完成加深了我们对人类自身基因的认识，基因诊断和基因治疗将呈现出更加广阔的前景。

1. 重组DNA技术

重组DNA技术是基因工程的核心技术，它利用供体生物的遗传物质，或人工合成的基因，经过体外切割后与适当的载体（常用的载体有质粒、噬菌体和病毒）连接起来，形成重组DNA分子（目的基因），然后将重组DNA分子导入到受体细胞或受体生物构建转基因生物，目的基因会以蛋白质的形式表达，该种生物就可以按人类事先设计好的蓝图表现出另外一种生物的某种性状，从而生产出人们需要的产品。

一个典型的DNA重组包括五个步骤：①目的基因的获取，常用的方法主要有三种：逆转录法、从细胞基因组直接分离法和人工合成法。②DNA分子的体外重组，把载体与目的基因进行连接。③DNA重组体的导入，把目的基因（重组的DNA分子）引入到受体细胞中。④受体细胞的筛选，在众多的细胞中把成功转入DNA重组体的细胞挑选出来。⑤基因表达，目的基因在成功导入受体细胞后，它所携带的遗传信息必须要通过合成新的蛋白质才能表现出来，从而改变受体细胞的遗传性状。

由于导入基因的表达，引起生物体的性状的可遗传的修饰，这一技术称之为转基因技术或基因克隆技术，常用的方法包括显微注射、基因枪、电破法、脂质体等。1974年，科恩将金黄色葡萄球菌质粒上的抗青霉素基因转到大肠杆菌体内，揭开了转基因技术应用的序幕。自然转基因不是人为导向的，自然界里动物、植物或微生物都有自主形成的转基因现象，例如，慢病毒载体里的乙型肝炎病毒DNA整合到人精子细胞染色体上。

近年来，利用DNA重组技术提高粮食产量已成为世界各国优先研究的重要课题之一。例如，将特定基因转移到作物中，可以培育具有特定性状的（如在恶劣气候环境下生长、有特定营养或口感、抗某种虫害等）作物。科学家就在西红柿中植入抗成熟的基因，培育出了可以延长西红柿的货架期；在植物中引入对人体无害的基因，培育出了抗虫、抗病、耐除草剂的农作物新品种的作物；在水稻中转入产生维生素A的基因，培育出可以提高稻米营养价值的水稻。

利用转基因植物生产疫苗是目前的一个研究热点。科研人员希望能用食用植物表达疫苗，人们通过食用这些转基因植物就能达到接种疫苗的目的。目前已经在转基因烟草中表达出了乙型肝炎疫苗。利用转基因动物生产药用蛋白同样是目前的研究热点。科学家已经培育出多种转基因动物，它们的乳腺能特异性地表达外源目的基因，因此从它们产的奶中能获得所需的蛋白质药物，由于这种转基因牛或羊吃的是草，挤出的奶中含有珍贵的药用蛋白，生产成本低，可以获得巨额的经济效益。在生物制药领域，转基因技术有着广阔的应用前景。转基因技术可以使动物、植物、微生物成为制造药物的"微型工厂"，例如，治疗糖尿病所需的胰岛素、人生长激素、干扰素、凝血因子等。

当前，尽管对转基因食品的安全性仍有争论，但转基因技术仍然在争论中继续发展。我国密切关注转基因生物及其产品的安全性，于2001年5月公布了《农业转基因生物安全管理条例》，对农业转基因生物的研究和试验、生产与加工、经营与进出口等问题做了具体规定。

2. DNA测序技术

DNA 测序技术是现代分子生物学研究中最常用的技术，又叫基因测序技术。在分子生物学研究中，DNA测序技术通过测定DNA序列，并对序列进行分析，是进一步研究和改造目的基因的基础。成熟的DNA 测序技术始于20世纪70年代中期。1977年，世界上第一个测定DNA序列的方法——双脱氧链末端终止法由英国生化学家弗雷德里克·桑格（Frederick Sanger，1918—2013）发明。20世纪90年代初出现的荧光自动测序技术将DNA 测序带入自动化测序的时代。这些技术统称为第一代DNA 测序技术。最近几年发展起来的第二代DNA 测序技术则使得DNA测序进入了高通量、低成本的时代。目前，基于单分子读取技术的第三代测序技术已经出现，该技术测定DNA 序列更快，并有望进一步降低测序成本，改变个人医疗的前景。

人类基因组这部由A、T、G、C四个字母所代表的碱基组成的生命天书所隐藏的秘密，DNA测序技术就是我们打开宝库的金钥匙。2001年人类基因组草图耗资4.37亿美元，耗时13年。到了2007年，第一个完整人类基因组序列图谱的诞生只花费了150万美元，3个月就完成。位于深圳的华大基因研究院是全球最大的基因组测序及研究应用中心之一。人类基因组计划1%的工作任务由华大基因承担，之后又参与完成国际HAPmap计划，并完成了第一个亚洲人也是第一个中国人的基因组测序，称为"炎黄一号"。

自诞生以来，DNA测序技术迅猛发展，大大推动了生命科学的研究进展。对于遗传病的诊治将变得简单、快速，并能从基因组水平上指导个人的医疗和保健，从而进入个人化医疗的时代。DNA测序方法的飞速发展让我们不仅知晓了人类的全基因组序列，小麦、水稻、家蚕以及很多细菌的序列也都尽在掌握，这时探明一段序列所代表的生物学意义成了科学家的新目标。

快速的DNA测序相关产品和技术已由实验室研究演变到临床应用，揭示出过去隐藏在人类基因组30亿个核苷酸碱基中的庞大的信息，也将临床遗传学的研究范围从诊断家族性遗传病扩展到对人类分子遗传学的各种工具的应用。随之出现了遗传图谱与检测技术，也就是DNA指纹技术，能对近百种遗传病作出准确的诊断，但是由于这些遗传病大多数还不能作有效治疗，其中涉及伦理、隐私和人类遗传资源保护、生物安全以及医疗机构开展基因诊断服务技术管理、价格、质量监管等问题。个人基因测试带来基因歧视以及遗传数据保护不当导致的隐私泄露问题，正在被生物伦理学家和公众所关注。

3. 凝胶电泳技术

基因工程研究中的许多方法（如质谱、聚合酶链式反应、克隆技术、DNA测序）的第一步需要进行目的基因的制备和分离，通常需要用到凝胶电泳技术，进行检测之前的分子提纯。

当核酸分子被放置在电场中时，它们会向正电极的方向迁移。在一定的电场强度下，核酸分子的这种迁移速度，取决于核酸分子本身的大小和构型，分子量较小的核酸分子比分子量较大的核酸分子迁移要快些。这就是应用凝胶电泳技术分离核酸片段的基本原理。

1984年，施瓦茨（David C. Schwartz，1939— ）和康托尔（Charles Cantor，1942— ）发明的脉冲电场凝胶电泳技术，可以成功地用来分离整条染色体这样的超大分子量的核酸分子。在常规的琼脂糖凝胶电泳中，超过一定大小范围的所有的双链核酸分子，都是按相同的速率迁移的。而在脉冲电场中，核酸分子的迁移方向是随着所用的电场方向的周期性变化而不断改变的。凝胶电泳被广泛用于分子生物学、遗传学和生物化学，分离提纯核酸和蛋白质及其片段。

4. 分子杂交和印迹技术

分子杂交和印迹技术是分子生物学研究的一项基本技术，包括检测DNA的Southern印迹杂交、检测RNA的Northern印迹杂交和检测蛋白质的Western印迹，这些技术在遗传病的基因诊断、基因组定量和定性分析、特异蛋白质检测、性别分析和亲子鉴定过程中发挥着极为重要的作用。而且当今生物技术领域中占有举足轻重地位的生物芯片技术其实也是一种基于核酸分子杂交和印迹技术的衍生技术。

Southern印迹杂交是分子生物学的经典实验方法，1975年由英国生物化学家埃德温·迈勒·萨瑟恩（Southern，1938— ）创建，是研究DNA图谱的基本技术，在遗传病诊断、DNA图谱分析及PCR产物分析等方面有重要价值。Southern印迹杂交的基本原理是将待检测的DNA样品固定在固相载体上，与标记的核酸探针进行杂交，在与探针有同源序列的固相DNA的位置上显示出杂交信号。通过Southern杂交可以判断被检测的DNA样品中是否有与探针同源的片段以及该片段的长度。

Southern印迹杂交技术包括两个主要过程：一是将待测定核酸分子通过一定的方法转移并结合到一定的固相支持物（硝酸纤维素膜或尼龙膜）上，即印迹；二是固定于膜上的核酸同位素标记的探针在一定的温度和离子强度下退火，即分子杂交过程。早期的Southern印迹是将凝胶中的DNA变性后，经毛细管的虹吸作用，转移到硝酸纤维膜上。印迹方法如电转法、真空转移法；滤膜发展了尼龙膜、化学活化膜（如APT、ABM纤维素膜）等。利用Southern印迹法可进行克隆基因的酶切、图谱分析、基因组中某一基因的定性及定量分析、基因突变分析及限制性片断长度多态性分析（RFLP）等。

Northern印迹杂交，是一种通过检测RNA的表达水平来检测基因表达的方法，该方法可以检测到细胞在生长发育特定阶段或者胁迫或病理环境下特定基因表达情况。它首先通过电泳的方法将不同的RNA分子依据其分子量大小加以区分，然后通过与特定基因互补配对的探针杂交来检测目的片段。Northern印迹杂交在1977年由斯坦福大学詹姆斯·阿尔文（James Alwine），大卫·肯普（David Kemp）和乔治·史塔克（George Stark）发明。

Northern印迹杂交可用来检测不同组织、器官；生物体不同发育阶段以及胁迫环境或病理条件下特定基因的表达样式。如Northern印迹杂交被大量用于检测癌细胞中原癌基因表达量的升高及抑癌基因表达量的下降，器官移植过程中由于免疫排斥反应造成某些基因表达量的上升，Northern印迹杂交还可用来检测目的基因是否具有可变剪切产物或者重复序列。

蛋白质印迹法（免疫印迹实验）即Western 印记，是分子生物学、生物化学和免疫遗传学中常用的一种实验方法，由瑞士米歇尔弗雷德里希生物研究所的哈利·托宾（Harry Towbin）在1979年提出。其基本原理是通过特异性抗体对凝胶电泳处理过的细胞或生物组织样品进行着色。通过分析着色的位置和着色深度获得特定蛋白质在所分析的细胞或组织中表达情况的信息。现已广泛应用于基因在蛋白水平的表达研究、抗体活性检测和疾病早期诊断等多个方面。

5. 原位杂交技术

原位杂交技术始于20世纪60年代，是分子生物学、组织化学及细胞学相结合而产生的一门新兴技术。由于分子生物学技术的迅猛发展，特别是20世纪70年代末到80年代初，分子克隆、质粒和噬菌体DNA的构建成功，为原位杂交技术的发展奠定了深厚的技术基础。

原位杂交技术的基本原理是利用核酸分子单链之间有互补的碱基序列，将有放射性或非放射性的外源核酸（即探针）与组织、细胞或染色体上待测DNA或RNA互补配对，结合成专一的核酸杂交分子，经一定的检测手段将待测核酸在组织、细胞或染色体上的位置显示出来。为显示特定的核酸序列必须具备三个重要条件：组织、细胞或染色体的固定、具有能与特定片段互补的核苷酸序列（探针）、有与探针结合的标记物。

RNA原位核酸杂交的基本原理是：在细胞或组织结构保持不变的条件下，用标记的已知的RNA核苷酸片段，按核酸杂交中碱基配对原则，与待测细胞或组织中相应的基因片段相结合（杂交），所形成的杂交体经显色反应后在光学显微镜或电子显微镜下观察其细胞内相应的RNA分子。

原位杂交技术因其高度的灵敏性和准确性而日益受到许多科研工作者的欢迎，并广泛应用到基因定位、性别鉴定和基因图谱的构建等研究领域。目前原位杂交技术在植物中的应用比较广泛，例如在棉花、麦类和树木等的遗传育种方面取得了显著的成就，在畜牧上原位杂交技术主要用于基因定位和基因图谱的构建以及转基因的检测和性别鉴定等方面。在水产方面，原位杂交技术则主要应用于基因定位和病毒的检测。

6. 核酸人工合成

1957—1965年，科拉纳（Corana）等人设计并合成了由一种、两种或三种脱氧核苷酸组成的重复顺序的脱氧寡核苷酸片段，并以此为模板用DNA聚合酶和RNA聚合酶进一步复制和转录，得到了具有对应的互补顺序的长链人工信使核糖核酸（mRNA），再用这种人工mRNA在无细胞体系中进行蛋白质合成。通过分析这样得到的多肽产物的氨基酸顺序和与模板中核苷酸顺序的对应关系破译了遗传密码。

人工合成DNA促进了基因工程的发展。如1977年，坂仓等人首先合成了生长激素释放抑制因子的基因，并使之在大肠杆菌中实现了表达，得到了在大肠杆菌中原来并不存在的活性肽。此后，一系列多肽和蛋白质基因，如胰岛素、干扰素和生长激素等的基因相继被合成，并得到了很好的表达，使得这些原来只能从动物组织中得到的含量不多的蛋白质能以细菌发酵的办法大量生产。1981年中国生化学家王德宝等完成了酵母丙氨酸转移核糖核酸的全合成工作，这是第一个人工合成的具有全部生物活性的RNA分子。

核酸合成包括化学合成和酶促合成两个方面。化学合成目的基因是20世纪70年代以来发展起来的一项新技术，化学合成是以核苷或单核苷酸为原料，完全用有机化学方法来合成核酸。应用化学合成法，可在短时间内合成目的基因。科学家们已相继合成了人的生长激素释放抑制素、胰岛素、干扰素等蛋白质的编码基因。酶促合成是通过酶促反应可以把化学合成的小片段连接成为大片段，或是从已经合成的单链制成双链，它可以加快合成工作的进展，使人工合成核酸大分子的目标得以顺利地实现。

7. 聚合酶链式反应

聚合酶链式反应，也称为PCR技术，是一种用于放大扩增特定的DNA片段的分子生物学技术，它可看作是生物体外的特殊DNA复制。PCR技术的最大特点是能将微量的DNA大幅增加，可从一根毛发、一滴血、甚至一个细胞中扩增出足量的DNA供分析研究和检测鉴定。它具有特异、敏感、产率高、快速、简便、重复性好、易自动化等突出优点；能在一个试管内将所要研究的目的基因或某一DNA片段于数小时内扩增至十万乃至百万倍，使肉眼能直接观察和判断。PCR技术是生物医学领域中的一项革命性创举和里程碑。1983年美国穆利斯（K. B. Mullis，1944— ）首先提出设想，并于1985年发明了聚合酶链式反应，即简易DNA扩增法，意味着PCR技术的真正诞生。1973年，中国台湾科学家钱嘉韵，发现了稳定的Taq DNA聚合酶，为PCR技术发展也做出了基础性贡献。

聚合酶链式反应是利用DNA在体外95℃高温时变性会变成单链，低温（经常是60℃左右）时引物与DNA模板按碱基互补配对的原则结合，再调温度至DNA聚合酶最适反应温度（72℃左右），DNA聚合酶合成与模板互补的DNA链。基于聚合酶制造的PCR仪实际就是一个温控设备，能在变性温度，复性温度，延伸温度之间很好地进行控制。每一循环经过变性、退火和延伸，DNA含量即增加一倍。

PCR技术首次临床应用是从检测镰状细胞和β-地中海贫血的基因突变开始的，其在医学检验学中最有价值的应用领域就是对感染性疾病的诊断。PCR技术对病原体的检测解决了免疫学检测的"窗口期"问题，可判断疾病是否处于隐性或亚临床状态。

癌基因的表达增加和突变，在许多肿瘤早期和良性的阶段就可出现。PCR技术不但能有效地检测基因的突变，而且能准确检测癌基因的表达量，可据此进行肿瘤早期诊断、分型、分期和预后判断。

8. DNA芯片技术

随着遗传基因工程在产业方面的应用，出现了高效率地进行遗传基因分析的工具。这些分析工具的核心就是DNA芯片和遗传基因数据库。DNA芯片技术，实际上就是一种大规模集成的固相杂交，是指在固相支持物上原位合成寡核苷酸或者直接将大量预先制备的DNA探针以显微打印的方式有序地固化于支持物表面，然后与标记的样品杂交。DNA芯片又被称为基因芯片、cDNA芯片、寡核苷酸阵列等。DNA芯片技术主要包括四个主要步骤：芯片制备、样品制备、杂交反应和信号检测和结果分析。

DNA芯片的基本原理与生物学中Southern印迹杂交等实验技术相似，都是利用DNA双螺旋序列的互补性，即两条寡聚核苷酸链以碱基之间形成氢键配对（A与T配对，形成两个氢键；G与C配对，形成三个氢键）。DNA芯片通常以尼龙膜、玻璃、塑料、硅片等为基质材料，固着特定序列DNA单链探针，并与被检测序列单链cDNA序列互补结合。被检测序列用生物素或荧光染料标记，通过荧光染料信号强度，可推算每个探针对应的样品量。一张DNA芯片，可固着成千上万个探针，具体数目则取决于芯片设计和制备方法。

与传统基因诊断技术相比，DNA芯片技术具有明显的优势：基因诊断的速度显著加快，一般可于30分钟内完成；检测效率高，每次可同时检测成百上千个基因序列；基因诊断的成本降低；芯片的自动化程度显著提高；因为是全封闭，避免了交叉感染，使基因诊断的假阳性率、假阴性率显著降低。

DNA芯片技术在肿瘤基因表达谱分析、基因突变、基因测序、基因多态性分析、微生物筛选鉴定、遗传病产前诊断等方面应用广泛。DNA芯片能够帮助科学家找到很多通过显微镜无法观测到的DNA结构缺陷。另外DNA芯片在农业、食品监督、环境保护、司法鉴定等方面都有重要作用，用DNA芯片技术可以快速、简便地搜寻和分析DNA多态性，极大地推动法医生物学的发展；应用DNA芯片还可以在胚胎早期对胎儿进行遗传病相关基因的监测及产前诊断，为人口优生提供有力保证；还可以全面监测二百多个与环境影响相关的基因，这对生态、环境控制及人口健康有着重要意义。

DNA芯片的飞速发展引起世界各国的广泛关注和重视，已成为各国学术界和工业界研究和开发的热点。以DNA芯片为代表的生物芯片技术的深入研究和广泛应用，将对21世纪人类生活和健康产生极其深远的影响。

（三）细胞工程技术

细胞是生物体的结构单位和功能单位。一般认为，细胞工程是指以细胞为基本单位，在体外条件下进行培养、繁殖。或人为地使细胞某些生物学特性按人们的意愿发生改变，从而改良生物品种或创造新品种；或加速繁育动植物个体；或获得某种有用的物质的过程。因此细胞工程应包括动植物细胞的体外培养技术、细胞融合技术（也称细胞杂交技术）、细胞核移植技术、克隆技术、干细胞技术等。1996年7月诞生的体细胞克隆羊多莉就是细胞工程的一项成果，人类干细胞研究也属于细胞工程技术。

近几十年来，细胞工程技术突飞猛进，许多成果已经渗透到我们的日常生活和生产中。例如，应用植物体细胞杂交技术，能创造出传统杂交育种无法得到的农作物新品种，拯救濒临灭绝的珍稀植物；在农林业生产中，利用细胞工程技术，可以实现种苗的快速繁殖、培育无病毒植株、加快作物及苗木育种以及实现细胞产物的工厂化生产；应用动物细胞培养技术，可以大量地生产各种抗病疫苗、医用蛋白，提供可供移植的器官组织；应用杂交瘤技术，能为人类提供诊治肿瘤的单克隆抗体，在人类征服癌症等疑难疾病，促进生物制药、医学快速发展方面展现出巨大优势；应用动物克隆和植物微型繁殖技术，可以快速繁殖动植物的优良品种，拯救濒临灭绝的动物。

1. 细胞培养技术

细胞培养技术是细胞工程的基础技术，是将生物有机体的某一部分组织取出一小块，进行培养，使之生长、分裂的技术。细胞培养又叫组织培养。近二十年来细胞生物学的一些重要理论研究的进展，例如细胞周期及其调控，癌变机理与细胞衰老的研究，基因表达与调控等，都与细胞培养技术分不开。

体外细胞培养中，供给离开整体的动植物细胞所需营养的是培养基，培养基中除了含有丰富的营养物质外，一般还含有刺激细胞生长和发育的一些微量物质。培养基一般有固态和液态两种，它必须经灭菌处理后才可使用。

植物细胞与组织培养的基本过程包括：①从健康植株的特定部位或组织，如根、茎、叶、花、果实、花粉等，选择用于培养的起始材料（外植体）。②用一定的化学药剂（最常用的有次氯酸钠、升汞和酒精等）对外植体表面消毒，建立无菌培养体系。③形成愈伤组织和器官，由愈伤组织再分化出芽并可进一步诱导形成小植株。

动物细胞培养不能采用离体培养的方式，动物细胞培养的主要步骤如下：①在无菌条件下，从健康动物取出适量组织，剪切成小薄片。②加入适宜浓度的酶与辅助物质进行消化作用使细胞分散。③将分散的细胞进行洗涤并纯化后，以适宜的浓度加在培养基中，在适宜的温度环境下培养，并适时进行传代。

在细胞培养中，我们经常使用一个词——克隆，指无性繁殖以及由无性繁殖而得到的细胞群体或生物群体。细胞克隆是指细胞的一个无性繁殖系。自然界早已存在天然的克隆，例如，同卵双胞胎实际上就是一种克隆。

2. 克隆技术

自从世界上第一只克隆羊"多莉"诞生后，克隆技术逐渐引起各国科学家和政府的高度关注。克隆从英文clone音译而来，是指由一个细胞或个体通过无性分裂的方式增殖形成具有相同遗传性状的一群细胞或一群个体。由于克隆是无性繁殖，所以同一克隆内所有成员的遗传构成是完全相同的，这样有利于忠实地保持原有品种的优良特性。现在科学家把利用动物的体细胞培育出另一个成体的繁殖方法称为克隆。人们开始探索用人工的方法来进行高等动物克隆。

哺乳动物克隆的方法主要有胚胎分割和细胞核移植两种。从1952年起，美国科学家们首先采用两栖类动物开展细胞核移植克隆实验，先后获得了蝌蚪和成体蛙。1963年，我国童第周教授领导的科研组，以金鱼等为材料，研究了鱼类胚胎细胞核移植技术，获得成功。1996年，英国爱丁堡罗斯林研究所，伊恩维尔穆特研究小组成功地利用细胞核移植的方法培养出一只克隆羊"多莉"，这是世界上首次利用成年哺乳动物的体细胞进行细胞核移植而培养出的克隆动物。

细胞核移植技术是指用机械的办法把一个被称为"供体细胞"的细胞核（含遗传物质）移入另一个除去了细胞核被称为"受体"的细胞中，然后这一重组细胞进一步发育、分化。核移植的原理是基于动物细胞的细胞核的全能性。克隆羊"多莉"的重组细胞，其细胞核和卵细胞都来自同一种生物，属于同种克隆。而对于珍稀濒危动物，由于其卵细胞十分珍贵，通常选择异种克隆，即把要克隆动物的体细胞核移到另一种容易得到的动物的卵细胞（如牛卵、羊卵、猪卵等）中，以代替濒危动物的卵细胞。我国进行了大熊猫体细胞核与兔卵的结合，成功克隆出早期胚胎。

应用克隆技术对拯救濒危动物、防止家禽和家畜良种的退化以及医疗上的器官移植都具有十分重要的意义，治疗性克隆能克隆出病人自己的组织或器官，也可用于临床治疗。学术界和社会也支持以治疗、预防疾病为目的的人类胚胎干细胞研究。但克隆技术的使用也可能涉及伦理、道德、社会问题，我国就不赞成、不支持、不允许、不接受生殖克隆，克隆人问题就曾因涉及伦理、道德、社会问题而引发社会激烈的争议和讨论，许多国家都明令禁止克隆人的研究和实验。

3. 细胞融合技术

细胞融合技术是一种新的获得杂交细胞以改变细胞性能的技术，它是指在离体条件下，利用融合诱导剂，把同种或不同物种的体细胞人为地融合，形成杂合细胞的过程。细胞融合技术可以使不同性状的细胞融合在一起，从而使不同细胞的性状在杂交细胞中同时得以体现出来，再通过细胞培养就可以获得大量的杂交细胞，为生产提供了可能。细胞融合术是细胞遗传学、细胞免疫学、病毒学、肿瘤学等研究的一种重要手段。

从20世纪70年代开始，已经有许多种细胞融合成功，有植物间、动物间、动植物间甚至人体细胞与动植物间的成功融合的新的杂交植物，如"西红柿马铃薯""拟南芥油菜"和"蘑菇白菜"等。植物和微生物细胞融合的主要步骤是：①制备亲本原生质体。②诱导融合。动物细胞融合技术可跨越种属间生殖隔离的屏障，因而在创造新细胞、培育新品种方面有重要意义。动物细胞的融合过程一般是：两个细胞紧密接触→细胞膜合并→细胞间出现通道或细胞桥→细胞桥数增加扩大通道面积→两细胞融合为一体。特别是利用细胞融合技术发展起来的杂交瘤技术，为制造单克隆抗体开辟了新途径。

单克隆抗体是细胞融合技术的重要应用，成为解决生物学和医学许多重大问题的重要手段，具有良好的发展和应用前景。长期以来，人们为了获得抗体，需要向动物体内反复注射某种抗原，通过这种方法来获得的抗原耗时较长、产量较低、纯度不高，且制备的抗体特异性差。单克隆抗体通过培养杂交瘤细胞，可实现特异抗体的生产。单克隆抗体主要的优点就是特异性强、灵敏度高，并且可以大量制备。单克隆抗体在生物工程中占有重要地位，全球已经报道的单克隆抗体十万多种，用于诊断和治疗用的单克隆抗体有500余种。目前，单克隆抗体被广泛应用于医学检验、治疗疾病和运载药物等方面。单克隆抗体还可以作为特异探针，研究相应抗原蛋白的结构、细胞学分布及其功能。

4. 干细胞技术

干细胞是一种未充分分化，尚不成熟的细胞，具有潜在的自我复制能力，能够再生各种组织器官和人体，医学界称为"万用细胞"。在一定条件下，它可以分化成多种功能细胞。根据干细胞所处的发育阶段分为胚胎干细胞和成体干细胞。

干细胞技术，又称为再生医疗技术，是指将干细胞进行分离、体外培养、定向诱导、甚至基因修饰等过程。在体外繁育出全新的、正常的甚至更年轻的细胞、组织或器官，并最终通过细胞组织或器官的移植实现对临床疾病的治疗。干细胞的研究始于20世纪60年代，1968年，爱德华（Edwards，生卒年不详）和巴维斯特（Bavister，生卒年不详）在体外获得了第一个人卵子。2013年12月1日，美国哥伦比亚大学医学研究中心的科学家首次成功地将人体干细胞转化成了功能性的肺细胞和呼吸道细胞。

干细胞技术是生物技术领域最具有发展前景和后劲的前沿技术，其已成为世界高新技术的新亮点，势将导致一场医学和生物学革命。人们可以用自身或他人的干细胞和干细胞衍生组织、器官替代病变或衰老的组织、器官，并可以广泛用于治疗传统医学方法难以医治的多种顽症，诸如白血病、早老性痴呆、帕金森氏病、糖尿病、中风和脊柱损伤等一系列目前尚不能治愈的疾病。干细胞除了直接使用之外，将来还可能配合基因修饰，提供原有干细胞不具备的功能，使其成为人造器官组织的来源。干细胞应用于临床治疗，最大的挑战在于稳定的细胞来源、足够的移植细胞量，以及能维持细胞活性的保存技术。从理论上说，应用干细胞技术能治疗各种疾病，相比很多传统治疗方法具有无可比拟的优点。

随着基因工程、胚胎工程、细胞工程等各种生物技术的快速发展，按照一定的目的，在体外人工分离、培养干细胞已成为可能，利用干细胞构建各种细胞、组织、器官作为移植器官的来源，这将成为干细胞应用的主要方向。干细胞治疗在临床方面的应用目前仍在探索阶段，如何有效地收获大量纯化的细胞，以及保证其在移植治疗过程中的稳定性和安全性还有待于今后的不断研究。

5. 试管婴儿

随着生物科学和医学研究的进展，出现了试管婴儿生殖技术，这是医学生物学在生殖技术上的重大突破，改变了人类传统的生育方式和对生育的认识。1988年，我国内地首例试管婴儿在北京大学第三医院诞生。目前，试管婴儿已经遍布全球，试管婴儿技术为不孕不育夫妇健康生儿育女带来了前所未有的希望。

概括地说，试管婴儿就是用人工方法让卵细胞和精子在体外受精，并进行早期胚胎发育，然后移植到母体子宫内发育而诞生的婴儿。试管婴儿只是在试管中受精，用于受精的试管代替了女性输卵管的功能，胚胎的整个发育过程绝大部分时间还是在女性子宫内完成的。

对于患有输卵管阻塞等疾病的妻子，可通过手术从她的卵巢中取出成熟卵细胞，在体外结合形成受精卵。对于精子少或者精子活动能力弱的丈夫，可从其精液中选取一个健康的精子，把它注入到卵细胞中，从而形成受精卵。受精卵在体外形成早期胚胎后，就可移入子宫中进行胚胎发育过程。

试管婴儿技术的发展为众多的不孕不育症患者实现了生育的愿望，但由此所带来的伦理学、法律学等诸多问题也一直困扰着人们。目前世界上许多国家都制定了相关法律，我国也制定了《人类辅助生殖技术管理办法》《辅助生殖技术实施行为准则》等一系列法规，不断完善法规、规范辅助生殖技术带来的新问题，保障辅助生殖技术对人们产生有益健康的影响。

（四）酶工程技术

酶是一种具有高效催化作用的蛋白质，在实际生产中有着广泛的应用。酶工程是利用酶、细胞器或细胞所具有的特异催化功能，或通过对酶进行修饰改造，并借助生物反应装置和一定的工艺手段来生产人类所需产品的一项技术。它包括酶固定化技术、细胞固定化技术、酶的修饰改造技术及酶反应器设计技术等。

酶工程分为两部分：一部分是如何生产酶，另一部分是如何应用酶。酶的生产大致经历了四个发展阶段。最初从动物内脏中提取酶；随着酶工程的进展，人们利用大量培养微生物来获取酶；基因基因工程诞生后，通过基因重组来改造产酶的微生物；近些年来，酶工程又出现了一个新的热门课题，那就是人工合成新酶，也就是人工酶。

20世纪60年代初，科学家发现，许多酶经过固定化以后，活性未失，稳定性反而有所提高。如今已有数十个国家采用固定化酶和固定化细胞进行工业生产，产品包括酒精、啤酒、各种氨基酸、各种有机酸以及药品等。以淀粉为原料采用固定化酶生产高果糖浆来代替蔗糖，这是食糖工业的一场革命。酶制剂能取代洗涤剂中的磷和皮革鞣制过程中的硫化物。在造纸过程中，酶制剂可以减少氯化物在纸浆漂白过程中的用量。酶也可以作为生物催化剂将生物质转化为能源、乙醇等。通过生物酶，玉米秸秆可以转化为可降解的塑料，用于食品包装等。

1. 酶固定化技术

酶固定化技术通过物理或化学的方法将游离酶和相应载体结合起来，从而增强了酶的稳定性，利于保存运输。同时又能将酶与底物分离，达到重复利用，降低成本的目的。

纳尔逊（Nelson，生卒年不详）和格里芬（Griffin，生卒年不详）在1916年首次发现了木炭上结合的蔗糖酶仍然具有游离酶的催化活性。20世纪60年代发展起来的固定化酶技术，是指在一定的空间范围内起催化作用，并能反复和连续使用的酶。各种固定化载体和固定化技术开始出现。固定化酶是将水溶性酶用物理或化学方法处理，使之成为不溶于水的，但仍具有酶活性的状态。

酶固定化后一般稳定性增加，与游离酶相比，固定化酶在保持其高效专一及温和的酶催化反应特性的同时，呈现贮存稳定性高、分离回收容易、可多次重复使用、操作连续可控、工艺简便等一系列优点。固定化酶不仅在化学、生物学及生物工程、医学及生命科学等学科领域的研究异常活跃，得到迅速发展和广泛的应用，而且因为具有节省资源与能源、减少或防治污染的生态环境效应而符合可持续发展的战略要求，在工业生产、化学分析和医药等方面有诱人的应用前景。

2. 固定化细胞技术

所谓固定化细胞技术，就是将具有一定生理功能的生物细胞，例如微生物细胞、植物细胞或动物细胞等，用一定的方法将其固定，作为固体生物催化剂而加以利用的一门技术。固定化细胞与固定化酶技术一起组成了现代的固定化生物催化技术。

早在19世纪初叶，人们就利用微生物细胞在固体表面吸附的倾向而采用滴滤法来生产醋酸。后来，又有人将类似方法来进行污水处理。现代的固定化细胞技术是在固定化酶技术的推动下而发展起来的。1973年，日本首次在工业上成功地利用固定化微生物细胞连续生产L-天冬氨酸。固定化细胞技术受到广泛重视，并很快从固定化休止细胞发展到固定化增殖细胞。

固定化细胞的应用范围极广，目前已遍及工业、医学、制药、化学分析、环境保护、能源开发等多种领域。在工业方面，如利用产葡萄糖异构酶的固定化细胞生产果葡糖浆；将糖化酶与含α淀粉酶的细菌、霉菌或酵母细胞一起共固定，可以直接将淀粉转化成葡萄糖；利用海藻酸钙或卡拉胶包埋酵母菌，通过批式或连续发酵方式生产啤酒；利用固定化酵母细胞生产酒精或葡萄酒；此外，还可利用固定化细胞大量生产氨基酸、有机酸、抗生素、生化药物和甾体激素等发酵产品。在医学方面，如将固定化的胰岛细胞制成微囊，能治疗糖尿病；用固定化细胞制成的生物传感器可用于医疗诊断。在化学分析方面，可制成各种固定化细胞传感器，除上述医疗诊断外，还可测定醋酸、乙醇、谷氨酸、氨和BOD等。此外，固定化细胞在环境保护、产能和生化研究等领域都有着重要的应用。

3. 酶化学修饰技术

酶化学修饰是应用化学方法对酶分子施行种种"手术"，通过主链的"切割""剪接"和侧链基团的"化学修饰"对酶蛋白进行分子改造，以改变其理化性质及生物活性的技术。目的在于人为地改变天然酶的一些性质，创造天然酶所不具备的某些优良特性甚至创造出新的活性，来扩大酶的应用领域。酶化学修饰技术在工业上已得到应用，工业生产往往要求高温、高压等条件，天然酶极易失活，而经过修饰的酶则可以克服这些缺点，因而可以大大提高了产量，降低成本。

自然界本身就存在着酶分子改造修饰过程，如酶原激活、可逆共价调节等，这是自然界赋予酶分子的特异功能，提高酶活力的措施。酶经过改造后，会产生各种各样的变化，可以提高生物活性，增强在不良环境（非生理条件）中的稳定性，针对异体反应，降低生物识别能力等。

随着科学技术的进步，人们发现许多疾病与酶有密切关系。酶在疾病的诊断、治疗等方面发挥着越来越重要的作用。但是，由于各种原因使酶的作用受到了限制。例如，天冬酰胺酶是治疗白血病的有效药物，用聚乙二醇修饰此酶的两个氨基，消除它的抗原性。将牛血铜锌-超氧化物歧化酶用β-环糊精修饰后，抗炎活性增强，抗原性降低，稳定性提高。

4. 生物反应器

生物反应器是利用酶或生物体（如微生物）所具有的生物功能，在体外进行生化反应的装置系统，它是一种生物功能模拟机，可以实现细胞或蛋白质等的连续培养，如发酵罐、固定化酶或固定化细胞反应器等。在酒类、医药生产、浓缩果酱、果汁发酵、有机污染物降解方面有重要应用。在自然界存在着天然的生物反应器，胃就是人体内部加工食物的一个复杂生物反应器。食物在胃里经过各种酶的消化，变成能吸收的营养成分。生物工程上的生物反应器是在体外模拟生物体的功能，设计出来用于生产或检测各种化学品的反应装置。

把目的片段在器官或组织中表达的转基因动物叫作动物生物反应器，是20世纪生命科学发展的一个里程碑。以动物的乳腺或其他组织作为生物反应器生产贵重的医用蛋白，是动物转基因技术的另一种特殊形式。利用生物反应器技术能够制造转基因泌乳家畜，生产出目前短缺而又十分珍贵的医用蛋白，如组织纤溶酶原激活剂、乳铁蛋白、人类-1抗胰蛋白酶、促红细胞生成素。由于以转基因动物生产医用蛋白具备产量高、成本低，以及有无限量增殖生化反应器等特征。植物生物反应器通过基因工程途径，以常见的农作物作为"化学工厂"，通过大规模种植生产具有高经济附加值的医用蛋白、工农业用酶、特殊碳水化合物、生物可降解塑料、脂类及其他一些次生代谢产物等生物制剂。作为根据酶的催化特性而设计的反应设备，酶反应器设计的目标就是生产效率高、成本低、耗能少、污染少，以获得最好的经济效益和社会效益。

（五）微生物工程技术

利用微生物生长速度快、生长条件简单及代谢过程特殊等特点，在合适条件下，通过现代化工程技术手段，由微生物的某种特定功能生产出人类所需的产品称为微生物工程，也称发酵工程。发酵工程一般要经过菌种的选育、培养基的制备和灭菌、扩大培养和接种、发酵、和分离提纯五个过程才能生产出所需的产品。

这项技术广泛应用于医药卫生、食品、轻工业等领域。微生物发酵技术在发展过程中，从家庭走向工厂，从食品加工到应用于生活和生产的各个领域，对提高人们的生活质量和健康水平，都产生了深远的影响。

发酵是微生物特有的作用，几千年前就已被人类认识并且用来制造酒、面包等食品。20世纪20年代主要是以酒精发酵、甘油发酵和丙醇发酵等为主。20世纪40年代中期美国抗菌素工业兴起，大规模生产青霉素以及日本谷氨酸盐（味精）发酵成功，大大推动了发酵工业的发展。20世纪70年代，基因重组技术、细胞融合等生物工程技术的飞速发展，发酵工业进入现代发酵工程的阶段。

发酵技术在食品工业中有重要作用。以动植物产品为原料，通过微生物的作用，可以生产出人们喜欢的风味食品和饮料。例如人们平时生活中用到的酱油、醋、米酒、泡菜、酸奶等都是发酵技术生产出来的产品。

在医药工业中，抗生素可用于治疗致病细菌引起的疾病，通过微生物工程可以实现大规模生产抗生素，如常用的青霉素、头孢霉素、链霉素、金霉素、庆大霉素等。医药领域已成为微生物发酵技术应用最广泛、发展最迅速、潜力也最大的领域。发酵技术在生物技术产业中也有着广阔的应用前景，人们可以利用微生物工厂化生产所需产品，如氨基酸、甜味剂、食用有机酸、酶制剂等。

沼气发酵是发展生态农业的有效措施，在缺少能源的农牧业区有一定发展前景。沼气发酵是利用厌氧微生物的代谢作用，将人畜家禽粪便、秸秆、杂草等分解形成甲烷和二氧化碳等混合气体的过程。甲烷可用于发电、照明等，发酵后的沉渣也可用作肥料。

1. 灭菌技术

采用强烈的理化因素使任何物体内外部的一切微生物永远丧失其生长繁殖能力的措施，称为灭菌。灭菌常用的方法有化学试剂灭菌、射线灭菌、干热灭菌、湿热灭菌和过滤除菌等。在体外细胞培养中必须要对培养基进行灭菌处理，培养基灭菌一般采用湿热灭菌，空气则采用过滤除菌。

灭菌的彻底程度受灭菌时间与灭菌剂强度的制约。微生物对灭菌剂的抵抗力取决于原始存在的群体密度、菌种或环境赋予菌种的抵抗力。灭菌是获得纯培养的必要条件，也是食品工业和医药领域中必需的技术。将培养基、发酵设备或其他目标物中所有微生物的营养细胞及其芽孢（或孢子）杀灭或去除，从而达到发酵工程所要求的无菌要求。

无菌技术是在医疗护理操作过程中，保持无菌物品、无菌区域不被污染、防止病原微生物入侵人体的一系列操作技术，包括手术人员洗手法、穿无菌手术衣、戴无菌手套、穿脱隔离衣等。无菌技术作为预防医院感染的一项重要而基础的技术，医护人员必须正确熟练地掌握，在技术操作中严守操作规程，以确保病人安全，防止医源性感染的发生。

2. 生物净化技术

生物净化是指生物体通过吸收、分解和转化，使环境中污染物的浓度和毒性降低或消失的过程。在生物净化中，绿色植物和微生物扮演着重要角色，植物可以对污染物进行吸收和转化，而微生物通过自身的代谢活动，可以对污染物进行分解和转化，共同实现对污染物的净化。

环境污染已成为全球性的问题，引起了人们的广泛关注。治理环境污染的措施很多，主要包括物理方法、化学方法和生物方法，其中利用生物净化技术是最方便、有效的方法。

植树造林可以净化大气中的污染物，改善大气质量，我国于1978年开始实施的三北防护林体系工程。夹竹桃、柳杉等能够吸收大气中一定浓度范围内的有害气体。山毛榉林可以阻滞和吸附大气中的粉尘和放射性物质。许多绿色植物如悬铃木、圆柏等，能够分泌抗生素等物质杀灭空气中的细菌。利用芦苇、凤眼莲等植物建立起来的水生植物池塘，可以起到很好的污水净化作用。微生物在生物净化方面也起着重要作用，利用某些微生物可以将污水中的有机物分解为二氧化碳、水以及含氮、磷的无机盐等，从而使污水得到净化。

近年来，人们还采用稳定塘的方法处理污水。将污水或废水排入特定的池塘内，在细菌、藻类等多种生物的共同作用下发生物质转化，就能较好地降低污染物浓度。另外，如果在池塘内种植一些灯芯草、香蒲等水生高等植物，可更好地净化污水。利用绿色植物和微生物的共同作用，人们可以改善提高环境治理的效果，实现生物净化。

（六）蛋白质工程技术

在现代生物技术中，蛋白质工程是在20世纪80年代初期出现的。蛋白质工程是指深入了解蛋白质空间结构以及结构与功能的关系，并在掌握基因操作技术的基础上，用人工合成生产自然界原来没有的、具有新的结构与功能的、对人类生活有用的蛋白质分子。由于蛋白质工程是在基因工程的基础上发展起来的，在技术方面有很多同基因工程技术相似的地方，因此蛋白质工程也被称为第二代基因工程。

蛋白质工程的基本程序首先要测定蛋白质中氨基酸的顺序，测定和预测蛋白质的空间结构，建立蛋白质的空间结构模型，然后提出对蛋白质的加工和改造的设想，通过基因定位突变和其他方法获得需要的新蛋白质的基因，进而进行蛋白质合成。

目前，蛋白质工程已经成为研究蛋白质结构和功能的重要手段，并将广泛应用于制药和其他工业生产中。例如：科学家通过对胰岛素的改造，已使其成为速效型药品。利用生物技术生产单细胞蛋白为解决蛋白质缺乏问题提供了一条可行之路。生物和材料科学家正积极探索将蛋白质工程应用于微电子方面，用蛋白质工程方法制成的电子元件，具有体积小、耗电少和效率高的特点，具有极为广阔的发展前景。人类蛋白质组计划是继人类基因组计划之后，生命科学乃至自然科学领域的一项重大的科学命题，它的深入研究将是对蛋白质工程的有利推动和理论支持。

蛋白质工程为改造蛋白质的结构和功能找到了新途径，而且还预示人类能设计和创造自然界不存在的优良蛋白质的可能性，从而具有潜在的巨大社会效益和经济效益。蛋白质工程是一项难度很大的工程，目前科学家对大多数蛋白质的高级结构还不够了解，要设计出更加符合人类需要的蛋白质还需要经过艰辛的探索。随着科学技术的深入发展，蛋白质工程将会给人们带来更多的福音。

1. 蛋白质电泳技术

电泳是指悬浮于溶液中的样品颗粒，在电场影响下向着与自身带相反电荷的电极移动的现象。20世纪60年代以来，蛋白质电泳技术作为检测遗传特性的一种主要方法得到了广泛的应用。蛋白电泳所检测的主要是血浆和血细胞中可溶性蛋白和同工酶中氨基酸的变化，通过对一系列蛋白和同工酶的检测，就可为动物品种内的遗传变异和品种间的亲缘关系提供有用的信息。蛋白电泳技术操作简便、快速及检测费用相对较低，目前仍是遗传特性研究中应用较多的方法之一。

蛋白质、多肽和氨基酸等都具有可电离的基团，基团在溶液中能吸收或者给出氢离子，从而成为电荷粒子；又由于电荷粒子的多少不等以及具有相同电荷的分子又有大有小，于是在不同的介质中，在电场影响下，它们移动的速度也不相同了。人们利用这种特性，用电泳的方法对上述物质进行定性及定量分析，或者将一定的混合物分离成各个组份以及作少量电泳制备。因为电泳技术的这种独特功能，所以就成了分子生物学研究工作中不可缺少的重要分析手段，被广泛应用于基础理论研究、农业科学、医药卫生、工业生产、国防科研、法医学和商检等许多领域。

在医院临床检验中，利用电泳技术分析血清中的酶及同工酶，可以诊断肾病的综合征、心绞痛、肝硬化、肝癌、多发生骨髓瘤、恶性肿瘤、乙型肝炎、慢性肝炎等疾病；分析血色素组分，可以判定血细胞的正常与异常；测定体液中可能存在微生物、原虫的特异性抗原成分，在抗原成分分离的基础上，寻找所需的单克隆抗体等。电泳技术在农业领域用途非常广泛，它可以用于杂种优势的预测、杂种后代的鉴定、不同品种的区别、亲缘关系的分析、雄性不育系的鉴定、遗传基因的定位、植物抗性的研究等许多方面。

2. 蛋白质／多肽测序技术

蛋白质是生命的物质基础，没有蛋白质就没有生命。因此，它是与生命及与各种形式的生命活动紧密联系在一起的物质。机体中的每一个细胞和所有重要组成部分都有蛋白质参与。氨基酸是构成蛋白质的基本单位，赋予蛋白质特定的分子结构形态，使它的分子具有生化活性。所以研究蛋白质的结构与功能是研究生物科学的基础。多肽链的氨基酸顺序，它是蛋白质生物功能的基础，测定蛋白质、多肽的氨基酸序列就成为重中之重。

蛋白质测序技术又称蛋白质的一级结构分析，是对组成蛋白质多肽链的氨基酸排列顺序进行测定的方法，对蛋白质氨基酸顺序的测定是蛋白质化学研究的基础。自从1953年弗雷德里克·桑格测定了牛胰岛素的氨基酸排列顺序以来，现在已经知道约十万个不同蛋白质的氨基酸序列。这是人类第一次知道一种重要蛋白质分子的全部结构，桑格也因此荣获1958年诺贝尔化学奖。蛋白测序的主要策略是采用化学或者酶消化方法将多肽链拆分，然后测定氨基酸残基含量和组成。蛋白质测序采用的多为末端降解的方面，即采用的是逐个从末端释放氨基酸。桑格的蛋白质测序方法是整个蛋白质结构研究的基础，1958年，穆尔（Moore，生卒年不详）和斯坦（Stein，生卒年不详）在前人的测序法基础上设计出氨基酸全自动分析仪，获1972年诺贝尔化学奖。

经典的蛋白质顺序测定法，是非常繁琐而工作量浩大的工作。50年代初测定含51个氨基酸残基的胰岛素花了8年时间，现在用自动化仪器和先进检测工具，只需花一周时间。1978年发表的β-半乳糖苷酶，含1021个氨基酸残基，可以说是经典法测定的顶峰。目前新的快速方法是从核酸（DNA）顺序推测蛋白质顺序，已经广泛采用，因在短期内可测数千个核苷酸顺序，从DNA的密码子能准确推测出蛋白质的氨基酸顺序。这一方法近年来已经有取代上述经典方法的趋势，但是尽管如此，某些环节还须蛋白质顺序测定的经典法配合。

3. 蛋白质／多肽合成技术

多肽是一种与生物体内各种细胞功能都相关的生物活性物质，它的分子结构介于氨基酸和蛋白质之间，是由多种氨基酸按照一定的排列顺序通过肽键结合而成的化合物。多肽是涉及生物体内各种细胞功能的生物活性物质的总称，常常被应用于功能分析、抗体研究、尤其是药物研发等领域。

1963年，美国的梅里菲尔德（Robert Bruce Mevrifield，1921—2006）首次提出了固相多肽合成方法（SPPS），由于其合成方便，迅速，成为多肽／蛋白质合成的首选方法，同时促进了肽合成的自动化。从1958年开始，中国科学院上海生物化学研究所、中国科学院上海有机化学研究所和北京大学生物系三个单位联合，在前人对胰岛素结构和肽链合成方法研究的基础上，开始探索用化学方法合成胰岛素。第一步，先把天然胰岛素拆成两条链，再把它们重新合成为胰岛素，重新合成的胰岛素是同原来活力相同、形状一样的结晶。第二步，在合成了胰岛素的两条链后，用人工合成的B链同天然的A链相连接。这种牛胰岛素的半合成在1964年获得成功。第三步，把经过考验的半合成的A链与B链相结合。在1965年9月17日完成了结晶牛胰岛素的全合成。经过严格鉴定，它的结构、生物活力、物理化学性质、结晶形状都和天然的牛胰岛素完全一样。这是世界上第一个人工合成的蛋白质，为人类认识生命、揭开生命奥秘迈出了可喜的一大步。这项成果获1982年中国自然科学一等奖。

由于多肽合成的步骤很繁琐，又很耗时，基于SPPS方法的原理，目前已有多家公司开发了自动多肽合成仪，大大促进了多肽科学（如多肽药物研发、基因研究等）的发展。

4. 蛋白表达

蛋白表达是指用模式生物如细菌、酵母、动物细胞或者植物细胞表达外源基因蛋白的一种分子生物学技术。在基因工程技术中占有核心地位。蛋白表达系统是指由宿主、外源基因、载体和辅助成分组成的体系。通过这个体系可以实现外源基因在宿主中表达的目的。

原核蛋白表达系统既是最常用的表达系统，也是最经济实惠的蛋白表达系统。原核蛋白表达系统以大肠杆菌表达系统为代表，具有遗传背景清楚、成本低、表达量高和表达产物分离纯化相对简单等优点，缺点主要是蛋白质翻译后缺乏加工机制，如二硫键的形成、蛋白糖基化和正确折叠，得到具有生物活性的蛋白的几率较小。

酵母蛋白表达系统以甲醇毕赤酵母为代表，具有表达量高，可诱导，糖基化机制接近高等真核生物，分泌蛋白易纯化，易实现高密发酵等优点。缺点为部分蛋白产物易降解，表达量不可控。

哺乳动物细胞和昆虫细胞表达系统主要优点是蛋白翻译后加工机制最接近体内的天然形式，最容易保留生物活性，缺点是表达量通常较低，稳定细胞系建立技术难度大，生产成本高。

5. 蛋白质分离纯化技术

蛋白质的分离纯化在生物化学研究应用中使用广泛，是一项重要的操作技术。一个典型的真核细胞可以包含数以千计的不同蛋白质，一些含量十分丰富，一些仅含有几个拷贝。为了研究某一个蛋白质，必须首先将该蛋白质从其他蛋白质和非蛋白质分子中纯化出来。

蛋白纯化要利用不同蛋白间内在的相似性与差异，利用各种蛋白间的相似性来除去非蛋白物质的污染，而利用各蛋白质的差异将目的蛋白从其他蛋白中纯化出来。每种蛋白间的大小、形状、电荷、疏水性、溶解度和生物学活性都会有差异，利用这些差异可将蛋白从混合物如大肠杆菌裂解物中提取出来得到重组蛋白。

亲和层析法是分离蛋白质的一种极为有效的方法，它经常只需经过一步处理即可使某种待提纯的蛋白质从很复杂的蛋白质混合物中分离出来，而且纯度很高。蛋白质在组织或细胞中是以复杂的混合物形式存在，每种类型的细胞都含有上千种不同的蛋白质，因此蛋白质的分离，提纯和鉴定是生物化学中的重要的一部分，至今还没有单独或一套现成的方法能移把任何一种蛋白质从复杂的混合蛋白质中提取出来，因此往往采取几种方法联合使用。

6. 生物质谱技术

生物质谱是快速、易解的多组分分析方法，能够准确测定多肽和蛋白质相对分子质量、氨基酸序列和翻译后修饰等，是研究生物大分子特别是蛋白质的主要支撑技术之一，在对蛋白质结构分析的研究中占据了重要地位。质谱法分析蛋白质的原理是通过电离源将蛋白质分子转化为离子，然后利用质谱分析仪的电场、磁场将具有特定质量与电荷比值（M／Z）的蛋白质离子分离开来，经过离子检测器收集分离的离子，确定离子的M／Z值，分析鉴定未知蛋白质。

生物质谱技术主要有两大用途：一是精确测定生物大分子，如蛋白质、核苷酸和糖类等的分子质量，并提供分子结构信息；二是对存在于生命复杂体系中的小分子生物活性物质进行定性或定量分析。目前在蛋白质结构的快速鉴定、序列分析、蛋白质定量分析、翻译后修饰等方面已有较为广泛的应用，且具有灵敏度高、选择性强、准确性好等特点，其适用范围远远超过放射性免疫检测和化学检测范围。

近年来随着科学技术的进步，质谱也得到了快速的发展，为蛋白质结构研究提供了强大的技术支持，被认为是生命科学研究的首选工具。将生物质谱技术与蛋白质分离纯化技术及蛋白质化学修饰等技术相结合，可对蛋白质结构进行深入研究。随着生物质谱技术的进步，蛋白质结构研究能向着分析速度更快、样品消耗更少、测定准确度更高、获得结构信息更多的方向发展，从而揭露蛋白质的结构，为揭示生命的本质提供了有力依据。

二、医疗技术

医疗技术，是指医疗机构及其医务人员在诊断、治疗、护理、预防、保健和康复等医疗实践活动中，采用物理、化学、生物的技术成果，直接应用于人体的医学技术。医药卫生领域是生物技术应用得最广泛、成绩最显著、发展最迅速、潜力也最大的一个领域，许多生物技术已经衍生为人类重要的医疗技术，由此出现了如人工生殖、器官移植、克隆、安乐死等技术以及利用电子计算机进行断层扫描（CT）的技术、核磁共振等现代医疗技术。医疗技术是以诊断和治疗疾病为目的，对疾病作出判断和消除疾病、缓解病情、减轻痛苦、改善功能、延长生命、帮助患者恢复健康而采取的诊断、治疗措施，包括预防和康复、疫苗和药物、医疗和外科的处置程序、遗传工程以及保健体系。现代医疗技术的应用体现了人类医学科技的重大发展，也是现代医学进步的重要标志，有利于维护人类的生命、促进人类的健康、提高人类防治疾病的能力。

（一）医疗技术的发展

医疗技术运用技术手段去解决医学中的有关问题，保障人类健康，为疾病的预防、诊断、治疗和康复服务。医疗技术属于医学研究或与临床医学有关的技术，为医疗机构及其医务人员诊断和治疗疾病服务，它要依赖于技术应用和技术进步，如医学设备和仪器、医学成像系统和X射线摄影乳腺检查。生物技术的快速发展，越来越多的应用于与人们生活息息相关的医疗当中，已经在预防和康复、疫苗和药物、医疗和外科的处置程序、遗传工程以及保健体系中密不可分。

为了促进人们的健康生活的，许多技术和产品是专为帮助人们照料自己而设计的。一些日常用品，如牙刷、发刷、香皂等，用于促进人们的健康生活。全科医生、牙科大夫、验光师及其他从事保健专业的人员都会使用一些技术工具来了解人的健康情况。为保证优生优育，要进行相应的生育控制。怀孕需要健康的精子和卵子的结合，才能保证产生出优良的后代。通过干扰精子和卵子的生成和发育，或是阻断精子和卵子的结合，或是干扰受精卵的子宫内种植，都可以有效控制生育。目前有效的措施包括：口服避孕药、屏障法、宫内节育器、绝育、人工流产等。

用于处置医疗产品的卫生程序，有助于保护人们免受有害生物体和疾病的侵害，有助于构筑医疗安全的道德规范。对危险物品（如药物、衣物、仪器）的规范处置和管理，可保护人们免受不必要的伤害，并造就无风险的环境。任何传染病的流行都必须具备三个基本条件：即传染源、传播途径、易感人群。三者缺一不可。所以传染病的预防也是从此三个疾病条件中下手：消灭传染源、切断传播途径、保护易感人群。例如将患病病人进行隔离、消灭患有疯牛病的疯牛等，这些就属于消灭传染源；对环境进行消毒、饭前便后洗手，养成良好的卫生习惯，这些就属于切断传染病的传播途径；而经常进行体育锻炼，增强自身的抵抗力、给儿童接种水痘疫苗等，这些则属于保护易感人群。

伴随着科学技术的进步，20世纪的医学技术也发生了三次革命。1935年氨苯磺胺被证实具有杀菌作用，40年代实现了人工合成磺胺类药物，促进了医药化工技术的快速发展，这是第一次革命。1943年以来，青霉素大量应用于临床，人类获得了特效治疗细菌感染性疾病的手段和方法，开辟了抗生素化学治疗的新局面。第二次医疗技术革命发生在20世纪70年代，最重要的标准是电子计算机X线断层扫描仪（简称CT）和核磁共振诊断技术的发明和应用，被誉为自伦琴发现X射线以后，放射诊断学上最重要的成就。通过最新放射诊断技术，可以检测出早期肿瘤和其他许多早期病变。第三次医疗技术革命发生在20世纪70年代后期，科学家应用基因工程技术先后生产出人胰岛素、人体生长素、干扰素、乙型肝炎疫苗等多种生物制品，开拓了生物学治疗疾病的新概念。

技术进步使得许多事情成为可能，如制造新的医疗器械，修复或更换人体器官，提供移动的手段，可帮助伤残人员进行恢复（康复设备）。借助轮椅和其他特别设计的设备，截瘫病人可以打篮球；透析可使无肾脏的人维持基本健康。人们设计了许多工具设备来帮助了解健康状况，并为人们提供安全的生活环境。体温计、血压计、心脏监测器等医疗工具有助于人们诊断人体是否健康，并有助于提供其他一些健康信息。比如，心脏监测器就是用来测量人的心率的。有些工具是设计来诊断人身体内的变化的，如血糖和pH值自测工具包，测量蛋白质水平或维生素水平的工具包。这些信息会有助于诊断人体健康是否稳定，或者是否正在患病。产前诊断是在胎儿出生前，医生用专门的检测手段，如羊水检查、B超检查、孕妇血细胞检查以及基因诊断等手段，确定胎儿是否患有某种遗传病或先天性疾病。X射线机、计算机断层摄影术（CT）扫描及激光等诊断工具的开发，使得检视身体内部的手段比外科手段要友善得多。

（二）疫苗和药物

各种疫苗和药物的开发，如骨髓灰质炎疫苗、青霉素、化学疗法等，已消灭了一些严重疾病或减少了发病率。人们设计发明疫苗以防疾病的发生和传播，设计生产药物以减轻病症及制止疾病加剧。疫苗的使用是为了保持人体健康，而药物的使用则是为了帮助患者缓解病痛，恢复健康。

疫苗的发现可谓是人类发展史上一件具有里程碑意义的事件。人类繁衍生息的历史就是人类不断同疾病和自然灾害斗争的历史，控制传染性疾病最主要的手段就是预防，而接种疫苗被认为是最行之有效的措施。威胁人类几百年的天花病毒在牛痘疫苗出现后便被彻底消灭了，迎来了人类用疫苗迎战病毒的第一个胜利，也更加坚信疫苗对控制和消灭传染性疾病的作用。此后二百年间疫苗家族不断扩大发展，目前用于人类疾病防治的疫苗有二十多种，根据技术特点分为传统疫苗和新型疫苗。传统疫苗主要包括减毒活疫苗和灭活疫苗，新型疫苗则以基因疫苗为主。1995年前医学界普遍认为，疫苗只作预防疾病用。随着免疫学研究的发展，人们发现了疫苗的新用途，即可以治疗一些难治性疾病。从此，疫苗兼有了预防与治疗双重作用，治疗性疫苗属于特异性主动免疫疗法。

开发出来用于免疫的疫苗需要有专业化的技术支持，以支撑能生产出足够数量的疫苗的环境。为创造出培养疫苗的合适环境而设计的技术系统，对于免疫所需的大批量疫苗生产的成功极为重要。要提高疫苗的生产率，除了解决所需的疫苗数量并为疫苗的正常生产准备足够的原材料外，还需要对生物体如何产生疫苗，以及疫苗如何产生作用有很好地理解。

接种可保护人们免得某些疾病。接种帮助人体构建对疾病的防护，一般在孩子很小的时候就要进行接种，经过几个月时间就可以建立某种免疫功能。接种和疫苗注射已达到了人的健康水平的提高和寿命的延长。

接种疫苗在现实中应用最多。接种疫苗可以诱发机体产生免疫应答，把灭毒或减毒的病原体或其产物接种到人体内，诱发机体产生抗体，预防传播性疾病，如接种牛痘预防天花、接种乙肝疫苗预防乙肝等。接种过程有的只需要一次，有的需要多次接种才可以产生终身免疫。一般我国儿童需要接种的疫苗包括：麻疹疫苗、脊髓灰质炎疫苗、百白破制剂、卡介苗（预防肺结核）、乙脑疫苗等。

药物可帮助生病的人恢复健康。某些药物需要很长时间才会显出疗效来，因而需不断服用；另外一些药物则很快就会见效，但只是在必要时方可服用。

现在市场上的药物基本上都是通过对自然产物进行随机筛选或类似的费时、费力的方法发现的。随着科学技术的发展，科学家可以通过结构设计、分子模型、虚拟现实模型和组合化学等现代方法，每天可以设计成千上万种药物。这将缩短药物的发现过程，还可以得到很多有前途的新的化合物。

生物药品是以微生物、寄生虫、动物毒素、生物组织为起始材料，采用生物学工艺或分离纯化技术制备，并以生物学技术和分析技术控制中间产物和成品质量而制成的生物活化制剂，包括菌苗、疫苗、毒素、类毒素、血清、血液制品、免疫制剂、细胞因子、抗原、单克隆抗体及基因工程产品（DNA重组产品、体外诊断试剂）等。

人类已研制开发并进入临床应用阶段的生物药品，根据其用途不同可分为三大类：基因工程药物、生物疫苗和生物诊断试剂。其他的生物医药产品有基因治疗法、干细胞和疫苗等。这些产品在诊断、预防、控制乃至消灭传染病，保护人类健康中，发挥着越来越重要的作用。

（三）医学影像技术

新时期各国竞相发展的高技术之一为医学成像技术，其中以图像处理，阻抗成像、磁共振成像、三维成像技术以及图像存档和通信系统为主。医学影像是临床诊断疾病的主要手段之一。医用影像设备主要采用 X射线、超声、放射性核素磁共振等进行成像。

X射线成像装置主要有大型X射线机组、X射线数字减影（DSA）装置、电子计算机X射线断层成像装置（CT）；超声成像装置有B型超声检查、彩色超声多普勒检查等装置；放射性核素成像设备主要有γ照相机、单光子发射计算机断层成像装置和正电子发射计算机断层成像装置等；磁成像设备有共振断层成像装置；此外还有红外线成像和正在兴起的阻抗成像技术等。成像技术的突破是在更高的视觉水平上给我们展示了组织、器官系统及其功能，揭示了各器官结构和功能方面的秘密，使得医院可以对特定功能或隐性疾病进行诊断。有将能量聚集目标区域的X射线、超声波、电子束、正电子等，能量越强图像越精细，但也会给正常的组织造成更大损害；检测或接受反射或折射回来的能量技术使得微电子束越来越小，得以获得更小的图像，在对比介质方面也取得了进展；计算机图像分析技术越来越强，能够对大量的来自高度检测仪的数据进行快速分析，迅速成像；医生的临床显示技术越来越大、越来越快、越来越便宜。

随着计算机与微电子技术的飞速发展，席卷全球的数字化技术、计算机网络和通信技术已经对影像领域产生广泛而深远的影响。一大批全新的成像技术进入医学领域，如超声、CT、DAS、MR、SPETC和PTE等。这些技术不仅改变了X射线屏幕／胶片成像的传统面貌，极大地丰富了形态学诊断信息的领域和层次，提高了形态学的诊断水平，同时实现了诊断信息的数字化。

介入放射学是放射学中发展速度最快的领域，也就是在进行介入治疗时，采用了诊断用的X射线或超声成像装置以及内窥镜等来进行诊断、引导和定位。它解决了很多诊断和治疗上的难题，用损伤较小的方法治疗疾病。

1. X射线成像技术

X射线又称伦琴射线，它是肉眼看不见的一种射线，但可使某些化合物产生荧光或使照相底片感光；它在电场或磁场中不发生偏转，能发生反射、折射、干涉、衍射等；它具有穿透物质的本领，但对不同物质它的穿透本领不同；能使分子或原子电离；有破坏细胞的作用，人体不同组织对于X射线的敏感度不同，受损害程度也不同。因此，X射线基于人体组织有密度和厚度的差别能使人体在荧屏上或胶片上形成影像。

1895年德国物理学家伦琴（Wilhelm Rontgen，1845—1923）发现X射线后，首先被用到医学诊断上，第二年就提出了用于治疗的设想。在这一百多年当中，X射线在医学、安检、无损检测、工业探伤等领域中发挥了巨大作用。

由于存在这种差别，当X射线透过人体各种不同组织结构时，它被吸收的程度不同，所以到达荧屏或胶片上的X射线的量有差异。在荧屏或X射线片上形成黑白对比不同的影像。X射线成像能让医生能够观察到被检者体内的某个病变组织及其状况，因而医学影像质量的好坏将直接影响医生的诊断。

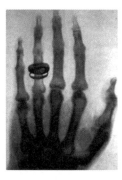

图5-2　伦琴和首张X射线成像片

（图片来源：维基百科。左图：https://upload.wikimedia.org/wikipedia/commons/4/4a/WilhelmR%C3%B6ntgen.JPG；右图：https://commons.wikimedia.org/wiki/File:X-ray_by_Wilhelm_R%C3%B6ntgen_of_Albert_von_K%C3%B6lliker%27s_hand_-_18960123-02.jpg?uselang=zh-cn。）

X射线图像的数字化不仅可利用各种图像处理技术对图像进行处理，改善图像质量，并能将各种诊断技术所获得的图像同时显示，进行互参互补，增加诊断信息。同时数字化X射线图像可利用大容量的磁、光盘存贮技术，使临床医学可以更为高效、低耗及省时省地、省力地观察、存贮和回溯，甚至可通过网络把X射线图像远距离传送，进行遥诊或会诊。X射线成像在医学中有着极其广泛的应用，可以看到目前X射线成像技术发展的总体趋势是成像速度更快、图像更为清晰、剂量逐渐减少、操作越发方便。

2. 电子计算机X射线断层扫描技术

电子计算机X射线断层扫描技术，简称CT，它根据人体不同组织对X射线的吸收与透过率的不同，应用灵敏度极高的仪器对人体进行测量，然后将测量所获取的数据输入电子计算机，电子计算机对数据进行处理后，就可摄下人体被检查部位的断面或立体的图像，发现体内任何部位的细小病变。

1963年，美国物理学家科马克（Cormack Allan Macleod，1924—）发现人体不同的组织对X射线的透过率有所不同，在研究中还得出了一些有关的计算公式，这些公式为后来CT的应用奠定了理论基础。1967年，英国电子工程师亨斯费尔德（Hounsfield Godfrey Newbold，1919—2004）在并不知道科马克研究成果的情况下，制作了一台能加强X射线放射源的简单的扫描装置，即后来的CT，用于对人的头部进行实验性扫描测量。后来，他又用这种装置去测量全身，获得了同样的效果。这一成果引起科技界的极大震动，CT的研制成功被誉为自伦琴发现X射线以后，放射诊断学上最重要的成就。因此，亨斯费尔德和科马克共同获取1979年诺贝尔生理学或医学奖。

由于CT的高分辨力，可使器官和结构清楚显影，能清楚显示出病变。在临床上，神经系统与头颈部CT诊断应用早，对脑瘤、脑外伤、脑血管意外、脑的炎症与寄生虫病、脑先天畸形和脑实质性病变等诊断价值大。在五官科诊断中，对于眶内肿瘤、鼻窦、咽喉部肿瘤，特别是内耳发育异常有诊断价值。在呼吸系统诊断中，对肺癌的诊断、纵隔肿瘤的检查和瘤体内部结构以及肺门及纵隔有无淋巴结的转移，做CT检查做出的诊断都是比较可靠的。

CT诊断由于它的特殊诊断价值，已广泛应用于临床。但CT设备比较昂贵，检查费用偏高，某些部位的检查，诊断价值，尤其是定性诊断，还有一定限度，所以不宜将CT检查视为常规诊断手段，应在了解其优势的基础上，合理的选择应用。

随着工艺水平、计算机技术的发展，CT得到了飞速的发展。各个厂家都在研制先进的螺旋CT和平板CT。CT与PET相结合的产物PET／CT在临床上得到普遍运用，特别是在肿瘤的诊断上更是具有很高的应用价值。

3. 超声成像

超声医学是声学、医学、光学及电子学相结合的学科，具有医、理、工三结合的特点，在预防、诊断、治疗疾病中有很高的价值。超声波就是频率大于20千赫、人耳感觉不到的声波，可以在固体、液体和气体中传播，并且具有与声波相同的物理性质。

超声成像是利用超声束扫描人体，通过对反射信号的接收、处理，以获得体内器官的图像。超声成像方法常用来判断脏器的位置、大小、形态，确定病灶的范围和物理性质，提供一些腺体组织的解剖图，鉴别胎儿的正常与异常，在眼科、妇产科及心血管系统、消化系统、泌尿系统的应用十分广泛。

通过超声图像可以观察到脏器外形及大小、柔度或可动度，病灶边缘回声，脏器和组织后壁及后方回声、器官的内部结构特征和周邻关系，以及进行功能性检测。一般而言，良性病变质地均匀、界面单一故回声均匀、规则。恶性病变因生长快，伴出血，变性，瘤内组织界面复杂不均匀，表现为不规则的回声结构。

20世纪50年代建立，70年代广泛发展应用的超声诊断技术，总的发展趋势是从静态向动态图像（快速成像）发展，从黑白向彩色图像过渡，从二维图像向三维图像迈进，从反射法向透射法探索，以求得到专一性、特异性的超声信号，达到定量化、特异性诊断的目的。超声多普勒是近年来迅速发展的一种检测技术，随着电子学的进步，此法在临床上得到日益广泛的应用，对心脏疾病、周围血管疾患实质器官的血流灌注、小器官血流供应、占位性病变血供情况及胎儿血液循环的检查上具有重大的价值。医学超声诊断技术已成为临床多种疾病诊断的首选方法，并成为一种非常重要的多种参数的系列诊断技术。

4. 磁共振成像

磁共振成像（MRI）是通过体外高频磁场作用，由体内物质向周围环境辐射能量产生信号实现的，成像过程与图像重建和CT相近，只是MRI既不靠外界的辐射、吸收与反射，也不靠放射性物质在体内的 γ 辐射，而是利用外磁场和物体的相互作用来成像，高能磁场对人体无害。

磁共振成像是一种较新的医学成像技术，国际上从1982年才正式用于临床。它采用静磁场和射频磁场使人体组织成像，在成像过程中，既不用电子离辐射、也不用造影剂就可获得高对比度的清晰图像。它能够从人体分子内部反映出人体器官失常和早期病变。它在很多地方优于X射线CT。磁共振成像装置除了具备X射线CT的解剖类型特点即获得无重叠的质子密度体层图像之外，还可借助核磁共振原理精确地测出原子核弛豫时间T1和T2，能将人体组织中有关化学结构的信息反映出来，这就便于区分脑中的灰质与白质，对组织坏死、恶性疾患和退化性疾病的早期诊断效果有极大的优越性，其软组织的对比度也更为精确。

早在1946年，美国哈佛大学的爱德华·珀塞耳（Edward Purcell，1912—1997）和斯坦福大学的菲利克斯·布洛赫（Felix Bloch，1905—1983）领导的两个研究小组发现了物质的核磁共振现象。他们二人于1952年被授予诺贝尔物理奖。核磁共振现象发现以后，很快就形成一门新的边缘学科，核磁共振波谱学。它可以使人们在不破坏样品的情况下，通过核磁共振谱线的区别来确定各种分子结构。这就为临床医学提供了有利条件。1978年，核磁共振的图像质量已达到X射线CT的初期水平，并在医院中进行人体试验，并最后定名为磁共振成像。

功能性磁共振成像（fMRI）是通过刺激特定感官，引起大脑皮层相应部位的神经活动（功能区激活），并通过磁共振图像来显示的一种研究方法。它不但包含解剖学信息，而且具有神经系统的反应机制，作为一种无创、活体的研究方法，对进一步了解人类中枢神经系统的作用机制，以及临床研究提供了一个重要的途径。

fMRI最早应用于神经生理活动的研究，主要是视觉和功能皮层的研究。后来随着刺激方案的精确、实验技术的进步，fMRI的研究逐渐扩展于听觉、语言、认知与情绪等功能皮层及记忆等心理活动的研究。人脑是如何思维的，一直是科学家们关注的重要课题，利用MRI的脑功能成像则有助于我们在活体和整体水平上研究人的思维。

（四）医疗诊疗技术

医疗诊疗技术是指临床各系统诊断和治疗技术，是将现代物理、化学和生物等技术成果，应用于人体的医学手段，既是医学科学迅速发展的产物，也是现代医学进步的标志。这些技术和诊疗仪器的使用，丰富了临床诊治、预防保健以及医学研究的手段；丰富了对疾病的认识，帮助对病情进行快速、准确的判断，为临床上正确诊断疾病提供了支持，提高疾病检测的科学性、准确性，为许多疾病的预防、发现、诊断和治疗提供帮助。医疗诊疗技术不仅为临床正确诊断疾病提供了基础，而且为临床治疗提供了许多新的途径，还丰富了预防保健、医学研究等手段，有力推动了医学科学的发展，有助于及早发现、诊断和合理治疗疾病，提高了人类的生存质量、加深了对疾病的认识、促进了临床医学的发展。如单克隆抗体技术、分子杂交、PCR技术的建立和肿瘤标志物的发现，促进了免疫诊断和治疗技术的发展；基因和分子生物水平的研究，使人们得以认识肿瘤的本质；基因工程、分子生物技术、电子、影像技术等的不断发展，使诸多疾病的诊断、治疗、预防在理论和方法上发生变化，使临床疑难病症或常见病、多发病，在病因学、发病机制和防治措施等多方面取得巨大进展，得以实施有效的预防和治疗，一些过去无法诊断的疾病可以诊断，不能治疗的疾病能够治愈；透射、扫描电镜、免疫电镜技术的发展，使肿瘤病理诊断进入细胞、业细胞水平；组织化学、免疫组化、流式细胞技术的应用，光纤或电子内镜、超声波、CT、MRI、PET等的临床应用，使疾病或恶性肿瘤能够被早期或更加准确诊断和有效治疗。

1. 流式细胞技术

流式细胞术工作原理是在细胞分子水平上通过单克隆抗体对单个细胞或其他生物粒子进行多参数、快速的定量分析，可以用于细胞的计数、分离和收集。它可以高速分析上万个细胞，并能同时从一个细胞中测得多个参数，具有速度快、精度高、准确性好的优点，是当代最先进的细胞定量分析技术之一。目前临床中运用流式细胞仪进行外周血白细胞、骨髓细胞以及肿瘤细胞等的检测是临床检测的重要组成部分。流式细胞技术是利用流式细胞仪进行的一种单细胞定量分析和分选技术。

流式细胞绝对计数在临床可开展的项目包括：淋巴细胞亚群，尤其是T淋巴细胞亚群的绝对计数。外周血或骨髓中造血干／祖细胞的绝对计数。血液中网织红细胞的绝对计数。血液中血小板数量，尤其是血小板减少症患者血小板的绝对计数，此种计数优于血细胞分析仪法，已成为血小板计数的国际推荐参考方法。流式细胞绝对计数的开展对临床疾病的诊断、治疗等有重要意义。随着干细胞技术的发展，对造血干细胞等的绝对数量分析，不久的将来，也将作为常规检查项目，走出实验室进入临床。

2. 心脏起搏技术

自1958年世界第一台人工心脏起搏器成功植入以来，起搏器作为心动过缓最有效的治疗方法，已挽救了无数患者的生命。目前起搏器系统不再仅限于缓慢性心律失常的治疗以及心脏再同步治疗（CRT）心力衰竭，应用植入式心脏转复除颤器（ICD）治疗快速性室性心律失常也成为相应疾病的一线治疗方法。

心脏起搏技术利用脉冲发生器定时发放一定频率的脉冲电流，通过导线和电极传输到电极所接触的心肌（心房或心室），使局部心肌细胞受到外来电刺激而产生兴奋，并通过细胞间的连接向周围心肌传导，导致整个心房或心室兴奋并进而产生收缩活动。

人工心脏起搏分为临时和永久两种：临时心脏起搏是一种非永久性植入起搏电极导线的临时性或暂时性人工心脏起搏术。起搏电极导线放置时间一般不超过两周，起搏器均置于体外，待达到诊断、治疗和预防目的后随即撤出起搏电极导线。临时心脏起搏的目的通常分为治疗、诊断和预防。随着起搏工程学的完善，起搏治疗的适应证逐渐扩大。早年植入永久心脏起搏器的主要目的是为挽救患者的生命。目前永久心脏起搏的主要适应证可以简单地概括为严重的心跳慢、心脏收缩无力、心跳骤停等心脏疾病。

3. 可穿戴医疗／健康技术

可穿戴设备是可以直接穿戴在身上的便携式医疗或健康电子设备，在软件支持下感知、记录、分析、调控／干预甚至治疗疾病或维护健康状态。可穿戴健康设备可实现长时间动态监测，提供全面的临床诊断数据或健康信息，有利于寻找病因或感知健康状态，实现防病和早期治疗、提升诊疗水平、持续跟踪患者情况，或实现健康状态辨识和调控。随着生物医学工程、物联网和移动互联网的交叉融合发展，可穿戴设备将为人类健康、医疗提供新的模态，正在改变着我们的生活、健康和疾病防治的工作模式。

可穿戴健康设备从技术上通常可分为感知层、个人服务层、后台服务层。目前可穿戴设备大多可以连接手机或其他终端设备，按照存在形态（身体支撑部位）主要可以分为五种：以头颈为支撑，如眼镜、头盔、头饰、领带、耳机等；以手腕为支撑，如手表、戒指、腕带等；以腰部为支撑，如皮带、腰带及减肥瘦身带等；以脚部为支撑，如鞋、袜、脚链或其他脚腕饰品等；以其他部位为支撑，如绷带、服装、书包等。尽管可穿戴设备市场增长迅速，但由于目前可穿戴技术中测试人体生理、病理、健康信息的种类有限，并且精准性还存在较大问题，因此迄今为止可穿戴设备仍主要停留在保健与健康促进水平，距离医用还有较大的距离。

近年发展的体内植入式可穿戴设备，为将可穿戴式设备变成医用级设备带来了希望。目前，科学家正研究各种不同的植入式可穿戴设备，例如愈合芯片、植入式仿生胰腺、可与医生对话的网络药片、植入式避孕设备、智能纹身、植入式脑机接口、可溶性生物电池、智能尘埃、植入式芯片、植入式智能器官等。

4. 微创手术

微创手术，顾名思义就是微小创伤的手术，是指利用腹腔镜、胸腔镜等现代医疗器械及相关设备进行的手术。微创手术的优点是创伤小、疼痛轻、恢复快。微创手术的出现及在医学领域的广泛应用是最近十几年的事，这一手术得以开展是由于光纤技术、仪器设备的微型化、图像数字化、动脉导管导航系统等新的医疗技术的发展，以及整体医学模式治疗观的应用。1987年法国医生菲利普·穆雷特（Philippe Mouret）偶然完成第一例微创手术时并没有想到它标志着新的医学里程碑的诞生。微创概念的形成是因为整个医学模式的进步，是在"整体"治疗观带动下产生的。微创手术更注重病人的心理、社会、生理（疼痛）、精神风貌、生活质量的改善与康复，最大限度体贴病人，减轻病人的痛苦。

拿最成熟已经成为"金标准"的微创手术来举例：微创手术切口约1厘米，不切断肌肉，腹式呼吸恢复早，美观，术后腹部运动与感觉几乎无影响，肺部并发症远低于经腹胆囊切除术。同时手术时间短，平均约30~60分钟，肠蠕动恢复快，早进食，基本不用止痛药。平均住院1~3天，有的甚至术后当晚便可回家。病人早恢复工作及社会活动，对整个社会与家庭大有益处。

现在，心脑手术也采用微创技术。和传统的手术相比，微创技术降低了手术风险，并且更加人性化。微创技术不仅代表着手术方式的改变，同时还将彻底地更新医疗行业的观念，对医疗领域产生深远的影响。除了手术本身所要达到的医疗效果以外，患者的躯体痛苦和心理创伤，术后机体恢复情况，所节约的医疗费用以及回归社会的能力等都成为了广大医护工作者们聚焦的目标。随着微创技术的发展，未来的微创技术将会影响到几乎行医者的各个方面。像介入性神经放射学家，在手术外还可利用微创技术处理脑部和脊髓血管病变；血管内介入专家，可以进行冠状动脉形成术等；血管内外科医生，用血管内人工假体装置来治疗腹部主动脉瘤。微创技术未来的视野会更宽，应用范围也会更大。

5. 介入诊疗技术

介入诊疗技术是近年迅速发展起来的一门融合了影像诊断和临床治疗于一体的新兴学科。它是在数字减影血管造影机、CT、超声和磁共振等影像设备的引导和监视下，利用穿刺针、导管及其他介入器材，通过人体自然孔道或微小的创口将特定的器械导入人体病变部位进行微创治疗的一系列技术的总称。目前已经成为与传统的内科、外科并列的临床三大支柱性学科。

介入治疗的多数项目都是在血管内进行的，它不需开刀，无创口或仅需几毫米的皮肤切口，把特质的专用细管子插入血管内即可治疗许多过去无法治疗、必须手术治疗或内科治疗疗效欠佳的疾病，如肿瘤化疗、血管瘤、各种出血、脑血管畸形、甚至不孕不育等各类疑难杂症。介入疗法具有不开刀、创伤小、恢复快、效果好等优点。介入治疗全程在影像设备的引导和监视下进行，能够准确地直接到达病变局部，同时又没有大的创伤，因此具有准确、安全、高效、适应证广、并发症少等优点，现已成为一些疾病的首选治疗方法。

介入诊疗是以影像诊断为基础，在医学影像诊断设备的引导下，对疾病作出独立的诊断和治疗。在临床治疗属性上是微创的腔内手术治疗。能够采用介入治疗的疾病种类非常多，几乎包括了全身各个系统和器官的主要疾病，其优势主要在于血管性和实体肿瘤的微创治疗。介入治疗的技术很多，可以分为血管性介入技术和非血管介入技术。治疗心绞痛和急性心肌梗死的冠状动脉造影、溶栓和支架置入就是典型的血管性介入治疗技术，而肝癌、肺癌等肿瘤的经皮穿刺活检、射频消融、氩氦刀、放射性粒子植入等就属于非血管介入技术。

6. 血管造影技术

血管造影是一种介入检测方法，将显影剂注入血管里。因为X光无法穿透显影剂，血管造影正是利用这一特性，通过显影剂在X光下所显示的影像来诊断血管病变的部位和程度。血管造影是一种辅助检查技术，普遍用于临床各种疾病的诊断与治疗当中，有助于医生及时发现病情，控制病情进展，有效地提高了患者的生存率。

目前，血管造影通常是指利用计算机处理数字化的影像信息，以消除骨骼和软组织影像，使血管清晰显示的技术。努尔德曼（Nuldelman）于1977年获得了第一张数字减影血管造影图像，已经广泛应用于临床，取代了老一代的非减影的血管造影方法。近年来，平板数字减影血管造影设备的发展越来越快，在图像质量和医患安全性上也不断进行改善，为临床心血管诊疗提供了数字化新技术。

随着介入放射学的发展，血管造影已经成为临床的一种重要的诊断方法，尤其在介入治疗中起着不可替代的作用。血管造影在头颈部及中枢神经系统疾病、心脏大血管疾病、肿瘤和外周血管疾病的诊断和治疗中都发挥着重要作用。

7. 器官移植

器官移植是将健康的器官移植到另一个人体内使之迅速恢复功能的手术，目的是代偿受者相应器官因致命性疾病而丧失的功能。广义的器官移植包括细胞移植和组织移植。若献出器官的供者和接受器官的受者是同一个人，则这种移植称自体移植；人与人之间的移植称为同种（异体）移植；不同种的动物间的移植（如将黑猩猩的心或狒狒的肝移植给人），属于异种移植。

公元前600年，古印度的外科医生就用从病人本人手臂上取下的皮肤来重整鼻子，这种植皮术实际上是一种自体移植技术。角膜移植是最先取得成功的异体组织移植技术，1840年前后，爱尔兰内科医生塞缪尔·比格（Samuel Bigger，1802—1846）将从羚羊眼球上取下的角膜移植到人的眼球上。

1905年，美籍法国外科医生阿历克西斯·卡雷（A. Carrell，1873—1944），把一只小狗的心脏移植到大狗颈部的血管上，并首次在器官移植中缝合血管成功。这位最早尝试移植心脏的先驱者，开启了现代的器官移植历史，并荣获1912年诺贝尔生理学或医学奖。进入20世纪80年代后，器官移植的疗效大为提高。1989年12月3日，世界首例肝心肾移植成功，美国匹兹堡大学的一位器官移植专家，经过21个半小时的努力，成功地为一名患者进行了世界首例心脏、肝脏和肾脏多器官移植手术。

移植医学发现人类及各种常用实验动物的主要组织相容性抗原系统，并明确主要组织相容性复合物（MHC）为移植治疗的基本障碍。发展和完善了各类器官移植外科技术，建立和应用各种显微外科移植动物模型。通过研制和使用免疫抑制剂，使器官移植得以成为稳定的常规治疗手段。基因治疗在器官移植中的应用有可能预示用克隆技术开发无抗原性生物器官替代物的兴起。

器官移植中主要的伦理学问题是提供器官的供者在什么情况下提供的器官：自愿或事先有无同意捐献器官的意愿；是否供者可以不需要这个器官而保持其生活质量；供者已经不再需要所提供的器官等。答复如果都是肯定的，器官移植就可视为符合伦理学。一般认为，医生为移植而摘取尸体器官，应该以自愿捐赠为原则，不能违背死者本人或其近亲属的意愿，否则就是非法的，应承担相应的法律责任。在通常情况下，医生摘取尸体器官前，必须充分考虑死者生前是否有捐献器官的意思表示，死者近亲属现在是否同意捐献死者的器官。

（五）远程医疗

远程医疗代表了医疗、远程通信、虚拟现实、计算机工程、信息学、人工智能、机器人学、材料科学、感知心理学等许多领域中技术进步的融合。远程医疗是为：急诊、农村地区的卫生保健、法医学以及慢性病的监控而设计的。通过计算机或视频会议的方式，远程医疗增加了能为边远和不安全地区人们诊断病情和提供治疗的医生的数目，是卫生保健服务的重大变革。

不论病人身在何处，也不论有关信息位于何处，远程医疗利用能够方便地获得专家咨询和患者信息的系统，对病人进行检查、监控和管理，对病人和员工进行教育。它包括远程诊断、远程会诊及护理、远程教育、远程医疗信息服务等所有医学活动。目前，远程医疗技术已经从最初的电视监护、电话远程诊断发展到利用高速网络进行数字、图像、语音的综合传输，并且实现了实时的语音和高清晰图像的交流，为现代医学的应用提供了更广阔的发展空间。

20世纪50年代末，美国学者维特森（Wittson，生卒年不详）首先将双向电视系统用于医疗；同年，朱特拉（Jutra，生卒年不详）等人创立了远程放射医学。远程医疗会诊在医学专家和病人之间建立起全新的联系，使病人在原地、原医院即可接受远地专家的会诊并在其指导下进行治疗和护理，可以节约医生和病人大量时间和金钱。远程医疗运用计算机、通信、医疗技术与设备，通过数据、文字、语音和图像资料的远距离传送，实现专家与病人、专家与医务人员之间异地"面对面"的会诊。远程医疗不仅仅是医疗或临床问题，还包括通信网络、数据库等各方面问题，并且需要把它们集成到网络系统中。远程医疗可以使身处偏僻地区和没有良好医疗条件的患者获得良好的诊断和治疗，如农村、山区、野外勘测地、空中、海上、战场等。也可以使医学专家同时对在不同空间位置的患者进行会诊。在恰当的场所和家庭医疗保健中使用远程医疗提高诊断与医疗水平、降低医疗开支、满足广大人民群众保健需求的一项全新的医疗服务。

远程医疗技术的发展与通信、信息技术的进步密不可分。我国幅员广阔，特别是广大农村和边远地区医疗水平较低，远程医疗更有发展的必要。随着信息技术的发展、高新技术（如远程医疗指导手术、电视介入等）的应用，以及各项法律法规的逐步完善，远程医疗事业必将会获得前所未有的发展契机。

（六）现代中医药技术

中药是中华民族几千年来灿烂文化的瑰宝，为中华民族的繁衍昌盛做出了不可磨灭的贡献。中药制药过程一般包括提取、分离、浓缩、干燥和制剂等环节。中药有效成分的提取分离是中药生产过程的关键环节。中药提取的目的是最大限度地提取药材中的有效成分，避免有效成分的分解流失和无效成分的溶出。提取技术的优劣直接影响到药品的质量和药材资源的利用率和生产效率及经济效益。随着科学技术的快速发展，依托其他科学领域的新技术，中药提取新技术也层出不穷。目前，中药提取、分离、纯化的新技术包括半仿生提取法、仿生提取法、二氧化碳超临界流体萃取、高速逆流色谱法、微波提纯技术、膜提取分离技术等。

中药制剂技术经历了常规制剂、长效和肠溶制剂、控缓释制剂或药物输送系统或透皮治疗系统、靶向制剂四个发展阶段。传统中药的剂型研究也随着医药制剂工业的发展而得以逐步拓宽，从而更加符合日益发展的临床治疗的需要。目前中药制剂的剂型主要有，硬胶囊、颗粒、注射剂、滴丸、软膏、软胶囊、缓释胶囊、栓剂、灌肠液、橡胶膏、咀嚼片、分散片、泡腾片、喷雾剂、膜剂、凝胶剂等，传统的膏丹丸散已很少见。

211

现代技术的应用使中药质量控制更精准。在古代，人们通常以药材的图形、形状、大小、颜色、味、表面特征、质地、断面等特征鉴别药材之真伪。随着科技的进步，各种物理、化学方法或仪器被用来观察中药的质量，如显微镜可以深入到近微观层次研究组织结构，暴露出各种细微结构特征。20世纪50年代以来各种现代分析技术的不断发展，逐步形成一套较为科学、先进、完善的中药质量控制体系。

屠呦呦用乙醚提取青蒿素制成抗疟特效药，尤其是对于脑型疟疾和抗氯喹疟疾，具有速效和低毒的特点，曾被世界卫生组织称作是"世界上唯一有效的疟疾治疗药物"。根据世卫组织的统计数据，自2000年起，撒哈拉以南非洲地区约2.4亿人口受益于青蒿素联合疗法，约150万人因该疗法避免了疟疾导致的死亡，很多非洲民众尊称其为"东方神药"。屠呦呦也因此获得2015年诺贝尔生理学奖，为中医药未来发展树立了一个良好的榜样。借助于先进的科学技术，中医药现代化、科学化，会有更广阔的发展空间，并将继续造福人类。

参考文献

［1］ 国际技术教育协会. 美国国家技术教育标准：技术学习的内容［M］. 黄军英，译. 北京：科学出版社，2003.

［2］ 刘莹. 生物技术概论［M］. 沈阳：辽宁大学出版社，2006.

［3］ NGSS LEAD STATES. Next generation science standards：For states，by states［M］. Washington，DC：National Academies Press，2013.

［4］ JOSEPH D. BRONZINO. The Biomedical Engineering Handbook：Medical Devices and Systems［M］. New York：CRC Press，Taylor & Francis Group，2006.

［5］ 杨安钢，毛积芳，等. 生物化学与分子生物学实验技术［M］. 北京：高等教育出版社，2001.

［6］ 瞿礼嘉. 现代生物技术导论［M］. 北京：高等教育出版社，1998.

［7］ 罗明典. 现代生物技术及其产业化［M］. 上海：复旦大学出版社，2001.

［8］ 李绍芬. 反应工程［M］. 北京：化学工业出版社，2015.

［9］ 龙敏南，楼士林，等. 基因工程［M］. 北京：科学出版社，2010.

［10］ 胡银岗. 植物基因工程［M］. 陕西：西北农林科技大学出版社，2006.

［11］ 王永飞，马三梅，等. 细胞工程［M］. 北京：科学出版社，2009.

［12］ 罗立新. 细胞融合技术与应用［M］. 北京：化学工业出版社，2004.

［13］ 德布，多德. 干细胞技术基础与应用：胚胎干细胞［M］. 北京：科学出版社，2010.

[14] 姜华. 酶工程技术及应用探析［M］. 北京：中国水利水电出版社，2015.
[15] 吴士筠，周岿，等. 酶工程技术［M］. 武汉：华中师范大学出版社，2009.
[16] 程殿林. 微生物工程技术原理［M］. 北京：化学工业出版社，2007.
[17] 黄迎春. 蛋白质工程简明教程［M］. 北京：化学工业出版社，2009.
[18] 吴恩惠. 医学影像学［M］. 北京：人民卫生出版社，2008.
[19] 王浩全. 超声成像检测方法的研究与实现［M］. 北京：国防工业出版社，2011.
[20] 谢强. 计算机断层成像技术［M］. 北京：科学出版社，2006.
[21] 杨正汉，王霄英. 磁共振成像技术指南：检查规范、临床策略及新技术应用［M］. 北京：人民军医出版社，2010.
[22] 吴长有. 流式细胞术的基础和临床应用［M］. 北京：人民卫生出版社，2014.
[23] （美）肯尼. 心脏起搏器基础教程［M］. 天津：天津科技翻译出版公司，2009.
[24] 韩新巍. 介入治疗临床应用与研究进展［M］. 河南：郑州大学出版社出版，2008.
[25] 邓亚东. 《技术素养标准——技术学习内容》的特点及理念研究［D］. 北京：首都师范大学，2009.
[26] 李芬. 国外中小学科学课程标准中的技术教育比较及启示［D］. 重庆：重庆师范大学，2013.
[27] 许华. 美国中小学技术素养教育的由来与发展［D］. 重庆：重庆师范大学，2015.
[28] 董秀敏. 我国中小学技术教育内容体系建构的研究［D］. 南京：南京师范大学，2010.
[29] 陈婷. 生物技术发展困境及其人文反思［D］. 长沙：长沙理工大学，2010.
[30] 刘承俊. 现代医疗技术的伦理道德思考［D］. 成都：成都理工大学，2010.
[31] 闫东宁. 中医独特诊疗技术评价研究指南的研制［D］. 北京：中国中医科学院，2016.
[32] 解增言，林俊华，等. DNA测序技术的发展历史与最新进展［J］. 生物技术通报，2010，（8）：64–70.
[33] 孙宝山，吴明江. 高中生物学必修教材中的生物技术内容简析［J］. 生物学教学，2011，36（5）：66–67.
[34] 马豪，陈荃，等. 国内外远程医疗技术发展状况及相关问题分析［J］. 医学信息学杂志，2014，35（12）：35–39.
[35] 谷芳芳，张建民. 技术发展和人文关怀的冲突与并进——以医疗技术的发展为例［J］. 医学与哲学（人文社会医学版），2011，32（2）：16–17.
[36] 樊瑜波. 可穿戴医疗／健康技术——生物医学工程的机遇和挑战［J］. 生物医学工程学杂志，2016，33（1）：1.
[37] 王晶莹，马龙敏. 美国中小学技术素养教育的研究概览［J］. 中小学教师培训，2012，（11）：62–64.
[38] 赵中建. 面向全体美国人的技术——美国《技术素养标准：技术学习之内容》述评［J］. 全球教育展望，2002（9）：42–47.
[39] 陆裕斌. 生物和医疗技术的前沿探索［J］. 今日科技，2003（4）：12–13.

［40］ 蒋小梅，张俊然，等. 可穿戴式设备分类及其相关技术进展［J］. 生物医学工程学杂志，2016，33（1）：42-48.

［41］ 崔丽娟，黄瑾. 生物质谱技术在蛋白质结构鉴定中的研究进展［J］. 农垦医学，2009，31（4）：349-352.

［42］ 于智勇. 现代生物技术发展史上的重要事件［J］. 生物学杂志，2002（19）：57-60.

［43］ 张虎军，李运明，等. 移动医疗技术现状及未来发展趋势研究［J］. 医疗卫生装备，2015，36（7）：102-105.

［44］ 贺晶，池慧，等. 高新技术对医疗卫生事业发展的作用与影响［J］. 中国医疗器械杂志，2010，34（3）：211-214.

［45］ 戴建平. 加强现代诊疗技术的推广和应用［J］. 中国科技产业，2013（1）：60-62.

［46］ 贾怡蓓，张晨，等. 医疗技术临床应用管理国内外经验与启示［J］. 解放军医院管理杂志，2015，22（4）：328-330.

［47］ 仲伟纲，郭永新，等. 高新医疗技术应用中的问题［J］. 医疗设备信息，2000，15（6）：32.

［48］ 封顺天. 可穿戴设备在医疗健康领域的关键技术及应用场景分析［J］. 电信技术，2016（05）：32-34.

［49］ 滕晓坤，肖华胜. 基因芯片与高通量 DNA 测序技术前景分析［J］. 中国科学，2008，38（10）：891-899.

［50］ 邱超，孙含丽，等. DNA测序技术发展历程及国际最新动态［J］. 硅谷，2008（17）：127-129.

［51］ 汪忠. "生物技术实践"模块的解读［J］. 生物学通报，2004，39（7）：28-30.

［52］ 王景聚，杨涛，等. 美国的高中技术教育及其启示——与我国高中通用技术教育进行对比［J］. 教育导刊，2011（12）：43-46.

［53］ 吴世容，李志良，等. 生物质谱的研究及其应用［J］. 重庆大学学报，2004，27（1）：123-127.

［54］ 钟筱波. 用荧光原位杂交技术构建高分辨率的DNA物理图谱［J］. 遗传，1997（3）：44-48.

▷ **编写专家**

叶兆宁　杨元魁　周建中

▷ **审读专家**

余德才　王忠民　郑文明

▷ **专业编辑**

王　敏

第六章

农业与食品技术

农业是人类赖以生存的第一产业。原始农业早在距今一万年左右就开始出现。中国的黄河、长江流域是世界农业重要的起源地，中国农业曾经有过许多领先于世界的发明创造，形成比较成熟的农业生产技术体系，也曾经历漫长的停滞时期。中华人民共和国成立后，尤其是改革开放以来，我国农业坚持继承与发展并重，积极引进世界发达国家农业科技的先进成果，把传统农业技术与现代农业技术紧密结合，研发推广了一批先进实用的种植养殖技术，以占世界8%的有限耕地养活了占世界22%的人口，取得了举世瞩目的成就。

食品工业是建立在农业基础上的第二产业的重要组成部分。伴随着科技飞速进步，食品工业技术日新月异，相关科技成果的应用不仅有利于当代人身体素质的提高，更造福于子孙后代的身体成长、智力发育以及民族的兴盛不衰。食品工业同农业一样，是国家自立自强的基础，也是永远的朝阳产业。

民以食为天，食以安为先。以农产品为主的食品安全不仅与人民群众身体健康乃至生命安全紧密相关，也与经济社会的全面稳定和协调发展紧密相关。解决农产品与食品的数量和质量安全问题、调整农业生产结构、实现现代农业和食品工业的可持续发展等，最终还要依靠科学技术创新。食品工业离不开农业，食品安全的源头在于农产品安全，农业技术与食品工业技术的发展与应用关乎国计民生，已成为公众关注的热点。我们必须比以往任何时候都更加重视和依靠科技进步，趋利避害，着眼未来。

农业是利用动植物的生长发育规律，通过人工培育来获得产品的产业。狭义农业指种植业，包括生产粮食作物、经济作物、饲料作物等农作物的生产活动；广义农业包括种植业、林业、畜牧业、渔业、副业等产业形式。农业技术包括农业基本生产技术、农业绿色生产技术、现代农业前沿技术等技术领域，食品工业技术包括食品加工技术、食品储藏与保鲜技术以及食品安全技术等技术领域。本部分围绕农业和食品技术，介绍了农业基本生产技术、农业绿色生产技术、现代农业前沿技术以及食品加工技术、食品储藏与保鲜技术、食品安全技术。

本章知识结构见图6-1。

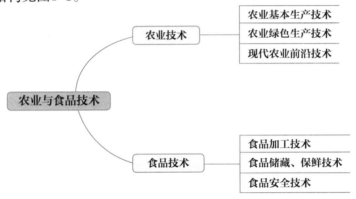

图6-1 农业与食品技术知识结构

一、农业技术

农业技术，主要指以种植、养殖为主的传统农业生产技术和现代农业科学技术。我们赖以生存的基础是农业，从狩猎到养殖，从采摘野果到种植庄稼，离不开中国劳动人民在生产中对技术的探索和应用。现代农业更需要科学技术的支持，"科学技术是第一生产力"，农业绿色可持续发展的技术和现代农业前沿技术等，为现代农业插上了科技的翅膀。

（一）农业基本生产技术

农业基本生产技术主要包括农作物的种子繁育技术以及播种、整地、施肥、灌水、除草等田间管理，直到收获全过程各项土壤耕作技术和栽培技术。

1. 作物良种繁育技术

农作物广义上包括粮食、棉花、油料、麻类、糖料、蔬菜、果树（核桃、板栗等干果除外）、茶树、花卉（野生珍贵花卉除外）、桑树、烟草、中药材、草类、绿肥、食用菌等作物以及橡胶等热带作物。农作物的繁殖方式分为有性繁殖和无性繁殖两大类。有性繁殖指由雌雄配子结合，经过受精过程，最后形成种子繁衍后代的繁殖方式，又可分为自花授粉、异花授粉和常异花授粉三种方式。常见的自花授粉作物有水稻、小麦、大豆、花生等；异花授粉作物有玉米、黑麦、甜菜、大麻等；典型的常异花授粉作物有棉花、高粱、粟、蚕豆等。无性繁殖作物指利用根、茎、叶、芽等营养器官（而不是以种子）繁殖后代的作物，常见的有甘薯、马铃薯、洋葱、甘蔗等。

良种繁育（seed production）技术指有计划地、迅捷地、大量地繁殖农作物优良品种的优质种子（包括做种用的果实、无性繁殖器官）的技术。目的是迅速大量地繁育良种，防止品种混杂退化、保证种子的高质量。主要包括常规育种、杂交育种等有性繁殖育种技术和扦插、分根、分株等无性繁殖育种技术。具体任务：首先是大量、迅速繁殖新选育的、新引进的良种种子，以满足蔬菜生产者对良种数量的需要；其次，保持和提高品种的种性和纯度，以便使其在生产中较长时间发挥增产作用；此外，还要确保种子的高质量，通过合理的良种繁育制度和严格的种子繁育操作技术、严格的种子检验制度来确保良种种子的高质量，以最大限度地发挥良种的增产作用。

良种繁育的基本程序：原原种→原种→良种。原原种，也称育种家种子（breeder seed），就是育种家育成的遗传性状稳定的品种或亲本种子的最初一批种子，用于进一步繁殖原种种子。育种家种子的品种典型性最强，其植株在良好生长条件下表现的主要特征特性就是该品种或亲本的性状标准。原种（basic seed）是由育种家种子繁殖的第一代至第三代，或按原种生产技术规程生产的达到原种质量标准的种子，用于进一步繁殖良种种子。良种（certified seed）是由原种繁殖的第一代至第三代，或由原种级亲本繁殖的杂交种，达到良种质量标准的种子，用于大田生产。

"一粒种子可以改变世界"，良种繁育是衔接农作物优良品种选育和推广、加快种子产业化、促进农业生产发展的重要环节，良种繁育技术的应用会直接影响农作物的经济效益和社会效益。因此，不论是传统农业还是现代农业，必须高度重视良种繁育技术。

2. 耕作制度和土壤耕作技术

耕作制度在世界农业发展史上占有举足轻重的地位。现代耕作制度（farming system），也称农作制度，指一个地区或生产单位的作物种植制度以及与之相适应的养地制度的综合技术体系。

耕作制度集技术和管理于一体，既对农业全面协调持续增产稳产起着技术指导作用，又能为农业生产规划与决策服务。耕作技术是以土壤、栽培、生态、气象、经济等学科为基础形成的一整套农业技术体系，包括作物因地种植合理布局技术、间混套作立体种养技术、复种技术、轮作连作技术、农牧结合技术、用地养地相结合等技术；同时，通过土地培肥、土壤耕作、水土保持、农田防护、农田基本建设等一系列技术措施，提高耕地及土地资源生产力和利用率，科学利用资源，保护改善环境；调整农业结构，发展农村经济；满足社会需求，促进农业农村经济社会可持续发展。

土壤耕作技术是使用农具以改善土壤耕层构造和地面状况的多种技术措施的总称，如铧式犁翻耕可以松土、碎土和翻土；圆盘耙耙地可以浅松、碎土和平整；旋耕是运用旋耕机进行旋耕作业，既能松土，又能碎土，地面也相当平整，集犁、耙、平三次作业于一体。此外，耱地可耱碎土块和耱平地面；耖田可平整水稻田，使土壤上层起浆，便于插秧等。土壤耕作技术的实质是通过农机具的物理机械作用创造一个良好的耕层构造和适度的孔隙比例，以调节土壤水分存在状况，协调土壤肥力各因素间的矛盾，为形成高产耕地土壤奠定基础。

耕地是农业生产最重要的基础，耕地安全是确保粮食安全的前提。当前，中国耕地快速流失的局面尚未根本缓解，耕地质量退化严重，后备耕地资源数量少、质量差，严重影响中国耕地的数量和质量安全，必须采取有效措施和技术进行保护性土壤耕作，如采取等高耕作法、沟垄耕作法、区田耕作法，特别是残茬覆盖耕作法、少耕免耕法等保护性土壤耕作综合技术措施，防控水蚀、风蚀等对土壤的危害。同时，通过合理的水分管理，冲洗土壤毒害物质；实行水旱轮作，改变农田生态环境；选用抗病虫的高产品种，并实行有计划的轮作连作，有效缓解连作障碍的形成，为实现藏粮于地和藏粮于技提供有力的技术支撑。

3. 作物栽培技术

作物栽培技术长久以来是推动农业生产发展的关键因素。农业生产具有明显的地区性、季节性、综合性和长久性，作物栽培是农业生产的一个重要环节，各种栽培技术措施的具体应用要从客观实际出发，因地制宜、因时制宜。栽培技术包括整地、播种、育苗（移栽）、施肥、灌水、病虫草害防治、收获等田间各项农事操作和生产管理技术，曾被概括为"土、肥、水、种、密、保、管、工"，但是不能机械地理解为各项栽培技术措施在不同地块的增产作用完全一样。在应用农业增产技术措施时要抓住关键，不断克服限制因素，科学应用土壤耕作技术和作物播种育苗技术、有机肥与无机肥配施技术、灌溉与排水技术、合理密植技术、病虫草害防治技术、轮作倒茬技术以及田间管理和收获技术，促进作物与自然条件协调发展，实现持续稳定增产增收增效。

随着科技的发展进步，作物栽培技术也发生了较大变化。当前，生物肥料使用技术、全程机械化技术等已成为代表绿色发展和节本增效方向的作物栽培技术。

生物肥料使用技术

"庄稼一枝花，全靠肥当家"，传统的肥料包括有机肥（包括农家肥）和无机肥（即化肥），但现在农业生产已开始使用生物肥料。广义的生物肥料是微生物和有机肥、无机肥的结合体，提供农作物生长发育所需的各类营养元素，可以减少化肥使用量。现有生物肥料都以有机质为基础，配以菌剂和无机肥混合而成，既能提供作物营养，又能改良土壤，还能利用生物（主要是微生物）分解和消除土壤中的农药（杀虫剂和杀菌剂）、除草剂以及石油化工等产品的污染物，并同时对土壤起到修复作用。未来生物肥料的发展将会朝着复合菌种、复合生物肥、多元化方向转化。它将与化肥、有机肥一起构成植物营养之源。因此，生物肥料与化肥和有机肥相互配合、互为补充，不仅是数量上的补充，更主要的是性能上的配合与补充。生物肥料只有与有机肥料和化肥同步发展，才更具有广阔的应用前景。

全程机械化技术

农业机械化指运用先进适用的农业机械装备农业，改善农业生产经营条件，不断提高农业的生产技术水平和经济效益、生态效益的过程。农作物生产全程机械化技术主要从生产环节上考虑，指农业生产产前（育种、种子加工）、产中（耕整地、种植、田间管理、收获、运输、秸秆处理）、产后（脱粒、干燥、储藏）各个环节的全过程机械化。它以提高主要农作物生产全程机械化水平为目标，以粮棉油糖主产区为重点区域，以耕整地、播种、育苗（移栽）、植保、收获、烘干、秸秆处理为重点环节，以推广先进适用农机化技术及装备、培育壮大农机服务市场主体、探索农作物全程机械化生产模式、改善农机化基础设施为重点内容，积极开展农作物全程机械化生产示范区创建，努力打造中国农业机械化发展的升级版。

4. 作物病虫草害防治技术

作物在生长、发育、储藏和运输过程中，经常受到病虫草害的危害。由于受到真菌、原核生物、病毒和线虫以及寄生性种子植物等侵染，作物在生理、组织和形态上发生一系列异常变化，如变色、病斑、腐烂、萎蔫、畸形等病症，这种现象称为植物病害。植物病害是严重危害农业生产的自然灾害之一，造成的直接损失是降低产量和品质，甚至失去商品价值。有些植物病害在发生过程中还产生毒素，造成人、畜食用后中毒。在一定的时期和一定的地区范围内，某种病害的大量、严重发生，称为病害的流行；经常流行的病害称为流行性病害。植物病害诊断技术分为田间诊断技术和室内诊断技术。

农业害虫通常以植物（主要是农作物）为食，给种植业带来重大损失，包括各类昆虫、蜘蛛和螨类。其中以稻飞虱、玉米螟、蚜虫、棉铃虫、麦红蜘蛛、蝗虫、蝼蛄等最为常见，主要通过咀嚼、刺吸、虹吸、锉吸等方式食用叶、茎、根和花及果实等。

农田杂草指生长在农田中的一切非栽培植物，它们能在大田中不断自然繁衍，造成遮光降温，妨碍作物生长，消耗大量水分和养分，有利于病虫的繁殖和传播，恶化农作物生长环境，影响农作物的生长发育及其产量、品质形成，增加田间除草作业成本，成为农业生产的另一大灾害。

综合防治是防治农业病虫草害的有效途径。综合防治是在20世纪50年代提出的协调防治基础上发展而来的，1967年世界粮农组织（FAO）定义：综合防治是对有害生物的一种管理系统，利用天敌和适当的技术方法，使有害生物控制在经济受害水平之下。综合防治的技术措施主要包括植物检疫、农业防治、选育及利用抗病虫草品种、生物防治、物理防治和化学防治六个方面，以达到经济、社会、生态效益协调的防治效果。其中，化学防治是应用广泛、效果明显的措施之一，主要指使用农药防治病虫害。根据防治对象，农药可分为杀虫剂、杀菌剂、除草剂和植物生长调节剂四类。常用农药施药主要有喷雾、喷粉、泼浇、撒施、土壤处理、拌种、种苗浸渍、毒饵、熏蒸、熏烟、涂抹等方法。应针对当地农业生产实际情况，按照严格安全的操作规程，根据适期、适量、适法、轮换和混合用药的原则，对症采用合理的农药使用技术。农药使用时应注意安全。

生物防治技术就是根据每种生物在自然界都有其天敌的生物学原理，以一种或一类生物抑制另一种或另一类生物，有效地控制作物病虫害的技术。利用生物防治技术控制病、虫、草等对农作物的危害，是提高农作物品质、减少环境污染、实现农业可持续发展的有效途径。生物防治技术主要包括以虫治虫、以菌治虫、以菌治菌、性信息素治虫、转基因抗虫抗病、以菌治草、植物性杀虫与杀菌等。其中，以菌治虫技术利用昆虫的病原微生物（包括细菌、真菌、病毒、原生物等）杀死害虫，是较为常用的防治方法，具有对人畜均无影响、使用相对安全、无残留毒性、害虫对病原微生物无法产生抗性等优点，因此，杀虫效果在所有防治技术中名列前茅。

5. 畜禽饲养管理技术

畜禽饲养管理技术，指为保障畜禽健康生产采取的一系列饲养管理措施，如饲料营养、高效繁育、疫病防控、环境控制等。总体来看，中国畜禽饲养管理技术大致经历了早期简单养殖、中期常规养殖、现代科学养殖三个阶段。

早期简单养殖阶段，养殖技术简单粗放，对饲料原料不进行加工，饲养管理无定式，有什么喂什么，喂饱就行，科技含量低。畜禽粪尿多经堆肥作为植物肥料，但畜禽成活率低，生长缓慢，养殖经济效益差。中期常规养殖阶段，人们已初步掌握了畜禽的一些感官特性及活动状况，开始初步对饲料进行配合加工，畜禽生长较快，养殖效益较好，但产生粪污环境难以自然化解，危害较大。该阶段畜禽饲养管理规范，养殖人员要学会并熟练掌握饲养管理技术，需要投入一定的精力和资本。随着经济的发展，中国逐步进入现代科学养殖阶段，此时畜禽养殖业逐渐在某些部门发展成为相对独立的产业，如蛋鸡业、肉鸡业、奶牛业、肉牛业、养猪业等。养殖技术方面，主要包括设施设备的运用与管理、饲料加工与调制技术、疫病防治技术、畜禽粪污无害化处理技术等方面，饲养管理更加科学化、标准化。但是养殖技术复杂庞大、系统性强，难以被熟练掌握，对从业人员养殖技术和管理水平要求高，养殖投入资金大、风险大，一着不慎，损失巨大。目前，中国这三种养殖技术方法并存，而以较复杂的常规性养殖技术居主导地位，原始的简单养殖法正在被淘汰，而先进的科学的养殖技术具有强大、旺盛的生命力，正在不断发展壮大，取代传统养殖法，逐渐成为主流。

当前，畜禽养殖业已经成为中国某些地区农业与农村经济发展的支柱性产业。随着规模化养殖程度的提高，中国畜禽养殖业面临着资源、环境、土地等多方面的挑战，降低能耗、绿色环保、减少占地、降低人力成本投入、低成本规模化等方式成为养殖业的未来趋势，如生物发酵床养殖、粪肥资源化利用等，都是很好的技术措施。

6. 疫病防治与人畜（禽）共患病防治技术

畜禽疫病包括传染病和寄生虫病，具有多发性、多变性、防控难度大等特点。畜禽疫病发生要依靠传染源、传播途径和易感动物三个基本环节，传染源指细菌、病毒等病原微生物，正在患疫病或带菌（毒）的动物是最大、最危险的传染源。传播途径指病原体通过直接接触或间接接触侵入易感动物所经过的途径，直接接触是指在没有任何外界因素的参与下易感动物和病原体直接接触而发病；间接接触指病原体污染外界环境、借助相应的媒介与易感动物接触而引发疾病，主要媒介包括物体、饲料、饮水、空气、土壤、昆虫、蚊蝇等。易感动物指对某种病原体具有易感性的动物。人畜（禽）共患病指由同一种病原体引起，流行病学上相互关联，在人类和动物之间自然传播的疫病。世界上已证实的人畜（禽）共患病约有200种，狂犬病、肺结核、流行性乙型脑炎、禽流感、血吸虫病等都是常见的人畜（禽）共患病。人畜（禽）共患病主要通过接触媒介、虫媒、呼吸、唾液、食物、粪尿直接或间接地传播。

畜禽疫病是严重危害畜禽生产，具有流行性的一类疾病。它不仅造成大批的畜禽死亡和畜产品损失，还会严重影响地区或国际间的畜产品贸易和人员往来，如口蹄疫、猪瘟、马传染性贫血等。畜禽疫病中的人畜共患病还给人类健康带来了严重的威胁，如禽流感、马鼻疽、牛（禽）结核病等。随着畜牧业的快速发展，饲养规模的不断扩大，受高密度集约化饲养方式和频繁调运等因素影响，畜禽变得更易发生流行性、群发性的疫病。

畜禽疫病防控技术是以预防为主、防治结合的系列化综合防控措施，包括明确防疫法规、职责、检疫诊断、预防接种、药物防治、消毒、杀虫灭鼠、加强饲养管理等一系列预防和控制疾病发生的措施，如检疫诊断可综合运用兽医微生物学、动物病理学、临床诊断学、动物传染病学、动物寄生虫病学、动物食品卫生学等各学科的基本理论和操作技术，通过临床诊断、流行病学诊断法、病理学诊断、病原学诊断和免疫学诊断等迅速而准确地诊断畜禽疫病。又如，免疫接种是防控疫病的有效措施之一，可以分为预防接种与紧急接种。预防接种指定期预防注射某种传染病的疫苗，接种后经一定时间（数天至3周），畜禽可获得数月至1年以上的免疫力。根据所用生物制剂的品种不同，采用皮下、皮内、肌肉注射或皮肤刺种、点眼、滴鼻、喷雾、口服等不同的接种方法。紧急接种，指在发生传染病时，为了迅速控制和扑灭疫病的流行，而对疫区和受威胁区尚未发病的畜禽进行的应急性免疫接种。紧急接种以使用免疫血清较为安全有效，但因血清用量大、价格高、免疫期短，且在大批畜禽接种时往往供不应求，故一般情况下很少使用。但在发生猪瘟、口蹄疫、鸡新城疫等一些急性传染病的疫区内，使用免疫血清进行紧急接种也是切实可行的，并能取得较好的效果。

防治人畜（禽）共患病应该做到：定期进行健康检查，保证人畜健康；加强外进畜禽管理，在引进良种时要采取双向检疫、双向隔离的措施；加强生产和治疗期间畜禽饲养管理，养殖场工作人员和技术人员要严格做好自身防护工作，工作完毕后要进行彻底的清洗消毒；加强突发疫情控制，避免污染场内环境，在动物疫情发生时要加强对动物疫情的扑灭和控制，根据《中华人民共和国动物疫病防疫法》采取扑杀和无害化处理、封锁、消毒、销毁、免疫注射等措施，及时控制疫情的发生和蔓延，保证场内动物和人的健康安全；等等。

7. 水产养殖技术

水产养殖业是人类利用天然可养水域和人工水产养殖设施，按照养殖对象的生态习性和对水域环境条件的要求，运用水产养殖的科学技术，从事鱼、虾、蟹、贝、藻等水生经济动、植物养殖的产业。水产养殖技术是综合利用生物学、化学、医学、农学、管理学以及土建工程、机械仪器仪表等学科知识形成的一套完整的现代化科学养殖技术。

中国水产养殖历史悠久，是世界最早人工养殖鱼类的国家。据史料记载，最早的淡水养殖始于3100年前的商末周初，主要是在池塘中养殖鲤，最早的海水养殖始于2000年前的西汉时期，主要养殖的种类是牡蛎等贝类。

最初的水产养殖技术主要靠捕捞天然苗种进行人工养殖，淡水鱼苗人工孵化成功后，促进了淡水养殖业的迅猛发展。海水鱼、虾、蟹、藻及甲鱼等品种人工育苗的相继成功，促进了水产养殖的大发展。随着养殖品种的不断增加，养殖技术也在不断提高。到目前为止，基本形成了苗种繁育、养殖水环境控制、营养饲料、病害防治等一套完整的养殖技术模式，为水产养殖业健康发展打下了坚实的基础。

水产养殖分为海水养殖和淡水养殖。水产养殖综合利用海水与淡水可养水域，通过改良生态环境、清除养殖敌害生物、人工繁育与放养苗种、施肥培养天然饵料、投喂人工饲料、调控水质、防治病害、设施建设以及进行资源繁殖保护等系列科学管理措施，促进养殖对象正常、快速生长发育，促进鱼类、虾蟹类、贝类、藻类、两栖类与爬行类等养殖动物增产增收，实现产量效益与生态环境效益最大化。

按照生产方式，水产养殖可分为粗放型、精养型和集约型三种。粗放型养殖方式包括淡水湖泊、水库和海水港湾养殖，主要特点是水域面积较大，养殖生态环境不易控制，放养密度稀，养殖对象主要摄取天然饵料生物，单位产量较低。精养型养殖方式主要特点是池塘水域面积或水体较小，养殖生态环境条件好、易控制，苗种放养密度大，进行人工施肥、投饵与管理，其单位水体产量较高。集约型养殖方式包括围栏养殖、网箱养殖和工厂化养殖，主要特点是养殖单元面积小，放养密度大，产量高，技术要求高。其中，工厂化养殖是在室内进行的，主要特点是占地面积少，养殖周期短，部位水体产量高，水体流动循环使用，设施现代化、自动化程度高，科技含量高，适于养殖优质水产动物，是一种高投入、高产出的生产方式。

水产品富含丰富的蛋白质等营养物质，这些蛋白质更易消化吸收，是优质动物蛋白源。水产养殖业是一个朝阳的产业，水产品是人们生活中不可缺少的食物。中国沿海具有适宜养殖鱼类、虾蟹类、贝类、藻类的面积约133万公顷，有可供淡水养殖的水域面积约564.5万公顷，可开发养殖的低洼和盐碱荒地面积约300万公顷，可供稻田养鱼的面积约667万公顷，另外还有很多冷、热泉水，可供冷水鱼和热带鱼虾类养殖。随着水产养殖科学技术的不断发展，中国不仅是世界渔业的大国，而且将成为世界渔业的强国。

8. 稻田综合种养技术

稻田综合种养是通过对稻田实施工程化改造，将水稻种植和水产养殖相结合的复合农业生产方式。从生态学上讲，是在稻田生态系统中引进鱼（鳖、虾、蟹、鳅）、鸭种群后而形成的以稻、鱼为主导的稻-渔、稻-鸭共生互利的生态系统。鱼类等水生动物摄食稻田的部分害虫和杂草；在田中来回游动可以疏松土壤，有利于水稻分蘖和根系的发育；鱼类的呼吸促进了水稻的光合作用；鱼类的粪便可以肥田；等等。稻田综合种养具有以下五个特点：一是可以作为丘陵山区水产可养水面不足的有力补充；二是能节省稻作劳力和生产支出；三是减少农业面源污染，改善农业生态环境；四是有利于农村的环境卫生；五是使水稻增产，稻米产品可成为无公害产品、绿色食品或有机食品。为确保稻田中水产品的安全，通常不用或少用农药，更不用化肥，大大降低了稻田产品农药的残留。

中国稻田绿色种养的历史悠久，到20世纪70年代后期稻田绿色种养发展为一种渔业产业，经过近些年的发展，稻田综合种养模式已从单纯的稻-鱼共作走向稻-蟹共作、稻-虾共作、稻-鳖共作、稻-鳅共作、稻-鸭共作等多种模式发展。

稻田综合种养技术，包括常规的水稻种植、水产养殖技术，除此之外，还特别要注意稻田的选择、田间工程改造、适宜品种选择、茬口衔接、投饵、施肥、捕捞等方面的技术要求。其中，水稻种植技术包括品种选择、种子处理、育秧、栽插秧苗、施肥与水分管理、有害生物防治等。水产养殖包括渔沟、鱼坑前期的清整消毒、进水、水质饵料生物培育、苗种放养、投饵管理、日常管理、捕捞等技术环节。稻田要满足水源充足、排灌方便、地势向阳、光照充足、土质保水性好以及稻田耕作层较深、不漏水、不漏肥、透气性好等条件。田间工程改造是基础，主要包括田埂改造、配备进排水设施、开挖鱼沟、鱼坑（或鱼溜、鱼凼）、架设防逃设施、防鸟设施、设置饵料台（稻-鳖共生）等。田埂主要以硬化为主，即将田埂除草、整平、加高。在实际生产中，不同的稻-渔模式在品种选择、种养茬口衔接、投饵管理、捕捞等环节存在很大差异，需要因地制宜发展综合种养。

目前，稻田综合种养技术已普及推广，取得了显著的生态效益、经济效益和社会效益，实现了"以渔促稻、提质增效、生态环保、保渔增收"的目标，在当前农业转方式、调结构过程中，稻田综合种养将作为一种产出高效、资源节约、环境友好的生态农业、绿色农业生产方式而受到高度重视，并不断发扬光大。

（二）农业绿色生产技术

农业绿色生产技术指将农业生产和环境保护协调起来，在促进农业发展、增加农户收入的同时，保护环境、保证农产品绿色无污染的节本增效、优质安全、绿色环保等农业生产技术。

1. 农业高效节水灌溉技术

高效节水灌溉是对传统土渠输水和地表漫灌之外所有输水和灌水方式的统称。根据灌溉技术发展的进程，输水方式在土渠的基础上经过了防渗渠和管道输水两个阶段，灌水方式则从地表漫灌演变为喷灌、微灌、地下滴灌等。20世纪90年代以来，中国节水农业发展进入了新时期。如今的农业高效节水灌技术，已发展成以节水灌溉工程技术和节水灌溉农艺技术为主并相互结合的技术体系。常见的节水灌溉农艺技术包括非充分灌溉、调亏灌溉和地面覆盖等技术。节水灌溉工程技术主要有低压管道输水灌溉、喷灌、滴灌、渗灌等技术，需要根据不同地区的实际情况选择较为适宜的节水灌溉技术。

低压管道输水灌溉是灌溉水通过低压管道被输送到农田后进行灌溉的输水灌水系统，也称"管灌"，是地面灌溉技术的一种工程形式。主要特点是不会出现堵塞现象、出水口流量大、增产效益显著、易于掌握。因此在发展喷灌和微灌条件受限的地方，采用管灌是一个可取的办法。

喷灌技术是利用专门设备将有压水流通过喷头喷洒成细小水滴，落在土壤表面进行灌溉的一种灌溉技术，具有节水、增产、节地、省工、适应性很广等优点，但存在一次性投入大、运行管理要求较高等制约问题。

滴灌技术是利用安装在毛管上的滴头、孔口或者滴灌带等灌水器，使灌溉水成水滴状，缓慢、均匀地滴入作物根区附近浸润根系最发达区域的灌水方法。突出优点是省水、地形适应能力强、自动化程度高，但需要大量塑料管，投资较高而且滴头较易堵塞。

膜下滴灌技术，顾名思义，是在膜下应用滴灌技术，是先进灌水技术和栽培技术的集成。其能在作物需水的任何时间和地点，将加压的水流过滤设施滤"清"后，经过输水干管、支管、毛管（铺设在地膜下方的滴灌管带），再由毛管上的灌水器将水分、养分均匀持续地运送到作物根部附近的土壤，供作物根系吸收。既发挥了覆膜栽培提高地温、减少棵间蒸发的作用，又减少了深层渗漏，可降低土壤蒸发和节约用水，达到综合节水增产效果。

渗灌（又称地下滴灌）技术是在低压条件下利用修筑在地下耕层的渗水毛管将灌溉水引入耕作层，借毛细管作用，定时定量地按照作物所需以土壤渗水方式供水的技术。其能大幅增产，改善根区土壤物理条件，保持耕层土壤结构，降低室内空气湿度，有效减少病虫害，抑制杂草生长，便于田间管理。渗灌技术是目前各种节水灌溉方法中水利用系数较高的一种灌水技术，但由于存在渗灌管较易堵塞、地下维修不便、易受水头压力影响、渗水均匀性不稳定、灌溉管埋深受作物根深及机械化作业的限制而不易确定、灌溉管间距受造价影响不容易确定等问题，至今没有得到大面积推广应用。

中国是一个水资源严重短缺的国家，农业是用水大户。推广高效节水灌溉技术是一项重任，也是缓解中国水资源紧缺的途径之一，更是现代农业发展的必然选择。未来，节水灌溉技术与物联网、云计算、大数据等新一代信息技术结合，逐步形成高精度、自动化灌溉系统势在必行。

2. 农作物化肥农药减施技术

农作物化肥农药减施技术，指推进化肥减量提效、农药减量控害的所有技术总和。

就使用化肥而言，可以通过推进精准施肥、调整化肥使用结构、改进施肥方式、有机肥替代化肥等方式，达到减少化肥施用量、提高肥料利用率的效果。同时，要注意通过改良土壤、培肥地力、控污修复、治理盐碱、改造中低产田等方式，加强耕地质量建设，提高耕地基础生产能力，确保在减少化肥投入的同时，保持粮食和农业生产稳定发展。目前，常用的有测土配方施肥技术和水肥一体化技术。

采用测土配方施肥技术，首先对土壤性质进行测试，根据田间试验结果，结合作物施肥规律等农业生产基本要求，对农作物合理施用有机肥，同时选用适当的氮、磷、钾肥及中量和微量元素，提出合理的数量和配比，而且对于施用的时间以及方法也有科学的指导。该方法能使农作物均衡地吸收营养，达到养分吸收和元素配比的平衡。在维持土壤肥力水平和维持养分以及减少环境污染上都有明显的成效。

水肥一体化技术，是灌溉和施肥结合的一种技术，是现代种植业生产的一项综合水肥管理措施。把肥料溶解在灌溉水中，由灌溉管道输送给田间每一株作物，以满足作物生长发育的需要，具有显著的节水、节肥、省工、优质、高效、环保等优点。

就使用农药而言，可以通过应用农作物病虫害绿色防控技术，以及使用高效低毒低残留农药替代高毒高残留农药、大中型高效药械替代小型低效药械，推行精准科学施药、病虫害统防统治等方式，达到减少农药使用的目的。农作物病虫害绿色防控，就是按照"绿色植保"理念，采用农业防治、物理防治、生物防治、生态调控以及科学、合理、安全使用农药的技术，达到有效控制农作物病虫害，确保农作物生产安全、农产品质量安全和农业生态环境安全，促进农业增产、增收的目的。农作物病虫害绿色防控技术包括理化诱控技术（物理诱控技术、昆虫信息素诱控技术、糖醋液诱杀害虫技术等）、生物防治技术（寄生性天敌生防技术、捕食性天敌生防技术等）、生态控制技术（蝗虫生态控制技术，小麦条锈病、棉花、水稻生态控制技术等）、生物农药防治技术（杀菌剂类防治技术、杀虫剂类防治技术等）等类别。

化肥农药减施技术，能有效地解决化肥和农药过量盲目施用带来的成本增加、农产品残留超标、作物药害、环境污染等问题，对推进农业发展方式转变，保障农业生产安全、农产品质量安全和生态环境安全，促进农业可持续发展具有重要作用。

3. 秸秆综合利用技术

秸秆是农作物茎叶（穗轴）部分的总称。通常指小麦、水稻、玉米、油料、棉花、甘蔗和其他农作物收获产品（籽实）后的剩余部分。中国农民对秸秆的利用有悠久的历史，由于传统农业生产水平低、产量低、数量少，除少量用于垫圈、喂养牲畜，部分用于堆沤肥外，大部分都作燃料焚烧。随着农业生产的发展与科技进步，人们将秸秆重新利用起来，变废为宝。当前，秸秆综合利用技术主要有肥料化、饲料化、基料化、能源化、原料化利用五种技术。

肥料化利用技术，包括覆盖还田技术、秸秆翻埋还田技术、快速腐熟（堆沤）还田技术、生物反应堆技术等；饲料化利用技术，包括青贮技术、微贮技术、氨化技术、压块饲料生产技术等；秸秆基料化利用技术，包括栽培草腐生菌类技术、栽培木腐生菌类技术等；基料化利用技术，包括栽培草腐生菌类技术、栽培木腐生菌类技术等；能源化利用技术，包括沼气技术、固体成型燃料技术、气化技术、碳化技术等；原料化利用技术，包括秸秆人造板材生产技术、秸秆复合材料生产技术、秸秆清洁制浆技术、秸秆块墙体日光温室构建技术、秸秆容器成型技术等。其中，秸秆生物反应堆技术和秸秆固体成型燃料技术是近些年来秸秆利用的新技术。

秸秆生物反应堆技术是一种高效的秸秆还田方式，是将秸秆资源循环利用与生物防治及植物免疫技术有机结合于一体的工艺技术。将秸秆埋置于农作物行间、垄下或堆置于温室一端，秸秆在微生物菌、催化剂、净化剂等的作用下，定向转化成植物生长所需的二氧化碳、热量、有机和无机养料等，同时通过接种植物疫苗，提高作物抗病虫能力，具有资源丰富、成本低、周期短、易操作、收益高、综合技术效应巨大、环保效应显著等特点。

固体成型燃料技术，指利用木质素充当黏合剂，由松散的秸秆等农林剩余物经挤压成为成形燃料的技术，具有高效洁净、点火容易、二氧化碳零排放、便于储运、易于产业化运用等优点。

秸秆综合利用不仅能解决秸秆焚烧问题、减轻环境污染，也能增加农民收入，还能带动相关行业联动发展并提供就业机会，具有良好的生态效益、经济效益和社会效益。随着石油、煤等不可再生资源的日益减少，农作物秸秆作为一种宝贵的可再生资源，将会有很大的应用前景。提高农作物秸秆的综合利用水平，实现深层次、多途径综合利用方式，秸秆收集等配套机械开发，对促进现代农业的发展，增加农民收入等具有深远的影响。

4. 农用地膜有效利用技术

地膜覆盖栽培技术通过地膜覆盖达到减少土壤水分蒸发、增加温度和湿度、控盐等目的，是提高农田作物水分利用效率、缓解水资源短缺和防止土壤进一步盐渍化的重要手段。1978年中国从日本引进地膜覆盖栽培技术以来，覆膜种植已成为中国，特别是北方地区农业生产的主要技术模式，地膜成为继种子、农药、化肥之后的第四大农业生产资料。随着地膜覆盖技术的普及应用，地膜残留问题也日益严重。为有效提高农用地膜利用技术，中国对地膜覆盖技术与回收技术进行了研究。

在地膜覆盖技术方面，为提升地膜利用率，主要采用一膜多用技术、生物降解替代技术和现代化机械铺膜技术。一膜多用技术，指覆膜前茬作物收获后，不揭膜保护地膜。当年或翌年春季，在原有地膜上播种后茬作物的一种免耕抑蒸保墒增温技术，如甘肃省、以头茬新膜玉米-二茬残膜玉米-三茬残膜胡麻为核心的轮作种植制度。生物降解地膜替代技术，主要包括产品选择和配套农艺技术，具体指根据区域和作物对地膜覆盖时间的需求，选择能够满足生产需要的生物降解地膜产品以及配套作业机械和水分管理措施。现代化机械铺膜技术与传统的人工铺膜技术相比，降低了农民劳动强度，节约了地面铺设成本，提升了地膜应用效果。如玉米全膜双垄沟播栽培技术，通过起垄在田间形成多个垄和沟，改变微地形，增加地表面积，用地膜全部覆盖后，形成大的集雨面，通过膜面的集流，将无效降水变为有效降水发挥作用。

在地膜回收技术方面，为提高地膜回收率，主要采用机械化地膜回收技术与残膜处理再利用造粒技术。机械化地膜回收技术是针对覆膜栽培技术发展起来的配套技术，指使用残膜回收机械对农田当年地表残膜以及历年存留在耕层的残膜进行回收，按照农艺要求和作业时间分为秋后残膜回收技术、作物苗期（头水前）残膜回收技术和耕层内残膜回收（清捡）技术，如旱地玉米地残膜回收机解决起膜、膜和杂物分离、地膜缠绕性和脱膜等问题，已在甘肃、宁夏等省（区）进行了大范围应用。残膜处理再利用造粒技术，主要是将废旧农膜加工转化和再利用，主要流程有回收环节（承重、量方）、堆料区、破碎区、清洗区、造粒区（烘干、切割）、循环水利用和深加工。由于区域、作物和种植方式的差异，需要通过多项技术组合应用来提高农用地膜利用效率。

5. 果（菜、茶）沼畜循环农业技术

沼气生产是将人、畜禽粪便、秸秆等农业有机废气物在沼气池内厌氧发酵产生沼气和沼肥（沼液与沼渣的总称）的过程。沼气用来做饭、取暖，沼肥为果园、菜园和茶园提供优质肥料。果（菜、茶）沼畜循环农业就是把沼气产业与大宗高效经济作物和畜牧业发展紧密结合起来，形成以沼肥施用为纽带的果（菜、茶）沼畜良性循环农业，这种循环模式既可以消纳农业废弃物，也可通过沼肥施用有效提高土壤有机质，还能够有效替代或部分替代果园、菜园、茶园的化肥施用，有助于减少化肥过量施用。

中国农村沼气发展已有百年历史，最早可追溯到20世纪20年代。农村沼气可分为户用沼气和小、中、大型沼气工程。2000年前以农村户用沼气为主，随着青壮年农民进城务工的增加和农村一家一户散养牲畜的减少，农村户用沼气池已不能满足当前农民的需要，发展大中型沼气成为必然趋势。在沼气综合利用方面，20世纪90年代末期人们已开始将沼气技术与农业生产技术结合起来，形成了以南方"猪-沼气-果"和北方"猪-沼气-温室-蔬菜"（简称"四位一体"）为代表的农村户用沼气发展模式。

果（菜、茶）沼畜循环农业技术主要包括厌氧发酵、沼肥生产施用等技术。

厌氧发酵技术是利用厌氧微生物将有机废弃物高效地降解利用并产生清洁能源气体即沼气的技术。当前沼气工程中多采用中高温厌氧发酵、多元物料混合发酵、沼气提纯、沼气高值化利用等先进技术。依据不同区域特点及实际需求，采用沼气供热供暖、沼气发电并网或生物天然气并入天然气管网、罐装和作为车用燃料等不同技术。

沼肥指人畜粪便、作物秸秆或一些有机生活垃圾在密闭的条件下发酵制取沼气后的剩余产物，包括沼液和沼渣。沼渣用作基肥时，配施适当的磷、钾化肥，可提高肥效，施用于旱地时，最好是集中施用，如穴施、沟施，以减少养分挥发，用作果类蔬菜移栽肥时要与施入土壤混合均匀。沼液常与氮磷钾营养元素进行调配制肥，一般用沼液进行浸种、用作追肥与叶面肥以及进行病虫害的防治。

果（菜、茶）沼畜循环农业技术模式，可上接养殖业下联种植业，有效消纳畜禽养殖粪污等废弃物，推动农业面源污染治理，为优质高端"菜篮子""果盘子"和"茶盒子"产品供给和农业增效、农民增收提供重要支撑。未来，将引入智能化管理系统，即结合云计算、大数据、物联网和"互联网＋"等新一代信息技术和互联网发展模式，建设覆盖全国的信息化科技服务和监控平台，对果（菜、茶）沼畜循环系统运行情况进行研判和评价，对循环模式运行水平进行优化提升。

（三）现代农业前沿技术

当前以生物技术、信息技术、新材料技术为代表的现代农业科技在农业中的应用日趋广泛。用现代物质条件武装农业，用现代科学技术改造农业，用现代产业体系提升农业，用现代经营形式推进农业，用现代发展理念引领农业，用培养新型农民发展农业，提高农业水利化、机械化和信息化水平，提高土地产出率、资源利用率和农业劳动生产率，提高农业素质、效益和竞争力。发展现代农业已经成为全社会的共识，农业科技创新已成为改造传统农业、发展现代农业的重要支撑。

1. 现代育种技术

现代育种技术是利用遗传学、细胞生物学、现代生物工程等方法原理培育生物新品种的技术体系。相比于传统育种方法主要依赖于育种家的经验和机遇、育种周期长且存在很大的盲目性和不可预测性。现代育种技术可以大大提高育种的目标性和效率、缩短育种周期、改善品质和增强品种抗逆性。当前，诱变育种、分子标记辅助育种、转基因育种等现代育种技术和方式已经在动植物育种中发挥越来越大的作用，为保障粮食安全、生态安全等提供强有力的技术支撑。

诱变育种技术指在人为条件下，利用物理、化学等因素，诱发农作物的种子、植株或某些器官和组织，产生可遗传的优良变异，培育新品种的育种技术。诱变因素包括X射线、γ射线、中子、多种化学诱变剂和生理活性物质等。利用诱变育种，可以使农作物变异率比自然变异高出几百倍以至上千倍，而且产生的变异特性范围非常广泛。近年来，人们除了利用地面上产生的射线对种子进行辐射外，还充分利用太空中的物理条件进行种子的基因诱变，发展出航天育种技术。航天育种技术通过强辐射、微重力和高真空等太空综合环境因素诱发植物种子的基因变异，培育出常规育种条件下不易产生的变种。利用该技术，中国在水稻、小麦、棉花、番茄、青椒和芝麻等作物上诱变培育出一系列高产、优质、多抗的农作物新品种、新品系和新种质。

分子育种技术是在经典遗传学和分子生物学等理论指导下，将现代生物技术手段整合于传统育种方法中，实现表现型和基因型选择的有机结合，培育优良新品种的育种技术。根据手段与形式的不同，分子育种可以分为分子标记辅助育种和转基因育种。

分子标记辅助育种是利用分子标记与决定目标性状基因紧密连锁的特点，通过检测分子标记，检测目的基因的存在，对育种后代进行选择的一种育种方法。分子标记辅助育种的核心是分子标记检测。自20世纪80年代以来，相继出现了基于聚合酶链式反应（PCR）的多种分子标记，如随机扩增多态脱氧核糖核酸（RAPD）、微卫星标记（SSR）和单核苷酸链多态性（SNPS）等。分子标记能直接反映基因的序列差异，具有快速、准确、不受环境条件干扰的优点。

转基因育种技术是利用现代生物技术，将人类期望的基因经过人工分离、重组后，导入并整合到生物体的基因组中，改善生物原有的性状或赋予其新的优良性状，从而按育种目标定向培育转基因的新作物、新品种的一门技术。该技术相对于传统育种能够实现更准确、更高效和更有针对性的定向育种。转基因技术的原理是将人工分离和修饰过的优质基因，导入生物体基因组中，从而达到改造生物的目的。利用转基因技术育种可以给育种技术带来革命性变革，中国已培育出抗病虫、抗逆、品质改良、抗除草剂等转基因水稻、玉米、小麦、大豆、棉花、油菜新品系和新品种400多个。

随着高通量测序技术的迅速发展，基因组育种时代已经到来。一批水稻、玉米、小麦等重要粮食作物的产量性状相关基因、发育相关基因、抗逆相关基因、抗病相关基因相继被克隆。未来将有越来越多的育种目标基因被发现、育种规律被揭示。另外，利用基因编辑技术可对基因组已经搞清的特定基因序列做调整、删除、添加、激活或抑制植物体的目标基因，从而定向培育新作物、新品种，实现目标性状的精准改良。未来的基因组育种将给育种发展带来新思路，将使农业领域出现颠覆性创新。

2. 农田信息获取与处理技术

农田信息获取与处理技术指应用各种传感器、射频识别（RFID）、视觉采集终端等感知设备，广泛地采集大田、设施等农业生物和环境的现场信息，通过建立数据传输和格式转换方式，充分利用无线传感器网络、电信网和互联网等多种现代信息传输通道，实现农业信息的多尺度可靠传输，最后将获取的海量农业信息进行融合、处理，并通过智能化终端实现农业的自动化生产、最优化控制、系统化物流和电子化交易的技术体系。

根据信息生成、传输、处理和应用的原则，可以把农田信息获取与处理技术体系分成感知层、传输层和应用层三层结构。其中，感知技术是关键，而传感器是感知技术的核心。近年来，农业传感器技术发展很快，概括起来主要包括农业环境传感器和农业动植物本体（生命）信息传感器。目前，光温水气热等常规环境传感器已比较成熟，土壤传感器是研究的重点。从原理方法上，电子和电磁学方法用于测量土壤电阻、电导率、电容等参数，但受土壤组成影响较大；通过电磁波测量土壤电磁反射或吸收能量水平的方法可对土壤结构和物理化学性质进行测量；电化学方法（通过离子选择性膜电极与被测离子溶液间的电位输出）可测量土壤中的某些离子，但须依赖一定的制样过程。由于土壤的组成复杂、物理化学性质各异，土壤氮素的快速和原位测量传感器研究是国际科研工作上的难点。

由于农业环境的复杂性，农田信息获取与处理技术中的信息传输不是简单地将现有的通信技术搬过来使用，农业中要根据不同情况选择不同的通信方式。设施农业中要考虑墙体厚度及材质对传感器节点之间信息通信的影响；大田作物要考虑作物高度、地形地貌、田间遮挡物对通信的影响，节点布设与节能机制研究成为重点。果园中树冠形状及与天线的相对高度对信息传输有明显的影响，2.4吉赫无线信号在不同相对高度的条件下传播特性不同，有特定的信号衰减规律。

农田信息获取与处理技术应用层是面向终端用户的，指将感知层输入的各种数据信息，通过数据挖掘和知识发展，建立基于业务逻辑的管理控制策略和模型，从而保证产前正确规划以提高资源利用效率，产中精细管理以提高生产效率，产后高效流程以实现农产品安全溯源。应用层的关键技术包括海量数据信息管理与挖掘技术（云计算），数据资源虚拟化与智能信息推送技术（云服务），农业物联网信息融合与优化处理技术（模型决策）等技术。

农田信息获取与处理技术目前正面临着前所未有的发展机遇，未来几年将是相关产业以及应用迅速发展的时期。在科技创新的时代，信息技术的不断发展将会使越来越多的先进技术融入到农田信息获取与处理技术中，给中国农业生产方式带来深刻变革。总体来看，农田信息获取与处理技术将朝着更透彻的感知、更全面的互联互通、更优化的技术集成和更深入的智慧服务趋势发展。农田信息获取与处理技术的发展不仅有助于推进实现农业生产的智能化，也将推动其他行业的同步发展，成为提升中国农业综合生产能力和国际竞争力的重要基础和动力。

3. 农机精准作业技术

20世纪80年代初期，从事作物栽培管理的农学家在科研和生产实践中开始揭示农田内部小区作物产量和环境条件的显著性时空差异，提出了精准农业技术思想。随着这一思想日益成熟，农机精准作业技术开始在农业生产中广泛应用。该技术指在3S技术、决策支持技术和智能装备技术支持下，对农业进行定量决策、变量投入、定位精确实施、精准管控，是一种融合卫星导航定位、智能测控与物联网等新一代信息技术的现代农业生产管理技术，代表着当今世界现代农业发展方向，充分体现了因地制宜、科学管理的思想理念。目前应用较广泛的技术主要包括农机自动导航与驾驶技术、种肥水药变量精准作业技术、农机工况智能感知技术、农机精准作业监控管理技术等。

农机自动导航与驾驶技术集卫星接收、定位、控制于一体，主要由卫星天线、高精度定位终端、控制器、液压阀等部分组成。利用高精度卫星定位导航信息，由控制器对农机的液压系统进行控制，使农机按照设定的路线（直线或曲线）进行自动驾驶。该技术可以有效提高耕整、起垄、播种、中耕、植保、收获等各个环节的作业精度、提高土地利用率，减轻机手劳动强度、延长作业时间（夜间亦可进行田间作业），同时降低对机手的驾驶能力要求。

种肥水药变量精准作业技术能够在播种、施肥、施药和灌溉过程中，根据农田内部小区作物生长环境差异性，基于处方图或传感器的变量实施技术定位、定时、定量地控制种子、肥料、药液和灌溉水的用量，实现按需实施、精准投入，达到节本增效并减少对土壤环境影响的目的。

农机工况智能感知技术通过在拖拉机、联合收割机和农机具上集成各类信息采集传感器、定位装置、实时在线测量设备，对农机关键部件工作参数、作业状态等信息进行实时监测，帮助作业人员判断作业装备是否在最佳状态运行，实现以"电子眼、耳、鼻"代替人工判断，以减轻作业人员劳动强度、确保安全操作、提高农机装备无故障率和工作可靠性。

农机精准作业监控管理技术集成了智能传感检测、物联网、卫星定位、移动通信、大数据以及云计算等关键技术，利用服务器系统实时对农机监控终端发回的数据进行统计分析，实时跟踪作业农机，实时获取作业类型、经纬度、速度、作业状态等信息。实现农机作业精准监测和作业量的统计管理，实现以信息化手段对农机精准作业进行管理，满足农机装备集群管理、跨区作业调度、精准作业和远程运维等多方面的应用服务需求。

随着传统农业生产向现代农业转变，传统的农业机械正在向着高效率和高精度的自动化、信息化、智能化方向发展，农业机器人和农用无人机作为新一代智能化的农业机械在精准作业生产中开始发挥重要作用。农业机器人是一种以农作物为操作对象，集传感技术、人工智能技术、通信技术、图像识别技术、精密控制技术等多种前沿科学技术于一身的智能农业装备。随着技术不断完善能够代替作业人员完成蔬菜和水果的挑选与采摘、蔬菜的嫁接、农药和化肥撒施、除草等劳动密集型工作，可以大幅度减轻繁重的体力劳动，提高作业质量和效率。

农用无人机是一种用于农业生产的机上无人驾驶航空器，主要机型有固定翼无人机、单旋翼无人机和多旋翼无人机，其具有动力装置和导航模块，能够在一定范围内靠无线电遥控设备或计算机预编程序自主控制飞行，通过在无人机上安装监控、遥感、施药、施肥等设备完成农田信息监测、低空遥感、农药喷洒、化肥撒施等工作，是一种新型的农机精准作业装备。

以智能农机装备为基础的农机精准作业技术将成为21世纪现代农业科技发展的重要方向，其能够大幅度提高农业生产自动化、管理智能化水平，改变传统农业生产方式，将农业生产者从繁重的劳动中解放出来，促进农业增产、增收、增效，加快中国农业现代化进程。

4. 农业可视化与虚拟体验技术

农业可视化技术是将农业生产对象的形态结构、生命过程、生产活动等的数据和知识转换成图形或图像在屏幕上显示，并进行交互处理的理论、方法和技术。农业可视化技术早期主要用于将农业生产及科研实验数据通过生成图表的形式，清晰地表达农业科研与生产中各要素的定量差异。农业虚拟体验技术是虚拟现实技术在农业领域的延伸和应用，它以农业生命、生产、生态等要素为对象，融合三维显示技术、三维建模技术、传感测量技术和人机交互技术等多种前沿技术，对现实农业系统的结构和功能进行数字化和可视化，按照1∶1比例构建动植物三维模型以及农业生产场景，从而在计算机上逼真创建和体验农业系统行为。

与其他领域对象不同，农业动植物有着异常复杂的外形特征，同时动植物又是有生命的对象，其外在形态会随品种、地域和生产条件的不同而发生显著的变化。因此，对农业生物形体进行多分辨率、多尺度、多时空和多种类的三维数据采集和真实感重建，对土壤、气流等环境因素进行三维可视化表达，是农业可视化与虚拟体验技术首先要解决的问题；动植物生长建模和结构-功能的并行模拟是农业虚拟体验技术另一个有特色的研究领域。农业生物的生命活动在某种程度上表征其形态结构、生理生态过程和环境之间相互作用的结果，植物功能结构模型是一类对植物形态结构、生物量的产生和分配以及两者的内在联系进行建模的植物模型，实现对植物结构和功能的并行模拟能够更加客观真实地反映植物和环境的相互关系，例如，果树虚拟修剪等。与其他领域相同，农业虚拟体验技术也经历着由虚拟现实（virtual reality，VR）向增强现实（augmented reality，AR）和混合现实（mixed reality，MR）的发展，通过多种体验方式增强体验真实感，帮助用户了解农业动植物生长过程，并实现农事体验和农技推广等目的。

目前农业虚拟体验技术应用已有较多成功案例。在科学研究方面，应用计算机建立能客观反映现实世界规律的虚拟农业模型，可以部分地替代在现实世界难以进行的或者费时、费力和费资金的农学实验；在农业职业教育方面，利用虚拟植物模型建立虚拟农场，学生和农民可在计算机上种植虚拟作物、模拟农田管理，从任意角度甚至在作物冠层内漫游，观察作物生长状况的动态过程，并可通过改变环境条件和栽培措施，直观地观察作物生长状况的改变，这样可取得传统方式无法企及的效果，农民更易理解和掌握先进的农田管理技术；在会展农业和休闲农业方面，农业虚拟体验技术能够让动植物的生命奥秘、栽培传播历史、农业科技的作用、农业产业链上的好产品，以及农业文化传承等通过三维可视互动的方式呈现出来，提升农业展示内容的趣味性和吸引力，帮助农业展品和农产品更好地贴近公众，助力休闲农业的发展。随着虚拟现实技术的发展以及农业与多领域技术的交叉融合，农业可视化与虚拟体验技术将极大地冲击和改变人们传统农业的生产方式、消费观念，市场需求有望爆发。

5. 设施农业工程技术

设施农业工程技术指采用具有特定结构和性能的设施、工程技术和管理技术，改善或创造局部环境，为种植业、养殖业及其产品的储藏保鲜等提供相对可控的最适宜温度、湿度与光照等环境条件，以期充分利用土壤、气候和生物潜能，在一定程度上摆脱对自然环境的依赖而进行有效生产的农业技术。设施农业工程配套技术包括以下四种技术。

设施农业环境调控技术

设施农业环境调控为温、光、水、气、肥五要素进行单项或多项联合自动监测和调控，以实现温室作物全天候、周年性的综合型调控，基于多要素控制与决策模型，寻求设施种植作物最优环境平衡状态。温度调控中的加温、降温技术有余热回收利用系统、浅层地能蓄热采暖系统、传统湿帘风机系统、新型温室覆盖材料和异质复合墙体材料；光环境调控，常说"有收无收在于温，收多收少在于光"，采用改良的温室覆盖材料，可大幅提高覆盖材料透光率，增加太阳能入射量；采取良好的光照管理措施，实施人工补光与光质光量调控技术，如节能LED灯、功能性覆膜材料；湿度调控，通过侧窗顶窗通风、地膜覆盖、喷雾实现降湿加湿；气体环境，通过二氧化碳有机施肥、臭氧消毒、通风除尘和新风清洁生产系统实现。

设施农业温室水肥管理技术

主流技术为水肥一体化技术。传统水肥一体化技术是将可溶肥料溶解于水中，用棍棒或机械搅拌后，通过田间放水灌溉或田间管道，更进一步的还通过滴灌或微喷灌等装置，均匀地送入田间土壤中，被作物吸收利用的技术；现代水肥一体化技术需实时自动采集作物生长环境参数和作物生育信息参数，通过模型构建耦合作物与环境信息，智能决策作物的水肥需求，并通过配套施肥系统实现水肥一体精准施入。根据肥料形式，包括有机水肥一体化（有机物料发酵高浓度营养液）、无机水肥一体化（可溶性肥）技术；按照使用规模不同，包括单栋温室水肥一体化、温室集群水肥一体化和大型园区综合管控水肥一体化技术；根据肥料与配比方式，包括机械注入式、自动配肥式和智能配肥式水肥一体化技术；根据灌溉施肥机的控制决策过程划分有经验决策法、时序控制法、环境参数法和模型决策法。

设施农业高产优质栽培模式

在设施农业中，无土栽培正在改变着传统种植方式，其以人工制造的作物根系环境取代土壤环境，有效解决传统土壤栽培中难以解决的水分、空气、养分的供应矛盾，使作物根系处于最适宜的环境条件，从而充分发挥作物的增产潜力。

设施农业智能装备与物联网技术

常见设施农业装备包括设施环境信息调控装备、设施农业栽培智能机械装备、温室智能灌溉施肥装备、物理植保技术装备（如温室电除雾防病促生系统、土壤连作障碍电处理机、臭氧病虫害防治和色光双诱电杀虫灯）等。设施农业物联网技术指采用不同功能的感知设备，准确采集设施内环境温度、湿度、光照、土壤含水量、营养液离子浓度、二氧化碳浓度以及作物生长状况等参数，提供"精准化"的农资配方、"智慧化"的管理决策和设施控制，满足设施内温、光、水、肥、气等诸因素的综合调控。

设施农业工程技术可有效提高土地产出率、资源利用率和劳动生产率，提高农业素质、效益和竞争力，保障农产品有效供给和质量品质、促进农业发展和农民增收，增强农业综合生产能力，设施农业可为作物摆脱自然条件限制，实现周年高效、优质生产提供工程技术手段。随着人们对食物量需求不断上升和农业种植的不断重视，设施农业逐步迈向产业化、集约化和组织化，其必将在为人类提供安全、新鲜、健康的农产品中发挥保障作用。

二、食品技术

在了解食品技术之前，先了解一下食品与食物的概念。食品与食物是有联系的两个不同概念。食物是指人体生长发育、更新细胞、修复组织、调节机能过程中必不可少的营养物质，是产生热量、保持体温、进行体力活动的能量来源。食品是指具有一定营养价值的、可供食用的、对人体无害的、经过一定加工制作的食物。食物加工成食品的过程涉及的食品加工技术、食品储藏保鲜技术和食品安全技术等统称为食品技术。

（一）食品加工技术

食品加工技术是运用物理、化学、生物学、微生物学和食品工程原理等各学科的基础知识，研究食品资源利用、原辅料选择、加工保藏、包装运输以及上述因素对食品质量、货架寿命、营养价值、安全性等方面的影响和相关食品工艺的应用技术。其目的与意义是将天然的食物，经过适当的食品加工技术处理、调整食物组成或改变食物形态以提高其保藏性、可食用性、感官接受度以及运输便利性。常见的食品加工技术包括杀菌技术、干燥技术、冷冻技术、发酵技术、包装技术和食品加工过程中的安全控制技术等。

1. 杀菌技术

食品杀菌技术是指对引起食品原料、加工品腐败变质的微生物进行控制，以达到杀灭有害菌、改善食品品质、延长货架期技术的总和。

杀菌技术种类繁多。传统的食品热杀菌技术主要依靠外部提供的热能，通过对流和传导将热能转移到食品内部达到杀菌目的。工业上常用的有巴氏杀菌、高温短时杀菌、超高温瞬时杀菌以及水浴式杀菌。传统热杀菌技术简便易行、成本低，且可提高食品中营养成分（如蛋白质）的消化性和利用率、破坏食品中的有害成分（如刀豆氨酸、抗胰蛋白酶因子、肉毒毒素等），但也存在着在相对较低温度短时间内不能将食品中的微生物特别是耐热菌及芽孢全部杀灭的缺陷。高温长时间加热虽能弥补此缺陷，却会对食品中的营养成分和风味成分造成不同程度的破坏。因此，热杀菌技术正在寻求将热力对食品品质的影响控制在最优程度并迅速而有效地杀死存在于食品中有害微生物的手段，以保证食品安全，如欧姆杀菌和微波杀菌等。

随着新鲜、健康、营养的现代食品观念深入人心，和最少加工食品（MPF）概念的诞生，新兴的食品冷杀菌（又称为"非热杀菌"）技术逐渐受到关注。根据其作用方式不同，可分为物理冷杀菌、化学冷杀菌（如高浓度二氧化碳、高纯度二氧化氯、臭氧等）、生物冷杀菌（如抗菌肽、溶菌酶、乳酸链球菌素等）。物理冷杀菌技术主要包括超高压杀菌技术（HHP）、高压脉冲电场杀菌技术（PEF）、脉冲非等离子体杀菌技术（NTP）、脉冲强光杀菌技术、超声波杀菌技术、磁力杀菌技术等。上述方式主要通过物理方法使微生物蛋白质失活、细胞膜结构或通透性改变、微生物失去生命活性，从而达到杀菌目的，具有温升小、能耗低、易于操作和控制等特点，能实现在常温或接近常温的条件下快速杀菌且最大限度地保持食品原有的风味、色泽、口感和营养价值，在环境保护方面也有极大的优势。超高压杀菌技术已经实现商业化应用，广泛用于果蔬汁、果蔬罐头、果酱和海产品等。

此外，化学杀菌剂和生物杀菌剂也可以通过改变微生物细胞膜结构或通透性、破坏酶活性等方式干扰微生物体内正常代谢，从而达到杀菌目的。例如，现在市面上的桶装水基本采用臭氧进行灭菌。这类方法成本较低、易操作，但杀菌效果易受水分、温度、pH值和机体环境等因素的影响。

随着公众食品安全意识的不断提高，新型热杀菌与冷杀菌技术因具有耗能低、安全性好、环境友好，且能较好地保持食品原有的营养价值、色泽和天然风味等特点，在食品工业上的应用会更加广泛。在此基础上，为最大限度地保留食品品质和保证食品安全，多种杀菌方式的结合运用也是一种发展趋势。

2. 干燥技术

食品干燥技术是指利用自然条件或人工控制的方法除去食品中一定数量的水分，从而控制食品中微生物的生长繁殖、酶的活性以及食品成分变化的技术。长期广泛采用的干燥技术是自然干制法，北魏时期贾思勰的《齐民要术》、明代李时珍的《本草纲目》均有记载。葡萄干、红枣、柿饼、梅干菜、火腿等食品都采用晒干或阴干制成。

食品干燥过程降低了食品的水分活度，存活于食品中的微生物发生"生理干燥现象"，微生物细胞水分向外渗透，导致细胞内水分含量减少，生长繁殖受到抑制甚至死亡，从而减少了食品腐败变质的风险。同时，较低的水分活度降低了食品内源酶的催化活性，避免食品成分发生酶促反应，有利于延长储藏期。此外，食品经干燥处理后质量减轻、体积缩小，可节省包装、储藏和运输费用，实现了食品加工储藏的经济性和便利性。

传统的热风干燥技术利用热源（煤、石油、天然气、电等）提供热量，通过风机将热风吹入烘箱或干燥室内，并将热量从干燥介质传递给物料。物料表面水分受热蒸发，由此在物料内形成水分梯度，内部水分便向表面扩散，直到物料中的水分下降到一定程度。作为第一代干燥技术，热风干燥主要适用于固体物料如种子、谷物、切片果蔬、块状食品、木材、药材等。

随着生活水平的提高，人们对干燥食品的数量需求和质量要求越来越高，传统的热风干燥技术已不能满足当前食品干燥的要求。近代食品科技的发展催生了多元化干燥技术的成功研发。目前常用于食品的干燥技术有对流干燥（包括热风干燥、热泵干燥和过热蒸汽干燥等技术）、辐射干燥（包括微波干燥和红外干燥技术等）、渗透干燥、真空冷冻干燥、超声波干燥等技术，对不同物料有更广泛的适用性。

红外干燥技术和微波干燥技术利用各自固有频率的电磁波使物料内分子发生强烈振动，相互摩擦产生热量而实现干燥目的。渗透干燥技术借助细胞膜的半渗透性，当物料置于高渗溶液中，物料水分发生转移从而实现脱除部分水分的目的。真空冷冻干燥技术借助真空形成的低压状态，在低温下使固态水直接升华。超声波干燥技术利用超声波的空化效应加快流体的运动，其机械效应可克服表面附着水分和结合水具有的结合力，最终提高流体扩散。新型的干燥技术能够极大提高干燥效率、降低能耗、减少对食品品质的破坏。

各类干燥技术不仅在果蔬干制中应用广泛，同时也应用于谷物、肉类、水产、食用菌以及一些经济价值较高的药材（如人参）的干燥中。能保持较低温度的干燥技术，如真空冷冻干燥技术，常用于一些微生物干粉制品如活性干酵母、活性乳酸菌干粉等的制备。

当前，节能环保成为现代食品加工的重要方向，近年来食品干燥设备的设计，将产品质量和能耗作为干燥性能的主要评价指标。在诸多干燥技术中，微波干燥技术因干燥速率快、终产品品质好、能耗低而展现出一定优越性。结合多种干燥技术以实现最优干燥工艺、最大化能量利用是未来食品干燥工业发展的方向。

3. 冷冻技术

食品冷冻技术主要是通过降低化学反应速度和微生物的生长繁殖速率，控制食品化学、生物化学和物理化学的变化，达到延长保鲜期、保持食品营养和风味的目的。冷冻食品具有保存时间长、食用方便、营养合理、能耗低等优点。利用冷冻技术保藏食品是最古老的方法之一，也是对食品品质影响最小、安全性最高的方法之一。在人类漫长的进化过程中，人们发现食物在低温状态下贮藏时间更久，并逐渐懂得了利用山洞、地窖、井水和泉水等天然降温的方法延缓食品的腐败变质。

食品冷冻技术包括食品冷藏技术和食品冻藏技术。食品冷藏技术指使食品温度下降到冰点以上（-1～10℃），食品中的水分不形成冰晶，达到使大多数食品能短期贮藏以及某些食品能长期储藏的目的。食品冻藏技术是使食品温度处于结冻状态（-18℃或更低），食品中的绝大部分水分被冻结成冰晶，达到食品长期贮藏的目的；冻结方法大致可分为空气冻结法、直接冻结法（浸渍与液化气体冷冻法）和间接冻结法（非接触冻结法）三类，这三类方法都属于食品冻藏技术。

在空气冻结法中，冷空气以自然对流或是强制对流的方式和食品换热，空气冻结所需时间较长，但因其资源丰富且无毒副作用，成为应用最广泛的冷冻方式。直接冻结法要求食品和不冻液直接接触，食品在和不冻液换完热后，迅速降温冻结；使食物和不冻液接触的方法有喷淋法和浸渍法，或是两种方法一起使用，适用于冻结颗粒状食品（如青豌豆、段状四季豆、胡萝卜丁等）。在间接冻结法中，食物并没有和制冷剂（或载冷剂）直接接触，食品被放在制冷剂冷却后的板、盘、带或其他冷壁上，和冷壁直接接触。

食品工业中，大部分食品从原料、加工、运输到消费，都会经历冷冻这样的低温环节。罐头食品原料中的肉类和水产品几乎都是冻藏原料，工业化的水饺、汤圆等都需要冻藏，蔬菜或水果从采收到加工通常要冷藏来确保质量，乳制品的原料也都是冷藏的。自20世纪90年代起，冷冻食品销量就逐步取代罐头食品占据了首要地位。

近年来，随着科技进步，食品冷冻技术相应发展。新的超声冷冻技术利用超声波强化冷冻过程的传热，促进冰晶形成从而改善冷冻食品的品质。高压冷冻技术是利用压力的改变控制食品中水的相变，通过水的不同冰晶形态获得不同的晶型，降低或者避免冰晶对食品组织的机械损伤，有效保持食品原有品质。此外还有被膜包裹冷冻技术、生物冷冻蛋白技术、CAS（cell alive system）冻结技术等，新的冷冻技术为更好的冷冻食品品质提供有力支撑。

4. 发酵技术

发酵技术是指人们利用微生物的发酵作用控制发酵过程，生产发酵产品的技术。发酵技术既包括传统发酵技术（酿造技术），也包括现代发酵技术（工业化发酵技术）。早在公元前22世纪，中国就开始利用发酵技术从事酿酒、酱、醋等食品的生产，最初仅限于家庭和作坊式的手工制作。20世纪40年代，随着工业和微生物学的发展，人们用机械代替了繁重的体力劳动，对发酵生产工艺进行了规范，实现了工业化的规模生产。20世纪80年代起，酶工程、基因工程、细胞工程和生化工程的发展开启了现代发酵与酿造工业。

在不同种类的食品发酵中，发酵技术的原理和应用不尽相同。常见的发酵菌种包括乳酸菌属、酵母菌属和曲霉菌属等。乳酸菌属包括乳酸菌、嗜热链球菌、保加利亚乳杆菌、乳杆菌等。以乳酸菌为例，在乳制品加工中，乳酸菌主要用于生产酸奶、干酪及益生菌乳制品等，其分泌的乳糖酶利用糖类代谢产生乳酸、芳香性成分、有机酸和多种氨基酸等物质，能改善产品品质和风味，具备促进人体胃肠蠕动、降血脂、增加机体免疫力等功能；在果蔬制品中主要用于生产泡菜、酸菜及发酵果蔬汁等，在保留果蔬原有营养物质的基础上改善了风味，产生促进人体健康的维生素和益生元等物质；在肉制品中主要用于发酵香肠等，能够促进亚硝酸盐的分解，改善产品品质，提高营养价值。

酵母菌属在酒类、醋类、酱类产品中均有重要应用，包括酿酒酵母、椭圆酵母、卡尔酵母和产蛋白假丝酵母。在酒类生产中，酵母菌利用原料中的葡萄糖生成酒精和二氧化碳，同时产生甘油、乙醛等副产物。在醋类产品（食用醋、果醋等）生产中，酵母菌先将糖类转化为酒精，在有氧条件下醋酸杆菌再将酒精转化成醋酸。在酱油、豆瓣酱等产品的酿造过程中，酵母菌主要参与风味形成，发酵葡萄糖、麦芽糖等，生成酒精、甘油、琥珀酸及其他微量成分，提高酱类产品鲜味。

曲霉菌属是酱油、酱类等酿造调味品发酵过程制曲阶段以及发酵初期的主要真菌，主要作用是促进后续发酵过程中细菌、酵母菌等其他微生物的生长，同时将蛋白质降解成多肽和氨基酸（如谷氨酸、天冬氨酸、甘氨酸）等功能和风味物质。如米曲霉能够分解大豆、小麦等原料中的蛋白质，提高酱油生产中的蛋白利用率。

目前，国内外研究机构和生产企业正在利用筛选、诱变、基因重组、细胞融合等技术进行发酵食品微生物的研究和生产，以期改良菌种特性、提高目标产物产量、合成新产物。同时，运用现代发酵工程技术、代谢工程技术等手段，优化生产发酵工艺，实现发酵工业原料结构的最优组合，降低生产成本，改善产品品质。在基因工程、酶工程等现代生物技术的推动下，发酵技术将向高新技术方向发展。

5. 包装技术

食品包装技术是指采用适当的包装材料和包装手段，把食品包裹起来，使其在贮藏和运输过程中保持原有状态和食用价值。目前中国批准的食品包装材料包括塑料、纸、金属、玻璃、竹、木、布、橡胶、陶瓷和搪瓷，前四种是市场上常见的食品包装材料，尤其塑料最为常用。随着科技水平的提高和环保需求的增加，各种可降解、可再生、可循环利用、来源广泛的生物质包装材料也成为研究热点，这些以木本植物、禾本植物和藤本植物等生物质为原料加工的包装材料主要包括聚羟基丁酸酯、聚环己内酯、蛋白质、微生物多糖等。

除了选择适宜的包装材料，还需要根据不同食物的特点，添加有效物质或者选择不同的包装手段来保证食品的质量和营养不被破坏。目前常见的包装技术有气调包装、涂膜包装、真空包装和活性包装，新型包装技术有智能包装和绿色包装。

气调包装技术常用二氧化碳、氧气、氮气或者其混合气体，辅以具有选择透气性的塑料薄膜包装材料〔如聚乙烯（PE）、聚丙烯（PP）、聚氯乙烯（PVC）、低密度聚乙烯（LDPE）、高密度聚乙烯（HDPE）等〕来选择性地调节食品所处的气体环境，达到降低新鲜果蔬呼吸强度、防止食品腐败变质的目的，主要应用于新鲜果蔬、禽蛋、肉类等的保鲜。

涂膜包装技术是指以天然可食性的物质为原料，通过不同分子间的相互作用，采用包裹、涂布或微胶囊的形式覆盖在食品表面或者包装袋内表面，形成保护层，隔绝氧气、水分子以及其他物质的渗透，达到减少水分散失、溶质迁移，降低呼吸强度和氧化反应速率目的的技术，主要应用在新鲜果蔬、海鲜、肉类、禽蛋等食品。涂膜剂主要包括壳聚糖、纤维素、蜂胶乳清蛋白和乙酰化单甘酯等，既可以使用单一成分，也可以多种成分复合使用，且复合涂膜包装的效果一般优于单一涂膜。

真空包装技术是指将完全密闭的包装袋内的空气（主要是氧气）抽走，达到预定真空度后完成封口工序，让食品处于真空环境下得以长期保存的技术，主要应用在奶粉、茶叶、干酵母、压缩饼干、熟食等食品中。

活性包装技术通过在包装内加入小袋包装的吸收剂和释放剂，除去包装内的氧气、水分等，同时适当补充有利气体（如二氧化碳和氮气）保持适宜食品贮藏的气体环境。常用的除氧剂包括铁粉、生物酶、不饱和脂肪酸等，干燥剂有糖类、聚丙二醇、氧化钙、蒙脱土等，二氧化碳吸收剂主要有活性炭、氢氧化镁、沸石等。水果贮藏时，较高的二氧化碳浓度会使水果进行无氧呼吸，生成乙醇和水，降低食用价值，因此会采用物理吸附或化学反应的方法来降低环境二氧化碳浓度。

智能包装技术是指通过在食品包装中采用新技术，包括智能标签、细菌侦测、温度指示等技术，使其具备一些新功能，实现产品可追溯性、可食性的判断。

绿色包装技术则主要是指利用对生态环境和人类健康无害、能循环使用的可食性或可降解材料进行包装，具有无毒无害、节约能源、低碳环保的特点。

随着消费者和食品加工企业的需求不断增加，食品包装技术功能逐步扩展。由起初的容纳食品、保证质量安全的基本目的，到便于运输和贮藏的功能，现今又增添了宣传产品、自动加热或制冷、智能警示等功能。未来，食品包装技术的研究趋势将集中在高阻隔性材料、纳米材料、可食用或可降解材料以及具有加热制冷、可追溯性、抗菌、热敏性等功能的开发上。

6. 食品加工过程的安全控制技术

现代食品安全控制技术以良好生产规范（GMP）和卫生标准操作程序（SSOP）为基础，通过HACCP体系的有效实施，最终实现食品从原料生产、加工、贮运、销售直到消费整个过程的全程质量控制，确保食品安全性。

良好操作规范（GMP）是一种注重制造过程中产品质量和安全的自主性管理制度，主要解决食品生产中的质量问题和安全卫生问题。其主要内容包括食品原材料采购、运输和贮藏，食品工厂设计和设施，食品生产用水，食品生产过程，食品检验和食品生产经营人员个人卫生的良好操作规范以及食品工厂的组织和制度。

卫生标准操作程序（SSOP）是GMP中最关键最基本的内容。SSOP强调预防食品生产车间、环境、人员以及与食品接触的器具、设备中可能存在的危害及其防治措施。主要内容包括水的安全性，与食品接触表面的清洁卫生（包括设备、手套、工作服），防止交叉污染，手的消毒和卫生间设施，防止外来污染物造成的伪劣品，有毒化合物的处理、贮存和使用，雇员的健康状况，昆虫与鼠类的扑灭与控制等。

危害分析与关键控制点（HACCP）是20世纪60年代初美国为解决太空食品安全卫生质量问题而发展起来的一种食品品质控制和保证体系，从1997年12月18日起，美国要求所有的水产品加工厂和仓库按HACCP法规进行操作。HACCP体系可用于确认、分析、控制生产过程中可能发生的生物、化学、物理危害，是目前世界公认的现时有效的新型食品安全卫生质量保证体系，具有安全性、预测性、全过程控制、非零风险以及强制性等特点。HACCP主要内容包括危害分析和关键控制点，在实际生产过程中，通过危害分析确定食品生产各个阶段相关的潜在危害，并通过可以被控制的点、步骤或方法，经过控制使食品的潜在危害得以防止、排除或降至可接受的水平。

食品加工中的安全控制技术对于控制食品质量，确保产品安全性及提升产品国际市场竞争力均有着决定性的作用，目前在诸多食品（如罐头类产品、乳制品、肉及肉制品、果蔬汁）的加工中已有应用。随着消费者对食品质量安全要求的提高，安全控制技术将会在食品工业中有更广泛的应用。

（二）食品储藏与保鲜技术

随着现代食品生产和加工技术的不断发展，人们对食品质量和安全性的关注度越来越高。现今，在食品储藏保鲜方面，人们不仅要求在保证食品卫生的前提下延长食品的贮存期限，还要求食品保持天然的色泽、香气、风味和营养结构。为达到这一要求，世界各地通过大量的研究实践不断地驱动食品保鲜技术和冷链运输技术的发展和更新。

1. 保鲜技术

保鲜技术是指在采摘后始终保持果蔬等农产品新鲜的技术，包括储藏、运输和销售等过程的保鲜，是农业再生产过程中的"二产经济"。19世纪，现代制冷之父詹姆斯·哈里森（James Harrison，1816—1893）设计并制造了世界上第一台制冷压缩机及其辅助设备并应用于果蔬保鲜，被认为是现代果蔬储藏保鲜技术的起源。

保鲜技术的核心是分析果蔬固有属性，采取适宜方式延缓果蔬产品采后衰老。果蔬自身质量好、无伤病是保鲜的基础。采后储藏过程中的储藏条件是获得最佳储藏效果的关键，主要包括温度、湿度以及气体成分的控制。储藏温度过高会造成产品呼吸作用加快，加速成熟衰老过程，同时增加发生病害的可能性，温度过低则可能导致果蔬正常的生理机能失去平衡（如冷害）。储藏湿度过高易导致病害，湿度过低则会导致产品的食用品质和外观品质的下降。储藏过程中的低氧气高二氧化碳可抑制果蔬的呼吸作用，延缓成熟衰老，延缓储藏期间果实品质的下降，但过低的氧气浓度易导致果蔬产品无氧呼吸，降低产品质量。

常见的保鲜技术主要包括低温储藏保鲜技术和气调储藏保鲜技术。低温储藏保鲜技术通过把果蔬储藏在低温环境下，有效抑制微生物的繁殖，延缓果蔬衰老。气调储藏保鲜技术是通过改变果蔬储藏环境中气体成分来实现保鲜的技术，常通过降低氧气浓度和增加二氧化碳浓度来减少果蔬中营养物质的消耗，抑制微生物的滋生繁衍和果蔬的代谢活动，最大限度地保持果蔬的新鲜。

此外，一些新型保鲜技术逐渐得到应用。减压储藏保鲜技术是指将果蔬存放在较为封闭的空间里，根据果蔬的特性进行适量的加湿，保持高湿、低压（小于正常气压的十分之一）、低氧的储藏条件。辐射储藏保鲜技术通常是利用钴-60、铯-137等放射性元素的 γ 射线以及电子加速和X射线来辐照果品，使果蔬内部水和其他物质发生电离，生成游离基或离子，发挥杀虫或灭菌功能，从而实现果蔬保鲜。防腐剂保鲜技术是利用化学方式处理果蔬，有效杀死果蔬中的细菌，并结合涂膜储藏技术，在果蔬表面形成保护膜来抵制细菌的二次滋生和侵害，抑制呼吸作用和水分散失，从而延缓果蔬的变质和腐烂速度。臭氧保鲜技术是利用臭氧的杀菌防腐功能，将果蔬产品表面的微生物彻底杀灭，将部分农药残留等有机物氧化，此外，臭氧处理还能消除果蔬呼吸释放出来的乙烯、乙醇等气体成分，延缓其成熟衰败。生物保鲜技术是一种正在兴起的食品保鲜技术，目前在果蔬产品的保鲜中应用较多的是酶法保鲜，其原理是利用酶（如葡萄糖氧化酶、细胞壁溶解酶等）的催化作用，防止或消除外界因素对果蔬产品的不良影响，从而保持果蔬产品原有的品质。

果蔬储藏保鲜技术是减少果蔬原料损失、促进贸易发展的有效方法，对果蔬产业健康、有序、规范化发展具有重大意义。不同种类、不同产地的果蔬具有不同的生理特性，应采用相应的储藏保鲜技术、相应的配套设施。储藏方法与条件简单、易于控制、无污染、能耗低、成本合理等是现代果蔬保鲜技术发展的主要方向。

2. 冷链运输技术

食品工业中的冷链运输是指容易腐败变质的农产品，从田间采集收购开始，在预冷、商品化处理、储藏、运输、分销和零售各个环节中，通过配备专门的控温及运输设施来全程维持农产品所需的低温环境，以保证产品从生产到消费的整个过程中品质及质量安全，减少损耗，防止污染的特殊供应链。

冷链运输是一个集综合性及系统性于一体的现代化物流配送工程，其技术体系主要由移动制冷系统、保温技术系统、冷链监控系统及冷链运输装备四个部分组成。其中，移动制冷系统主要包括运输车辆的移动制冷系统与产品、移动冰箱及干冰、冰块等辅助保冷制冷措施；保温技术系统主要包括冷藏集装箱、冷藏车厢、保温箱、保温袋、冷藏箱及各类保温包装技术、材料及密封措施；冷链监控系统主要用于对冷链运输过程进行监控管理，包括温度传感器、RFID（射频识别）、GPS及软件管理系统，同时涵盖了冷链运输的信息系统技术，如全程追溯技术、感知与信息采集技术、远程管理与追踪定位等技术；冷链运输装备则主要包括铁路冷藏车、冷藏汽车、航空冷藏箱、冷藏船、集装箱等低温运输装备（图6-2）。根据所运输产品特性及市场需求来选择适宜的冷链运输方式，主要包括陆上运输（公路冷藏运输、铁路冷藏运输）、水路运输（冷藏集装箱、船舶冷藏运输）和航空运输。

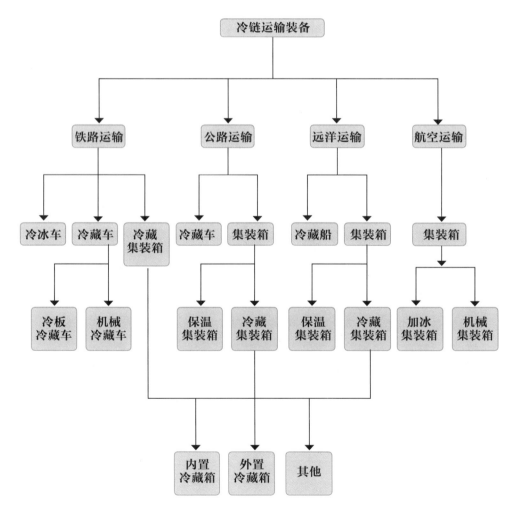

图6-2　冷链运输方式及相应的运输装备

冷链运输的关键是与上下游环节的不断链衔接、运输温度等条件的实时检测和控制。因此冷链运输，尤其是鲜活农产品的运输，对各环节都有严格要求。以果蔬为例，首先，由于其在采后仍进行着新陈代谢，呼吸作用旺盛，营养消耗多，品质也就随之下降，应快速装运。其次是轻拿轻放，采收及运输过程中受到的机械伤容易引起果蔬的腐烂变质。再次，像果蔬等鲜活农产品对温度要求严格，过高或过低的温度都会影响品质，需要灵活控制温度。其他如气体成分、环境湿度及外部环境等因素也应考虑在内。最后，在从采后进入市场的各个环节中，都需要信息技术的实时监控，以便迅速发现操作过程中的失误并及时纠正。

近年来中国对冷链运输的发展极为重视。冷库和气调库建设由城市逐渐转向各农产品主要产区，通过建立综合保鲜技术配套体系——集成"预冷＋控温＋气调包装袋＋绿色保鲜剂"的简约冷链技术体系，并在果品主产区示范应用，达到减少果品损失、延长贮藏期、提高商品价值的目的。电子商务、农超对接等新兴商业模式，对农产品及时预冷和物流技术和配套设施提出更高要求；伴随着超市连锁业的发展，大城市周边将更多以配送中心直销方式进入连锁零售市场；农产品特色主产区也会以配送中心基地的形式实现异地直销；信息技术的引入使得产品在流通的全程质量可追溯。各项条件的逐步完善为冷链运输提供了广阔的发展前景，为营造更加便捷、高品质消费环境提供了保障。

（三）食品安全技术

民以食为天，食以安为先。食品安全已经成为全球每个国家关乎民生的重要问题。食品安全，首先是"产"出来的。为此，农业部经国务院批准，全面启动了"无公害食品行动计划"并确立了无公害食品、绿色食品、有机食品三位一体、整体推进的发展战略。食品安全，也是"管"出来的，利用农产品质量安全全程控制（含追溯）技术和食品安全检测技术，实现"从田头到餐桌"可追溯，对保障农产品的质量安全具有重要作用。

1. 无公害农产品生产技术

近年来，农业生产上不时出现农药、兽药、生长调节剂等违规使用现象，影响公众对农产品质量安全的信心。为保障农产品质量安全，中国从20世纪80年代中期开始进行无公害农产品生产试验。无公害农产品是指产地环境、生产过程和产品质量符合国家有关标准和规范的要求，经认证合格获得认证证书，并允许使用无公害农产品标志，未经加工或者初加工的食用农产品。它主要由农业部农产品质量安全中心和各省级农业行政主管部门实施认证，是政府为保证广大人民群众饮食健康的一道基本安全线。政府部门通过采取产地认定、产品认证、市场准入等一系列措施，实现食用农产品的无公害生产。

无公害农产品的生产技术主要是要严把三关。一是严把农产品生产基地选择关，要根据农业部关于无公害农产品产地环境条件的要求来选择无公害农产品生产基地。应选择生态环境良好、没有污染源或不受污染源影响或污染物限量控制在允许范围内，并具有可持续生产能力的农业生产区域。产地环境条件包括土壤、灌溉水和空气质量等，其质量必须符合国家规定的相关标准。二是严把农业投入品关（主要涉及农药、肥料、生长调节剂等）。无公害农产品在生产过程中允许限量使用限定的农药、化肥和合成激素，但严禁使用国家明令禁止使用的农药，禁止使用高毒高残留的农药，允许使用高效低毒、低残留的化学农药，提倡使用生物农药。在肥料使用上，提倡"以有机肥为主、化学肥料为辅"的施肥原则。三是严格按照农业标准化的规则进行生产，即从播种到采收要有详细的生产记录（包括品种名称，播种时间，基肥使用以及农药化肥的使用时间、使用量、使用次数等）。在实际生产中，可结合以上"三关"与具体情况，选用合适的产地环境、生产技术（品种选择、播种技术、田间管理、施肥技术、有害生物综合防治技术）和收获技术，获得符合国家标准的无公害农产品。

利用无公害农产品生产技术进行生产，对保护生态环境、保障食品优质安全、提高人们的健康水平、提升农产品附加值、增加出口创汇等有诸多好处，也是促进农业生态良性循环和农业可持续发展的必由之路。例如，在生产无公害农产品时，可充分保护、利用环境中已存在的自然天敌，配合其他有效的无公害生产技术，把害虫控制在经济危害水平以下，实现害虫防治的生态半自控和自控，从而更好地保护生态环境和生物多样性，维护生态平衡。再比如，以"安全"为目标，以"阻控污染"为重点，选择与组合配套技术，形成符合中国国情的无公害农产品产业技术体系，对中国实现农业现代化具有重要和深远的历史意义，是中国农产品能以无污染、安全、优质的优势走向国际市场的必需条件。

迈入21世纪，全社会对食品的营养、卫生、安全保障提出了更高的要求。可持续发展也已成为人类社会的战略构想与行动纲领，而农业的可持续发展更离不开"绿色"和"环保"两大主题。加大力度研究并推广安全、经济、简便的无公害生产技术措施，从源头上解决农产品质量安全问题将成为趋势。

2. 绿色食品生产技术

绿色食品，是指产自优良生态环境、按照绿色食品标准生产、实行全程质量控制并获得绿色食品标志使用权的安全、优质食用农产品及相关产品。绿色食品分为A级和AA级。一般而言，生产A级绿色食品的环境质量及对农药残留的限量标准要稍严于无公害农产品的标准，而AA级绿色食品则在生产过程中不允许使用化学肥料和化学合成的农药、激素等。

绿色食品讲究"从土地到餐桌"的全程质量服务，只有严格按照生产规程进行生产和加工的食品，才能达到其质量要求标准（图6-3）。其中，绿色食品的生产技术主要有以下三项。一是建立绿色食品生产基地，这是切断环境中有害物质污染蔬菜的首要措施。基地应选择远离城市、工矿区及主干公路的地块，其大气、土壤、水质要经过检测符合国家卫生标准，即基地周围不得有污染大气的污染源，生产用水和土壤中不得含有重金属和其他有毒有害物质。同时还要考虑交通方便、土壤肥沃、地势平坦、排灌良好、适宜农作物生长、利于天敌繁衍及便于销售等条件。二是合理施肥。AA级绿色食品禁止使用化学合成肥料、有害的城市垃圾、污泥、医院粪便垃圾、工业垃圾等，严禁追施未腐熟的人粪尿。A级绿色食品可有限度地使用部分化学合成肥料，但禁止使用硝态氮肥；化肥必须与有机肥配合施用，有机氮与无机氮之比为1∶1，且最后一次追肥必须在收获前30天。总体来说，要注重有机肥料和生物肥料的施用，同时推广配方施肥和测土施肥，根据土壤氮、磷、钾的有效含量和各种农作物的需肥特性，选择合适的施肥时期和化肥种类来补施土壤中各元素亏缺的数量，保证养分平衡的同时减少盲目过量施用化肥。三是贯彻实施"预防为主，综合防治"的植保方针。实行病虫害的综合防治，包括实行植物检疫、选用抗病品种、实行合理轮作、加强田间管理、进行适宜的生物防治和物理防治、科学地使用化学农药等具体技术措施。特别需要注意的是，在进行化学防治时，要在预测预报的基础上掌握病虫害发生的程度范围和发育进度，及时采取措施以达到治准、治早、治好目的，在必要时可根据农药安全使用标准选用高效低毒的农药。同时，可优化施药方法，实行秧田用药，减少大田用药，早治、挑治、一药多治、病虫兼治，尽量减少污染。

绿色食品符合人们对环境保护、资源稀缺、食品安全的心理预期。人们不会停止对健康营养食物追求的步伐，对绿色食品的需求也会逐渐增加。绿色食品生产技术是利国利民、造福子孙后代之举，将逐渐改变现有中国农业和食品工业的格局，对于保证人们身体健康、保护生态环境、促进农业的可持续发展具有重要意义，是未来中国食品产业的发展方向。绿色食品产业能够促使经济、社会和生态形成一种互补的循环结构，在这种结构中，绿色食品生产技术作为一种关键手段，能够更好地保证农业可持续发展目标的实现。

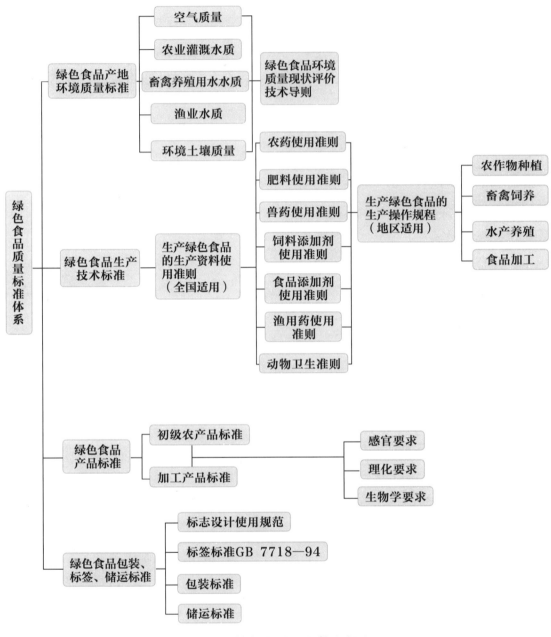

图6-3　绿色食品生产技术标准

3. 有机食品生产技术

有机食品也称生态或生物食品，是国际上对无污染天然食品比较统一的提法。有机食品通常来自于有机农业生产体系，根据国际有机食品生产要求和相应标准进行生产和加工，并通过合法、独立的有机食品认证机构（机构名录可通过国家认证认可监督管理委员会网站http://food.cnca.cn/查询）认证的一切农副产品，包括粮食、蔬菜、水果、奶制品、畜禽产品、水产品、蜂产品和调料等。有机食品要求符合国家食品卫生标准和有机食品技术规范，在原料生产和产品加工过程中不使用化肥、农药、生长激素、化学添加剂、化学色素和防腐剂等化学物质，不使用基因工程技术。

有机食品生产技术是将现代的生物技术与传统栽培技术相互结合的新型有机食品的生产技术。生产环境的选择是有机食品生产首要考虑的因素。有机食品生产基地要求生态绿化环境良好、远离主干公路与城市，为防止病虫害的传播应与其他生产基地之间至少保持相应间隔；另外，生产基地周围生态环境的土壤、大气以及水源等方面的质量水平应符合国家相应标准。其次，要注意栽培土壤和品种的选择。有机食品生产的土壤管理技术是指在不破坏土壤结构的前提下，疏松改良土壤，增加土壤有机质含量，创造正常的物质循环系统和生物生态系统，以此保证农产品健康生长发育，从而提高产量与品质。再次，品种的选择更是有机食品生产的基础条件，应选择具有抗性即抗病性强、抗逆境强、生产季节免受病虫危害或是成熟期较早的品种。需要注意的是，在有机食品生产过程中，不允许使用转基因或被含有化学物质的材料处理过的种子。最后，有机食品产量和品质的提高与肥料管理技术和病虫害防治技术密不可分。为确保有机食品在生长中能获得必需的营养成分，在生产过程中需要增施有机肥，尤其是发酵肥料和腐熟的农家肥。常用的有机肥料主要有厩肥、堆肥、羽毛、棉籽粉、血粉等。有机食品的肥料用量一般由肥料的含氮量以及农产品的需氮量来确定，但由于根据含氮量来计算肥料用量有时会致使土壤元素失衡，所以还需要结合叶面分析与土壤分析进一步确定农产品的营养状况。在病虫害防治方面，杀虫剂的防治作用十分明显。来源于天然资源的杀虫剂降解速度相对较快并且对环境的影响很小。而生物杀虫剂不会伤害有益的昆虫以及人类，所以昆虫生长调节剂、植物提取物以及干扰害虫交配的信息素、矿粉等杀虫剂在有机食品的生产管理过程中运用广泛。此外，利用有益生物来控制害虫数量的方法也非常值得推广，例如，多数有益节肢动物对于有机果树的病虫害防治十分有效。

近年来，在国际有机农业运动的推动下，我国的有机食品生产从无到有，形成了一个新兴的环保产业，并迅速发展。一方面，有机农业的发展可以帮助解决农业相关污染问题，有利于农业的可持续发展。另一方面，有机食品正在成为发展中国家向发达国家出口的主要产品，具有广阔的市场前景和巨大的发展潜力。

4. 农产品质量安全全程控制（含追溯）技术

农产品质量安全问题已成为社会高度关注问题，着手解决农产品质量安全问题重要且紧迫。为此，有必要对农产品质量安全实行全程控制，即从生产源头抓起，结合产前的生产环境检测、产中的标准化生产和农业投入品检测、产后的产品检测和标识管理，实施农产品全程标准化安全生产。

农产品全程安全质量控制（含追溯）技术，主要是按照农产品生产有记录、信息可查询、流向可跟踪、责任可追究、产品可召回、质量有保障的总体要求，应用二维码等现代信息技术，将农产品生产、运输、流通、加工的各个节点信息互联互通，从而实现对农产品从生产到餐桌前全程质量安全管控的技术。

农产品全程安全质量控制（含追溯）技术包含产前、产中、产后三个阶段。在产前，要根据生产目标和相应标准，开展产地环境（包括灌溉水、饮用水、土壤和大气等）检测，结合可能的污染源分析，选择符合要求的产地环境进行规划和生产。同时，要注重对产地环境的保护，定期或随机开展产地环境动态监测，确保该产地生产出来的产品达到标准要求。在产中，要建立安全生产技术体系和安全生产技术档案。在整个生产过程中（包括育苗繁殖、生长发育、成熟收获、加工包装），各个环节、步骤及所采取的技术措施都必须遵循安全生产原则和相应的操作规程，尤其有害生物的防治必须优先采用综合防治技术，并尽可能采用高效、低残毒或无害化、绿色或环境相容型的安全生产技术和产品，保护生物多样性。同时，要做好生产档案记录，并进行定点监控。在产后，要建立质量安全检测监控体系，包括质量安全检测和追溯制度。设立检测实验室，配备专门的检测人员和仪器。农产品质量安全追溯系统是一种质量信息的记录与传递体系，它对企业在生产加工过程中与产品质量有关的详细信息包括产地环境、生产流程、病虫害防治、质量检测等内容进行记录。建立农产品编码数据库、农产品生产档案数据库、农产品检测数据库、流通环节数据库等，通过互联网实现农产品质量安全全程可追溯管理。

农产品质量安全追溯系统的使用，将加强农产品质量安全追溯能力建设，强化农产品质量安全追溯管理工作，实现生产记录可存储、产品流向可追踪、储运信息可查询；将农产品从生产到加工直至销售的过程统一起来，逐步形成产销区一体化的农产品质量安全追溯信息网络。

农产品的质量安全问题与广大人民群众切身利益紧密相连，越来越成为全社会广泛关注的民生热点问题。农产品全程安全质量控制（含追溯）技术有利于促进生产者按照农产品安全标准从事生产加工、提升生产企业管理和产品质量安全水平及品牌形象，有利于消费者查询和维权，也有利于增强农业部门对问题农产品的发现和处置能力，必将实现农产品质量信息可查询、问题产品可溯源、事故隐患可预警、安全责任可追究的目的（图6-4）。

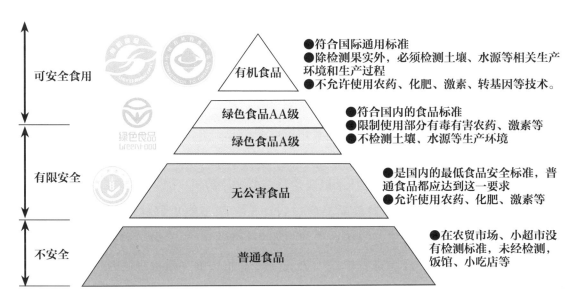

图6-4　食品安全等级图

5. 食品安全检测技术

根据世界卫生组织的定义，食品安全是"食物中有毒、有害物质对人体健康影响的公共卫生问题"。《中华人民共和国食品安全法》第十章附则第一百五十条规定：食品安全，指食品无毒、无害，符合应当有的营养要求，对人体健康不造成任何急性、亚急性或者慢性危害。

当前，致病性微生物污染、农药和兽药残留、重金属污染与残留以及非食用添加剂等物质的滥用，是引起食品安全问题的主要原因。食品安全检测是维护食品安全的一道重要关卡。食品是一个复杂的物质体系，除假冒食品外，食品中微生物、有害化学物质、非食用物质等有害物质往往以微痕量浓度水平（微克每千克、毫克每千克和克每千克等）存在，且同一食品中可能含有多种有害物质。常用食品安全检测技术有以下三种。第一种是色谱分析技术。其本质是一种物理化学分离方法，主要是利用被检测物中固定相和流动相的分配、吸附系数的不同，对样品进行反复多次的吸附与脱附、溶解与挥发，使样品中不同物质分离出来，以达到检测物质的种类与含量的目的，具有检测灵敏度高、分离效能高、选择性高、样品用量少、方便快捷等优点，目前已被广泛应用于食品工业（尤其是在添加剂、色素、农药残留和重金属残留等方面）的安全检测中。色谱分析中常用的方法有气相色谱法、高效液相色谱法、薄层色谱法和免疫亲和色谱法等。第二种是光谱分析技术，即利用物质发射、吸收电磁辐射以及物质与电磁辐射的相互作用而建立起来的一种技术。光谱分析技术是一种无损的快速检测技术，分析成本较低。其中，拉曼光谱、红外光谱、近红外光谱以及荧光光谱等在食品安全检测中应用较为广泛。第三种是生物检测技术。由于食品多数来源于动植物等自然界生物，因此自身天然存在辨别物质和反应能力。生物检测技术利用生物材料与食品中的化学物质发生反应来达到检测目的，具有特异性生物识别功能、选择性高、结果精确、灵敏、专一、微量和快速等优点，在食品安全检测领域中显示出越来越大的实际应用潜力。目前应用较广泛的方法有酶联免疫吸附技术、聚合酶链式反应技术（PCR）、生物传感器技术以及生物芯片技术等。

通过食品安全检测技术对食品品质进行评价，除了能更好地保证出厂产品的质量和接收产品的质量，还能够根据政府质量监督行政部门的要求，委托第三方检验机构对生产企业或市场的食品进行检验，为政府对食品质量实施宏观监控提供依据。而且，当发生产品质量纠纷时，第三方检验机构可根据解决纠纷的有关机构（如法院等部门）委托，对有争议的产品做仲裁检验，为有关机构解决产品质量纠纷提供技术依据。值得一提的是，由于食品安全检测技术能够检测出食品原料和添加剂等物料准确含量，而且还能进一步得出这些物料对产品加工性能、品质、安全的影响，因此，对于生产和研发部门改革生产工艺、改进产品质量及研发新一代食品具有重要的指导意义。

参考文献

［1］　周志魁. 农作物种子经营知识问答［M］. 北京：中国农业出版社，2005：10-12.

［2］　郭锡俊，余聪华，郭小鸥. 新形势下南通市良种繁育体系建设的思考［J］. 现代农业科技，2008（18）：225-226.

［3］　段洪波. 对湖北省新型良种繁育体系建设的思考［J］. 湖北农业科学，2005（04）：8-10.

［4］　邓艳芳，乔安海，杜文华. 青海省牧草良种繁育体系现状及建设方向［J］. 中国畜牧兽医文摘，2016（08）：225-226.

［5］　陈国辉，韩世国. 克山县两豆一麦优质专用型品种的良种繁育体系建设［J］. 中国种业，2000（05）：25-26.

［6］ 任建，陆英. 棉花良种繁育面临的问题及对策［J］. 农技服务，2008（07）：16-18.

［7］ 曹敏建. 耕作学（第二版）［M］. 北京：中国农业出版社，2013.

［8］ 王星光. 中国古代农具与土壤耕作技术的发展［J］. 郑州大学学报：哲学社会科学版，1994
（04）：8-11.

［9］ 廉平湖，赵珍美. 作物栽培学（北方本）［M］. 北京：农业出版社，1977.

［10］ 高宝岩，隋华，吕伟，等. 生物肥料的作用特性及应用前景浅析［J］. 天津农林科技，2000
（1）：27-28.

［11］ 刘戈. 发展生物肥料的意义与前景［J］. 甘肃农业科技，2007（1）：43-44.

［12］ 祝炳华，张玲. 论我国农业机械化的发展［J］. 物流工程与管理，2011，33（6）：9-11.

［13］ 张桃林. 推动农业机械化科学发展［J］. 中国农机化学报，2013，34（1）：1-6.

［14］ 宋志伟. 种植基础［M］. 北京：中国农业出版社，2012：197-265.

［15］ 权桂芝，赵淑津. 生物防治技术的应用现状［J］. 天津农业科学，2007（3）：12-14.

［16］ 李庆祥，陈臻. 农作物病虫害生物防治技术现状与未来［J］. 甘肃科技，2005（6）：20-21.

［17］ 王伟. 饲养管理技术规律的发展［J］. 中国畜牧业，2015（11）：77-78.

［18］ 武华玉，乔木，刘鹏舟，等. 畜禽生物发酵床养殖技术［J］. 畜牧与饲料科学，2011，32
（8）：66.

［19］ 乔升民. 畜禽疫病综合防控措施［J］. 中国畜牧兽医文摘，2015，31（2）：78.

［20］ 中国公民科学素质系列读本编写组. 农民科学素质读本［M］. 北京：科学普及出版社，2015：
52-53.

［21］ 何华西，钟福生，陈战云，等. 论近年来畜禽疫病的特点及其预防对策［J］. 湖南环境生物职业
技术学院学报，2001，7（3）：30-33.

［22］ 严禄. 畜禽养殖场疫病综合防治技术［N］. 陇东报，2006-06（003）.

［23］ 孟林明，胥元鹏，贺奋义，等. 人畜共患病流行特点及防控建议［J］. 中兽医学杂志，2014
（12）：37-38.

［24］ 刘焕亮，黄樟翰. 中国水产养殖学［M］. 北京：科学出版社，2008.

［25］ 农业部渔业渔政管理局，全国水产技术推广总站. 水产养殖节能减排技术［M］. 北京：中国农
业出版社，2015：142-162.

［26］ 陈邦华，曾祥喜. 稻田综合种养技术要点［J］. 渔业致富指南，2016（24）：38-39.

［27］ 翟旭亮. 稻鳅共作-稻田综合种养技术［J］. 农家科技，2016（4）：38-39.

［28］ 张雅婕，王天瑛，卢芳. 高效节水灌溉成为我国农业发展趋势的原因分析［J］. 农技服务，2015
（10）：198.

［29］ 李英能. 20世纪90年代我国农田水利科学技术的新进展［J］. 水利水电科技进展，1999（5）：
11-15.

［30］ 徐文静，王翔翔，施六林，等. 中国节水灌溉技术现状与发展趋势研究［J］. 中国农学通报，
2016，32（11）：186.

［31］ 梁春玲, 刘群昌, 王韶华. 低压管道输水灌溉技术发展综述［J］. 水利经济, 2007, 25（5）: 35-37.

［32］ 张信和. 低压管道输水灌溉技术［J］. 价值工程, 2014（26）: 79-80.

［33］ 吴玉芹, 史群. 第五讲微灌［J］. 节水灌溉, 1999（2）: 35-38.

［34］ 李宗礼, 赵文举, 孙伟, 等. 喷灌技术在北方缺水地区的应用前景［J］. 农业工程学报, 2012, 28（6）: 1-6.

［35］ 边金凤. 节水增效农田灌溉新技术——膜下滴灌［J］. 农民致富之友, 2009（3）: 30.

［36］ 艾先涛, 李雪源, 孙国清, 等. 新疆棉花膜下滴灌技术研究与存在问题［J］. 新疆农业大学学报, 2004, 27（S1）: 69-71.

［37］ 顾烈烽. 新疆生产建设兵团棉花膜下滴灌技术的形成与发展［J］. 节水灌溉, 2003（1）: 27-29.

［38］ 叶全宝, 李华, 霍中洋, 等. 我国设施农业的发展战略［J］. 农机化研究, 2004（5）: 36-38.

［39］ 张书函, 许翠平, 丁跃元, 等. 渗管深埋条件下日光温室渗灌技术初步研究［J］. 中国农村水利水电, 2002（1）: 30-33.

［40］ 张改梅, 张结义, 李宁. 渗灌灌水器堵塞原因及预防措施［J］. 河南水利与南水北调, 2001（6）: 16.

［41］ 梁海军, 刘作新, 舒乔生, 等. 橡塑渗灌管渗水性能实验研究［J］. 农业工程学报, 2006, 22（7）: 56-59.

［42］ 刘洋. 关于保护地番茄栽培渗灌灌水管适宜埋深的研究［D］. 沈阳: 沈阳农业大学, 2006.

［43］ 秦永果. 不同管距棉花渗灌效果试验研究［J］. 人民黄河, 2007, 29（7）: 48-49.

［44］ 霍增起. 测土配方施肥技术发展现状及新模式［J］. 现代农业科技, 2012（11）: 224.

［45］ 白由路, 杨俐苹. 我国农业中的测土配方施肥［J］. 土壤肥料, 2006（2）: 3-4.

［46］ 蒋丽萍, 陈雄鹰, 张杨珠. 我国蔬菜测土配方施肥的研究进展［J］. 河北农业科学, 2009（3）: 64-66.

［47］ 贾良良, 张朝春, 江荣风, 等. 国外测土施肥技术的发展与应用［J］. 世界农业, 2008（5）: 60-63.

［48］ 关泉杰. 概论水肥一体化技术［J］. 黑龙江水利科技, 2013（5）: 45.

［49］ 宁红, 秦蓁. 柑橘病虫害绿色防控技术百问百答［M］. 北京: 中国农业出版社, 2009: 1-3.

［50］ 赵中华, 尹哲, 杨普云. 农作物病虫害绿色防控技术应用概况［J］. 植物保护, 2011（37）: 30-32.

［51］ 农业部科技教育司, 中国农学会. 秸秆综合利用［M］. 北京: 中国农业出版社, 2011: 24, 76.

［52］ 亢银霞, 宋柱亭, 郭俊先. 农作物秸秆综合利用技术研究综述［J］. 新疆农机化, 2013（2）: 19.

［53］ 胡昭玲. 地膜覆盖技术在我国的进一步发展［J］. 世界农业, 1984（11）: 9-11.

［54］ 李仙岳, 彭遵原, 史海滨, 等. 不同类型地膜覆盖对土壤水热与葵花生长的影响［J］. 农业机械学报, 2015（02）: 97-103.

［55］ 温浩军, 牛琪, 纪超. 地膜机械化技术现状及分析［J］. 中国农业大学学报, 2017（03）: 145-153.

［56］ 孙步功，石林榕，孙伟，等. 全膜双垄沟旋耕起垄覆膜机改进设计与试验［J］. 中国农机化学报，2016（11）：6-8.

［57］ 中华人民共和国农业部. 2017年农业主推技术［M］. 北京：中国农业出版社，2017.

［58］ 尹德明，陈泮江. 山区县域果菜循环农业合作经济模式的技术支撑体系探讨——以淄博市沂源县为例［J］. 农业环境与发展，2012（02）：37-41.

［59］ 曾伟民，曹馨予，曲晓雷，等. 我国沼气产业发展历程及前景［J］. 安徽农业科学，2013，41（5）：2214-2217.

［60］ 张存胜. 厌氧发酵技术处理餐厨垃圾产沼气的研究［D］. 北京：北京化工大学，2013.

［61］ 梁勇. 温室蔬菜生产沼肥施用技术［J］. 河南农业，2016（19）：23.

［62］ 郭锐，李军. 航天育种简史［M］. 西安：陕西科学技术出版社，2016：92-103.

［63］ 王建康，李慧慧，张学才，等. 中国作物分子设计育种［J］. 作物学报，2011，37（2）：191-201.

［64］ 黄大昉. 我国转基因作物育种发展回顾与思考［J］. 生物工程学报，2015，31（6）：892-900.

［65］ 作物育种中的应用［J］. 遗传，2016，38（3）：227-242.

［66］ 贾继增，高丽锋，赵光耀，等. 作物基因组学与作物科学革命［J］. 中国农业科学，2015，48（17）：3316-3332.

［67］ 邹金秋. 农情监测数据获取及管理技术研究［D］. 北京：中国农业科学院，2011.

［68］ 唐翠翠. 基于多源遥感数据的小麦病虫害大尺度监测预测研究［D］. 合肥：安徽大学，2016.

［69］ 李晓东. 中国粮食产量预测模型研究［D］. 洛阳：河南科技大学，2008.

［70］ 赵国英. 基于空天地一体化的农业物联网综合管理系统方案研究［D］. 桂林：桂林理工大学，2014.

［71］ 李道亮. 农业物联网导论［M］. 北京：科学出版社，2015：1-11.

［72］ 董方敏，王纪华，任东. 农业物联网技术及应用［M］. 北京：中国农业出版社，2012：31-40.

［73］ 刘建刚，赵春江，杨贵军，等. 无人机遥感解析田间作物表型信息研究进展［J］. 农业工程学报，2016，32（24）：98-106.

［74］ 谢润梅. 农业大数据的获取与利用［J］. 安徽农业科技，2015，43（30）：383-385.

［75］ 王家农. 农业物联网技术应用现状和发展趋势研究［J］. 安徽农业科技，2015，9：18-22.

［76］ 葛文杰，赵春江. 农业物联网研究与应用现状及发展对策研究［J］. 农业机械学报，2016，32（24）：222-230.

［77］ 金继运，白由路. 精准农业与土壤养分管理［M］. 北京：中国大地出版社，2001.

［78］ 陈佳娟，纪寿文，李娟. 采用计算机视觉进行棉花虫害程度的自动测定［J］. 农业工程学报，2001，17（2）：157-160.

［79］ 陈勇，郑加强，周宏平，等. 精确农业管理系统可变量技术研究现状与发展［J］. 农业机械学报，2003，34（6）：156-159.

［80］何雄奎. 改变我国植保机械何施药技术严重落后的状况［J］. 农业工程学报，2004，20（1）：14.

［81］李子忠，龚元石. 农田土壤水分和电导率空间变异性及确定其采样数的方法［J］. 中国农业大学学报，2000，5（5）：59-66.

［82］林明远，赵刚. 国外植保机械安全施药技术［J］. 农业机械学报，1996，27（增刊）：149-153.

［83］科学技术部农业科技司. 中国现代节水高效农业技术发展战略［M］. 北京：中国农业科学技术出版社，2006.

［84］纪寿文，王荣本，陈佳娟，等. 应用计算机图像处理技术识别玉米苗田间杂草的研究［J］. 农业工程学报，2001（17）：154-156.

［85］汪懋华. "精准农业"发展与工程技术创新［J］. 农业工程学报，1999，15（1）：1-8.

［86］赵春江，薛绪掌，王秀，等. 精准农业技术体系的研究进展与展望［J］. 农业工程学报，2003，19（4）：7-12.

［87］张漫. 农田谷物产量空间分布信息采集、处理与系统集成技术研究［D］. 北京：中国农业大学，2003.

［88］张小超，王一鸣，方宪法，等. 精准农业的信息获取技术［J］. 农业机械化学报，2002，33（6）：125-128.

［89］BURKS T F, GATES R S, SHEARER S A. Back propagation neural network design and evaluation for classifying weed species using color image texture［J］. Transactions of the ASAE, 2000, 43（4）: 1029-1037.

［90］GOEL P K, PRASHER S O, PATEL R M. Use of airbornemulti-spectral imagery for weed detectionin field crops［J］. Transactions of the ASAE, 2002, 45（2）: 443-449.

［91］LINDA D. WHIPKER, JAY T. AKRIDGE. 2007 Precision Agriculture Services Dealership Survey Results［R］. 2007, Sponsored by Crop life Magazine and Center for Food and Agriculture Business. Department of Agricultural Economics Purdue University.

［92］MICHIHISA IIDA, MIKIO UMEDA, P.A.S. RADITE. Variable Rate Fertilizer Applicator for Paddy Field［C］. ASAE Annual International Meeting, Sacramento, California, USA. 2001. ASAE Paper No. 1-1115.

［93］WANG N, ZHANG N, DOWELL F E, et al. Design of an optical weed sensor using plant spectral characteristics［J］. Transactions of the ASAE, 2001, 44（2）: 409-419.

［94］杨其长，魏灵玲，刘文科，等. 中国设施农业研究现状及发展趋势［J］. 中国农业信息，2012（S）：22-27.

［95］张晓文，王影，邹岚，等. 中国设施农业机械装备的现状及发展前景［J］. 农机化研究，2008（5）：229-232.

［96］李中华，李玉荣，丁小明，等. 设施农业生产信息化发展重点研究［J］. 中国农机化学报，2016，37（3）：225-229.

［97］ 汪懋华. 实现现代集约持续农业的工程科学技术［J］. 农业工程学报，1998，14（3）：1-9.

［98］ 程冬玲，邹志荣. 高效设施农业中的水分调控与节水灌溉技术［J］. 西北农林科技大学学报：自然科学版，2001，29（1）：122-125.

［99］ 侯天侦，李保明，滕光辉，等. 植物声频控制技术在设施蔬菜生产中的应用［J］. 农业工程学报，2009，25（2）：156-160.

［100］ NORTON T, SUN D W, GRANT J, et al. Applications of computational fluid dynamics （CFD） in the modelling and design of ventilation systems in the agricultural industry：a review［J］. Bioresource Technology, 2007, 98（12）：2386-2414.

［101］ JENSEN M H, MALTER A J, Protected agriculture：a global review［J］. World Bank Technical Paper, 1995.

［102］ 李中华，张跃峰，丁小明. 全国设施农业装备发展重点研究［J］. 中国农机化学报，2016，37（11）：47-52.

［103］ 乔晓军. 设施农业信息化与物联网技术应用［J］. 农业工程技术（温室园艺），2015（9）：29-30.

［104］ 赵春江，郭文忠. 中国水肥一体化装备的分类及发展方向［J］. 农业工程技术（温室园艺），2017，37（7）：10-15.

［105］ 毛罕平. 设施农业的现状与发展［J］. 农业装备技术，2007，33（5）：4-9.

［106］ 孙忠富，杜克明，郑飞翔，等. 大数据在智慧农业中研究与应用展望［J］. 中国农业科技导报，2013，15（6）：63-71.

［107］ LINDBLOM J, LUNDSTROM C, LJUNG M, et al. Promoting sustainable intensification in precision agriculture：review of decision support systems development and strategies［J］. Precision Agriculture, 2017, 18（3）：309-331.

［108］ 朱蓓薇. 实用食品加工技术［M］. 北京：化学工业出版社，2005：35.

［109］ 唐春红，陈敏新. 面向未来的食品加工技术［M］. 北京：中国农业科学技术出版社，2015：67.

［110］ BALASUBRAMANIAM V M, MARTÍNEZ-MONTEAGUDO S I, GUPTA R. Principles and application of high pressure-based technologies in the food industry［J］. Annual review of food science and technology, 2015, 6：435-462.

［111］ 董全，黄艾祥. 食品干燥加工技术［M］. 北京：化学工业出版社，2007：1.

［112］ 卢晓黎，杨瑞. 食品保藏原理（第二版）［M］. 北京：化学工业出版社，2014：113.

［113］ 周水琴，应义斌. 食品干燥新技术及其应用［J］. 农机化研究，2003（04）：150-152.

［114］ 于蒙杰，张学军，牟国良，等. 我国热风干燥技术的应用研究进展［J］. 农业科技与装备，2013（08）：14-16.

［115］ SHI J, PAN Z, MCHUGH T H, et al. Drying and quality characteristics of fresh and sugar-infused blueberries dried with infrared radiation heating［J］. LWT-Food Science and Technology, 2008, 41（10）：1962-1972.

［116］LI Z, RAGHAVAN G S V, ORSAT V. Temperature and power control in microwave drying ［J］. Journal of Food Engineering, 2010, 97（4）：478-483.

［117］SORIA A C, VILLAMIEL M. Effect of ultrasound on the technological properties and bioactivity of food：a review ［J］. Trends in Food Science & Technology, 2010, 21（7）：323-331.

［118］SAGAR V R, KUMAR P S. Recent advances in drying and dehydration of fruits and vegetables：a review ［J］. Journal of food science and technology, 2010, 47（1）：15-26.

［119］张鹏，赵士杰，赵满全. 种薯类作物热风干燥特性的比较 ［J］. 农机化研究，2016（09）：239-243.

［120］谢小雷，李侠，张春晖，等. 牛肉干中红外-热风组合干燥工艺中水分迁移规律 ［J］. 农业工程学报，2014（14）：322-330.

［121］余炼，颜栋美，侯金东. 牡蛎微波干燥特性及动力学研究 ［J］. 食品科学，2012（11）：111-115.

［122］徐冲，陈杰，陈丽媛，等. 真空冷冻干燥技术在食用菌加工中的应用研究 ［J］. 微生物学杂志，2015（06）：96-99.

［123］郭树国. 人参真空冷冻干燥工艺参数试验研究 ［D］. 沈阳：沈阳农业大学，2012.

［124］梁国林，苗帅，杨志刚，等. 高活性干酵母生产的干燥设备和工艺介绍 ［J］. 干燥技术与设备，2012（01）：28-31.

［125］申秋璇. 冷冻干燥乳酸菌发酵剂的制备及其保藏过程中菌群生理活性变化的研究 ［D］. 济南：山东大学，2012.

［126］冯爱国，李国霞，李春艳. 食品干燥技术的研究进展 ［J］. 农业机械，2012（18）：90-93.

［127］NIMMOL C, DEVAHASTIN S, SWASDISEVI T, et al. Drying and heat transfer behavior of banana undergoing combined low-pressure superheated steam and far-infrared radiation drying ［J］. Applied Thermal Engineering, 2007, 27（14）：2483-2494.

［128］冯骉. 食品工程原理（第2版）［M］. 中国轻工业出版社，2013：499-503.

［129］岳田利，魏安池. 食品工程原理 ［M］. 郑州：郑州大学出版社，2014：346.

［130］夏文水. 食品工艺学 ［M］. 北京：中国轻工业出版社，2009：126.

［131］樊振江，李少华. 食品加工技术 ［M］. 北京：中国科学技术出版社，2013：222.

［132］唐春红，陈敏新. 面向未来的食品加工技术 ［M］. 北京：中国农业科学技术出版社，2015：64.

［133］杨同舟，于殿宇. 食品工程原理 ［M］. 北京：中国农业出版社，2011：238-240.

［134］ZHENG L, SUN D W. Innovative applications of power ultrasound during food freezing processes-a review ［J］. Trends in Food Science & Technology, 2006, 17（1）：16-23.

［135］LI B, SUN D W. Novel methods for rapid freezing and thawing of foods-a review ［J］. Journal of Food Engineering, 2002, 54（3）：175-182.

［136］LI J, LEE T C. Bacterial extracellular ice nucleator effects on freezing of foods ［J］. Journal of Food Science, 1998, 63（3）：375-381.

［137］张钟，江潮. 食品冷冻技术的研究进展［J］. 包装与食品机械，2014（1）：65-68.

［138］刘明华，全永亮. 食品发酵与酿造技术［M］. 武汉：武汉理工大学出版社，2011：104-125.

［139］徐建芬. 发酵技术在食品生产中的应用与控制［J］. 现代食品，2016，4（7）：32.

［140］曹银娣. 现代固态发酵技术及其在食品工业中的应用［J］. 农业工程技术，2016，36（8）：71-72.

［141］王辑，杨贞耐. 益生菌乳制品加工技术研究进展［J］. 中国乳品工业，2015（11）：15-18，31.

［142］郑宇，谢三款，于松峰，等. 中国传统发酵调味食品微生物功能分析与菌种选育技术［J］. 生物产业技术，2017（1）：82-90.

［143］李湘丽，袁廷香，闫吉美. 乳酸菌在发酵香肠生产过程中的应用研究进展［J］. 食品与机械，2014（6）：233-237.

［144］程坚. 复合食品包装材料的安全性研究［J］. 安徽农业科学，2011，39（28）：17551-17554.

［145］徐淑艳，谢元仲，孟令馨. 生物质基复合材料在食品包装中的应用［J］. 森林工程，2016，32（3）：85-88.

［146］李亚慧，吕恩利，陆华忠. 鲜切果蔬包装技术研究进展［J］. 食品工业科技，2014，35（16）：344-348.

［147］黄志刚，刘凯，刘科. 食品包装新技术与食品安全［J］. 包装工程，2014，35（14）：161-166.

［148］郭鸣鸣. 壳聚糖在几种食品抗菌包装中的应用研究［D］. 无锡：江南大学，2015.

［149］豆丽丽. 鲜鸡蛋涂膜保鲜包装技术的研究［D］. 天津：天津科技大学，2013.

［150］李琳，李莉. 食品包装的发展趋势［J］. 包装与食品机械，2003，21（2）：15-17.

［151］赵晓波. HACCP食品安全控制体系在浓缩苹果汁生产中的应用［J］. 三门峡职业技术学院学报，2003，2（2）：72-73.

［152］李怀林. 食品安全控制体系（HACCP）通用教程［M］. 北京：中国标准出版社，2002.

［153］胡晓苹，陈明海，楠国良. 食品安全控制体系HACCP及现阶段HACCP在我国食品加工的应用［J］. 食品科学，2004，25（Z1）：285-287.

［154］贾英民，毕金峰，甘伯中. 食品安全控制技术［M］. 北京：中国农业出版社，2006.

［155］陈炜，王德军，马昕. HACCP体系在我国的应用现状及存在问题的探讨［J］. 宁夏农林科技，2006（5）：53-54.

［156］李俊松. 食品加工企业实施HACCP的质量安全控制效益研究［D］. 武汉：武汉轻工大学，2014.

［157］Codex Alimentarius Basic Texts. Hazard Analysis and Critical Control Point System and Guidelines for lts Application［J］. Annex to CAC／RCP1-1969，Rev，3（1997）.

［158］王永青. 果蔬储藏保鲜概论［J］. 华东科技：学术版，2016（4）：403.

［159］宋威. 我国果蔬储藏保鲜技术的现状和发展趋势［J］. 工程技术：全文版，2015（12）：302.

［160］赵晨霞. 果蔬储藏保鲜技术［M］. 北京：中国农业大学出版社，2015.

［161］曹艺. 我国目前使用的几种主要果蔬储藏保鲜技术［J］. 南方农业，2014（18）：149，151.

［162］王文生. 我国果蔬储藏保鲜现状及展望［J］. 农业工程技术（农产品加工），2013（10）：27-29.

［163］王莉. 浅谈果蔬储藏保鲜技术的研究现状和发展趋势［J］. 现代园艺，2012（24）：5.

［164］中国物流与采购联合会，中国物流技术协会，中国物品编码中心，等. GB／T 18354—2006，物流术语［S］. 北京：中国标准出版社，2007.

［165］汪晓光. 我国农产品冷链运输装备技术现状与发展趋势［J］. 农业工程，2013，3（2）：40-42.

［166］张广学，李学军，郑国. 农田无公害食品生产技术的研究［A］. 中国科协2003年学术年会大会报告汇编［C］. 2003.

［167］杨永德，李正英，卢白娥，等. 无公害农产品生产技术及产业发展初探［J］. 现代农业科技，2008（8）：224-228.

［168］覃保新，韦忠福. 影响无公害农产品生产安全性的主要因素及其生产技术措施［J］. 黑龙江农业科学，2006（4）：81-82.

［169］董瑾. 农药使用与无公害农产品生产［J］. 中国农业信息，2013（6）：99.

［170］陶宗仁，屈天尧. 论无公害农产品的农药安全使用与管理问题［J］. 云南农业，2009（7）：7-8.

［171］俞守能，于立芝，王建敏. 无公害食品露地菜豆生产技术规程［J］. 山东农业科学，2011（1）：103-104.

［172］中华人民共和国农业部. 绿色食品标志管理办法［Z］. 2012-7-30.

［173］舒涵. 有机食品、绿色食品、无公害食品［J］. 农业工程技术（农产品加工业），2008（8）：48.

［174］何谓无公害食品、绿色食品、有机食品［J］. 四川政报，2002（5）：36.

［175］魏建波，李建锋，张静波. 绿色食品的生产技术要求［J］. 饮料工业，2003，6（3）：11-14.

［176］陈杏禹，那伟民. 绿色食品蔬菜及其生产技术规范［J］. 辽宁农业职业技术学院学报，2002，2（3）：11-15.

［177］毛龙娟. 平湖市绿色农产品生产和质量安全问题的研究［D］. 浙江：浙江广播电视大学.

［178］孙向军. 蓟县绿色食品产业发展战略研究［D］. 北京：中国农业大学，2005.

［179］李显军. 理解绿色食品、有机食品和无公害食品［J］. 中国食品与营养，2004（3）：57-59.

［180］林媚，冯先桔，温明霞. 浅析无公害食品、绿色食品和有机食品［J］. 中国果蔬，2008（3）：11-14.

［181］卢绪利. 有机苹果园病虫害综合防治技术初探［J］. 中国农技推广，2009（1）：12.

［182］朱洪山. 浅谈果树的有机生产技术［J］. 中国园艺文摘，2013（3）：172-173.

［183］张连翔. 经济林果树有机栽培土壤管理关键技术［J］. 辽宁林业科技，2012（5）：58-60.

［184］邵敏. 世界有机果树业的发展动向及可借之鉴［J］. 浙江农业科学，2002（1）：12.

［185］高建华. 农产品质量安全可追溯系统的研究［J］. 电脑知识与技术，2017，11（7）：31-35.

［186］王强，高春先. 食用农产品质量安全问题及全程控制［J］. 浙江农业学报，2004，16（5）：247-253.

［187］程涛，毛林，毛烨. 农产品质量安全追溯智能终端系统的构建与实现［J］. 江苏农业科学，2013，41（6）：273-275，282.

［188］孙哲. 中美食品安全检验技术应用与展望［M］. 北京：科学普及出版社，2015.

［189］陈智理，杨昌鹏，郭静婕. 色谱技术在食品安全检测中的应用研究［J］. 化工技术与开发，2011，40（7）：24-26.

［190］李民赞. 光谱分析技术及其应用［M］. 北京：科学出版社，2006.

［191］杨景涛，张凤岭. 食品检验中的生物检测技术应用［J］. 科技创新导报，2011（15）：123.

［192］罗梅兰，叶云，梁超香. 生物检测技术在食品检验中的研究［J］. 食品与机械，2006，22（2）：95-104.

［193］宣伟，王军，汪秀月，张淮光. 食品安全检测技术研究进展［J］. 肉类研究，2011，25（9）：47-51.

▷ **编写专家**

陈　芳　郭新宇　廖丹凤　孙　哲　冯桂真　李　华　毕　坤　张　楠

▷ **审读专家**

陈　阜　赵春江　胡小松

▷ **专业编辑**

毛敏汇

第七章
地球与环境技术

　　地球是人类的家园。人类的生存和文明的发展都离不开地球资源的支持。人类科技的发展就是不断地认识世界和改变世界。人类不断地发展新的技术来探索地球、认识地球，并最终利用和改造地球。

　　人类是地球的一部分。地球自46亿年前诞生之日起，发生了巨大的变化，生命的诞生让地球在众多的已知天体中显得格外特殊。地球孕育了生命，同时生命也在改变着地球，生物和地球构成了一个不可分割的整体，人类在其中扮演了非常重要的角色。环境是相对于主体的一个概念，站在人类的角度来看，"环境"概念即是以人类为主体的一切环境要素的总和。

　　在地球研究中，通常应用地球圈层的概念，即大气圈、水圈、岩石圈及生物圈，各圈层相互关联、渗透。在环境研究中，环境要素通常分为五类，即以上四个圈层加土壤环境要素。本部分内容分类沿用了这种分类方式。

　　除去自然发生的灾害之外，人类在利用和改造地球的过程中，造成的众多环境问题和人为灾害，不仅破坏了地球环境，也同样严重威胁了人类的生存。为维护自身利益，人类不断发展各种技术来应对环境问题以及各类灾害，开展环境保护工作。在人类有能力将生存的世界拓展到地球以外之前，这些技术是人类生存和发展的重要支撑。

　　地球与环境技术部分共分为七节，前五节主要从圈层角度出发，介绍人类对地球资源的探索和利用技术，以及对环境污染的治理技术；第六节介绍与地球和环境相关的信息技术；第七节介绍与人类防治各类自然灾害和人为灾害相关的技术。

本章知识结构见图7-1。

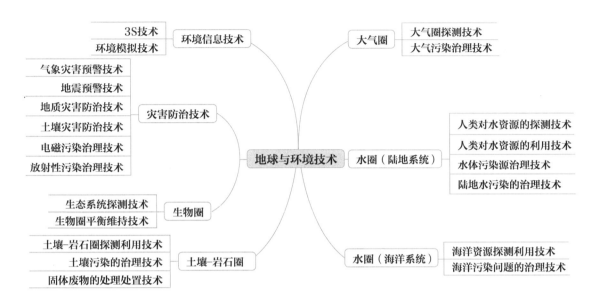

图7-1 地球与环境技术知识结构

一、大气圈

大气圈是地球外部的气体圈层，它由对流层、平流层、中间层、电离层和散逸层构成。大气圈固有的资源属性，使得人类对大气圈的探测与利用相辅相成，互相促进。然而随着生产力的提高，人类活动产生了过多的大气污染物，超过了大气圈的环境容量，造成了大气污染。解决大气污染问题，重现蓝天白云，需要根据污染源的类型对症下药。

（一）大气圈探测技术

千百年来人类对大气圈的探测从未停止，探测技术从最早的看云识天气发展至今，已经形成了陆基、星基探测结合的技术体系，用于天气预报、防灾减灾等领域。

1. 气象探测技术

气象探测技术是观察大气现象、测量大气环境的物理、化学性质的方法。基于不同的观察和测量目标，现已发展出气象雷达、气象卫星等多种气象探测技术。

265

气象雷达是一种用于探测大气环境的雷达设备，它们通过云雨目标物对雷达波的反射来测定目标物的空间位置、强弱分布和垂直结构等特征，可以测定云中含水量、降水强度、风场等气象指标。在常规气象雷达的基础上，科学家又提出了多普勒天气雷达、偏振气象雷达等技术。

气象卫星是在太空对大气圈进行气象探测的人造地球卫星，卫星搭载各种气象遥感器，接收和测量大气圈的可见光、红外和微波辐射，并将信号传送给地面接收站，代表卫星有美国的"GOES"、日本的"向日葵"、中国的"风云"等。其中，中国从1988年第一颗风云卫星升空起，截至2017年，已经成功发射15颗气象卫星，其中8颗在轨运行，具备了全球全天候、三维定量化的探测能力。"风云"系列气象卫星在防灾减灾、应对气候变化、重大活动气象服务保障和空间环境监测预报等方面都得到了广泛的应用。

近年来，随着气象探测传感器、无人机制造等技术的发展，无人机气象探测技术日臻完善并逐步推广使用。无人机携带气象传感器，可以监测常规气象指标，它的特点是机动灵活，价格低廉，地域限制小，在沙漠、丛林等无人区的气象探测中优势明显。

2. 天气预报技术

天气预报是在气象探测的基础上，分析近期天气形式、预测未来天气状况的方法。根据预报时效期可以分为：临近预报（0~2小时）、短时预报（0~6小时）、短期预报（0~72小时）、中期预报（3~15天）和长期预报（10~15天以上）。

五种天气预报的内容侧重不同，用途也不尽相同。临近预报和短时预报都是预报紧急局部灾害性天气强度、影响范围和持续时间的预报服务，可以详细预报由台风、暴雨、冰雹、龙卷风等灾害性天气导致的气温、降水、风等常规气象指标的变化。短期天气预报是最常见的一种，预报未来三天内的天气情况。中期预报和长期预报的重点是影响某一区域的天气过程以及对未来旱涝、冷暖等天气趋势的展望。

3. 气候变化监测技术

气候变化是长时期内气候状态的变化。《联合国气候变化框架公约》指出气候变化主要表现为全球气候变暖、酸雨和臭氧层破坏，会带来冰川消融、极端气候频发、粮食减产、海平面上升、物种灭绝等诸多环境问题。相对于前文的气象探测技术而言，气候变化监测指标的空间范围更广，持续时间更长。

气候变化的监测指标除了常规的气象指标，也有指示指标——物候。物候现象是指生物长期适应环境条件的周期性变化，形成与之适应的生长发育节律。而物候指标往往为一些生物生长指标，主要包括三方面：植物的发芽、展叶、开花、结实、叶枯等现象；候鸟、昆虫等动物的迁徙、初鸣、终鸣等现象；初霜、结冰、消融、初雪等水文气象现象。我国已经建成全国物候观测网，其中33种木本植物、2种草本植物作为全国共同的植物物候观测种类。传统的物候观测受限于观测样点、覆盖面积和观测物种，而引入遥感技术等信息化技术手段，为生物群落在区域以及全球的物候信息监测提供条件。

此外，科学家将稳定同位素、湖泊沉积物、黄土等地质分析技术引入气候变化的监测，反演历史时期气候变化的轨迹、预测未来气候变化趋势。其中，碳、氮、氢等稳定同位素在古气候、古地理以及古植被重建研究中得到广泛应用，特别是陆相沉积物中的有机质碳同位素组成，因其蕴含丰富的古气候和古环境信息，不仅能指示历史时期植被组成的变化，还可以利用沉积物提取的信息进行古气候环境重建。

（二）大气污染治理技术

自工业革命以来，人类的生产生活活动产生了诸如硫氧化物、氮氧化物、颗粒物等不同种类大量的大气污染物，破坏了人类和生态系统正常生存和发展的条件，污染了大气环境。根据污染源的产生类型分类，大气污染主要有工业废气、汽车尾气以及室内空气污染三个类别。下文简述了每种类型大气污染的治理技术以及多种污染源混合作用形成的雾霾天气的成因解析技术。

1. 工业废气处理技术

工业废气是指工业厂区内燃料燃烧和生产工艺过程中产生的污染物气体的总称。从形态上分类，工业废气分为烟尘（颗粒型废气）和废气（气态性废气）。

烟尘污染物的来源主要是水泥厂、重型工业材料生产厂、重金属制造厂以及化工厂等。此类企业生产所需的原料杂质较多，提纯原料时燃料不能完全燃烧，产生大量烟尘。工业废气的烟尘控制主要是通过除尘设备来实现，包括机械式除尘器、袋式除尘器、静电除尘器以及湿式除尘器。当前我国主流除尘技术为静电除尘和袋式除尘。然而静电除尘的除尘效率受粉尘比电阻的影响很大，易导致除尘效率不稳定。两相比较，袋式除尘器在节能减排上具有更大优势。

气态性废气的主要污染物是含氮废气、含硫废气以及碳氢废气。最普遍的处理技术有吸附法、吸收法、催化燃烧法和生物法。①吸附法是利用某些具有吸附能力的物质（如活性炭、沸石分子筛等），将废气中的污染物组分吸附在具有吸附能力的吸附剂表面，使有机气体从空气中分离。然而此方法所用的吸附剂价格昂贵、存在二次污染的可能。②吸收法一般分为物理吸收法和化学吸收法。物理吸收是通过洗涤装置使溶剂吸收废气中的有害成分，再利用有机分子和溶剂的物理性质的不同对有害气体进行分离、处理。化学吸收法是通过溶剂中的某些化学物质与有机废气发生化学反应，将废气处理掉。不过在处理化学性质稳定且难溶于水的有机废气时，吸收法的使用效果不明显。③催化燃烧法是指在催化剂的帮助下，有机废气在气流中迅速反应燃烧，几乎所有的烃类有机废气及恶臭气体都参与反应，可以达到完全处理的效果。但是催化燃烧法的运行成本较高，同时不适用于低浓度废气的处理。④生物法是让有机废气流经有液体的处理器，废气转为液态，再通过处理器中微生物的代谢作用，有机物被分解、转换为无机物的过程。不过生物法用到的微生物适应期较长，单一生物反应器的适用范围较窄，需要搭配其他技术使用。

2. 汽车尾气净化技术

如今城市的机动车辆数量急剧增加，汽车尾气污染日趋严重，严重危害人们的身体健康。尾气的成分很复杂，主要是碳氢化合物、氮氧化合物、二氧化碳、一氧化碳、硫化物和颗粒物等。汽车尾气净化技术分为机内净化和机外净化两类。

机内净化从提高燃料品质和改善发动机燃烧过程两个层面着手，主要控制技术是闭环电控多点燃油喷射（EFI），即由发动机控制单元（ECU）控制汽油机燃油喷射时刻、喷射脉宽和喷射规律的系统，系统大多采用间歇喷射的方式。其他技术，如可变进排气系统、废气再循环、稀薄燃烧和分层燃烧技术也可以控制汽车尾气排放。

机外净化是基于催化和过滤的原理，在尾气排入大气前对尾气中的有害物质净化处理。主要控制技术是三效催化转化器，通常与机内控制技术配合使用，为如今汽油车尾气排放最有效的控制手段。此外，颗粒捕捉装置和选择性还原系统同样是效果显著的控制技术。

3. 室内空气污染控制技术

室内空气污染是由于装饰材料、家具等来源产生的室内空气有害物质对人体身心健康造成直接危害或潜在有害影响的现象。有害物质主要有甲醛、苯、氨、放射性氡等。室内空气污染控制技术包括传统的吸附技术、过滤技术以及新兴的光催化氧化技术和低温等离子体技术。

吸附技术依托内置吸附剂的空气净化器来实现，常用的吸附剂有颗粒活性炭、活性炭纤维、沸石、分子筛等。室内甲醛的净化多采用吸附技术。不过吸附技术存在饱和吸附问题，而过滤技术只能去除大的颗粒物。无法净化挥发性有机物。

光催化氧化技术是在光催化剂的作用下，有毒有害的有机污染物矿化为无毒无害的无机小分子的高级氧化技术。此方法可以有效分解氯代物、醛类、酮类以及芳香族化合物。然而光催化氧化技术的不足在于对室内有机物的降解速率比较慢，降解过程中可能产生更危险的中间产物以及存在催化剂失活的问题。

低温等离子体技术的作用机理是在电场的加速作用下，产生高能电子，当电子平均能量超过有害物质的分子化学键能时，分子键断裂，有害物质转换为无害产物。此方法仍需探讨最终产物分布及难以调控的臭氧释放、相对湿度和温度的控制等问题。

4. 雾霾成因解析技术

雾霾是大气相对湿度介于80%～90%之间时霾和雾的混合物，主要由二氧化硫、氮氧化物和颗粒物组成。前两项为气态污染物，而颗粒物是加重雾霾天气污染的"元凶"。

颗粒物是大气中存在的各种固态和液态颗粒状物质的总称。按照粒径分为总悬浮颗粒物TSP（空气动力学当量直径≤100微米）、可吸入颗粒物PM_{10}（空气动力学当量直径≤10微米）、细颗粒物$PM_{2.5}$（空气动力学当量直径≤2.5微米）、可入肺颗粒物PM_1（空气动力学当量直径≤1微米）和超细颗粒物$PM_{0.1}$（空气动力学当量直径≤0.1微米）。大气颗粒物的成分复杂，不是由一种单一成分的污染物构成，不能简单归类为上文提及的大气污染类型。大气颗粒物是由多种人为源和自然源排放的复杂污染气体构成的混合物。其中典型的人为源有机动车、燃煤、工业生产、施工扬尘。颗粒物按照来源分为一次颗粒物和二次颗粒物。其中二次颗粒物是指污染源排放的气体组分之间或者这些组分与大气常规组分通过化学反应生成的颗粒物。大气颗粒物的来源多样，识别首要污染源，精准有效治理颗粒物污染，需要采用颗粒物监测技术和污染源解析技术。

颗粒物监测技术分为手动法（重量法）和自动监测法两大类。自动监测法又可细分为光散射法、β-射线法、微量振荡天平加膜动态测量系统方法、压电晶振频差法。在中国环境环监测总站印发的《$PM_{2.5}$自动监测仪器技术指标及要求（2013年版）》文件里，确定了三种$PM_{2.5}$的自动监测方法，它们分别是β射线方法仪器加装动态加热系统（β＋DHS），β射线方法仪器加动态加热系统联用光散射法（β＋DHS＋光散射），微量振荡天平方法仪器加膜动态测量系统（TEOM＋FDMS）。

源解析技术主要包括源清单法、源模型法（扩散模型法）和受体模型法。源清单法是根据排放因子和活动水平估算污染物排放量，识别主要污染源。源模型法是用数值模型定量描述污染物从源到受体的物理化学过程，计算不同类别污染源排放对颗粒物的贡献。扩散模型法是从受体出发，基于受体和源之间的物理化学特征，解析不同污染源排放对颗粒物的贡献。

二、水圈（陆地系统）

水圈，是地球外圈中作用最为活跃的一个圈层，也是一个连续不规则的圈层。按照水体存在的方式可以将水圈划分为海洋、河流、地下水、冰川、湖泊五种主要类型。水圈与大气圈、生物圈和地球内圈的相互作用，是直接影响人类活动的表层系统，与人类的生产、生活息息相关。但随着社会的快速发展，人类的活动已经对水资源、水环境造成了严重影响，破坏了水生生态环境。

（一）人类对水资源的探测技术

水资源是发展国民经济不可缺少的重要自然资源。对地球内各种类型水资源进行探测和监测是对水资源利用的前提。在世界许多地方，对水的需求已经超过水资源所能负荷的程度，同时有许多地区也濒临水资源利用之不平衡。

1. 水资源探测技术

水资源的探测是充分发掘利用水资源的前提，主要包括水下地貌的探测和对地下水资源的探测。

水下地貌探测技术

水下地貌探测即以图形、数据形式表示水下地物、地貌的测量工作。其成果通常为水下地形图、断面图，或者是以表格、磁性贮存器为载体的数据。水下地貌测量需进行动态定位和测深，方法视水域宽窄及流速、水深等情况而定。

水下定位技术，用于水面不宽、流速不大的河流湖塘，一般多以经纬仪、电磁波测距仪及标尺、标杆为主要工具，用断面法或极坐标法定位；对流速很大的河段，则常使用角度交会法或断面角度交会法。在宽阔水域定位精度要求不很高时，可采用六分仪后方交会法和无线电双曲线定位法；定位精度要求较高时，宜采用辅有电子数据采集和电子绘图设备的微波测距交会定位系统或电磁波测距极坐标定位系统。卫星多普勒定位法则是现代航海和海洋测量的重要手段。

水下测深技术，水深测量的传统工具是测深杆和测深锤。现代水深测量多使用回声测深仪（声纳），通过水声换能器垂直向下发射声波并接收水底回波，根据回波时间和声速来确定被测点的水深。当前回声测深仪已从单频、单波束发展到多频、多波束，从点状、线状测深发展到带状测深，从数据显示发展到水下图像显示和实时绘图。

地下水资源探测技术

地下水是水资源的重要组成部分，由于水量稳定、水质好，是农业灌溉、工矿和城市的重要水源之一。高效率、高精度勘查地下水对解决水资源短缺问题具有重要意义。

通常而言，当地质单元含有地下水后，会呈现明显的高导电性，电导率异常是地下水地球物理法探测的主要依据。包括电阻率法、激发极化法、瞬变电磁法、地面核磁共振法等。

除地球物理法外，在地下水探测中还经常使用到的有地下磁流体探测方法和遥感技术探测法等。

2. 水资源监测技术

水资源监测指对水资源的数量、质量、分布状况、开发利用保护现状进行定时、定位、定量分析与观测的活动。通过水资源的监测，可以及时了解水量和水质的动态变化，掌握其变化规律，从而为制订水资源的开发利用和保护方案提供科学依据。

水量监测技术

水量的监测方法简便易行。对地表水资源，可以通过水位观测和测验流量来确定水量。对地下水资源可以通过观测孔或泉水流量的变化来进行监测。水量水位监测的频率可以根据水体的具体特性和监测的要求来确定，在进行水量监测时，要尽可能利用当地气象站、水文站的资料。

水质监测

水质监测指监视以及测定水体中污染物的种类、浓度及变化趋势，以此评价水质状况。主要监测项目可分为两部分：一部分是表征水质状况的综合指标，如色度、温度、pH值、浊度、电导率、溶解氧、悬浮物、生物需氧量以及化学需氧量等；另一部分是监测对人体有毒的物质，如氰、酚、砷、铬、铅、汞、镉以及有机农药等。

传统水质监测技术因其比较完善的检测系统和标准，目前仍有广泛应用，如表7-1所示。

表7-1　传统项目检测技术

检测项目	分析方法
硫酸盐（毫克／升）	铬酸钡分光光度法（HJ／T 342—2007）
总硬度（毫克／升）	EDTA滴定法（GB 5750—85）
高锰酸盐指数（毫克／升）	酸性法（GB 11892—89）
氟化物（毫克／升）	离子选择电极法（GB 7484—87）
pH值	玻璃电极法（GB 5750—85）
氯化物（毫克／升）	硝酸银滴定法（GB 11896—89）
色度	铂钴比色法（GB 11903—89）
亚硝酸盐氮（毫克／升）	流动注射
硝酸盐氮（毫克／升）	流动注射
氨氮（毫克／升）	流动注射
浊度（NTU）	浊度仪法（GB 13200—91）

除传统方法外，一些新技术也逐渐应用到水质监测中，如光吸收散射光纤传感器、荧光猝灭光纤传感器、SPR光纤传感器等。

（二）人类对水资源的利用技术

水资源的利用问题需要综合考虑技术、经济、社会、环境等因素，水资源具有时空分布不均匀的特性，许多地区水资源的供应情况已不能满足发展需求，为对水资源进行充分利用，涉及取水、调水、净水、排水和节水等环节。

1. 取水技术

自农业社会灌溉取水开始，取水技术就在不断地进步与发展，从临近的地面水源，到地下水源的开采。古代传统的取水技术和工具主要包括：水井、桔槔、辘轳、翻车和渴乌、筒车和立井。进入近代工业社会，随着城市的发展，水厂、水库等不断修建，结合各地具体情况，取用湖泊淡水、河床水和地下水。随着社会发展、用水量的增加以及环境的日益恶化，传统取水技术直接利用的淡水资源越来越稀缺，已不足以满足用水需求，一些新的取水技术不断涌现。

空气取水技术

冷却结露式取水，主要通过空气冷却器实现，在湿空气与表面温度较低的冷却器接触的过程中，当温度低于空气露点温度时，空气中的水蒸气会凝结。

吸湿/解吸式取水，通过利用干燥剂表面的蒸汽压与环境空气的蒸汽压的差值作为吸湿动力，再利用外界能量提高干燥剂的蒸汽压来解吸再生。

海洋取水技术

主要包括抛管、渗井取水和直接取水三种方式，三种取水方式对比如表7-2所示。

表7-2　海水取水方式对比

取水方式	抛管	渗井取水	直接取水
使用场合	无打井条件小型建筑	有打井条件的建筑	温热带地区超大型集中建筑
热源温度	<海水温度	>海水温度	=海水温度
换热效率	差	较好	较好
制热效率	低	中	高
初投资	低	中	高
运行费用	中	低	高
维护费用	低	中	高

2. 调水技术

跨流域调水是通过大规模的人工方法从余水流域向缺水流域大量调水，以便促进缺水区域的经济发展和缓解流域人畜用水的矛盾。调水工程功能主要包括航运、灌溉、供水、水电开发、综合开发和除害（如防洪）等。

对于长距离大流量调水工程，随着科技的发展，需不断更新设备配置，应用新技术。如泵型选择包括贯流泵、立式轴流泵等；对长距离有压输水工程，通过全边界条件过渡过程分析，合理配置调压塔、调流调压阀及安全阀井设备。

3. 净水技术

在自然环境下，水体本身即具有一定的自净能力，广义是指污染物排入水体后，经过水体中物理化学与生物作用，使水中污染物浓度降低，经过一段时间后，基本或完全恢复到受污染前的水平；狭义则是指微生物氧化分解有机物而使水体得以净化的过程。

社会环境下，城市饮用水净化技术不断发展更新，对提高饮用水质量有着至关重要的作用。

20世纪初，主要使用的是混凝-沉淀-过滤-氯消毒的常规工艺，可称为第一代工艺，流程图如图7-2所示。

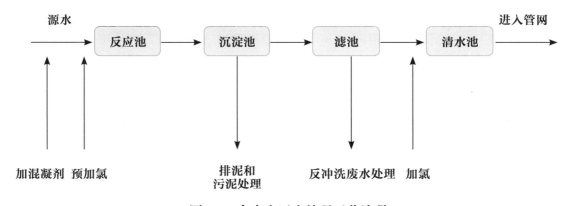

图7-2 自来水厂水处理工艺流程

20世纪70年代，饮用水中发现种类众多的对人体有毒害的微量有机污染物和氯化消毒副产物，因此，第二代工艺在第一代工艺的基础上，加入了臭氧-颗粒活性炭，也称为深度处理工艺。

20世纪末期，为了解决第一代和第二代工艺难以解决的新的生物安全性问题，随之新发展起来的超滤技术成为当前保障饮水生物安全性最有效的技术，被称为第三代工艺，处理流程为：原水—膜前处理单元—超滤处理单元—膜后处理单元—优质水。

超滤（UF）是在静压差推动力作用下进行溶质分离的膜过程，可分离的组分直径为0.005~10微米，可分离溶液中的大分子、胶体、蛋白质、微粒等。超滤净水工艺包括：

原水直接超滤，可大幅缩短水处理流程，但对有机物的处理率不高。

混凝＋UF工艺，将混凝作为超滤的预处理，最大限度去除水中可凝聚小分子有机物和大分子有机物。

粉末活性炭（PAC）＋UF工艺，可克服单独使用活性炭出水含有一定量细菌又可缓解单用超滤技术的膜污染和膜阻塞问题。

臭氧活性炭＋UF工艺，是目前去除饮用水中有机污染物最为有效的方法之一，通过改变臭氧浓度和臭氧投加量，可处理不同程度的微有机污染水质。

生物反应器＋UF工艺，将膜生物反应器（MBR）作为超滤的预处理。

胶束强化超滤工艺（MEUF），将表面活性剂和超滤膜结合起来，当表面活性剂在水中达到临界胶束浓度（CMC）时聚集成胶团，胶团对重金属离子和小分子有机物有增溶作用，使水中污染物转移到胶团，再经过超滤膜过滤被截留。

4. 排水技术

排水技术是指人为控制水的流向，排出与处理多余水量的措施和方法。

农田除涝排水技术

农田排水是改善农业生产条件，保证作物高产稳产的重要措施之一，明沟、暗管、竖井及泵站抽排等是典型的农田除涝排水工程技术。明渠排水是最早发展起来也是运用最为广泛的排水措施；暗管排水可减少明沟的占地面积，管护简单，降渍效果好，但排地表水效果不佳，工程建设投资较大，施工技术要求较高。明暗组合排水技术方式将成为未来农田除涝排水工程技术的发展方向。

为了减少不必要的土壤水肥流失，发达国家发展并应用了控制排水技术，20世纪60年代出现了开沟铺管机，随后又出现无沟铺管技术，为现代化暗管排水技术的发展和推广提供了支撑手段。

建筑排水和室外排水

建筑排水的内容因建筑物性质功能不同而有所不同，但基本包含生活污废水排水、雨水排水；稍为复杂的有空调排水、设备机房排水、厨房排水、消防排水，其排水方式为重力或压力。

室外排水系统由排水管道、检查井、跌水井、雨水口和污水处理厂等组成。室外污水排除系统可以采用合流制和分流制。

目前，在城市排水中的一些新型技术包括：

压力排水，无须坡度不受高程和输送距离的限制，在重力排水困难时，可灵活应用。

真空排水，室内真空排水即采用真空坐便器、真空控制技术、真空泵、罐，利用真空管道把生活污水收集到密闭罐中，再用污水泵送至室外污水管网。室外真空排水技术，是常规重力排水技术的重要补充，可用于解决重力排水施工盲区内的污水收集问题。

同层排水技术，是建筑排水领域发展方向，主要指卫生间生活排水横支管不穿越楼板敷设，排水支管与排水器具在同一层。

最佳管理措施／低影响开发技术：主要针对雨水径流的收集与利用，如植草沟、生物滞留池等，减少短时强降雨对城市雨水管网的压力，有效缓解城市化带来的道路不透水面积增加，土壤下垫面硬化造成的径流总量、径流峰值增加等问题。

5. 节水技术

节水技术是一切能够节省水资源或在相同用水量下获得更多回报的工艺技术措施和管理手段的总称。节水技术大致可以分为四大类：①水资源的合理开发、收集和优化利用技术。②在用水过程中，通过各种各样的工程技术手段、管理手段，达到节水目的的技术。③使用后的废水回收再循环技术。④对恶劣水质的水进行改造，改变其功能，使之成为可用水的技术。

农业节水技术

低压管道输水灌溉技术，是农田节水灌溉的主要应用推广技术之一，技术简单，投资成本较低，解决了输水过程中水的渗漏损失，加快输水速度，但不能解决田间水的损失。

微灌技术，包括喷灌和滴灌，具有节水、省工、节地、增产的效益，对地形和土质适应性强，但技术要求较高，需要较高的管理水平。

渠道防渗技术，广泛应用于地表水灌区，施工和维护技术简单，投资小，但田间工程占地较多，受地形条件限制。

梯度用水，根据生产工艺中各环节用水的不同水质标准，在满足工艺的条件下，利用某些环节的排水作为另一些环节的供水，水质浓度梯级提高，从而提高水的重复利用。

梯度回用水，在梯度用水过程中，某些环节用水可以经过一些水处理技术完成水质浓度梯级的降低，达到上一级用水的要求，进行再次利用。

城市生活节水技术

污水回用，也称再生利用，指污水经处理达到回用水要求后，进行再利用，城市污水回用的主要对象包括工业、农业、城市杂用、景观娱乐、补充地表水和地下水等。

雨水利用，建立屋面雨水集蓄系统、雨水截污与渗透系统、生态小区雨水利用系统等，将雨水用作喷洒路面、灌溉绿地、蓄水冲厕等城市杂用水。

（三）水体污染源治理技术

水体污染源是指向水体释放或排放污染物或造成有害影响的场所、设施，通常包括污染物进入水体的途径。水体污染最初主要是自然因素造成的，如地面水渗漏和地下水流动将地层中某矿物质溶解，使水中的盐分、微量元素或放射性物质度偏高而使水质恶化。在当前条件下，工业、农业、交通运输业高度发展，人口大量集中于城市，水体污染主要是人类的生产和生活活动造成的。

1. 点源污染治理技术

点源污染是指有固定排放点的污染源，如工业废水及城市生活污水，由排放口集中汇入江河湖泊。点源污染的治理首先应从源头进行，控制并减少污水的产生，降低废水中污染物浓度。例如，工业污水二次利用；污水深度处理为中水，作为循环冷却用水，工业废水罐运到回收点集中处理，开展循环经济，在园区内实现零污染、零排放。

对于已经排放的污水，需进入污水处理厂，通过末端治理再排入自然水体。

传统污水处理工艺

根据污水来源的不同，污水处理可分为生产污水和生活污水处理，城市废水是指城市内生活污水、工业废水和大气降水的混合物。

传统的污水处理方法可分为物理法、化学法和生物法，其中生物法按照微生物生长方式，又可分为以活性污泥法为代表的悬浮生长法和以生物膜为代表的附着生长法。

传统活性污泥法（CAS），由曝气池、二沉池和污泥回流管线及设备组成。

生物膜法，包括生物滤池、生物转盘、生物流化床法、生物膜反应器等，基本原理是通过废水与生物膜的相对运动，使废水与生物膜接触，进行固液两相的物质交换，并在膜内进行有机物的生物氧化，使废水得到净化。

生物接触氧化法，是介于活性污泥法与生物滤池之间的生物膜法。

污水处理新工艺

在传统处理工艺的基础上，近年来又开发了许多废水处理的新工艺。

AB（adsorption bio-degradation）法，吸附生物降解法，是一种新型的活性污泥法，A段和B段可分期建设。

SBR（sequencing batch reactor activated sludge process）法，也称间歇式活性污泥法，主要变形工艺有间歇式环延时活性污泥工业（ICEAS）和循环式活性污泥工艺（CAST），可实现高浓度进水、高容积负荷和高去除率。

A^2／O法（厌氧-缺氧-好氧）常用的脱氮除磷工艺。

MSBR（modified sequencing batch reactor）法，改良式序列间歇反应器，是A^2／O法和SBR工艺的组合，出水水质稳定。

CASS（cyclic activated sludge system），将序批式活性污泥法SBR反应池沿长度方向分为两个部分，前部为生物选择区也称为预反应区，后部为主反应区。

氧化沟，又名氧化渠，属于悬浮生物处理技术，机理上类似于延时曝气工艺。

污泥处理与处置

污水处理后的污泥需进行浓缩、调质、脱水、稳定、干化或焚烧等减量化、稳定化、无害化的加工。目前污泥处理处置的主要方法包括土地利用（土壤改良、堆肥、矿石复垦）、卫生填埋、焚烧、湿式氧化、热解、气化、炭化和用于水泥生产等。

2. 城市面源污染治理技术

面源污染是指在较大范围内，溶解性或固体污染物在雨水径流的作用下进入受纳水体，进而造成水体污染，城市面源污染对城市水环境具有很大的危害。

城市面源污染控制措施中以美国的暴雨最佳管理措施（best management practice，BMP）最为系统和全面，美国环保局对BMP的定义为"为预防和减少全国水体污染而采取的行动计划、预防措施、维护手段及其他管理措施"，BMP包括非工程措施和工程措施两类。在BMP的基础上，发展起了低影响发展（low-impact development，LID），旨在通过分散的、小规模的源头控制来达到对暴雨所产生的径流和污染的控制，使开发地区尽量接近于自然的水文循环，相比于传统的BMP，LID技术占地少，设施分散，可与规划中的景观建设相结合。

以LID技术为核心，我国提出了"海绵城市"，通过构建低影响开发雨水系统，使城市在适应环境变化和应对暴雨带来的自然灾害等方面具有良好的"弹性"，在下雨时吸水、蓄水、渗水、净水，需要时再将蓄存的水"释放"并加以利用。

几种典型的低影响开发措施包括：植草沟，主要控制以薄层水流形式存在的地表径流，既可以输送径流，也可对径流中的污染物进行处理。

生物滞留池，又称雨水花园或生物入渗池，运转类似于自然或非城市区域，可以有效地控制径流、促进渗透和蒸发、补给地下水、削减洪峰、保护河流渠道和削减污染物负荷等。

绿色屋顶，由植被、培养基质、过滤层和排水材料等构成的一个小型排水系统。

透水路面，采用透水性较好的材料铺设路面，对悬浮物及金属颗粒等有较好的祛除效果。

除了BMP、LID和海绵城市外，类似概念还有英国的可持续城市雨水系统（sustainable urban drainage system）、澳大利亚的"水敏感城市设计"（water sensitive urban design）和绿色基础设施（green infrastructure）等。

3. 农业面源污染治理技术

农业面源污染主要包括农用化学品污染（化肥、农药等）、集约化养殖场污染、农村生活污水污染等方面。面源污染已成为我国农村的主要污染源，也是导致河流、湖泊水体富营养化的重要污染源。

农村生活污水治理技术

人工湿地污水处理系统，利用自然生态系统中的物理、化学和生物的三重协同作用来实现对污水的净化。

蚯蚓生态滤池处理系统，该工艺近年来在法国和智利发展起来，仅通过向土壤处理系统中接种蚯蚓，改善生态滤池的处理环境，提高污水处理效率，适用于农村生活污水处理。

稳定塘处理系统，是利用天然净化能力的生物处理构筑物的总称，主要利用菌藻的共同作用处理废水中的有机污染物。

生活垃圾和农业废弃物处理技术

生活垃圾、农作物秸秆及畜禽养殖粪便等是我国农村主要的固体废弃物，目前的主要处理方式为"村收集—镇转运—县（市）集中处理"，大部分被集中填埋或焚烧，少部分与农作物秸秆、畜禽养殖废弃物等进行堆肥化处理。

秸秆及畜禽粪便可利用沼气池，通过微生物发酵作用，将有机物质在厌氧环境下，产生可燃气体，即沼气。

农业化学品减量化技术

化肥减量化技术，主要包括氮肥运筹优化技术、种植制度优化技术、缓控释等新型肥料技术和施加土壤改良剂控制氮、磷流失等。

农药减量化与残留控制技术，当前主要发展趋势是由化学农药防治逐渐转向非化学防治技术或低污染的化学防治技术。

污染物质的生态拦截技术

农业面源污染物质大部分随降雨径流进入水体，在其进入水体前，通过建立生物（生态）拦截系统，有效阻断径流水中的氮、磷等污染物进入水环境，如设置宽广的生物隔离带来控制氮、磷的径流迁移。

（四）陆地水污染的治理技术

水污染是指水体因某种物质的介入，而导致其化学、物理、生物或者放射性等方面特性的改变，影响了水的有效利用，危害人体健康或者破坏生态环境，造成水质恶化。水污染治理是对水污染采用工程和非工程的方法进行改善或消除的过程，陆地系统水污染治理主要包括地表水和地下水的治理。

1. 地表水污染的治理技术

地表水污染后的治理措施，要根据污染状况、范围、性质、水文地质条件和使用要求等，通过经济技术比较确定。治理措施主要包括：强排，地表水出现有机污染物质后，采取强排方法，使已被污染的水直接排出，促进净化，改变地表水径流条件，加速水的交替循环，以达到改善水质的目的。

人工补给被污染的地表水，使其稀释和净化。

物理、化学和生物方法进行处理。物理修复法和化学修复法是清除环境污染物的传统方法。①物理法，处理对象主要是悬浮态和部分胶体回收废水中的污染物。②化学法，利用化学反应去除水中的污染物，处理对象主要是无机物质和少数难以降解的有机物质，主要有化学吸附、化学沉淀、氧化还原、水解等过程使污染物浓度降低。物理法和化学法，处理费用相对较高，操作复杂，且存在二次污染的可能性。③生物法，近年来新兴的一门环境生物技术，主要包括微生物修复和植物修复。

海洋污染的生物修复，包括多环芳烃（PAHs）有机污染的生物修复、石油污染的生物修复、农药污染的生物修复、赤潮灾害的生物防除以及海洋环境中病原菌污染的生物修复。

河道的微生物修复，可采用直接河道曝气的方法，提高河道水环境的质量，也可以采用生物膜法，利用填料上的微生物降解有机污染物。

大型水生植物对湖泊的净化，主要通过水生植物对营养物质的吸收、植物叶冠的覆盖遮光、根区分泌物质对藻类的杀伤作用等途径净化水体，去除营养物质，以控制藻类的快速繁殖，达到治理富营养化湖泊的目的。

2. 地下水污染的治理技术

地下水污染治理技术归纳起来主要有物理处理法、水动力控制法、抽出处理法和原位处理法。

物理法

屏蔽法，在地下建立各种物理屏障，将受污染水体圈闭起来，以防止污染物进一步扩散蔓延，常用的有灰浆帷幕法、泥浆阻水墙、振动桩阻水墙、板桩阻水墙、块状置换和合成材料帷幕圈闭法等。总体上，只有在处理小范围的剧毒、难降解污染物时才可考虑的一种永久性的封闭方法，多数情况下，只在地下水污染治理的初期，被用作一种临时性的控制方法。

被动收集法，在地下水流的下游挖一条足够深的河道，在沟内布置收集系统，将水面漂浮的污染物质如油类污染物等收集起来，或将所有受污染地下水收集起来以便处理。

水动力控制法

利用井群系统，通过抽水或向含水层注水，人为改变地下水的水力梯度，从而将受污染水体与清洁水体分隔开来。可分为上游分水岭法和下游分水岭法。

抽出处理法

受污染地下水抽出后的处理方法与地表水的处理相同。

物理法，包括吸附法、重力分离法、过滤法、反渗透法、气吹法和焚烧法等。

化学法，包括混凝沉淀法、氧化还原法、离子交换法和中和法等。

生物法，包括活性污泥法、生物膜法、厌氧消化法和土壤处置法等。

原位处理法

可减少地表处理设施，最大程度地减少污染物的暴露，减少对环境的扰动，且处理费用相对节省。

物理化学处理法，包括加药法、渗透性处理床、土壤改性法、冲洗法和射频放电加热法。

生物处理法，原理为自然生物降解过程的人工强化，即通过采取人为措施，如添加氧和营养物等，刺激原位微生物的生长。包括生物气冲技术、溶气水供氧技术、过氧化氢供氧技术。

三、水圈（海洋系统）

地球表面积5.1亿千米^2，其中海洋表面积3.61亿千米^2，占地球的70.8%。海洋中丰富的生物资源、矿产资源、水资源和热能资源等是全人类共同的宝库，开发海洋资源、保护海洋是人类共同的目标和责任。

（一）海洋资源探测利用技术

开发利用丰富的海洋资源是当今世界各发达国家进行实力竞争的热点之一，其中深海是国际海洋科学技术的热点领域，也是人类解决资源短缺、拓展生存发展空间的战略必争之地。迅速发展的深潜技术是人们打开海洋资源宝库大门的金钥匙，依托于深潜技术等勘测技术与其他开采技术的发展，人类对海洋生物及矿物资源的利用将达到全新的高度。近几年，我国完成了多项深海潜水器的开发与研制。2012年7月，"蛟龙号"在马里亚纳海沟试验海区创造了下潜7062米的中国载人深潜纪录，同时也创造了世界同类作业型潜水器的最大下潜深度纪录，标志着中国继美国、法国、俄国、日本之后，中国成为第五个掌握6000米级大深度载人深潜技术的国家。"海马号"是中国自主研制的首台4500米级深海无人遥控潜水器作业系统，是我国迄今为止自主研发的下潜深度最大、国产化率最高的无人遥控潜水器系统。

1. 海洋深潜技术

潜水器通常包括遥控潜水器（ROV）、自治潜水器（AUV）和载人潜水器（HOV）三种类型。AUV可隐蔽地实施长距离、大范围的搜索和探测，不受海面风浪的影响；ROV将人的眼睛和手"延伸"到其所到之处，信息传输实时、可长时间水下定点作业；HOV可以使人亲临现场进行观察和作业，其精细作业能力和作业范围优于ROV。人类利用潜水器探索海洋已经走过了五十年的历程，在地质、沉积物、生物、地球化学和地球物理等方面获得许多重要发现。当前潜水器的发展呈现两大趋势：一是多功能复合型方向，二是向更大的深度——全海深进军，全海深潜水器又分为无人式和载人式。最具代表性的全海深无人复合型潜水器是"海神"号（Nereus），其兼具AUV和ROV两种潜水器的功能：可以在无缆状态下进行大范围的海底探测，也可以在船上转换到携带轻质光纤缆的ROV模式。完成任务后，"海神"号可以自动切断光纤，抛弃压载，自由上浮到水面回收。现役的深海载人潜水器（最大下潜深度超过2000m）共有8条，分别是美国的"Alvin"号，俄罗斯的"Mir-1"号、"Mir-2"号、"Rus"号、"Consul"号，中国的"蛟龙"号、日本的"Shinkai 6500"号和法国的"Nautile"号。

全海深潜水器的水动力设计以满足功能要求和总体布置需求为前提，围绕阻力计算与型线优化设计、稳定性和操纵性控制以及上浮、下潜过程速度和姿态模拟而展开的。为适应全海深作业的需要，潜浮运动速度和稳定性的分析将是水动力学的研究重点。形成的新的技术发展趋势是：①采用了更多创新的上浮下潜方式；②更加重视学科间的协同优化效果，总体型线优化和局部型线优化相结合；③加强黏性阻尼系数计算、非对称型体水动力参数预报、基于时变的潜浮运动路径和操纵性控制技术、CFD技术、数值水池以及模型试验技术的研究。

2. 海洋生物资源的开发利用

海洋生物资源含有丰富的营养成分及对人体新陈代谢具有正向调节作用的特殊成分，为海洋食品、海洋制药和生物材料研制和开发利用提供丰富原料资源。水产品含有的水产蛋白占人类使用动物蛋白的20%，水产糖类是食品胶、功能性食品基料、海洋药物的重要原料，水产脂质是人类膳食高不饱和脂肪酸的重要来源。目前，全世界有1／6的人口将鱼类作为主要的动物蛋白质来源。

开发利用海洋生物资源涉及的关键工程与科学技术包括：

海水养殖。海水养殖生物遗传育种技术、多营养层次的生态工程技术、水产病害的诊断和流行病学监控技术、饲料工业技术和深海网箱技术等综合构成了当前海水养殖工程技术的发展。

近海生物资源养护和管理。主要运用于建立海洋牧场和人工鱼礁。

远洋渔业资源的开发。30多年来，过洋性和大洋性远洋渔业的作业渔场遍布38个国家的专属经济区、三大洋及南极公海水域，2014年远洋渔船规模达到2460艘，该领域的发展依托于渔船及附属设备的建造及加工技术的发展。

海洋食品质量安全与加工流通。海洋食品质量安全研究已经有了显著的加强，主要体现在海洋食品的风险分析、安全检测、监测与预警、代谢规律、质量控制、全程可追溯等方面的技术和能力的提高。

海洋药物与生物制品。海洋药物研发方兴未艾，海洋生物制品新产业发展迅猛，以各种海洋动植物、海洋微生物等为原料，研制开发海洋酶制剂、农用生物制剂、功能材料和海洋动物疫苗等海洋生物制品是目前海洋生物产业资源开发的热点。

3. 海洋矿产资源的开发利用

海底蕴藏着丰富的矿产资源，是未来人类开发利用有价金属（铜、锰、镍、钴、稀土金属等）和能源资源的重要原料来源。

海洋矿产资源远的开发利用技术主要分为勘探和开发两个部分，目前前沿的深海能源、矿产资源勘探开发共性技术研究主要包括：

大直径随钻测井系统。研制适应具备高速传输和方位测井等技术特征的新一代大直径随钻测井系统。

深水油气勘探开发工程新技术。针对深水及复杂油气构造、超深水和极地等环境下油气勘探开发，研究拖曳式电磁勘探、高精度重磁勘探、多用途海洋模块化钻机、极地冰区钻井、新型平台、新一代水下生产系统、新型管／缆、深水油气工程特殊材料等新技术。

近海底原位多参量地球化学测量技术装置。实现甲烷、硫化氢、二氧化碳浓度和碳同位素以及其他痕量气体同步探测。

多金属结核开采技术及试应用。针对海底多金属结核开发的科技需求，研究1000～3000米级试开采技术方案及成套技术装备，建立环境影响评价模型和预测方法，开展试验应用。

海洋水合物试采技术和工艺。重点开展大尺度水合物试采模拟技术、海域水合物开采方法适应评价、试采井和监测井设计及储层保护技术、水合物矿体钻完井技术、连续排采和防砂、防堵工艺及装备、试采工艺及配注装备研究。5月18日，中国南海神狐海域可燃冰试采成功并实现连续187个小时的稳定产气便是海洋水合物试采技术重大进步的体现，利用"地层流体抽取试采法"，有效解决了储层流体控制与可燃冰稳定持续分解难题，并成功研发了储层改造增产、可燃冰二次生成预防、防砂排砂等开采测试关键技术，配套的海上钻井平台"蓝鲸一号"（目前世界上最先进的双井架半潜式钻井平台），可适用于全球任何深海作业。

4. 海洋水资源的开发利用

全球水资源总量中近97.5%的水为海水等咸水资源，如今由于开发与污染，可用的淡水资源日渐减少且数据显示世界上超过70%的人口居住在距海边70千米的范围内，因此20世纪后半叶以来，海水淡化被认为是最实用的能持续提供淡水来源的方法。相比另两种常用淡水取用方式——地下取水和远程调水，海水淡化能耗低，原水资源丰富，因而进入新世纪后被世界各国认为是最可行和最经济的淡水取用方式。

海水淡化方法主要分为化学方法和物理方法：当盐水分离过程中有新物质生成时，则该海水淡化方法属于化学方法，反之则属于物理方法。在物理方法中，利用热能作为驱动力，盐水分离过程中涉及相变的归类为热方法，主要包括多级闪蒸、多效蒸馏、压汽蒸馏、冷冻法和增湿除湿等方法；利用膜（半透膜或离子交换膜等）进行盐水分离且不涉及相变的则归类为膜方法，主要包括反渗透和电渗析等方法；此外，物理方法中还包括溶剂萃取法。而化学方法主要包括水合物法和离子交换法。若将海水淡化技术按照从海水中分离出的物质（水或盐分）的标准进行分类，则除电渗析和离子交换法属于从海水中分离出盐分外，其他方法均属于从海水中分离出水。而冷冻法和水合物法的分离过程都涉及结晶，因此二者通常又被归类为结晶法。值得注意的是，大多数海水淡化技术都适用于废（污）水净化，尤其是反渗透法。

5. 海洋热能的开发利用

海洋热能是一种重要的海洋能，狭义的海洋热能是指海洋温差能，广义的海洋热能是指海水由于与环境在热力学参数上存在差异而产生的可资利用的热能。海洋热能储量巨大，其每年储量的估算值约为4.4×10^{16}千瓦时，具有广阔的开发利用前景。当前，海洋热能利用技术主要包括海洋温差能发电技术、海洋温差能制淡技术以及海水源热泵技术。

发电技术要求海水温差不小于20℃，海洋温差发电技术的基本原理：利用海洋表面的温海水加热某些低沸点工质并使之汽化，或通过降压使海水汽化以驱动汽轮机发电；同时利用从深海提取的冷海水将做功后的乏汽冷凝，使之重新变为液态，形成系统循环。1979年，世界上第一个具有净功率输出海洋热能转换（ocean thermal energy conversion，OTEC）装置，名为"MINI-OTEC"的50千瓦漂浮闭式循环OTEC电站在美国夏威夷建成，这是海洋热能利用历史性的发展。1981年，东京电力公司在瑙鲁建造全岸基闭式循环OTEC电站，发电功率为120千瓦。我国国家海洋局第一海洋研究所于2012年成功建成了15千瓦闭式温差能发电装置，填补了我国在此领域的空白；海水温差能制淡技术要求海水温差不小于10℃。目前，该技术主流研究方向仍是常规的海水淡化技术，如多级闪蒸、反渗透和多效蒸馏等方法。但常规技术往往存在高能耗、高费用和装置不耐腐蚀等缺点。海水源热泵技术则在不同纬度地区、不同季节均能应用，利用海水潜热作为热泵热源可以同时满足温度和湿度的要求并减少温室气体的排放，2008年青岛奥帆委媒体中心采用了海水源热泵空调系统，每年可节约运行资金12万元。

（二）海洋污染问题的治理技术

海洋污染主要包括以下三种：①陆源污染，该类污染以近海海域塑料类、泡沫类、木制品类垃圾为主，还包括工业废物、城镇生活垃圾、农业养殖造成的垃圾等；②海洋工业污染，主要指海洋油气开采、运输船舶排放以及海上事故引发的污染，总体来看，海洋水体油污染的自然来源约占92%，人类活动来源约占8%，对环境影响最严重的是突发性溢油事故；③赤潮，粗放式的近海养殖和捕捞带来大量排泄物、钓饵等垃圾产生大量氮磷，造成水体富营养化，引发赤潮。据估算，全球每年因海洋生态破坏造成的经济损失高达833亿元。

1. 物理化学处理技术

物理处理法就是使用物理方法和机械装置消除海面污染。2014年，联合国环境规划署授予19岁的荷兰大学生博扬·斯莱特（Boyan Slat）最高环境荣誉"地球卫士奖"。斯莱特设计了一个装备有巨型漏斗的设备，借洋流自身的运动运转来拦截和清理海洋白色污染，既节省燃料费用，又避免燃料污染。据计算，项目可在10年内清理太平洋上一半的垃圾。物理手段处理海面石油污染的步骤通常如下：先利用围油栏将泄漏到海面上的油污围住，阻止其往外扩散，随后用无机多孔物质或者高分子材料制造的具有亲油憎水特性的吸油材料吸附海水表面的石油，之后通过回收工艺将石油回收。

化学处理方法主要用于处理石油污染和赤潮污染。石油污染的化学处理方法分别为燃烧法、乳化剂、凝油剂以及集油剂等：燃烧法就是通过燃烧在短时间内将海水表面的浮油烧净，但是在燃烧过程中会因为燃烧不完全等原因产生浓烟和芳烃化合物，对大气和海洋仍会造成一定的污染；乳化剂就是通过将油粒分散成小油滴的形式达到帮助降解的目的，这种方法具有一定的局限性，只能用于处理低浓度油，并且在使用时还需考虑其毒性；凝油剂，顾名思义就是通过化学反应将油凝聚成浓稠物，再用机械方法对凝聚物进行处理；集油剂的工作原理就是先增加油表面张力和油膜厚度，再利用物理方法除去。赤潮的化学处理方法主要分为向发生赤潮的海域中加入药剂（如硫酸铜等），抑制或杀死水中藻类，降低营养盐浓度或采用混凝剂如铁盐、铝盐、黏土等来沉淀赤潮藻类。

2. 生物处理技术

生物处理技术主要应用于处理石油污染和赤潮。相比于物理法和化学法，生物处理法对环境和人造成的影响更小，并且使用生物法能够比化学法和物理法节省40%~60%的费用。目前，生物法因为其二次污染小、投入少等优点被广泛使用，成为目前最经济有效和最有前途的一种环境治理方法。

对于石油污染生物修复的手段往往包括：①通过使用活性剂，增加海水中的微生物与石油的接触面积，促进微生物降解；②增加微生物的种群数量，通过向受污染海水投入高效降解石油的微生物实现；③向需要除污的海水中投放氮、磷等营养源，帮助微生物对石油进行降解。现在关于应不应该利用生物修复法，学术界存在较大的分歧，因此针对投加营养盐进行石油污染海洋环境生物方面的研究较多。

对于赤潮污染，生物修复手段主要包括种植水生植物和养殖浮游动物。种植水生植物是预防富营养化进而防止赤潮发生的主要措施。据报道，在近海富营养化水域种植水生高等植物，通过植物根系的吸收和吸附作用，可有效去除水体中的氮、磷，净化水质。另外，还有研究发现水生动物对净化水体有显著效果，它们可直接吸收营养盐类，食用有机碎屑和浮游植物，降低水体氮、磷浓度，除掉藻类等。浮游生物养殖可以直接作用于赤潮本身，可在赤潮多发区养殖某些海藻，用以吸收富余的氮和磷；

采用蓝藻分泌物的相互抑制作用来治理甲藻；养殖贻贝以吸收赤潮藻类等。

四、土壤-岩石圈

地球由地壳、地幔与地核组成，其中地壳和上地幔顶部都是由岩石组成的，这一部分被统称为岩石圈，岩石圈是大量矿产资源的主要载体，也是人类勘探利用矿产资源的作用对象。土壤圈指岩石圈最外面一层疏松的部分，有生物栖息在土壤圈表面或者内部，土壤圈是联系有机界和无机界的中心环节，也是与人类关系最密切的一种环境要素。

（一）土壤-岩石圈探测利用技术

对于土壤-岩石圈的地质勘测主要有工程地质勘测技术和地球物理勘测技术。容易收集的储油层大量石油被收集后，剩余石油的开采技术主要包括注水开采和注气开采。

1. 地质勘探技术

地质勘探技术主要包括工程地质勘探技术和地球物理勘探技术。

工程地质勘探指利用一定的机械工具或开挖作业深入地下了解地质情况的工作。在地面露头较少、岩性变化较大或地质构造复杂的地方，仅靠地面观测往往不能弄清地质情况，这就需要借助工程地质勘探技术来了解和获得地下深部的地质情况和资料。工程地质常用的勘探技术有钻探和开挖作业两大类。钻探方法可分为回转钻进和冲击钻进：回转钻进，指在轴心压力作用下的钻头用回转方式破坏岩石进行钻进，回转钻进是钻进岩石的主要方法，为了保持岩心的天然状态，冲洗液通常采用清水。冲击钻进，利用钻具自重反复对孔底进行冲击而使土层破坏的一种钻进方法，冲击钻进又可分为人力冲击和机械冲击两种方式。开挖作业为在地表或地下挖掘的不同类型的坑道工程。主要形式有探坑、探槽、竖井和平洞等。其特点是地质人员可直接观察被揭露出的地质现象，采取各种岩土试验样品和直接进行岩土原位试验。

地球物理勘探指对地球的各种物理场分布及其变化进行观测，探索地球本体及近地空间的介质结构、物质组成、形成和演化，研究与其相关的各种自然现象及其变化规律。在此基础上为探测地球内部结构与构造、寻找能源、资源和环境监测提供理论、方法和技术，为灾害预报提供重要依据。地球物理勘探常利用的岩石物理性质有密度、磁导率、电导率、弹性、热导率、放射性。与此相应的勘探方法有重力勘探、磁法勘探、电法勘探、地震勘探、地温法勘探、核法勘探。从测量所在的空间位置和区域的不同又可以划分为地面地球物理勘探、航空地球物理勘探、海洋地球物理勘探、钻孔地球物理勘探等。

2. 矿物开采技术

当储油层大量容易被开采的石油被收集后，往往需要对难以收集的部分进行"二次开采"，此时，主要依赖于注水开采技术和注气开采技术两大类技术。

注水开采法是指油田开发过程中，通过专门的注入井将水注入油藏，保持或恢复油层压力，使油藏有很强的驱动力，以提高油藏的开采速度和采收率。根据油藏的构造形态、面积大小、渗透率高低、油、气、水的分布关系和所要求达到的开发指标，选定注水井的分布位置和与生产井的相对关系才能确定水驱油的方向，注水方式包括环状注水、行列注水、面积注水等。通过注水压裂，可以大幅度提高油气，特别是页岩油等非常规油气资源的产量，保证全球的能源供给。但同时也应注意，为达到较好的效果，注入的压裂液中往往含有多种化学添加剂，诸如表面活性剂、氯化钾、凝胶剂、防垢剂、酸碱调节剂、交联剂、破胶剂、铁离子稳定剂、缓蚀剂、杀菌剂、减阻剂及酸等，有可能造成地下水的污染，因而有一些国家明确立法规定禁止进行水力压裂。

20世纪50年代前注气开采法开始被推广。注入油藏的气体一般为天然气，因为空气中所含的氧与油气中的气体相混合，有引起爆炸的危险，此外，还有腐蚀等问题，因此一般不用。凝析油气藏通过循环注干气，可以提高凝析油的采收率；对有一定构造倾角的油藏注气，可利用油气重力分异驱油；巨厚块状油藏注气，有利于改善驱油厚度，特低渗透层注水困难，注气有较好的驱油效果。在某种情况下注水、注气结合使用，可以改善体积波及系数达到更理想的效果。一般注天然气采用两种方法，一种像是注水一样的做法，将天然气直接注入油层；另一种是在油层的顶部注气。针对不同的油藏，选择的方法得当，可以获得很高的采收率。

（二）土壤污染的治理技术

从污染物质看，土壤污染主要包括重金属、农药、石油污染；从污染场地上看，土壤污染主要存在于矿山、化工厂、加油站等地。

1. 原位污染治理技术

原位污染治理技术主要包括原位固化稳定化技术、物理工程、热修复技术、生物处理技术、玻璃化技术。

原位固化／稳定化土壤修复技术是指运用物理或化学的方法将土壤中的有害污染物固定起来，阻止其在环境中迁移、扩散等过程的修复技术。常用于处理被重金属和放射性物质污染的土壤，但其修复后场地的后续利用可能使固化材料老化或失效，从而影响其固化能力，且触水或结冰／解冻过程会降低污染物的固定化效果。该技术所需的实施时间一般为3~6个月。根据美国超基金项目的运行情况，该技术所需的处理费用一般为345美元／米^{3}左右。

污染土壤的原位加热修复即热力强化蒸汽抽提技术，是指利用热传导（如热井和热墙）或辐射（如无线电波加热）的方式加热土壤，以促进半挥发性有机物的挥发，从而实现对污染土壤的修复。通常热力强化蒸汽抽提系统所需的总处理费用为30~130美元／米^3，并可在3~6个月完成修复。该技术主要用于处理卤代有机物、非卤代的半挥发性有机物、多氯联苯（PCBs）以及高浓度的疏水性液体（DNAPL）等污染物。

由于微生物降解污染物成本较低、效率较高、管理简单等优点，微生物修复技术同样得到广泛应用。一些特定微生物对土壤中的重金属进行吸收、氧化、还原，降低土壤重金属毒性。然而需要注意的是，在实际应用中，因受土著微生物数量和降解活性的限制，微生物修复往往需要向污染土壤中添加外源微生物，但所添加的专性降解菌或基因工程菌的降解效果容易受到土著微生物竞争的影响，同时也存在潜在的生态风险。

原位玻璃化是指向污染土壤插入电极，对污染土壤固体组分施加1600~2000e的高温处理，使有机污染物和部分无机污染物得以挥发或热解而从土壤中去除的过程，而无机污染物（如放射性物质和重金属等）被包覆在冷却后形成化学性质稳定的、不渗水的坚硬玻璃体中；热解产生的水分和热解产物由收集后作进一步的处理。该技术通常可在6~24个月完成，适用于修复含水量较低、污染物埋深不超过6米的土壤。该技术所需的处理费用较高，估计为350美元／米^{3}左右。

2. 异位污染治理技术

异位污染治理技术主要包括化学淋洗技术、溶剂浸提技术、化学氧化技术、联合修复技术等。

化学淋洗是指将污染土壤挖掘出来，用水或淋洗剂溶液清洗土壤、去除污染物，再对含有污染物的清洗废水或废液进行处理，洁净土可以回填或运到其他地点回用。一般可用于放射性物质、有机物或混合有机物、重金属或其他无机物污染土壤的处理或前处理。采用该技术时，所需的固定投资一般为一两万美元，所需的运行费用为117~523美元／米^3。

溶剂浸提技术是指利用溶剂将有害化学物质从污染土壤中提取出来，并将该溶剂再生处理后回用的技术。典型的浸提溶剂有液化气（丙烷和丁烷）、超临界二氧化碳液体、三乙胺及专用有机液体等。该技术的目标污染物包括多氯联苯（PCBs）、石油类碳氢化合物、多环芳烃（PAHs）、多氯二苯呋喃（PCDF）及农药等有机污染物。该技术所需的固定投资费用约为一两万美元，运行费用约为90~400美元／米^3。

化学氧化技术是通过化学氧化／还原的手段将有害污染物转化成更稳定、迁移性较低或惰性的无害或低毒性物质。常用的氧化剂有臭氧、双氧水、次氯酸盐、氯气、二氧化氯等。但该技术通常需要采用多种氧化剂以防止发生逆向反应。该技术所针对的目标污染物主要为无机物，也可用于非卤代挥发性有机物（VOCs）、半挥发性有机物（SVOCs）、燃油类碳氢化合物及农药的处理，但其处理效率相对较低。该技术应用时，所需的费用一般为190~660美元／米^3。

另外还有联合修复技术，根据不同的污染类型可以选择不同的组合工艺：例如，非卤代挥发性有机物污染可采用空气喷射＋后续尾气处理，燃料油类污染采用土壤冲洗＋微生物修复方式，放射性物质污染采用挖土＋异位玻璃化处理，爆炸性物质污染采用挖土＋微生物修复。

（三）固体废物的处理处置技术

固体废物的处理和利用有悠久的历史，早在公元前3000年至前1000年，古希腊米诺斯文明时期，克里特岛的首府诺萨斯就将垃圾覆土埋入大坑。大部分古代城市的固体废物都是任意丢弃，年复一年，甚至使城市埋没，有的城市是后来在废墟上重建的。英国巴斯城的现址比它在古罗马时期的原址高出4~7米。

为了保护环境，古代有些城市颁布过管理垃圾的法令。古罗马的一个标志台上写着"垃圾必须倒往远处，违者罚款"。1384年英国颁布禁止把垃圾倒入河流的法令。苏格兰大城市爱丁堡18世纪设有大废料场，将废料分类出售。1874年英国建成世界第一座焚化炉，垃圾焚化后，将余烬填埋。1875年英国颁布公共卫生法，规定由地方政府负责集中处置垃圾。最早的处置方法主要是填埋或焚烧。中国、印度等亚洲国家，自古以来就有利用粪便和利用垃圾堆肥的处置方法。

20世纪以来，随着生产力的发展和消费水平的提高，固体废物排出量急剧增加，成为严重的环境问题。20世纪60年代中期以后，环境保护受到重视，污染治理技术迅速发展，大体上形成一系列处置方法。20世纪70年代以来，许多发达国家迫于废物放置场地紧张、处理费用浩大和资源缺乏，提出了"资源循环"的概念固体废物的处理和处置，逐步成为环境工程学的重要组成部分。

1. 城市生活垃圾处理

城市生活垃圾成熟且常用的处理技术方法主要有卫生填埋、焚烧、堆肥和资源化综合处理（回收利用）四种。这四种处理技术既可单独使用，也可组合使用。不同的城市或地区，由于具体情况各异，在实施过程中会采用不用的组合模式。

填埋技术作为生活废物的最终处理方法，目前是我国大多数城市解决生活废物处理（置）的最主要方法。根据环保措施（主要有场底防渗、分层压实、每天覆盖、填埋气导排、渗沥水处理、虫害防治等）是否齐全、环保标准能否满足来判断，废物填埋场地可分为简易填埋场、受控填埋场和卫生填埋场。

焚烧处理生活垃圾是一种新型的燃烧技术，它具有燃烧充分、热效率高、炉渣热灼减量小、烟气污染控制容易等优点，但单炉处理能力受炉膛直径放大的限制而较难提高。废物通过焚烧处理可以减少体积80%～90%，可以杀灭病原菌，达到减量化、无害化处理的目的，但工程投资大、成本较高。目前，许多国家已经发展出用垃圾焚烧发电等相关技术。

城市废物微生物处理（堆肥）技术，能将可生物降解的废物转化为有用的农用肥料或饲料。此项技术是对现有的废物填埋场中的有机废物与无机废物进行分选，再对有机废物进行生物转化工艺，转化为有价值的农用肥料或饲料。

生活垃圾资源化综合处理就是通过物理、化学、生物等方法从垃圾中或其他处理过程中回收有用物质和能源，加速物质循环，以创造经济价值为主要目的的处理过程，如热解、气化、油化、RDF等；另外，还可把废弃物生成与原来相同的产品，如将废纸生成再生纸，废玻璃生成新玻璃，废钢铁生成再生钢等，这种利用方式可以减少原生材料量的20%～90%。

2. 工业固体废物的资源化利用

我国工业固体废物主要是粉煤灰、尾矿、炉渣、冶炼废渣和煤矸石。

粉煤灰多用作人工轻骨料、人工砂、硅酸盐水泥和粉煤灰水泥的混合料、混凝土混合料及制作硅酸钾肥料用，在建材、建工、筑路回填等方面也有较多应用，回收其中的碳粉、漂珠等，更是粉煤灰综合利用的一项重要内容。粉煤灰还能够增加土壤的孔隙度，减少土壤容量，改良土壤结构，利于养分转化和微生物活动，对不同类型的土壤都能起到良好的转化作用。

尾矿是指矿石经过选矿后，存于水溶液的残留脉石、矿砂等。尾矿的用途十分广泛，可用于井下填充料，制砖、微晶玻璃、烧制水泥和棕褐黑色瓷板等。以石英为主的尾矿可用于生产蒸压硅酸盐矿砖。石英含量9.9%，含铁、铬、钦、氧化物等杂质低的尾矿可用作生产玻璃、碳化硅等的主要原料。含方解石、石灰石为主的尾矿则可作为生产水泥的原料。含二氧化硅和氧化铝高的尾矿可用作耐火材料。

冶炼废渣和炉渣因其所含化学成分，可用于建筑材料中的骨料，土木建筑中软弱地基的覆土料和护岸填料，提高剪切强度，渣中的钙、镁、硅酸等成分可作硅酸肥料，改造酸性土壤和矾土质。钢渣作为钢铁冶炼的烧结熔剂时，能够回收渣中的铜、镁、锰、铁等，并可以提高烧结矿的质量，降低燃料消耗。

煤矸石也是产生量较大的工业固体废物之一。可以充分利用其蕴含的热量及燃烧时间长的特点为居民提供低热热源。制砖中代替部分或全部的黏土，利用其中少量的可燃物，既是制作的原料又是制砖的燃料，可减少制砖的能耗。煤矸石作为水泥的混合材料具有用量大、成本低的优势，用其生产低标号水泥前景可观。

3. 危险废物处理技术

危险废物处理技术主要包括化学法、固化法、安全填埋法、地表处理技术、海洋处理技术等。

化学处理即通过化学反应来改变废物的有害成分，从而实现无害化或将其转变成为适于进一步处置的形态。主要用于处理无机废物，如酸、碱、重金属废液、氰化物废液、氰化物、乳化油等，常用的技术有氧化还原技术、中和处理技术。

固化法就是将有害废物固定或包封在惰性固体基材中，使危险废物中的所有污染组分呈现化学惰性或被包容起来，减小废物的毒性和迁移性，同时改善处理对象的工程性质，便于运输、利用和处置。目前常用的方法有水泥固化、石灰固化、塑性材料固化、有机聚合物固化、自胶结固化、熔融固化（玻璃固化）和陶瓷固化等。

现今国际国内对工业固体危险物的最终处置方法就是进行安全填埋。对危险废物进行填埋前，需根据不同废物的物理化学性质进行预处理，利用各种固化剂对其进行稳定化、固化处理，以减少有害废物的浸出。

地表处理就是将危险废弃物同土壤的表层混合，在自然的风化作用下，实现某些种类的危险废弃物的降解、脱毒。地表处理方式经济，且简单易行，但是，地表处理中不可降解的危险物质可能扩散到环境中，从长远看，并非实现危险废弃物无害化处置的有效手段。

海洋处置可分为海洋倾倒与远洋焚烧两大类。海洋倾倒的原理是利用海洋的微生物环境和海洋内的化学过程将危险废弃物的毒性冲淡或驱散，使得危险废弃物的毒性降低到相对于大环境可以忽略不计的程度。远洋焚烧则是用专门设计制造的焚烧船将危险废弃物进行船上焚烧的处置方法，废物焚烧后产生的废气通过净化装置与冷凝器，冷凝液排入海中，气体排入大气，残渣倾入海洋。

五、生物圈

生物圈是包括宏体生物和微生物在内的所有生命及其生存环境构成的系统。它上到大气圈平流层，下到几公里深的地底和海底。人类与其他生物共同生活在生物圈中，技术的发展提高了我们对生物圈资源的探测能力，而人口的增长挤占了其他生物的生存环境，维持生物圈平衡的技术将尽力减小人类发展对生物圈其他生物及其生境的影响。

（一）生态系统探测技术

生态系统是生物与环境形成的一个统一的整体，比如森林生态系统、海洋生态系统。生物圈是地球上最大的生态系统。生态系统探测技术探测生命成分的存在和多样性，对于生态系统功能和生态系统服务具有重要意义。

1. 生命探测技术

生命探测技术是一种基于电磁波、声波、光波、红外辐射的传播，借助专用传感器将物理信号转为可视或可听信号，用来探测生命的技术。按照传感器的不同类型，生命探测技术分为雷达生命探测技术、光学生命探测技术、声波振动生命探测技术、红外生命探测技术。其中雷达和红外生命探测技术的优势明显，应用较广。

雷达生命探测技术借助连续波雷达发射的微波束照射生命体，生命体生命活动（如呼吸、心跳等）使得微波微动，反射的回波参数改变，经过信号处理可以识别生命体的位置和活动水平。雷达生命探测技术是研究最成熟的一种探测技术，它的优点在于穿透力强、抗干扰能力强、探测灵敏度高，可以穿透砖墙、混凝土废墟等，无须接触生命体，可远距离探测生命体的特征信号。此项技术的缺点是探测距离短、多目标识别与定位能力差。

红外生命探测技术利用红外探测器，远距离探测生命体的热量，将红外辐射转换成电信号，经过信号处理获取生命体周围的红外热像图，基于人体红外辐射特性与环境红外辐射特性不同的原理，确定生命体位置。红外生命探测技术具有不受暗夜限制、穿透云雾的优点，不过也存在不能穿透障碍物的缺点，操作现场须有孔洞、裂缝才能顺利开展生命探测。

2. 生物多样性测定技术

生物多样性是指生物中的多样化和变异性以及物种生境的生态复杂性，它包括植物、动物和微生物的所有物种及其组成的群落和生态系统。生物多样性主要分为遗传多样性、物种多样性和生态系统多样性三个层次。

遗传多样性测定的目的在于揭示遗传物质的变异，测定技术随着遗传学和分子生物学的发展而不断提高和完善，从形态学水平深入到分子水平，主要有形态学标记、细胞学标记、生化标记、分子遗传标记技术。20世纪80年代，PCR技术的发明推动了分子遗传标记技术的发展，涌现了DNA限制性片段长度多态性分析（DNA RFLP）、单链构象多态DNA（SSCP）、变性剂梯度凝胶电泳（DGGE）等大量新技术。借助生物个体或种群间基因组DNA某一片段的不同，反映生物个体或种群间的差异，分子遗传标记被广泛应用于遗传多样性分析、遗传图谱构建、基因定位及克隆、分离菌株的鉴定等。

物种、群落和生态系统是生物多样性在物种水平以上表现的不同层级。生态学专家将生物多样性的测定分为三个级别：α多样性（群落内的多样性）、β多样性（群落间的多样性）和γ多样性（地区间的多样性）。多样性的测度用多样性指数或模型表示。以生态调查中应用最多的α多样性为例，它是指在同一地点或群落中物种的多样性，是种间生态位分异造成的，主要包括物种丰富度、物种多样性指数和物种均匀度指标。

（二）生物圈平衡维持技术

生物圈平衡是指一定时间内，生物圈中的生物与环境、生物与生物之间通过相互作用达到的协调稳定状态。顾名思义，生物圈平衡维持技术有助于维持生物圈的动态平衡，保持珍稀濒危物种，修复已被破坏的生态系统，使得人类与生物圈其他生物及其生境和谐共生、良性循环。

1. 生态系统平衡维持技术

生态系统的平衡包括生态系统结构上的稳定、功能上的稳定和能量输入输出上的稳定。生态系统的平衡是一种动态平衡，它与生态系统一定的自我调节能力有关，然而这种调节能力是有阈值限度的，超过此阈值，生态系统就会失去平衡。生态系统平衡维持技术就是以生态系统自我平衡的调节阈值为基准，通过生态系统调节的负反馈机制，减少外来人为干扰，增强系统自身抗干扰能力。

生态系统平衡的维持关键在于减少人类活动对系统的影响。有效的生态系统平衡维持技术大都从管理政策方面规范人类的行为。联合国教科文组织于1971年发起了一项"人与生物圈计划"，该计划的核心是建立生物圈保护区。生物圈保护区是一种新型的自然保护区，将传统的绝对保护过渡到开放式、多功能的积极保护。它是由中心区和缓冲区组成。中心区关注生物物种的保护，缓冲区注重实用研究的开展，如蔬菜种植、水产业、林业开发。截至2017年6月，中国已经有长白山、卧龙等33家世界生物圈保护区网格（WBRN）成员单位。

生态红线制度，作为一项我国在生态环境保护领域的制度创新，是一项重要的生态系统平衡维持技术。生态红线由空间红线、面积红线和管理红线构成。空间红线涵盖生态系统完整性和连通性的关键区域，保证生态系统物质、信息的传输，以及过程和功能的连续性。面积红线属于结构指标，是在满足经济社会发展需求下的生态系统完整性和连通性的面积界限。管理红线是基于生态系统功能保护需求和生态系统综合管理方式的政策红线。首次提出生态红线并应用的文件是2005年广东省颁布实施的《珠江三角洲环境保护规划纲要（2004—2020年）》。该规划将自然保护区的核心区、重点水源涵养区、海岸带、水土流失及敏感区、原生生态系统、生态公益林等区域划定为红线区域，实施严格保护和禁止开发。

2. 生物多样性保护技术

生物多样性的保护对策主要有就地保护和迁地保护两种方式。普遍认为生境的就地保护是生物多样性保护最有效的方法，如上述的生物圈保护区、国家公园、国家物种名录。然而对于濒危珍稀生物，我们应积极采取迁地保护的方式进行抢救保护，开展人工辅助的保护。

迁地保护是生物就地保护工作的辅助措施，通过建立动物园、植物园、水族馆等方式，抢救性地把即将在自然界灭绝的物种，通过人工养育的方式保护起来，典型案例有中国的华南虎、大熊猫。此外借助种子库、精子库、基因库，保存生物的繁殖体如种子、胚胎、卵等，用来进行人工辅助育种栽培。

近年来，回归理念在物种保护实践中应用广泛。回归是指人为有意识地将一种珍稀濒危物种移入该物种因人为干扰或者自然灾害致使其分布已经消失或者趋于消失的历史自然分布区域内，以恢复和建立可以自我维持、更新的新种群。珍稀濒危植物的回归能够将濒临灭绝的物种通过人工繁殖手段不断地将人工繁育的后代释放引入到其天然生境或者与其自然生境相类似的半天然生境中，以促进该物种自然种群的重建。

3. 生态修复技术

生态修复是以生态系统的自然演化过程为主，对已被破坏的生态系统进行人为引导，加速自然演替过程，遏制生态系统的进一步退化。生态修复所解决的主要环境问题是水土流失、荒漠化、植被破坏。主要政策措施有退耕还林、以粮代赈；封山禁牧、舍饲养畜；生态移民等。不同区域适用的生态修复策略是不同的。下文以三类典型场地（矿山、海岸带和河流）为例介绍生态修复技术。

目前我国现有大中型矿山近万座，但因矿山开采造成的生态环境破坏问题也日益严重。主要表现为地表景观破坏、诱发地质灾害、水质污染与水文干扰、土壤污染与退化以及生物多样性损失。矿山生态修复技术分为稳定化处理、矿山植被恢复、微生物及土壤动物恢复三种。首先，矿山的稳定化处理分为物理法和化学法两种：物理法包括排矸场和采矿区的稳定化处理，排土场、排矸场和尾矿库的熟土覆盖，以及采矿区填埋等流程，属于生态修复的前期处理步骤；化学法的目的在于尾矿表面使用化学稳定剂后，在尾矿表面形成一层壳膜，防止侵蚀，不过化学法成本高，容易造成二次污染，在工程实践中较少使用。其次，矿山植被恢复分为直接植被和覆土植被两种方式：直接植被的成本低廉，简便易行，不过大多数矿山废弃地为裸地，土壤动物和土壤微生物的数量大量减少，影响植被的恢复与重建；覆土植被的方法效果取决于覆盖土壤厚度，植被恢复的方式要根据矿山的物理和营养条件、土壤毒性和物种的实用性判定。最后，恢复矿山地区原有的微生物和土壤动物，适当引进外来的微生物，提高污染物的去除效果。微生物及土壤动物恢复作为矿山生态修复的补充强化，可以保证矿山生态系统的完整性。目前，国内矿山生态修复领域主要采用物理法和植被修复结合的技术体系。

海岸带是陆地与海洋相互作用的交接地区，地区的生态效益和经济效益显著。由于海岸带人口压力越来越大，海岸带地区的生态环境状况不容乐观。国内外海岸带生态恢复的技术大致有四个方面。①人工河流水系的重新设计：重新调配淡水资源，保证海岸带湿地的生态用水；②人工鱼礁生物恢复和护滩技术：将结构物用石块加重沉到水下形成"人工鱼礁"，并向其通入低压直流电，利用海水电解析出的碳酸钙和氢氧化镁等矿物附着在人工鱼礁上，促进周围生物增长；③海岸带湿地的生物恢复技术：利用工程弃土等外来土填升由于海岸带下沉而逐渐消失的滨海湿地，在滨海湿地种植竞争适应性强的先锋植物来恢复沼泽植被；④海岸带生物种群恢复技术：恢复和保护海洋鱼类洄游通道的畅通，放养生物苗以及人工繁殖生物种群，恢复由于过度捕捞而濒临灭绝的生物资源。

河流生态修复的开端是20世纪30年代德国生态学家提出的"近自然河溪治理"概念，它指在完成传统河道治理任务的基础上达到接近自然、经济有效并保持景观美的一种治理方案。20世纪60年代起，河流生态修复开始应用于西方国家的工程实践中，将已建的混凝土护岸拆除，改修成树木和自然石护岸，给鱼类提供生存空间，把直线型河道改修为具有深渊和浅滩的蛇形弯曲的自然河道，让河流保持自然状态。我国对河流生态修复的研究虽然只有三十余年，但是目前河流生态修复、生态河堤建设、生态景观设计的研究和应用推广已经取得大量成果，如浙江台州市黄岩永宁江公园右岸的河流生态环境恢复和重建工程、江苏镇江市运粮河生态堤岸示范工程、成都市府南河活水公园的人工湿地工程、太原市汾河生态河堤政治工程、上海市苏州河控制排污工程等。

六、灾害防治技术

灾害，是对能够给人类和人类赖以生存的环境造成破坏性影响的事物总称。一切对自然生态环境、人类社会的物质和精神文明建设，尤其是人们的生命财产等造成危害的天然事件和社会事件。从灾害的形成原因来看，主要分为自然灾害和人为灾害。

自然灾害是指给人类生存带来危害或损害人类生活环境的自然现象，包括干旱、高温、低温、寒潮、洪涝、积涝、山洪、台风、龙卷风、冰雹、暴雨、暴雪、冻雨、大雾、大风、雾霾、浮尘、扬沙、沙尘暴、雷电、雷暴、球状闪电等气象灾害；火山喷发、地震、山体崩塌、滑坡、泥石流等地质灾害；风暴潮、海啸等海洋灾害；森林草原火灾和重大生物灾害等。在长期与自然共存的实践中，社会各界从事防灾减灾研究、业务、管理人员形成了许多行之有效的预防和减轻自然灾害的措施。

人为灾害指主要由人为因素引发的灾害。其种类很多，主要包括自然资源衰竭灾害、环境污染灾害、火灾及核灾害等。

（一）气象灾害预警技术

气象灾害及其次生灾害、衍生灾害是城市自然灾害的主体，约占总数的 70%以上。城市气象灾害除了具有危险性、偶然性、紧迫性、区域性、延缓性等灾害的一般特征外，还具有如下特点：季节性、连锁性、密集性、扩散性、社会性。

气象灾害预警是城市防御气象灾害中重要的非工程措施之一。近年来，国内外开展了一些气象灾害与地质灾害预警技术方面的研究工作。例如，美国国家海洋和大气管理局全灾害气象电台 NWR（NOAA Weather Radio All Hazards），美国天气频道 TWC（the weather channel），加拿大公共警报系统 ACA（all channel alert），中国气象局气象预警服务网络系统及信息发布平台（中国天气网）等。建立畅通、有效的气象与地质灾害预报预警信息平台，实现各类预警信息的高效收集、发布、共享和互通，对增强社会的防灾能力，降低气象与地质灾害对公众产生的影响，具有重要的意义。

（二）地震预警技术

地震研究人员早已认知，地震P波传播的速度快于地震主运动S波和面波的速度，而电磁波的传播速度（30万千米每秒）远大于地震波速度（约10千米每秒），地震预警技术就是利用P波和S波的速度差、电磁波和地震波的速度差，在地震发生后，当破坏性地震波尚未来袭的数秒至数十秒之前发出预警预告，从而采取相应措施，避免重大的人员伤亡和经济损失。

建立地震预警系统的构想最早由美国的库珀（J. D. Cooper，生卒年不详）于

1968年提出。直至20世纪90年代，随着计算机技术，数字通信技术和数字化强震观测技术的成熟，美国、日本、中国等国家应用实时强震仪先后建成了现代地震预警系统。

现代地震预警系统的预警方式为地震参数预警，与之相对的就是较为传统的地震动值预警。地震参数预警是利用台站的P波或S波确定出震级、震源深度、震中距等参数，从而确定预警的范围和级别。这种方式所需决策时间长，但有效性高。地震动值预警则直接利用地震动值是否超过给定的阀值来判断预警，它既不区分P波与S波震相，也不确定地震的有关参数，有效性较低。

（三）地质灾害防治技术

随着经济建设的逐步推进，人类工程活动的不断增多，加之全球极端气候的频次不断增加，使得人类面临的地质灾害情况越来越严重。其中大型滑坡和特大型泥石流以其巨大的危害性而越来越多地受到学者和专家的关注。

随着地质灾害机理不断取得成果和研究程度的不断深入，针对滑坡、泥石流等地质灾害的防治技术和应急处置技术也有新的突破。如用于滑坡灾害治理的微型桩设计方法，"分洪梳流治沙"的防治模式、出以多元结构形式为基础的快速应急防治评估体系、GDZ—300L型地质灾害应急抢险快速成功钻机等。

（四）土壤灾害防治技术

土地盐碱化是指在特定气候、水文、地质及土壤等自然因素综合作用下，以及人为引水灌溉不当引起土壤盐化与碱化的土地质量退化过程。

主要的防治措施有：利用水利措施改善盐碱土，通过灌溉排水措施、劣质水灌溉改良措施等方法进行改善。

利用土壤改良剂改良盐碱土，如采用绿矾、石灰石、树脂酸、有机质等改良剂。

利用生物措施改良盐碱土，即通过筛选适应盐碱环境优良抗盐品种来开发利用盐碱地。发展耐盐植物不仅能提高土地生产力水平，降低使用高质灌溉水的费用，并且有利于盐渍环境下农业生态的良性循环和改善环境。

利用覆盖物改良盐碱土，在盐碱土上覆盖作物秸秆后，可明显减少土壤水分蒸发，抑制盐分表聚，阻止水分与大气间直接交流，对土表水分上行起到阻隔作用，同时还增加光的反射率和热量传递，降低土表温度，从而降低蒸发耗水。

（五）电磁污染治理技术

当前，电磁污染已然成为城市物理污染的重要组成部分，引起了人们的广泛重视。针对电磁污染的特点，其防护措施的构建主要在于"防治兼备"的策略，以防护电磁污染。从城市规划、电磁屏蔽、产品设计等方面，切实采取有效的治理方案，从根本上治理电磁污染。此外，工厂、电气集中地是电磁辐射的产生区，需要进行相关的防护。例如，通过电磁屏蔽、吸收、滤波、频率划分等抑制干扰传播技术，实现对电磁辐射的有效防护，避免辐射超标，造成严重的环境污染。

（六）放射性污染治理技术

所谓重度大面积放射性污染土壤，首先是指核武器地爆试验场地的，其次是指核设施发生重大事故造成的大面积放射性污染地区。对于土壤放射性污染的治理，目前使用最多的方法有：物理法、化学法、物理化学连用法、微生物清除法、铲土去污、森林修复法、剥离性成膜去无法，但这些方法都具有处理成本高、易造成二次污染的特点，不能从根本上解决核素的清除问题。

当前，对于核试验场区的大规模污染治理，比较适用的是物理填埋法和植物修复法。物理填埋法，指用机械的方法铲除地表污染土壤，转移至指定的场所填埋。目前，放射性核素污染土壤的植物修复技术主要有三种：①植物固化技术；②植物提取技术；③植物蒸发技术。

对小范围污染土壤治理，世界各国大多采用铲土去污、深翻客土、可剥离性膜法等对其进行去污处理铲土去污将被核物质污染的土壤铲走运至专门的核处置场地进行处理和处置，可从根本上杜绝放射性元素进一步扩散和进入食物链。当前比较成熟的技术主要有：烘烤分离技术；可剥离性膜法技术；螯合剂对核素污染土壤植物修复。

七、环境信息技术

环境信息是指对一切自然资源与人文社会现象在空间位置上的统一的数字化表示。具体说来，是指以高速宽带网络通信技术为特征，在统一的规范标准环境下，全面系统地解释和反映自然、社会和人文现象的信息系统体系。其中以3S技术和环境模拟技术最为成熟和突出。

（一）3S技术

3S技术是三种技术的统称。分别是GIS、GPS和RS。我们将这三种技术统称为3S技术是因为这三种技术互相渗透、相互融合和集成。在地球空间信息科学相关的技术和应用领域，3S技术及集成已经成为最基础的关键技术。为更好地理解什么是3S技术，需要分别了解GPS、RS、GIS。

1. 全球定位系统技术

全球定位系统（global positioning system，GPS）是美国从20世纪70年代开始研制，历时20年，耗资200亿美元，于1994年全面建成，具有海陆空全方位实时三维导航与定位能力的新一代卫星导航与定位系统。

回溯定位导航技术的发展历史。在卫星定位系统出现以前，导航和定位主要用无线电导航技术，包括罗兰—C导航系统、欧米茄（Omega）导航系统、多普勒系统等。而卫星定位系统最早是美国于1958年研制，的子午仪系统，但由于卫星数目较少，仅有5～6颗，因此导航精度不高。全球定位系统则经历了1973—1979年间的四颗实验卫星和1979—1984年间的7颗实验卫星两个阶段，最终于1993年通过24颗GPS工作卫星的成功发射组成了GPS网。

全球定位系统主要包括空间部分（GPS卫星）、地面监控部分和用户设备三部分。GPS卫星由21颗工作卫星和3颗在轨备用卫星组成。24颗卫星均匀分布在6个轨道平面内，轨道倾角为55度，各个轨道之间相距60度，每个轨道平面内各颗卫星之间相差90度，同一轨道平面上的卫星比相邻轨道平面上的相应卫星超前30度。地面监控系统由一个主控站、三个注入站和五个监测站组成，主要作用是跟踪观测GPS卫星，计算编制卫星星历；监测控制卫星的"健康"状况；保持精确的GPS时间系统；向卫星注入导航电文和控制指令。用户设备主要由GPS接收机、数据处理软件、微机及其终端设备组成。

全球定位系统的基本原理是根据高速运动的卫星瞬间位置作为已知起算数据，采用空间距离后方交会的确定待测点的位置。目前GPS技术已广泛应用于各个部门，作业模式从静态发展到动态，从延时处理扩展到实时再到实时动态；绝对和相对精度也扩展到米级、厘米级；定位时间也由几小时发展到几秒。

此外，中国北斗卫星导航系统（beidou navigation satellite system，BDS）是中国自行研制的全球卫星导航系统。是继美国全球定位系统（GPS）、俄罗斯格洛纳斯卫星导航系统（GLONASS）之后第三个成熟的卫星导航系统。北斗卫星导航系统（BDS）和美国GPS、俄罗斯GLONASS、欧盟GALILEO，是联合国卫星导航委员会已认定的供应商。

北斗卫星导航系统由空间段、地面段和用户段三部分组成，可在全球范围内全天候、全天时为各类用户提供高精度、高可靠定位、导航、授时服务，并具短报文通信能力，已经初步具备区域导航、定位和授时能力，定位精度为10米，测速精度为0.2米每秒，授时精度为10纳米。

2017年11月5日，中国第三代导航卫星顺利升空，它标志着中国正式开始建造"北斗"全球卫星导航系统。

2. 遥感技术

遥感（remote sensing，RS）即"遥远的感知"，可理解为在不直接接触物体的情况下，借助一定的仪器设备对目标与自然线性进行远距离探测的技术。现代遥感技术主要是指应用搭载在遥感平台上的探测仪器，从高空或外层空间接收目标地物反射的电磁波以获取地表信息，通过数据的传输、处理、解译和分析，以揭示物体的特征、性质及其变化的综合性探测技术。

遥感技术的发展历史可以追溯到17世纪初，经历了从地面遥感（1608—1857年）、航空遥感（1858—1956年）、航天遥感（1957年至今）的发展历程。1961年在美国国家科学院的资助下，召开了"环境遥感国际讨论会"，它标志着遥感作为一门新兴独立学科的诞生。经过几十年的发展，遥感对地观测的空间信息获取技术已从可见光发展到红外、微波，从单波段发展到多波段、多极化和多角度，从空间维拓展到光谱维，遥感平台高、中、低轨结合，大、中、小卫星协同，粗、中、细、精分辨率互补，遥感技术已形成多星种、多传感器、多分辨率共同发展的局面。

遥感技术具有广域性、时效性、综合性、可比性、经济性等特点。现代遥感技术系统是可分为遥感信息的获取、遥感信息的处理和遥感信息的应用三大部分。

由于遥感技术的不断发展，目前最前沿的遥感技术包括高光谱遥感、热红外遥感、微波遥感等。这使得遥感技术的应用得到了空前的拓展。无论是全球气候变化、沙漠化、海洋冰山漂流、土地利用变化，还是海洋渔业、海上交通、海洋生态的管理，矿产资源、土地资源、森林草场资源、野生动物资源、水资源的调查利用都离不开遥感技术的应用。

3. 地理信息系统技术

地理信息系统（geographic information system，GIS）是一种采集、处理、传输、存储、管理、查询、分析、表达和应用地理信息的计算机软件和硬件综合系统，是分析、处理和挖掘海量地理数据的通用技术。GIS的物理基础是计算机系统平台，操作对象是空间数据，技术优势在于它的数据综合、模拟与分析评价能力。

GIS从产生到现在，经历了20世纪60年代的起步阶段、20世纪70年代的发展阶段、20世纪80年代的突破阶段，以及20世纪90年代的应用阶段这四个主要过程。

GIS软件系统的处理对象是复杂的空间数据及空间对象之间的空间关系，因此其核心是空间数据管理系统，空间数据处理与分析两部分构成。目前空间数据的主要组织和存储方式为文件储存、文件—数据库混合存储、全关系型数据库存储、面向对象数据库存储等。GIS的空间数据处理与分析功能主要包括空间查询、空间测算、空间变换、叠加分析、网络分析、空间插值等一系列功能。

经过多年的发展和应用，GIS已经逐渐走向成熟，并在国防、交通、环境、国土资源等重要领域得到了成功的应用，极大地推动了社会生产力的发展，同时也促进了GIS技术的迅速发展。进入21世纪后，地理信息系统的基础理论和技术研究热点有了新的变化，主要体现在3DGIS研发、GIS时空系统研发、GIS空间数据查询语言的研发等。

（二）环境模拟技术

环境模拟技术是指应用系统分析原理，建立环境系统的理论或实体模型，在人为控制条件下通过改变特定的参数来观察模型的响应，预测实际系统的行为和特点。随着计算机技术的发展，环境模拟逐渐成为人类治理环境问题的一项重要工具。

1. 地球系统模拟

地球系统模拟是基于地球系统中的动力学、物理学、化学和生物学过程，通过数值模拟方法，在高性能计算机上定量地描述大气圈、水圈、冰雪圈、岩石圈和生物圈等的性状、演变规律和它们之间的相互作用，预测地球系统未来演变的规律。地球系统非常复杂，不仅要考虑气候系统中各圈层之间的相互作用，还要考虑气候系统与生态环境系统、固体地球过程和近地空间环境之间的相互作用。因此，地球系统模拟是定量研究自然变化和人类活动影响，寻求解决一系列重大资源、环境与灾害问题（包括全球变化与区域响应问题）的不可或缺的重要途径，其作用是物理学、化学、生物学实验室的研究方法无法实现和替代的。地球系统模式是实现地球系统模拟的科学工具，它为地球系统科学中诸多分支学科相互融合和交叉提供了有利的试验平台，是地球系统科学发展进程中的一个里程碑，其发展水平及模拟能力的高低已成为衡量一个国家地学综合水平的重要标志。地球系统模式涉及的学科领域非常广泛，不仅涵盖地球科学各领域，而且与计算科学密切相关。可以说，在现阶段，一个国家地球系统模式的有无及模拟性能的好坏，不仅仅是反映该国的当前地球科学研究能力，而且在一定程度上还体现了该国综合科学技术水平的高低。

地球系统模式的雏形——耦合气候系统模式的发展是世界气候研究计划（WCRP）的重要基础和中心议题。以美国、欧洲和日本为代表的发达国家和地区在气候系统模式的发展方面投入了大量的人力和财力。如美国NCAR于2000年提出的"共同体气候系统模式发展计划"；欧洲各国于2000年提出的"欧洲地球系统模拟网络"及其下属的"地球系统模拟集成"和"气候资料储存与分发"；日本于1997年开始的"全球变化前沿研究系统"等。此外，我国于2004年也开发了类似的第四代地球系统气候模式。

2. 水系统模拟

水资源系统规模庞大、结构复杂、影响因素众多，而系统中的不同方面构成了各种水资源相关的研究分支。而目前水资源开发利用和人类活动结合日趋紧密，从而在水资源时空分布、生产和生态用水需求产生了众多矛盾，而对这些问题的有效解决方案必须建立在流域或区域基础之上，甚至必须考虑和相关流域或区域的关系，这使得将水文水资源系统作为一个整体进行模拟具有实际意义。以集成方式进行系统模拟是达到这一要求的必然途径。未来发展需要缩短目前宏观和微观层次研究的差距，以包括地表水、地下水在内的整个水资源系统为对象进行模拟，最终为决策者提供清晰、全面的分析成果，包括完成水量水质同步模拟并动态分析水与生态关系，以适用于水资源的综合管理规划。

我国于20世纪60年代就开始了以水库优化调度为手段的水资源分配研究，于20世纪80年代起，系统模拟的方法在灌区供水排涝系统分析设计中得到广泛应用，并逐渐引入了递阶分析、分解协调等大系统优化模拟理论方法。近年来，结合当前需求进一步发展了可适用于巨型水系统的智能型模拟模型。国内外相应的模拟软件有RIVERWARE、MIKEBASIN、EMS、Waterware、IQQM等一系列软件，以上软件均是在有良好科研基础上结合大量实际经验逐渐累积发展而成，具有专业覆盖面宽、综合性强、可操作性好等特点。

3. 大气系统模拟

光化学反应机理是大气系统模拟中最核心的内容之一，而烟雾箱实验是发展和评价光化学反应机理必不可少的手段。因此除了通过实测手段对人气系统进行研究，还需要通过烟雾箱等手段对大气中的化学过程进行模拟。国外的烟雾箱研究开始于20世纪70年代，目前比较完备的系统有UNC烟雾箱、UCR烟雾箱、EUPHORE烟雾箱、TVA烟雾箱、CSIRO烟雾箱、EPA烟雾箱、GM烟雾箱等。国内的研究起步于1982年，建立了针对大气环境质量和机动车尾气排放等的烟雾箱系统。

参考文献

[1] 王振会. 大气探测学［M］. 北京：气象出版社，2011.

[2] 沈怀荣，邵琼玲，王盛军. 无人机气象探测技术［M］. 北京：清华大学出版社，2010.

[3] 苗春生. 现代天气预报教程［M］. 北京：气象出版社，2013.

[4] 李慧湘. 气候变化对本溪县主要植物物候的影响［D］. 长春：东北师范大学，2008.

[5] 刘贤赵，张勇，宿庆. 现代陆生植物碳同位素组成对气候变化的响应研究进展［J］. 地球科学进展，2014，（12）：1341-1354.

[6] 郭浩，纪德钰，苗书一. 工业烟尘废气中$PM_{2.5}$的除尘技术概述［J］. 环境与可持续发展，2014，（03）：174-176.

[7] 黎健彬. 工业有机废气处理技术分析及前景展望［J］. 化工设计通讯，2016，（02）：43-44.

[8] 王小军，徐校良，李兵，牛茜，陈英文，沈树宝. 生物法净化处理工业废气的研究进展［J］. 化工进展，2014，（01）：213-218.

[9] 杨鹏. 汽车尾气净化催化剂的研究［D］. 武汉：武汉理工大学，2011.

[10] 曹媛媛，郭婷，耿春梅. 室内空气污染新状况及污染控制技术［J］. 环境科学与技术，2013，（S2）：229-231＋235.

[11] 张建锋. 人居生态学［M］. 北京：中国林业出版社，2014.

[12] 徐灿，唐俊红，吴圣姬. 大气颗粒物$PM_{2.5}$监测技术研究进展及展望［J］. 地球与环境，2015，（05）：577-582.

[13] 何府祥. 浅析几种常用的水下地形测量方法［J］. 人民珠江，1995，（06）：20-22.

［14］ 杨迪琨，胡祥云. 地下水电磁法探测技术进展综述［J］. 工程地球物理学报，2007，（05）：495-500.

［15］ 徐小强，程顺友. 地球物理找水方法概述［J］. 地下水，2007，（03）：28-29.

［16］ 王子成. 水资源监测技术要点分析［J］. 黑龙江科学，2016，（09）：126-127.

［17］ 刘文，袁秀忠，赵新生. 浅论水资源水量监测技术及应用［C］. 全国水利测量技术综合学术研讨会，2006.

［18］ 秦敏. 近代自来水技术的引进、发展与传播（1880—1936年）［D］. 内蒙古师范大学，2011.

［19］ 耿浩清，石成君，苏亚欣. 空气取水技术的研究进展［J］. 化工进展，2011，（08）：1664-1669.

［20］ 刘宏昌，张建利，胡平放. 海水源热泵取水技术初探［J］. 供热制冷，2014（04）：72-74.

［21］ 关志诚，陈雷. 引调水工程建设与应用技术［J］. 中国水利，2010，（20）：32-35.

［22］ 张继锋. 浅谈自来水厂水处理工艺的应用现状与发展趋势［J］. 低碳世界，2017，（07）：272-273.

［23］ 李圭白. 饮用水安全问题及净水技术发展［J］. 中国工程科学，2012，（07）：20-23.

［24］ 梁晓菲，薛罡，王金波. 超滤净水技术的研究［J］. 环保科技，2008，（02）：13-16.

［25］ 王少丽，许迪，陈皓锐，韩松俊，焦平金. 农田除涝排水技术研究综述［J］. 排灌机械工程学报，2014，（04）：343-349.

［26］ 赵世明. 我国建筑排水技术的要点与进展［J］. 给水排水，2012，（06）：1-3.

［27］ 李昊，徐江，苏珊珊，范彬. 室外真空排水技术在我国应用与发展的若干问题［J］. 中国给水排水，2015，（16）：1-5.

［28］ 吴秀刚. 吸收国外先进经验 加快农业节水技术发展［J］. 吉林蔬菜，2012，（11）：51-52.

［29］ 李强. 工业节水技术浅谈［J］. 山东化工，2016，（03）：81-84.

［30］ 刘娜. 城市污水再生回用［J］. 城市建设理论研究：电子版，2013，（19）.

［31］ 喻泽斌，王敦球，张学洪. 城市污水处理技术发展回顾与展望［J］. 广西师范大学学报（自然科学版），2004，（02）：81-87.

［32］ 张辉. 污泥处理处置现状的思考与展望［J］. 给水排水，2012，（S1）：234-239.

［33］ 赵建伟，单保庆，尹澄清. 城市面源污染控制工程技术的应用及进展［J］. 中国给水排水，2007，（12），1-5.

［34］ 朱蒋洁，曾艳，陈敬安，张润宇. 我国农业面源污染治理技术研究进展［J］. 四川环境，2014，（03）：153-161.

［35］ 金建祥. 生物修复技术在地表水污染处理中的应用［J］. 宝鸡文理学院学报（自然科学版），2004，（03）：205-208.

［36］ 黄瑞丹. 地下水污染治理技术的进展［J］. 科技风，2013，（16）：232.

［37］ 张军. 3S技术基础［M］. 北京：清华大学出版社，2013.

［38］ 汤洁. 3S技术在环境科学中的应用［M］. 北京：高等教育出版社，2009.

［39］ 中国海事. 盘点我国深海潜水器演变历程［J］. 中国海事，2016，（04）：77.

［40］ 姜哲，崔维成. 全海深潜水器水动力学研究最新进展［J］. 中国造船，2015，（04）：188-199.

地球与环境技术

［41］ 肖乐，郝向举. 加快海洋生物资源高效利用　服务海洋强国战略［J］. 中国水产，2013，（06）：9-12.

［42］ "中国海洋工程与科技发展战略研究"海洋生物资源课题组. 蓝色海洋生物资源开发战略研究［J］. 中国工程科学，2016，（02）：32-40.

［43］ 王晓民，孙竹贤. 世界海洋矿产资源研究现状与开发前景［J］. 世界有色金属，2010，（06）：21-25.

［44］ 阳宁，陈光国. 深海矿产资源开采技术的现状与发展趋势［J］. 凿岩机械气动工具，2010，（01）：12-18.

［45］ 陈亮. 我国海洋污染问题、防治现状及对策建议［J］. 环境保护，2016，（05）：65-68.

［46］ 尹建国. 结合国内外现状谈海洋石油污染防治技术及其应用［J］. 资源节约与环保，2013，（06）：53.

［47］ H. C. 斯利德. 实用油藏工程学方法［M］. 徐怀大，译. 北京：石油工业出版社，1982.

［48］ 蒋小红，喻文熙，江家华，等. 污染土壤的物理／化学修复［J］. 环境污染与防治，2006，（03）：210-214.

［49］ 范筱林，王中正. 土壤原位修复技术研究进展［J］. 农业与技术，2015，（18）：29-30＋63.

［50］ 徐建玲. 固体废物处理（置）战略环境评价研究［D］. 吉林：东北师范大学，2007.

［51］ 刘新菊. 用循环经济理念促进工业固体废物资源化［D］. 陕西：西北农林科技大学，2008.

［52］ 蒋学先. 浅论我国危险废物处理处置技术现状［J］. 金属材料与冶金工程，2009，（04）：57-60.

［53］ 姚振静，高韬，张军. 震后生命探测技术研究综述［J］. 传感器与微系统，2011，12：8-10.

［54］ 谢国文. 生物多样性保护与利用［M］. 长沙：湖南科学技术出版社，2001.

［55］ 何春光，崔丽娟，盛连喜. 生物多样性保育学［M］. 长春：东北师范大学出版社，2015.

［56］ 杨期和，许衡，杨和生. 园林生态学［M］. 广州：暨南大学出版社，2015.

［57］ 饶胜，张强，牟雪洁. 划定生态红线　创新生态系统管理［J］. 环境经济，2012，（6）：57-60.

［58］ 崔敏燕. 濒危物种水杉种群的引种和生存力分析［D］. 上海：华东师范大学，2011.

［59］ 焦居仁. 生态修复的要点与思考［J］. 中国水土保持，2003，（02）：5-6.

［60］ 张杰西，赵斌，房彬. 矿山生态修复方法及工程措施研究［J］. 再生资源与循环经济，2014，（12）：31-33.

［61］ 李红柳，李小宁，侯晓珉，等. 海岸带生态恢复技术研究现状及存在问题［J］. 城市环境与城市生态，2003，（06）：36-37.

［62］ 王文君，黄道明. 国内外河流生态修复研究进展［J］. 水生态学杂志，2012，（04）：142-146.

［63］ 王斌. 一种典型的高性能计算：地球系统模拟［J］. 物理，2009，38（8）：569-574.

［64］ 游进军，王浩，甘泓. 水资源系统模拟模型研究进展［J］. 水科学进展，2006，17（3）：425-429.

［65］ 陈琼. 我国城市气象灾害预警中存在的问题及其对策研究［D］. 长沙：湖南大学，2013.

［66］ 贾韶辉. 企业级气象与地质灾害预警技术研究与应用［D］. 北京：中国地质大学，2013.

［67］ 李乾坤，石胜伟，韩新强. 国内地质灾害机理与防治技术研究现状［J］. 探矿工程（岩土钻掘工程），2013，（7）：52-54.

［68］ 武山，吕子峰，郝吉明. 大气模拟烟雾箱系统的研究进展［J］. 环境科学学报，2007，27（4）：529-536.

［69］ 袁志祥，单修政，徐世芳. 地震预警技术综述［J］. 自然灾害学报，2007，16（6）：216-223.

［70］ 张保华，何毓蓉. 中国土壤系统分类及其应用研究进展［J］. 山东农业科学，2005（4）：76-78.

［71］ 毛夏. 数字城市中的气象灾害预警对策［J］. 自然灾害学报，2005，14（1）：110-115.

［72］ 宇振荣，王建武. 中国土地盐碱化及其防治对策研究［J］. 生态与农村环境学报，1997，13（3）：1-5.

［73］ 胡毓骐，张友义. 美国灌溉排水和盐碱化防治技术现状及发展趋势［J］. 灌溉排水学报，1992，（4）：42-46.

［74］ 周恺，辛梓弘，方桂丽. 城市电磁污染的现状及防护对策分析［J］. 科技创新导报，2013，（10）：67-67.

▷ **编写专家**

杜鹏飞　郑　钰　秦成新　郭效琛　徐智伟　普传玺

▷ **审读专家**

曾维华　王　灿　胡洪营

▷ **专业编辑**

胡　萍

第八章

土木与建筑技术

　　土木与建筑技术是建造各类工程设施的科学技术的总称，它既指工程建设的对象，即建在地上、地下、水中的各种设施、临时建筑与建筑，也指建造过程中所用的材料、设备，还包括所进行这些建造活动所应用的勘测技术、施工、保养、维修等技术。总的来说，就是指一切和水、土、文化有关的基础建设的计划、建造和维修等活动。

　　土木建筑与人类基本的生存"衣、食、住、行"需求密切相关，也为人类社会的生产、消费、创造、探索、发展提供了基本保障。

　　土木与建筑技术的历史悠久，几乎与人类历史等长。早期的土木工程所利用的建筑材料比较单一，施工与设施操作主要依靠经验，缺乏理论依据；随着社会和科技的发展，尤其是工业革命后，新材料、新技术、新理论层出不穷，极大地丰富了土木与建筑技术的内涵，拓展了土木与建筑技术的空间，增加了建筑物、构筑物的类别与功能，使得土木与建筑技术成为系统性、综合性极强的科学技术门类。

　　新中国成立以来，尤其是改革开放以来，我国土木与建筑行业的科研和技术人员不断地攻克技术难题，创造了很多走在世界前列、关乎国计民生的工程项目，如青藏铁路、杭州湾跨海大桥、小湾拱坝等，树立了"中国工程"的良好品牌。

　　在此，本部分以科学理论为内在逻辑，以实务经验为补充支撑，将土木与建筑技术进一步划分为技术方法类、工程建造类、其他特殊类别三个部分，合计有33个子题。

　　技术方法类技术以土木与建筑中常用的材料与手段为主线进行梳理，涵盖了现代土木工程中常用的混凝土、钢材、复合材料等主要材料，开挖、爆破、转运、吊装等基础技术。

工程建造技术以建造对象为主线进行梳理，涵盖了住房、水利、电力、交通、运输等国民经济主要部门涉及的建造类别，具体包括筑坝、造桥、隧道、高层建筑、铁路、公路、港口、地下管廊、核电站、填埋造地、垃圾填埋场、高塔建造、轨道交通等具体对象。

特殊技术是前两部分的补充，梳理了特种环境与工况下的土木与建筑技术，如冻土施工技术、地下冰冻施工技术、水下施工技术、导流技术、拆除技术、建筑材料再生技术、盾构技术、防水技术、修复补强技术、施工过程冷却技术等。

在大纲撰写过程中，将环境友好、生态保护、资源节约的理念贯穿其中，强调了各种技术对于社会、人文、自然的价值；也选取了土木建筑技术与信息技术、材料技术等技术交叉得到的新技术进行阐述，反映了在现代社会发展的大背景下，传统的土木行业高科技、智能化、低耗能、高效益、可持续的发展趋势。

本章知识结构见图8-1。

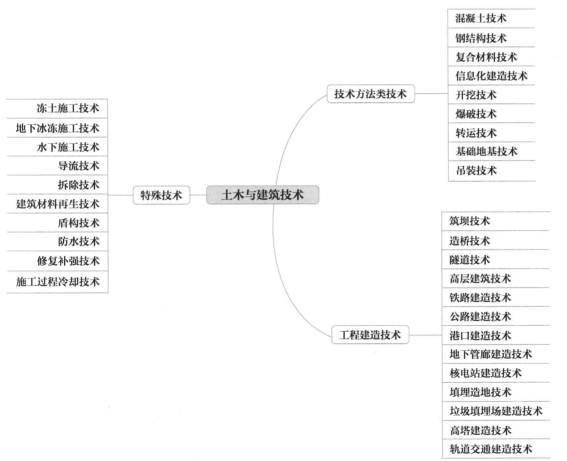

图8-1 土木与建筑技术知识结构

一、技术方法类技术

本章以土木和建筑中常用的材料与手段为主线进行梳理。与下一章的工程建造技术相比，本章的着眼点更小更具体，每一节就一个通用型技术或者施工中的某一环进行展开，这些技术是建造一个大型工程的基础。在实际的工程中，需要多种技术综合应用：比如在三峡工程中，运用开挖技术进行地基处理，运用爆破技术拆除围堰，运用混凝土技术浇筑围堰和大坝；在施工的过程中，也应用信息化建造技术来进行检测、管理和维护等。因此，技术方法类技术是建筑技术大树的枝叶，也是"拼装"完成一个大型工程的具体"组件"。很多情况下，每一种技术方法就是分门别类的学科。

（一）混凝土技术

混凝土，简称为"砼"（tóng），是指由胶凝材料将骨料胶结成整体的工程复合材料的统称，也是当今应用最广泛的建筑材料。通常讲的"混凝土"一词一般指以水泥为主要胶凝材料，与水、砂、石子混合，必要时掺入化学外加剂和矿物掺合料，按适当比例配合，经过均匀搅拌、密实成型及养护硬化而成的人造石材。混凝土主要有两个阶段的状态：凝结硬化前的塑性状态，即新拌混凝土或混凝土拌合物；硬化之后的坚硬状态，即硬化混凝土或混凝土。

混凝土的历史可以追溯到古老的年代。古罗马人通过将石灰与火山灰混合制成水硬性水泥，再将其与石头、沙子和水混合制成最古老的混凝土。1824年，波特兰水泥出现，混凝土开始得到广泛的应用。混凝土作为一门重要的建筑技术一直发展至今。

可以说，混凝土技术的研究对象是混凝土的一生，从材料与成分选择，拌合成混凝土，形成结构，发展强度，到投入工作，最后在使用环境中破坏，或者人工拆除再次投入利用。

混凝土的性质包括混凝土拌合物的和易性，混凝土强度、变形及耐久性等。和易性又称工作性，是指混凝土拌合物在一定的施工条件下，便于各种施工工序的操作，以保证获得均匀密实的混凝土的性能。和易性是一项综合技术指标，包括混凝土拌合物的流动性（稠度）、黏聚性和保水性三个主要方面。混凝土的强度是混凝土硬化后的主要力学性能，反映混凝土抵抗荷载的量化能力。混凝土强度包括抗压、抗拉、抗剪、抗弯、抗折及握裹强度，其中以抗压强度最大，抗拉强度最小。混凝土的变形包括非荷载作用下的变形和荷载作用下的变形。非荷载作用下的变形有化学收缩、干湿变形及温度变形等，当水泥用量过多，在混凝土的内部易产生化学收缩而引起微细裂缝。混凝土耐久性是指混凝土在实际使用条件下抵抗各种破坏因素作用，长期保持强度和外观完整性的能力，包括混凝土的抗冻性、抗渗性、抗蚀性及抗碳化能力等。

混凝土技术的最终目的是使得生产出的混凝土具有符合设计要求的强度，具有与工程环境相适应的耐久性，具有与施工条件相适应的施工和易性，具有合理、经济的材料用量。

随着科学技术的快速发展，各种新型混凝土涌现出来，高强混凝土、自密实混凝土、喷射混凝土、轻混凝土、纤维增强混凝土、收缩补偿混凝土、再生混凝土、耐火混凝土等，混凝土大家族不断添加新的成员。当然，混凝土能否长期作为最主要的建筑结构材料，除其本身必须具有高强度、高工作性、高耐久性等性能外，还在于其能否成为绿色材料。绿色的高性能混凝土是现代混凝土技术的发展方向。它要求使用混凝土时，要降低水泥用量、减轻环境污染，合理利用工业"三废"，有效代替部分水泥，降低混凝土的用水量，提高混凝土的工作性、耐久性，延长使用寿命，降低维修费用，减少废弃物，从而减轻混凝土产业对环境的危害，使其成为可持续发展产品。

（二）钢结构技术

钢结构是由钢制材料组成的结构，是主要的建筑结构类型之一，由型钢、钢板等制作出钢梁、钢柱、钢桁架等构件，并将各构件或部件之间采用焊缝、螺栓或铆钉连接起来形成的结构。最早在建造房屋中使用钢铁结构可以追溯到18世纪末的英国。1851年，英国约瑟夫·帕科斯顿（Joseph Paxton，1803—1865）设计的水晶宫曾是19世纪前半期的铁框架结构技术发展的最高代表。1889年，法国工程师埃菲尔（Alexandre Gustave Eiffel，1832—1923）建造了著名的铁塔，标志着钢结构建筑从此进入一个光辉的时代。

钢结构的重量轻，力学性能好，可以承受较大的荷载，并且具有良好的抗震性能，构件截面尺寸小，便于运输。钢结构加工简便，机械化程度高，制造迅速，适宜成批大量生产。钢结构安装施工简便，由专业化金属构件厂生产构件如梁、屋架、柱等，在工地上用电焊或螺栓连接起来，可提高施工速度。钢结构在平面布局上的灵活性，钢结构可为平面重新布局提供更大的便利和可能性，从而延长建筑物的使用寿命。钢结构绿色、环保，钢结构建筑拆除几乎不会产生建筑垃圾，钢材可以回收再利用。

正因为钢结构具有这些优良的特点，近百年来钢结构得到了快速的发展。钢结构在工业厂房等大跨度、超高层结构范围内被大量地使用。钢结构厂房是指主要承重构件由钢材组成的工业厂房，包括钢柱、钢梁、钢结构基础、钢屋架、钢屋盖等。大跨度钢结构是指横向跨越60米以上各类空间形式的钢结构建筑。大跨度结构多用于民用建筑中的影剧院、体育馆、展览馆、大会堂、候机大厅及其他大型公共建筑，如人民大会堂、鸟巢、南京南站等都是大跨度钢结构建筑。超高层钢结构是指40层以上或高度100米以上的钢结构建筑，迪拜的哈利法塔、台北101、吉隆坡的双塔楼等都是超高层钢结构建筑。

钢结构应用广泛，但也因防腐和抗火性能的问题而受到影响。钢材容易锈蚀，会对结构的承载性能造成较大的影响，目前，主要是通过涂刷高性能防护漆、定期维护来解决。钢结构通常在600℃左右时强度就会降为零，而失去承载能力，发生很大的形变，导致建筑物崩溃倒塌。一般不加保护的钢结构的耐火极限为15分钟左右，美国"9·11"事件引起了人们对钢结构的抗火性能的重视，钢结构的防火措施目前主要是通过在结构表面抹防火涂料解决。

钢结构技术发展迅速，应用广阔，根据行业发展状况分析，中国的钢结构在海洋石油工程装备、住宅等领域的发展具有广阔的前景。

海洋石油的产量较大，海洋工程装备企业要为深海的开采提供大量装备，产业水平及规模需要提高。钢结构住宅符合绿色环保、节能减排和循环经济政策，其工业化、标准化的钢结构住宅产品具有广阔的发展空间。

（三）复合材料技术

复合材料是一种多相材料，由金属材料、无机非金属材料和高分子材料复合而成。在工程上，复合材料是由两种或两种以上不同材料通过某种复合方式组成的新材料，它不仅具有单一组分的基本特性，而且能产生比任一组分更加优越的性能。

近代复合材料的发展是从1932年玻璃纤维增强塑料问世开始的。不过一般公认的复合材料起源于1942年，美国军方发明了玻璃钢。从此，在全世界范围内激发了复合材料的研究热潮。

传统的建筑材料是砖、石、木材、钢材、混凝土等，这些材料虽然在土木建筑中发挥着主导作用，但是由于其质量大、建筑面积利用率低等缺点难以满足各个方面的要求。为了满足现代建筑对建筑材料及建筑结构提出的各种要求，既不能依靠传统的建筑材料，也很难寻找一种新的单一材料，人们自然会想到复合材料，这就使复合建筑材料成为可能。

目前在土木建筑工程中应用最为广泛的复合材料是纤维增强树脂基复合材料（FRP），其中又以玻璃纤维增强塑料（GRP，玻璃钢）和碳纤维增强塑料（CFRP）最受工程师们青睐。复合材料技术在建筑工业中应用十分广泛，从基础到屋面、从内外墙板到卫生洁具、从门窗到建筑装饰、从承重结构到全复合材料房屋，均可用复合材料来制造。

复合材料技术拥有诸多优点。首先，复合材料的性能可以根据使用要求进行综合设计。若要求满足耐水、防腐要求，可以选择耐腐蚀性好的树脂作为基本材料；若要求防火、价廉，则可以采用无机复合材料。其次，复合材料具有很高的比强度和比刚度。单向玻璃纤维增强复合材料（GRP）的拉伸强度可达1000兆帕以上，是普通建筑用钢材的3～4倍；拉伸弹性模量在50吉帕以上，约为钢材的1／4。而GRP的密度只有1800千克每立方米，是钢材的1／5～1／4，因此GRP的比强度为普通钢材的15倍左右，而比刚度与钢材相当。此外，复合材料在透光、防水、防火、隔热、耐腐蚀等方面表现优异。例如，玻璃钢（GRP）可以做成透明材料，透明玻璃钢的透光率达到85%以上，接近于玻璃；而与普通玻璃相比，透明玻璃钢最大的优势是不易破碎，可承受一定载荷，能够达到简化采光设计、降低工程造价的目的。又如，一般的建筑材料隔热性能较差，普通混凝土的热导率为1.5～2.1瓦每开尔文，红砖的热导率为0.81瓦每开尔文，而复合材料夹层结构的热导率为0.05～0.08瓦每开尔文，是混凝土的1／25、红砖的1／10。

复合材料技术对现代土木工程技术的发展，有着十分重要的作用。复合材料技术的研究深度和应用广度及其生产发展的速度和规模，已成为衡量一个国家工程技术先进水平的重要标志之一。现阶段，我国玻璃钢、复合材料行业面临一个新的大发展时期，如城市化进程中大规模的市政建设、新能源的利用和大规模开发、环境保护政策的出台和大规模的铁路建设等。同时，节能和环保已经成为人类改善生存环境和社会寻求良性发展的主题。因此，绿色、环保、节能的新型复合建筑材料技术前景广阔，是未来一段时间内降低建筑能耗的必由之路。

在巨大的市场需求牵引下，复合材料技术的发展将有很广阔的发展空间。复合材料也正向智能化方向发展，材料、结构和电子互相融合而构成的智能材料与结构，是当今材料与结构高新技术发展的方向。随着智能材料与结构的发展，一些新的学科与技术，包括综合材料学、精细工艺学、材料仿生学、自适应力学以及神经元网络和人工智能学等也将被运用到土木工程复合材料技术当中。智能材料与结构已被许多国家确认为必须重点发展的一门新技术，成为21世纪复合材料技术的一个重要发展方向。

（四）信息化建造技术

随着信息技术的发展和应用，建造领域也在大量应用信息技术，建造技术正在和信息技术实现融合，新技术的应用极大地提高了人类建造的效率，例如BIM、人工智能、图像识别等在建造技术领域的应用。

以BIM技术（图8-2）为例， BIM（building information modeling）建筑信息模型越来越多地应用在工程建设行业，包括建设项目的设计、施工、运营整个生命周期中，可以提升项目质量、缩短项目周期和控制项目造价。BIM通过其承载的工程项目信息，把创建信息的其他技术信息化方法（如CAD、CAE等）集成了起来，从而成了技术信息化的核心。

BIM应用按照建设项目从规划、设计、施工到运营的发展阶段按时间组织，有些应用跨越一个到多个阶段（如3D协调），有些应用则局限在某一个阶段内（如结构分析），根据项目的特点和团队的特点选择合适的BIM应用。具体选择某个建设项目要实施的BIM应用以前，首先要为项目确定BIM目标，这些BIM目标必须是具体的、可衡量的，以及能够促进建设项目的规划、设计、施工和运营成功进行的。

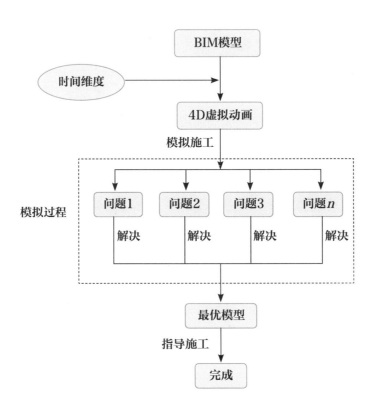

图8-2　基于BIM的4D虚拟建造技术的进度管理实施过程

BIM目标可以分为两种类型，第一类与项目的整体表现有关，包括缩短项目工期、降低工程造价、提升项目质量等。第二类与具体任务的效率有关，例如利用BIM模型更高效地绘制施工图，减少在物业运营系统汇总输入信息的时间等。

随着我国科技的发展，智能化在建筑业的应用越来越受到人们的重视。所谓智能建筑，就是在建筑中运用智能信息控制技术，使建筑得到智能化管理。具体来讲，就是将建筑中的结构、系统、服务和管理结合起来，使它们得到优化。为了使用户有一个高效率且舒适安全的生活环境，智能建筑将运用其内部的计算机系统，提取建筑综合布线系统和检测建筑内部的传达情况，从而实现对建筑内部的智能化的管理。

近年来，数据库、计算机等运算能力方面高速发展，催生了一种智能建筑的新兴技术——决策支持系统。决策支持系统的应用推动了智能建筑的发展，使智能化朝着一个崭新的方向发展，这种技术不仅结合了计算机技术和管理技术，还融合了人工智能技术。管理科学、控制论行为科学及运筹学是决策支持系统的主要理论，其中还包括信息技术和计算机技术的辅助作用，使得决策支持系统能够实现决策问题的帮助。智能决策系统的优势在于为决策者提供更科学系统的帮助，也将为决策者提供用于决策的相关资料和必要分析情况，使决策者对于问题认识更加准确，使决策者能够实行一套切实可行的决策。不仅如此，决策支持系统在现代化的管理中也需要智能系统的支持。随着智能建筑的发展，越来越多的人工智能技术运用到智能建筑中，这样不仅加强了智能建筑的智能化发展，而且为工作人员带了极大便利。在智能建筑的发展中也需要考虑到可持续发展的需要，使建筑朝着绿色化的方向发展，同时需要将控制和管理相结合，只有这样才能促进智能建筑的发展。

目前，利用信息技术提高施工安全管理水平已成为主流研究和应用趋势。随着数字图像处理等技术的发展和成熟，构建自动化和智能化的建筑工人安全检查系统已成为可能。以图像识别技术为核心支撑，可以设计建筑工人智能安全检查系统，用于建筑工人作业前的自动身份识别、安全装备检查和作业行为能力检查。该系统在普通计算机中即可运行，弥补了传统施工安全管理领域中自动化水平低的不足。该系统还可用于矿山、电力等行业的安全检查，具有较好的推广价值。

（五）开挖技术

开挖技术，是任何土木工程都必须要使用的技术。无论是高楼大厦的地基，还是复杂的地铁隧洞，甚至地下的各种结构，都需要开挖技术。从城市走到野外，开挖技术的应用就更多了：火车和高速公路上的隧道、南水北调工程中输水的渠道，以及各种地下的油库水库。可以说，开挖技术为人类带来了许多方便，更节约了宝贵的地面空间。

对于地质条件较好、地下是相对松软的土体，比如一般城市的地基等，采用挖掘机等常用大型机械即可。工程中较为困难的往往是山体岩石等的开挖。

很长一段时间内，钻孔爆破法一直是地下建筑物岩石开挖的主要施工方法。这种方法是在岩石上利用钻孔机打孔，根据理论计算出来的结果在孔内埋置相应分量的炸药，待人员撤离后引爆进行开挖。钻孔爆破的方法对地质条件适应性强，开挖成本低，尤其适合岩石坚硬的洞室施工。通过工程师和科学家多年研究与实践，还发明出了光面爆破方法，炸除开挖部分后可以得到较为平整的开挖轮廓，同时还能保证余下岩体的质量。

全断面隧道掘进机（TBM）是一种专用的开挖设备，它利用机械破碎岩石的原理完成开挖、出渣及混凝土钢管片安装的联合作业，连续不断地进行掘进，大大提高了开挖效率。目前，我国许多的地铁隧洞、水利工程中的引水隧洞、铁路公路中的隧洞都是用TBM完成开挖的。

目前，对于隧洞等的开挖，经过大量的工程经验，总结出了一些核心思想和方法。20世纪50年代发展起来的新奥地利隧洞工程法（简称新奥法）是这种思想的几种体现："在充分考虑围岩自身承载能力的基础上，因地制宜地搞好地下洞室的开挖与支护工作"。作为一个完整的概念，它强调使用破坏围岩最小的开挖方法、锚喷支护和施工过程中围岩稳定状况监测。这也被称为新奥法的三大支柱。

开挖工程难度较大。每一个具体的工程都不尽相同，必须要因地制宜地设计方案进行施工。在未来，我们还会面临更多的挑战，如地下更深的隧洞、深海的隧洞等。这些都需要我们继续努力解决。

（六）爆破技术

爆破技术是以炸药为能源，当炸药爆炸做机械功时，使周围介质发生变形、破坏、移动和抛掷，达到既定工程目标的工程技术。

爆破离不开炸药，火药是中国的四大发明之一，在唐朝末年火药已经广泛用于战争。13世纪前后期火药传入欧洲，17世纪以前火药只用于军事。1627年，在匈牙利西利亚上保罗夫的水平坑道掘进时，使用火药破坏岩石，这是第一次用火药代替人体劳动。1799年雷汞问世，1846年发现了硝化甘油、三硝酸丙三酯和硝化棉，1865年诺贝尔发明了雷管，获得了高速度爆轰现象，为现代工业不断完善奠定了基础。

目前爆破技术已经成为经济建设中诸多工业生产和开挖施工的技术手段之一，在冶金、煤炭、水电、铁路交通、基础设施等经济建设领域，爆破技术在矿岩开采、岩土工程、建筑物拆除和材料加工等工程建设和生产方面取得了广泛的应用。

爆破需要在被爆破的介质中钻出炮孔，开挖药室或者在其表面开挖药室，放入起爆的雷管，然后引爆。根据铺设炸药的不同方式，爆破方法主要分为炮孔法、药室法、药壶法和裸露药包法。炮孔法是在介质内部钻出各种孔径的炮孔，经装药、放入起爆雷管、堵塞孔口、连线等工序起爆的。药室法是在山体内开挖坑道、药室，装入大量炸药爆破的方法，一次能爆下的土石方数量几乎是不受限制的，每个药室里装入的炸药多达千吨以上的。药室爆破广泛应用于露天开挖堑壕、填筑路堤、基坑等工程，特别是在露天矿的剥离和筑坝工程中，能有效缩短工期，节省劳动力，需要的机械设备较少，并且不受季节和地条件的限制。药壶法是在普通炮孔底部，装入少量炸药并进行不堵塞的爆破，使孔底部扩大成圆弧形，以达到装入较多药量的爆破方法。裸露药包法是一种不需要钻孔，直接将炸药包贴放在被保证物体表面进行爆破的方法，在清扫地基中破碎大孤石，对爆下的大块石做二次爆破等工作方面比较有效。

此外，按照药包的空间形状可以分为集中药包法、延长药包法、平面药包法和异性药包法。根据各种工程的目的和要求，采取不同的药包布置形式和起爆方法形成了许多各具特色的现代爆破技术，主要有毫秒爆破、光面爆破和预裂爆破、定向爆破、拆除控制爆破、水下爆破、地下掘进爆破等。

爆破技术的基本要求是在保证施工过程安全的条件下完成具体爆破工程。爆破工程是万无一失的工程，爆破失败往往会造成极其严重得难以弥补的后果。为了适应社会发展和技术进步的要求，爆破技术向着精确化、科学化和数字化方向发展。装药的精确化使得药包在空间的分散更为合理，不仅有利于控制爆破效应，还能有效地提高破碎矿石的质量，在对城市构筑物拆除时，通过精确计算可以实现对建筑物倾倒方向、倒塌范围、破坏区域、碎块飞散距离和地震波、空气冲击波等有效控制。近年来，数值计算、智能技术、安全与测量技术的进步为爆破技术提供了新的支持，同时爆破理论借鉴了岩石损伤理论研究成果，使得理论分析更加科学化。计算机辅助设计（CAD）在爆破工程中应用广泛，电子雷管的发展和广泛应用将是爆破技术数字化的重要方面，电子雷管的延时控制系统可达微秒级，延期时间可由爆破现场爆破员设定，具有广泛的应用前景。

（七）转运技术

转运技术主要是指混凝土转运技术。混凝土拌和设备与浇筑现场常常不处于同一地点，这就要求有相应的混凝土运输技术，将新拌混凝土从拌和设备转移到浇筑现场。

混凝土运输工具种类繁多，运输方式也有很多种。确定混凝土转运方案时，尽量挑选效率高、转运次数少的方法。

转运技术通常包括地面水平运输和空间垂直运输。地面水平运输，又分为间歇式运输机具（如手推车、机动翻斗车、自卸汽车、搅拌运输车等）和连续式运输机具（如皮带运输机、混凝土泵等）。

手推车运输是指采用单轮车或架子车等人力车运输混凝土，多用于小型工程的水平运输。单轮手推车适宜于30～50米的运输距离，双轮车适宜于100～300米的运输距离。

机动翻斗车适用于运输距离短、运输工程量不大的混凝土输送。采用翻斗车运送混凝土，人力推行时适用于300米左右的距离，机车牵引则适用于400～1500米以内的距离。

自卸汽车运输适用于混凝土运输量较大而运距又较远的情况。

混凝土泵适用于水平距离在1500米内、需连续进行的混凝土输送。

采用皮带运输机输送混凝土，操作技术比较简单、使用也较灵便、成本低，适用于大体积混凝土大浇筑量的工程。若运距较长时，可将数台皮带运输机串联成组使用。

混凝土搅拌运输车适用于建有混凝土集中搅拌站的城市内混凝土输送。

混凝土垂直运输机具主要是各类井架、提升机、塔吊和混凝土输送泵等。采用塔式起重机时，可考虑将混凝土搅拌机布置在塔吊工作半径内，混凝土直接卸入吊斗内，垂直提升后直接倾入混凝土浇筑点。在塔式起重机增设一套悬吊皮带输送机系统，就形成了塔带机。

门座起重机的外形如同一座门，简称门机，广泛用于港口、码头的货物装卸、造船厂的施工和安装及大型水电站的建设工程中。缆机是利用张紧在主副塔架之间的承载索作为载重小车行驶轨道的起重机。适用于地形复杂、难以通行的施工场地，如低洼地带的土方工程，水坝、河流、山谷等地区的物料输送。

在混凝土大坝建造过程中，由于大坝体积大、混凝土搅拌设备距离浇筑部位极远，常采用塔带机为主、大型门机塔机和缆机的综合方案。混凝土由拌合楼通过皮带机系统输送到塔带机，然后直接入仓浇筑。

（八）基础地基技术

各类建筑物如房屋、道路、桥梁、大坝等都坐落在地层上，它们一般包括三个部分，即上部结构、基础和地基。房屋建筑、桥梁桥跨及其他构筑物等结构最下面那部分土地称为基础。基础由砖石、混凝土或钢筋混凝土等建筑材料建造，作用是将上部结构荷载扩散，减小应力强度，传递到地基。而最终承受上部结构荷载的地层称为地基，地基在上部结构的荷载作用下会产生附加应力和变形。根据荷载传递路径：上部结构—基础—地基可以了解三者之间的联系和区别。当地基由多层土组成时，地基直接与基础底面接触，承受主要荷载的那部分土层称为持力层，持力层以下的其他土层称为下卧层。当持力层和下卧层土质坚实、性能较好时，上部结构对地基的强度、变形和稳定要求容易得到满足。

基础可分为浅基础和深基础两大类。浅基础通常埋置深度小于5米，只需经过简单的挖槽、排水等施工工序就可以建造起来，如独立基础（单独基础）、柱下条形基础、筏形基础、箱型基础等。反之，若基础埋深较深，要借助特殊的施工方法才能建造起来，则是深基础，如桩基础、沉井、地下连续墙等。

独立基础是立柱式桥墩和建筑常用基础形式之一，它的纵横剖面均可砌筑成台阶状。条形基础是指布置成条状的钢筋混凝土基础。

筏形基础是底板连成整片式的基础，又称为整体基础，分为平板式和梁板式两种。当上部结构荷载较大，地基土压缩性较高时采用。

箱型基础是由顶板、底板及纵横隔墙组成的基础，它的刚度远大于筏形基础，而且基础顶板和地板间的空间常可用作地下室，适用于地基较软弱、建筑物对不均匀沉降敏感或荷载较大而基础面积不太大的情况。

从独立基础到条形基础，再到筏形基础，最后到箱型基础，基础所受的荷载越来越大，同时基础的形式从点到线，再到面，最后到体的扩展。

桩基础是设置在地面或水面以下一定深度的柱状、管状、筒状或板状的受力构件，一般呈直立设置，必要时倾斜；前者称为直桩，后者称为斜桩。桩群的上部与承台相连接组成桩基础，承台具有承接上部结构并将承台下面的桩连成一体的作用。桩基础适应于上部荷载较大的建筑，除了受竖向荷载还要承受水平荷载的建筑，软弱地基或者特殊土地基（湿陷性土、膨胀土等）。桩基础已成为在土质不良区修建浇筑物，特别是高层、超高层和重型厂房等建筑物所广泛采用的基础形式。

地基可分为天然地基和人工地基两类。天然地基是不加处理就能够满足设计要求，可以直接在上面进行修建的天然土层，如密实的砂土层、老黏土层等；人工地基是经过人工处理后才满足要求的土层，如经过处理后的软黏土地基或其他不良地基。

软弱土地基是指不能满足地基承载力和变形的地基，处理的方法有很多种，包括换填垫层、强夯、排水固结和复合地基。

换填垫层法主要是在地基承载力不足和变形无法满足要求时，软弱土层厚度又不是很大时，把软弱土层或不均匀涂层挖去，然后分层回填坚硬、粒径较粗的材料，夯压密实至所要求的密实度为止。

强夯法是通过8～40吨的重锤（最高可达200吨）和8～25米的落距（最高可达400米），对地基反复施加冲击和振动能量，将重锤提到高出使其自由落下夯出较大的坑，并不断夯击坑内回填的砂石、钢渣等硬料，使其密实。

排水固结法是利用地基排水固结的特性，通过施加预压荷载，并增设各种排水条件，使得土体中的孔隙水排出，逐渐固结额，地基发生沉降，同时强度进一步提高的处理方法。这个方法主要是针对软黏土地基沉降和稳定问题。

复合地基是指部分土体被增强或被置换形成增强体，由增强体（砂石桩、水泥搅拌桩等）和周围的地基土共同承担荷载。复合地基中桩体和基础之间通过垫层（碎石或砂石）连接，区别于桩基础中桩与基础（承台）直接相连。

（九）吊装技术

吊装技术是用起重设备吊起构件，并安放和固定在设计的位置上。

土木与钢结构工程的功能化，如公共和住宅建筑物要求建筑、结构、给水排水、采暖、通风、供热气、供电等现代技术设备与结构组合成整体，使其重量大大增加。发展高技术和新技术对工业与建筑安装工程钢结构吊装技术提出了更高标准要求。近十年来，中国、马来西亚、新加坡、韩国等东南亚国家，由于人口大量集聚，密度猛增，造成用房紧张，地价昂贵，所以高层建筑有很大发展。这些高层建筑与结构的吊装，为吊装技术的发展积累了丰富的经验和知识。

随着石油化工、冶金及电力建设规模的不断扩大，各工程中的关键设备正在向特重、特大型方向发展。归纳起来，各类吊装设备及特点如下。第一，以塔、器为代表的重型设备。这类设备直径大、高度高、自重大，吊装时既要求作业空间，又要求起重设备的起重能力，吊装难度大。第二，以火炬、排气筒等为代表的高柔结构设备。这类设备长细比大，刚度小，结构稳定性差。第三，以核电站用育顶、化工用压力容器及储存油罐为代表的薄壳结构重型设备，这类设备直径大、壁薄，吊装时要求水平作业空间和起重能力，设备在吊装过程中易产生变形和失稳。第四，冶金用重型设备。该类设备长宽高尺寸相当。

在钢结构吊装技术方面，在吊装施工时，用钢绞线承重、液压提升器、计算机控制技术成功将重达10500吨北京机场A380飞机库钢屋盖和国家数字图书馆10388吨重钢结构整体提升。

吊装设备无论是体积还是自重，都在向大型化和超大型化发展，因此对吊装技术要求也越来越高。从起重设备的吊装能力角度来看，吊装技术可分为分体吊装和整体吊装两大方式。随着起重设备吊装能力的不断提高，整体吊装已逐渐用于大型吊装项目中，并成为吊装技术的主要发展趋势。整体吊装中，塔器类设备一般需要翻转直立，因此多采用单机滑移法，即单台起重机作为主吊系统用于提升设备，使设备由平卧状态逐渐过渡到直立自由状态。与此同时，设备底部置于滑移装置上，滑移装置随设备的提升做水平移动，协助设备直立。

二、工程建造技术

土木工程学，是一门古老、传统的学科。涉及范围之广，涉及面之宽，包罗万象，真可谓"上可九天揽月，下可五洋捉鳖"。第一章的技术方法侧重于各工程都可能用到的基本技术和方法。而本节部分则侧重针对多种具体对象介绍其建造技术。"逢山开路，遇水架桥"是传统土木工程最主要的任务。本节最先介绍这些对象和任务，具体的有：筑坝技术、造桥技术、隧道技术、高层建筑技术、铁路建造技术、公路建造技术、港口建造技术。随着现代文明的发展和人们对能源的需求量不断增大，也产生了越来越多的垃圾。而资源和能源的供应、垃圾的处理需要涉及以下几项关键技术：地下管廊建造技术、核电站建造技术、填埋造地技术、垃圾填埋场建造技术。最后介绍一些最新的技术，比如高塔建造技术、轨道交通建造技术。

（一）筑坝技术

大坝，指截河拦水的堤堰，一般是建筑在溪流、河流和河口的屏障，用来防止洪水泛滥、生产水力发电、储水作饮食或灌溉之用。

世界已知最早的大坝是公元前3000年兴建的位于约旦的Jawa大坝，在首都安曼东北方约100千米。此重力坝原高9米，由50米宽的土城墙支撑。中国历史上有文字记载最早的大坝是建于公元前598年至公元前591年间的安徽省寿县的安丰塘坝，坝高六七米，库容约9070万立方米，至今运行了2600多年，与都江堰、漳河渠、郑国渠合称为中国古代四大水利工程。

现代大坝可分为混凝土坝和土石坝两大类，大坝的类型根据坝址的自然条件、建筑材料、施工场地、导流、工期、造价等综合比较选定。

筑坝技术主要包括：冲填、抛石、常规浇注混凝土、碾压混凝土、堆石混凝土、抛石型堆石混凝土等。

水力冲填坝是指将土料用水力输送到筑坝部位经沉淀固结而成的土坝。水流经高压泵产生压力，通过水枪喷射出水柱冲击土体，使土液化、崩解形成一定浓度的泥浆，通过泥浆泵经输送管送到冲填区。泥浆经过自然沉淀、脱水、固结形成堤防。

抛石坝又称堆石坝，是指用块石抛筑并将表面整平而形成的重型整治建筑物。堆石坝坝体坚固，抗冲性强，使用年限长，可建成各种坝型，施工、维护简单。常用于山区河流和采石方便的平原河流航道整治中。

用常规混凝土进行大坝结构浇筑，就是常规混凝土坝。三峡大坝就是混凝土坝，坝轴线全长2309.47米，坝顶高程185米，最大坝高181米，混凝土总方量1610万方。

用碾压混凝土技术进行大坝浇筑，就是碾压混凝土坝。碾压混凝土是一种干硬性贫水泥的混凝土，使用硅酸盐水泥、火山灰质掺和料、水、外加剂、沙和分级控制的粗骨料拌制成无塌落度的干硬性混凝土，采用与土石坝施工相同的运输及铺筑设备，用振动碾分层压实。碾压混凝土坝既具有混凝土体积小、强度高、防渗性能好、坝身可溢流等特点，又具有土石坝施工程序简单、快速、经济、可使用大型通用机械的优点。碾压混凝土坝大体分为两类：一类以日本"金包银"模式为代表的RCD，采用中心部分为碾压混凝土填筑，外部用常态混凝土（一般为2～3米厚）防渗和保护。另一类为全碾压混凝土坝，称为RCC，其结构简单，施工机械化强度高。RCC技术在我国已大力发展，现已建成的普定碾压混凝土拱坝再一次证实我国碾压混凝土筑坝技术已达到国际水平。

用堆石混凝土技术进行大坝浇筑，就是堆石混凝土坝。堆石混凝土（rock filled concrete，简称RFC），是利用自密实混凝土（SCC）的高流动、抗分离性能好以及自流动的特点，在粒径较大的块石（在实际工程中可采用块石粒径在300毫米以上）内随机充填自密实混凝土而形成的混凝土堆石体。它具有水泥用量少、水化温升小、综合成本低、施工速度快、良好的体积稳定性、层间抗剪能力强等优点。

抛石型堆石混凝土技术，是堆石混凝土技术的变体。抛石型堆石混凝土，是以自密实混凝土为胶结材料，以粒径80毫米以上的新鲜块石或卵石为粗骨料，先将自密实混凝土浇筑入仓，再将新鲜块石或卵石抛入自密实混凝土中，利用自密实混凝土的高流动性、不离析、均匀性和稳定性等特点使自密实混凝土自流填充到抛石的空隙，形成完整、密实的混凝土。

中国是筑坝大国，在现代筑坝史上一次又一次刷新纪录。目前世界第一高坝，是中国雅砻江上的锦屏一级大坝，高305米。

（二）造桥技术

桥梁，一般指架设在江河湖海上，使车辆行人等能顺利通行的建筑物。为了适应现代高速发展的交通行业，桥梁也常常引申为：为了跨越山涧、峡谷、不良地质等天然障碍，或高速公路、铁路线等人工障碍，并满足特定的交通需要而架设，使通行更加便捷的建筑物。

桥梁建造技术的发展可分为古代、近代和现代三个时期。

古代桥梁主要出现在18世纪以前，可以按照建桥材料将桥梁分为木桥和石桥。公元前6世纪，巴比伦人用柏木和松木建造桥梁。汉语中的"桥"字，原本就是指一种高大的树，砍下来就够放在河面，可以连着两岸，即独木桥。希腊的阿卡迪亚桥是现存最早的石拱桥。罗马人用石头和混凝土建造拱桥。我国的赵州桥是目前世界最古老的、现存完好的大跨度单孔敞肩坦弧石拱桥。

工业化开始后，1779年世界上第一座铁桥出现在英国，这是一座用铸铁修筑的、主跨30米的拱桥。

现代桥梁按建桥材料可分为预应力钢筋混凝土桥、钢筋混凝土桥和钢桥。19世纪50年代以后，随着酸性转炉炼钢和平炉炼钢技术的发展，钢材成为重要的造桥材料。现代混凝土从1860年开始运用在桥梁工程中。20世纪30年代，预应力混凝土和高强度钢材相继出现，材料塑性理论和极限理论的研究、桥梁振动的研究和空气动力学的研究，以及土力学的研究等获得了重大进展。这些材料和理论为节约桥梁建筑材料、减轻桥重、预计基础下沉深度、确定承载力提供了科学的依据。

中国是造桥大国，在现代造桥史上不断地刷新纪录。截至2016年，世界上最高的桥梁是中国贵州的北盘江大桥，高565米，主跨720米。

（三）隧道技术

隧道是指在既有的建筑或土石结构中挖出来的通道，供交通立体化、穿山越岭、地下通道、越江、过海、管道运输、电缆地下化、水利工程等使用。1970年国际经济合作与发展组织召开的隧道会议，对隧道的定义为："以某种用途、在地面下作用任何方法规定形状和尺寸修筑的断面积大于2平方米的洞室。"世界上第一座交通隧道是公元前2180—前2160年在巴比伦城中的幼发拉底河下修筑的人行通道。各文明古国曾修建过地下墓室，灌溉、给水、排水隧洞，采矿巷道及地下粮仓等。19世纪20年代，蒸汽机的出现及铁路和炼钢工业的发展，促进了隧道及地下工程的发展。1826—1830年英国修建了长770米的泰勒山单线铁路隧道和长2474米的维多利双线铁路隧道；1860年开始修建伦敦地下铁道。中国于1887—1889年在台湾省台北至基隆窄轨铁路上修建的狮球岭隧道，是中国的第一座铁路隧道，长261米。直到20世纪50年代，人们才总结出各类隧道及地下工程的规划、设计和施工的基本原理，并形成一个独立的工程领域。

隧道技术一般包括勘测技术和施工技术两大部分。由于隧道工程数量、造价、工期控制等因素，隧道位置在选线方案中是经济技术比较重要的组成部分。对不良地质地段的隧道，特别是长、大、复杂隧道线及全线或局部线路方案的成立与否，必须精心勘测设计。通过对隧道位置所处的地形、地质、水文等要素的测绘、勘测、测试及综合评定，设计正洞和明洞的长度和结构，决定施工方法，设计辅助坑道、排水系统和附属工程。建造隧道有几种方式。深度浅的隧道可先开挖后覆盖，称为明挖回填式隧道；先兴建从地表通往地下施工区的竖井，再直接从地下持续开挖，如果使用专用机械，则为钻挖式隧道；如果不使用机械，依靠爆破或人工挖掘（钻炸法），则为矿山法隧道；建造海底隧道可用沉管式隧道。

因地制宜，开拓地下空间资源和发展其经济效益，是当前各国在隧道及地下工程领域中总的发展趋势。例如，中国在云、贵、川、闽及浙一带可以有选择地利用天然溶洞；在西北黄土高原可利用喷锚支护和加强通风照明来修建窑洞民居。各大城市加强地下交通运输系统和公用管道的规划，以及民防和市政地下工程的总体规划。隧道及地下工程的结构理论研究中，新的学科——地下结构施工力学正在形成。在长、大隧道和重点地下工程中，推行施工综合机械化。在软土地层中，采用适合地层条件的盾构、顶管、沉管和连续墙施工方案；在硬岩中采用新型掘进机或高效水钻台车，以及光面爆破和预裂爆破等先进技术。在一些长隧道中采用水平钻井已取得成功，如以喷锚支护为基础的新奥法施工，可大力推广。21世纪人类面临着人口、粮食、资源和环境的四大挑战，把地面活土多留点给农业和环境，使地下空间成为人类在地球上安全舒适的第二个空间，是科学家和工程师的紧迫课题。

（四）高层建筑技术

高层建筑的特点及其相应的施工技术要点是高层建筑利用较少的空地，进行多形式和多空间的建筑，因而极大地节省了土地资源。高层建筑技术的兴起缓解了当前世界用地紧张的问题。同时，高层建筑能够优化市政道路与管道，并有效缩短其长度。此外，在城市景观方而，高层建筑也能对街道起到一定的美化作用，能够极大地丰富城市形象，对天际轮廓线也起到突出的作用。部分特色鲜明的高层建筑可能成为城市活动的中心，进而成为城市的标志性建筑。

法国在12世纪时建造了高107米的沙特尔教堂塔楼。建于1337年的德国乌尔姆教堂高161米，成为当时世界第一高塔。1863年意大利建造的安托内利尖塔以164米的高度，成为迄今为止最高的砖石结构建筑。我国古代的高层建筑则起源于古塔，中国现存最高佛塔为北宋开元寺塔（建于公元1011年），塔刹尖部高85.6米。

高层建筑技术的要求一直很严格。高层建筑楼层层数多，要求工程质量高、施工时间长、材料用量大，所以高层建筑的建筑技术性要求比较高，需要科学使用混凝土，安全完成基桩建设，避免出现建筑裂缝。

较早的在高层建筑技术中体现创新的部分是建筑材料的创新，建筑材料朝着用量少、质地轻的方向发展，可以实现结构的快速改建以及装配等操作。同时在设计、建筑美学上也不断改进，将高科技的设备、材料等转化为一种手段。同时网络技术的发展和进步也将推动信息技术成为未来时空形态的主要力量。利用信息技术对高层建筑进行创新得到越来越广泛的应用，例如目前利用计算机等信息技术来建立数学模拟模型可以对空气动力学的性能等进行有效的评估。在高层建筑的设计中越来越多地采用生态优化的技术创新，建立了高层建筑的室内同外界环境之间的有效连接。根据室外的相应环境变化可以及时有效地同高层建筑室内环境建立反馈机制，保证室内各项指标的目标值，从而将能耗降到最低程度。

技术的创新是实现高层建筑设计不断突破的主要动力。在一个城市中，高层建筑具有控制性的地位，这样在高层建筑的设计中建筑师也有责任不断地引入最新的技术成果，不断地推动高层建筑朝着可持续发展的到来前进。

（五）铁路建造技术

铁路是世界上已知最有效的一种陆上交通方式，列车在铁轨上运动，受到的摩擦力很小，十分节省能量，如果配置得当，铁路运输比路面运输可以节省50%至70%的能量。铁路运输事故死亡人数是公路交通的几十分之一到几百分之一，是最为安全的交通运输方式之一。铁路的历史可以追溯到两千年前的希腊，那时已经有马拉车沿着轨道运行。1804年，英国人理查·特里维西克（Richard Trevithick，1771—1833）发明了第一台能在铁轨上前进的蒸汽机车。1825年，英国人建成世界上第一条投入商业运营的铁路，很快铁路便在英国以及世界各地通行起来，近一个世纪一直是世界交通的领导者，直到飞机和汽车发明。然而，铁路发展的脚步并没有停止，第二次世界大战以后，以柴油和电力驱动的列车逐渐取代蒸汽推动的列车。从20世纪60年代起，很多国家开始建设高速铁路，现如今全球236个国家和地区中，有144个设有铁路运输，铁路依然是世界上载客量最高的交通工具。

图8-3　青藏铁路

（图片来源：维基百科。https://en.wikipedia.org/wiki/Qinghai-Tibet_railway#/media/File: Qingzang_railway_Train_01.jpg。）

铁路的建造技术包括铁路路基施工技术、铁路桥梁施工技术、铁路隧道施工技术和轨道施工技术等。

铁路路基是轨道的基础，路基结构的主体应按照土工结构进行设计，其地基处理、路堤填筑、边坡支护和排水设计等必须具有足够的强度、稳定性和耐久性，使其能够抵御各种自然因素的影响，确保列车高速安全运行。

桥梁作为轨道的下部结构，需要确保列车高速运行条件下的安全性、平稳性和乘车舒适性，必须具有高平顺性、高稳定性和高可靠性的特点。各种形式的桥梁基本都可以在铁路中采用，比如梁式桥、拱式桥、悬索桥、斜拉桥、钢构桥和组合体系桥等。

铁路经常需要穿越隧道，隧道具有占地少、环境污染少、结构安全可靠等优点，我国在建和拟建的高速铁路项目中隧道长度超过1000千米。钻爆法仍然是中国目前应用最为广泛的、最成熟的铁路隧道修建方法，包括全断面法和台阶法等。隧道的机械开挖一般使用掘进机法和盾构法等。

铁路的轨道施工是指将轨道安放在已完成并达到设计要求的路基、桥梁和隧道等建筑物上的工作。轨道施工按照铺轨方向可分为单向铺轨和多向铺轨，按照铺轨方法可分为人工铺轨和机械铺轨两种。现在的铺轨一般将厂制的长钢轨一次铺设到已经整修好的线路上，再进行钢轨焊接和锁定，构成无缝线路。

随着技术的进步，高速铁路不断取代传统的铁路，而高速铁路的桥梁比重近50%。我国在高速铁路桥梁建设方面成绩斐然，深水大跨桥梁建造技术进入世界先进行列，例如武汉天兴洲长江大桥是国内外已建的时速为250千米最大跨度公铁两用斜拉桥；南京大胜关长江大桥是目前世界上设计时速为350千米最大跨度的高速铁路桥梁。根据国家批准的中长期铁路网规划，到2020年中国将建设约1.8万千米的客运专线铁路网络，高速铁路的建设对于提升中国铁路建造水平、促进中国经济和社会发展具有重要的战略意义。

（六）公路建造技术

18世纪中期，英国发生了工业革命，工业的发展迫切需要改善当时的交通运输状况，特别是陆路交通。为此，苏格兰人约翰·马卡丹发明设计了"马路"。由于"马路"的出现使得英国不仅水路畅通而且陆路也很便利，为迅速发展英国工业和贸易往来提供了方便条件。人们取这种路的设计者姓氏，称这种路为"马路"，以表纪念。

公路是公用之路的简称。根据公路的等级，我们将公路分为高速公路和普通公路两种。高速公路的建造包括路面工程、桥涵工程以及路基工程。路基施工完成后才能进行路面的施工。

俗话说"逢山开路，遇水架桥"。在公路建设中通常会遇到河流和山脉，需要架设桥梁和修筑涵洞。施工按照先路基，桥梁、涵洞同时施工的顺序。一般涵洞先施工完成，然后路基接着施工，在路基完成的同时，路面和房建开始施工，路面施工中期，就可以开始机电施工，路基由路基土石方、涵洞、小桥、防护排水等几个分项工程组成。路面为底基层加两层碎石水泥稳定层，然后三层沥青混凝土路面。

层铺法沥青表面处治施工，有先油后料和先料后油两种方法，其中以前者使用较多，现以三层式为例说明其工艺程序。

三层式沥青表面处治路面施工程序为：备料→清扫基层、放样和安装路缘石→浇洒透层沥青→洒布第一次沥青→撒铺第一次矿料→碾压→洒布第二层沥青→铺撒第二层矿料碾压→洒布第三层沥青→铺撒第三层沥青→碾压→初期养护。

普通公路的建造技术比高速公路的建造技术较为简单。高速公路在方便人们出行的同时，其造价是很惊人的。2014年批复的四车道高速公路平均造价每千米约7700万元，2000年平均造价每千米约3200万元，2004年平均造价每千米约4200万元，是2000年的2.4倍、2004年的1.83倍，几乎每三四年平均造价增加1000万元。

（七）港口建造技术

港口是综合运输系统中水陆联运的重要枢纽，有一定面积的水域和陆域，是供船舶出入和停泊、旅客及货物集散并变换运输方式的场地。港口为船舶提供安全停靠和进行作业的设施，并为船舶提供补给、修理等技术服务和生活服务。

世界主要港口有：荷兰的鹿特丹港，美国的纽约港、新奥尔良港和休斯顿港，日本的神户港和横滨港。我国主要港口有：上海港、香港、大连港。

港口按用途分，有商港、军港、渔港、工业港、避风港等。按所在位置可分为海岸港、河口港和内河港，海岸港和河口港统称为海港。

港口由水域和陆域所组成。水域是供船舶航行、运转、锚泊和停泊装卸之用，要求有适当的深度和面积，水流平缓。水域分为港内水域和港外水域。港外水域包括港外进港航道和港外锚地。有防波堤掩护的海港，在门口以外的航道称为港外航道。港外锚地供船舶抛锚停泊，等待检查及引水。港内水域包括港内航道、转头水域、港内锚地和码头前水域或港池。

为了克服船舶前行的惯性，港内航道有一个最低长度，一般不小于3~4倍的船长。船舶由港内航道驶向码头或者由码头驶向航道，要求有能够进行回转的水域，称为转头水域。港内锚地指有天然掩护或人工掩护条件能抵御强风浪的水域，船舶可在此避风停泊、等待靠泊码头或离开港口。港池指直接和港口陆域相邻，供船舶靠离码头和装卸货物用得毗邻码头的水域，也称码头前水域，它必须有足够的宽度和深度，使船舶能方便地靠岸和离岸，并进行必要的水上装卸作业。为保证船舶安全停泊及装卸，港内水域要求稳静。在天然掩护不足的地点修建海港，需要建造防波堤，以满足要求。

陆域则由码头、港口仓库及货场，铁路及道路，装卸及运输机械，港口辅助生产设备等组成。码头是提供船舶系靠、装卸以及运输机械的建筑物。主要有顺岸式码头和突堤式码头，顺岸式码头的前沿线与自然岸线大体平行，优点是陆域宽阔、疏通交通布置方便、工程量小。突堤式码头的前沿线布置与自然岸线有较大的角度，如大连港、天津港、青岛港等港口均采用了这种形式。其优点是在一定的水域内可以建设较多的泊位，缺点是突堤宽度受限，每个泊位的平均库场面积较小，作业不方便。码头按其前沿的横断面外形有直立式、斜坡式、半直立式和半斜坡式，按结构形式分为重力式、板桩式、高桩式、混合式等。

天然河岸或海岸因受波浪、潮汐、水流等自然力的破坏作用，会产生冲刷和侵蚀现象。这种现象可能是缓慢的，水流逐渐地把泥沙带走，但也可能在瞬间发生，较短时间内出现大量冲刷，因此，要修建护岸建筑物。护岸建筑物可用于防护海岸或河岸免遭波浪或水流的冲刷。而港口的护岸则是用来保护除了码头岸线以外的其他陆域边界。

（八）地下管廊建造技术

地下管廊主要指的是城市地下管道综合走廊，即在城市地下建造一个隧道空间，将电力、通信、燃气、供热、给排水等各种工程管道集于一体，设有专门的检修口、吊装口和检测系统，实施统一规划、统一设计、统一建设和管理，是保障城市运行的重要基础设施和"生命线"。

在城市中建设地下管廊起源于19世纪的欧洲。自1833年巴黎诞生了世界上第一条综合管廊后，至今已有两百余年的发展历程。目前综合管廊是发达城市公共管理的重要组成部分，并已成为城市基础设施建设与运营管理的现代化象征。

地下管廊的设计和建造应根据道路横断面、地下管线和地下空间利用情况等确定，干线综合管廊宜设置在机动车道、道路绿化带下；支线管廊宜设置在道路绿化带、人行道或非机动车道下；缆线综合管廊宜设置在人行道下。地下管廊的主体设计和建造方法包括明挖现浇法、预制拼装法、浅埋暗挖法、盾构法和顶管法。明挖法是指挖开地面，由上向下开挖土石方至设计标高后，自基地起由下而上顺序施工，完成隧道主体结构，最后回填基坑或恢复地面的施工方法。明挖法具有便于设计、施工简单、快捷、经济和安全的优点，因此，在地面交通和环境条件允许的地方，应尽可能采用。预制拼装法是一种较为先进的施工法，在发达国家较为常用，是主要采用高性能混凝土和高强钢筋，利用标准化构建和拼装主体结构的方法。对比明挖现浇地下管廊，预制拼装在建设周期、施工质量和环境保护方面有明显的优势。

浅埋暗挖法的技术核心是依据新奥法（new austrian tunneling method，NATM）的基本原理，施工中多采用多种辅助措施加固围岩，充分调动围岩的自承能力，开挖后及时支护、封闭成环，使其与围岩共同作用形成联合支护体系，是一种抑制围岩过大变形的综合配套施工技术。这种方法创建了信息化量测、反馈设计和施工的新理念。盾构法是在地面下暗挖隧道的一种施工方法，适合埋深较大和地质复杂的情况，在建造穿越水域、沼泽和山地的隧道中，盾构法也具有较高的经济合理性和技术优势。顶管法是在盾构法施工之后发展起来的一种地下管道施工方法，它避免了开挖面层，而且能够穿越公路、铁道、山川和地面建筑物等。

铺设地下管廊是综合利用地下空间的一种手段，一些发达国家已实现了将市政设施的地下供、排水管网发展到地下大型供水系统、地下大型能源供应系统、地下大型排水及污水处理系统，并与地下轨道交通和地下街道相结合，构成完整的地下空间综合利用系统。据不完全统计，截至2016年全世界已建综合管廊里程超过3100千米。随着我国经济快速发展，综合国力大幅提升，人民对城市要求越来越高，推动地下管廊建设是真正的民心工程，是利在千秋的城市基础设施建设。

（九）核电站建造技术

核电站是利用核裂变或核聚变反应所释放的能量产生电能的热力发电厂。

核电站属于一种高效率的能源建设，对于温室气体、二氧化碳排放几乎是零，世界各国特别是发达国家竞相研究、开发和建设。根据国际原子能机构的数据，截至2017年4月世界上共有449个核电站分别在31个国家运行，其中东亚、北美和欧洲地区的国家拥有大部分的核电站。世界上第一个产生电力的核反应堆诞生于1948年的美国田纳西州橡树岭，控制人员首次利用核电点亮了一个灯泡。然而世界上第一座真正并入电网发电并运营的核电站是由苏联人在1954年建造的，从此以后，核电站被越来越多的国家采纳。

核电站一般包括核反应堆、蒸汽轮机、发电机、冷却系统、安全阀、给水泵和应急电源系统。现在使用最普遍的核电站大都是压水反应堆核电站，它的工作原理是：用铀制成的核燃料在反应堆内进行裂变并释放出大量热能；高压下的循环冷却水把热能带出，在蒸汽发生器内生成蒸汽；高温高压的蒸汽推动汽轮机，进而推动发电机旋转（图8-4）。

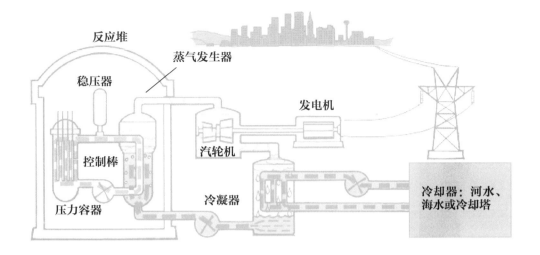

图8-4 核电站的发电原理示意

核电站的建造包括两个方面：核岛建造和常规岛建造。核岛是核电站安全壳内的核反应堆及与反应堆有关的各个系统的总称，除此之外的核电站部分属于常规岛。现代核电站的先进建造技术主要包括基础工程施工技术、结构工程施工技术、建筑工程材料和施工组织等。基础工程施工技术包括核电厂基坑负挖、爆破施工和核电厂筏基大体积混凝土浇筑技术。结构工程施工技术包括钢板混凝土结构技术、开顶法施工技术、先进焊接技术等。

此外，核电站辐射屏蔽要求严格，服役期长，对建筑工程材料的物理力学性能和耐久性有特殊的要求。随着建筑工程材料的高速发展，结合实际工程需要，使用自密实混凝土、活性粉末混凝土等高强度、高性能混凝土的工程材料已成核电建造发展的趋势。

在核电站的建造过程中，还越来越多采用先进施工组织——预制造、预组装和模块化（PPM）技术。预制造是在专门的工厂中将材料加工为结构或设备的组成部件；预组装是在距安装就位较远的地点将预制造，完成的部件组合成安装单元；模块化则是预制造和预组装得到的包含结构单元、管道、阀门、线缆、仪表架、配电板、楼梯等结构或设备的组合体。采用PPM技术可以有效地降低天气等因素对施工的影响，有利于节省人工并控制质量。

随着国内外大型和复杂的基础设施相继建成，一些新型技术不断应用到核电站的建造中，例如先进的混凝土技术和模块化施工等。此外，信息科学和技术发展也不断应用到核电站建造中，如利用计算机模拟仿真核电站建造的全过程、利用地理信息系统（GPS）辅助工程测量和精确定位。核电站建造技术的不断发展也将不断为核电的安全性和经济性提供更多的积极保障。

（十）填埋造地技术

填埋造地技术一般指的是填海造地技术，即把原有的海域、湖区等转变为陆地。随着沿海地区经济的快速发展，人口增长压力也日益增大，土地资源、空间资源短缺的矛盾越来越突出，对海洋进行围垦已经成为各国沿海地区拓展土地、空间，缓解人地矛盾的重要途径。不少沿海城市，比如东京、中国香港、中国澳门、新加坡、深圳和天津等，都采用填海造地技术来扩展城市土地空间，其中日本大阪国际机场和澳门国际机场已经成为围海造地的里程碑工程，大阪关西国际机场是世界上第一座百分百填海造陆而成的人工岛机场，显示出人类利用岩土工程征服海洋的极大能力。填海造地的优点有很多，比如有效制造平地、美化海岸线、促进城市的合理规划等，但是也有很多弊端，比如会影响海洋生态、影响水生物生存、过度填海还会造成水土流失和污染物积累等。

填海造地技术复杂，工程难度高。日本大阪关西国际机场，从开工到建成用时8年时间，因为该机场填岛水深约18米，海底平面下大约有20米厚冲积黏土层，其下还有一系列的洪积层。为减小填岛的沉降量，机场陆域需要改良加固填岛约30米深软土层，意味着填岛陆域在海底处所承受的荷载达到450千帕，是当之无愧的里程碑工程。

填海造陆的主要技术是吹填土和地基处理。吹填土是利用挖泥船在江、海、河、湖水域中进行清淤挖泥，然后利用高压水流将其清淤泥沙以泥浆形式沿着输送排泥管道吹填到水域岸边，逐步堆积、流淌和沉积才形成吹填土。吹填土具有不均匀性、弱渗透型和高饱和性等，因此吹填完成后还需进一步地进行地基处理。地基处理是指土木工程中对地基岩土的整治和利用以及对建筑物地基基础的改造和加固基础的总称。通过地基处理可以改善软弱或不良土体特性，包括其剪切特性、透水特性、动力特性等。

填海造地是建设21世纪现代城市和全球超级工程建设的需要，比如地下城市、海底城市、海上城市、海底隧道等。填海造地技术将不断拓展人类的活动空间，创造出更多的建筑和工程奇迹。

（十一）垃圾填埋场建造技术

垃圾填埋是一种经济有效的垃圾处理方式，目的是将垃圾掩埋起来，使其与地下水隔开、保持干燥且不与空气接触，防止垃圾大量分解，以杜绝垃圾渗沥液的外溢，并高效率地收集填埋气（即沼气）。

建造垃圾填埋场的第一步是进行选址。在建造垃圾填埋场之前，必须对拟建地点进行环境影响研究，以确定建造垃圾填埋场所需的土地面积、下卧层和基岩的构成成分、地表水在该地区的流动情况、计划建立的垃圾填埋场对当地环境和野生生物的影响、选址的历史或考古价值等。

垃圾填埋场对下卧层和基岩有很高要求。岩石应当尽可能不透水，以免发生任何渗漏。基岩不能有裂隙，否则无法预测废物的流向。场址不能靠近矿井或者采石场，因为这些矿区通常都与地下水补给区相邻。同时，场址周围的各个位置要能打井，以监测地下水质或者截留任何泄漏的废物。

垃圾填埋场所在区域的地表水流动情况也值得关注，以防止有过量水从垃圾填埋场排放到周边区域，或从周边区域流进来。垃圾填埋场不能靠近河流、溪流或湿地，以保证垃圾填埋场的任何可能渗漏物都不会进入地下水或流域。

垃圾填埋场是垃圾填埋的主要设施，对垃圾进行处理一般采用分层覆土填埋的方式，堆积一层垃圾后再覆盖一层黄土。垃圾填埋场一般由底部衬层系统、填埋单元、雨水排放系统、渗滤液收集系统、沼气收集系统、封盖或罩盖组成。

覆盖系统就是在填埋场填满后，对填埋场进行的覆盖封顶。给填埋场封顶就是为了使填埋场封闭，减少地面降水与地表径流渗入到填埋场中，把填埋场场内可能受到的渗漏污染降到最低。建立有效的覆盖系统是发挥填埋场"防"功能的重要举措。从生态环境保护方面，设计覆盖系统时需要全面考虑所覆盖的土厚度给周围植物生长带来的影响。

封顶系统需要布置排除垃圾分解气与集气层收集器的出口，全面考虑覆盖位置、覆盖的土材料、边坡最高覆盖高度、改善系统性能程度及覆盖后的管理工作；衬垫系统就是在填埋场四壁及底部设置防渗衬垫，设计防渗衬垫首先要选取合适的排水材料与防渗材料，然后进行相关结构的优化布置。

实际工程中，填埋场底部防渗材料主要有压实黏土、天然黏土层、黏土垫及土工膜，这些材料都具有低渗透性的特性。防渗层就是将各种防渗材料有效组合到一起。我国填埋场底部防渗主要有水平防渗与垂直防渗两种，水平防渗指在填埋场的侧壁及底部设置防渗垫层，垂直防渗是在渗滤液的渗漏路径上做阻止，具体是在渗漏路径上做垂直帷幕的灌注浆液，进而实现减少渗漏量的目的。

填埋场设计气体收集和排放系统是为有效地控制疏导填埋的气体，防止填埋气体在填埋场场内发生淤积或在场外发生迁移，进而避免沼气爆炸。与此同时，可以运用回收沼气发电，让填埋气体得到充分利用，能够在防止空气增加有害成分的同时，提升填埋场经济效益。

土木与建筑技术

填埋场内渗滤液是经过填埋场对固体废弃物挤压及场内降水渗流而产生的，渗滤液是有污染危害的液体，如果渗滤液没有经过处理排入地下水里，会使地下水受到严重污染。对渗滤液数量产生影响的因素有地下水侵入、降水量、封顶系统设计、固体废弃物数量。设计渗滤液的收集与排放系统是为了把填埋场里的渗滤液有效收集到一起，并运用储蓄池或污水管把其送到污水处理站。渗滤液收集系统主要由集水槽、集水坑、多孔集水管、排水层、提升管、调蓄池及潜水泵组成，当渗滤液可以直接排进污水管时，可以不设置调蓄池，这些收集系统组成部分都需要根据填埋场的使用初期具有大量渗滤液产生来设计，进而确保系统投入使用后能够长时间保持良好的流通能力。为降低地下水受污染概率，收集与排放系统要确保复合衬垫上的渗滤液较薄，通常低于30厘米。

卫生填埋法是城市处理生活垃圾最常用的方法，我国建造与运用垃圾填埋场已经有很多年，虽然已经积累了一些经验，但仍有很多亟待解决的技术性问题，如垃圾填埋场可能存在的二次污染环境的问题值得关注。

（十二）高塔建造技术

高塔建造在现代社会非常普遍，比如说输电线高塔、电视塔等。其中比较著名的观光塔——埃菲尔铁塔，最早就是广播塔。

埃菲尔铁塔是一座于1889年建成、位于法国巴黎战神广场上的露空结构铁塔，高320米。埃菲尔铁塔得名于它的设计师桥梁工程师居斯塔夫·埃菲尔。铁塔设计离奇独特，是世界建筑史上的技术杰作，因而成为法国和巴黎的一个重要景点和突出标志。埃菲尔铁塔分为三层，从塔座到塔顶共有1711级阶梯，分别在离地面57米、115米和276米处建有平台。据说，该塔共用去钢铁7000吨，12000个金属部件由250万只铆钉相连接。

建造这样高大的铁塔，不但要做到结实不变形，还要保持直立不倒。把物体下面做大些、重些；上面做小些、轻些，物体就不容易倒了。同样的道理，框架铁塔上小下大、上轻下重，空气阻力小使它不容易倒。下面简单介绍一下高塔的施工工艺。

1. 塔身吊装

对于塔身的吊装应该根据塔身的高度进行选择，分为以下几种情况：

塔身的高度低于89米时，采用汽车吊和履带吊配合吊装；

塔身高度在89～282米之间，采用双摇臂抱杆分解吊装；

塔身高度在282～354米之间，全部采用双摇臂抱杆分解吊装。

2. 抱杆组立

塔身的32.5米处完成平台吊装以后，需要进行抱杆的组立。抱杆组立的完成需要汽车吊和履带吊的配合吊装，在40米以下的部分可以借助汽车吊进行吊装，其余的部分一般采用履带吊进行吊装。常用的吊装顺序是抱杆底座→井架普通段→底节卷扬机段→顶卷扬机段→打设10米处腰环→井架加强段→打设32米处腰环→过渡段→下支座→上支座（连同回转支承）→打设内拉线→桅杆（分段吊装）→摇臂→穿引变幅绳→穿引起吊绳。

3. 抱杆地面提升

89米以上的塔身吊装，抱杆提升的过程全部在地面进行。多数情况下，抱杆进行提升的节点选择在89米处平台，常常采用的提升方式是四合二、二合一的倒装提升法。

4. 抱杆高空提升

抱杆的高空提升的平台设置在282米的主管水平的节点，通过钢丝绳在地面上四合二、二合一，通过地面的滑车组运行，逐渐提升牵引机。整个抱杆的高空提升和地面提升的方法以及步骤差不多。在提升的过程中，均采用了2只三滑轮车和1只五滑轮车，达到263米时，完成整个抱杆的提升，借助轨道小车完成最后的就位连接。

5. 顶架吊装

输电线的大跨越高塔有一个特点，就是在塔顶部的根开较小，而且地线的顶架是尖顶结构，是典型的羊角形。所以，在高空作业时应该保证抱杆必须超过塔顶的高度，而且施工中抱杆内拉线的夹角增大会使内拉线的受力增大，产生不安全因素。

所以，通常在顶架的架设中采用辅助假塔吊装方案，方便完成横担和地线的抱杆内拉线的装设，等该工程完成以后再将其拆除。

6. 抱杆拆除

输电线路的大跨越高塔施工中巧妙地采用抱杆高空提升系统进行作业，但是在作业完成以后，需要进行抱杆拆除。所以，将抱杆提升的顺序倒过来，将其降至假塔段的吊装高度以后，通过提升时的逆顺序将假塔段拆除。然后收起摇臂，继续回松抱杆，将其降至塔身的内部，在依次拆除起吊绳和变幅绳，之后通过抱杆组装的逆顺序将抱杆的各个组件进行拆除。

（十三）轨道交通建造技术

城市交通拥挤现状，决定了各级政府部门在宏观决策过程中，理当重点考虑在环境系统、资源系统、社会系统等多方面具有可持续发展优势的城市轨道交通公共交通系统。近年来，我国轨道交通的建设，包括铁路、城际轨道交通及城市轨道交通的建设得到迅猛发展。预计在未来的若干年内，随着城镇化进程的不断推进，区域经济一体化的进一步发展，轨道交通建造投资规模还将快速增长。

按线路的运营范围划分，轨道交通可以分为铁路、城际轨道交通、城市轨道交通三大类。

轨道交通是一个包含了规划、设计、勘探、工程建筑、车辆制造、通信信号、供电、防灾报警、给排水、消防、环控、工程概算、运营管理等庞大的产业链。本节内容以实际调研、专家论证、统计和归纳等技术分析为手段，梳理轨道交通各技术环节的关键问题，提出基于长远发展理念且应重点支持和发展的轨道交通关键技术。

轨道交通具有运能大、耗能低、用地省、速度快及安全、环保、准点、舒适、稳定等诸多优点，是交通系统中效率最高、污染最小的一种交通方式，对于饱受汽车拥堵和空气污染影响的大中型城市，轨道交通的地位及其作用更加明显。

地铁和轻轨的施工特点是施工周期长、施工范围大、路线长、土木工程量多、涉及面广。挖掘、打桩、弃土、回填等一系列施工作业，会给现有的交通、街道、建筑、管道、河流、树木及市民的日常生活带来影响。

研究轨道交通行业的信息化和自动化技术，如城市轨道交通全自动无人驾驶信号关键技术、轨排自动化调整系统、城市轨道交通网络综合调度指挥自动化，有助于提高我国科技水平。我国轨道交通处在大规模的建设时期，投资规模宏大，研究轨道交通的节能节材节水节地和绿色环保技术，对提高我国资源和能源利用效率，保护生态环境具有重要意义。例如，轨道交通沿线的土地开发与综合利用可以提高土地利用效率；轨道交通设计标准化和预制拼装技术可以规模化、工厂化生产，节省材料和能源；城市轨道交通再生制动能量吸收利用技术和电气化铁路节能型变压器可以节省能源；城市富水地层地铁施工中地下水防排以及利用可以提高水资源的利用。

三、特殊技术

除了常见的技术方法类技术和工程建造技术外，本章的特殊技术是前两部分的补充，梳理了特种环境与工况下的土木与建筑技术，如冻土施工技术、地下冰冻施工技术、水下施工技术、导流技术、拆除技术、建筑材料再生技术、盾构技术、防水技术、修复补强技术、施工过程冷却技术等，以期相对全面的介绍应用于建筑领域中的技术。

（一）冻土施工技术

生活中的土壤都是松散的，在松散的土壤中存在大量的空气及水分。冻土是指在自然状态下冻结的含有丰富的地下冰的土壤。由于含冰，使得冻土成为一种对温度较为敏感的介质。在寒季，冻土像冰一样冻结，随着温度降低，体积发生膨胀；到了夏季，融化的冻土体积缩小。反复的冻结和融化，地面就会翻浆、冒泥。冻土按照冻结的时间长短可以分为季节冻土和多年冻土。在我国，多年冻土可分为高纬度多年冻土和高海拔多年冻土，前者主要分布在东北地区，后者分布在西部的高山高原。

由于冻土对温度极为敏感的特征，使工程师们在冻土上进行施工变得极为困难。寒季时期，冻土膨胀，建设在冻土之上的路基、钢轨等就会因为冻土的"发胖"被顶起来；而到了夏季，融化的冻土又会凹陷下去，长此以往，势必对基础设施的安全运营造成威胁。在俄罗斯、加拿大等国家虽然存在大面积的冻土，但是都属于高纬度冻土，相对比较稳定。而我国的青藏高原纬度低、海拔高、日照强烈，加上地质构造运动频繁，其复杂性和独特性举世无双。使得我国的工程师和科学家必须对冻土进行充分的研究，也催生了冻土施工技术。

冻土施工技术旨在通过一系列施工工程技术解决冻土环境下的工程施工、运营、维护等问题，同时应最大限度地保护冻土地区的原生生态环境，使人与自然和谐相处。

常见的冻土施工技术有片石气冷路堤技术、热棒技术、通风管路堤技术及保温隔热层技术等。

片石气冷路堤技术是通过改变路堤结构来改变传热方式，使传入路堤中的热量不仅通过片石间的接触传导，而且通过人为制造路堤介质的孔隙形成以对流为主的传热机制，降低基底温度，维持多年冻土上、下限不变，防止产生冻胀和融沉，以达到保护多年冻土的目的。在暖季，太阳的辐射热通过路堤表面将热量传到堤中和基底，路堤空隙中的空气被加热。空气在向下传递热量的同时，温度升高，密度降低导致热空气沿空隙上升，热流方向与传热的方向相反。同时，空隙也起到了热屏蔽的作用，大大地减少了热量的传入。在寒季，路堤的温度高于外界温度，密度大的冷空气进入路堤空隙，交换出路堤中较热的空气，从而冷却堤身和基底，达到保护多年冻土的目的。

热棒技术是利用管内介质的气液两相转换，通过冷端和热端之间的温差，利用对流循环来实现热量传导的系统。当大气温度低于冻土地温，热棒自动开始工作，将地基多年冻土中的热量传输到大气中；当大气温度高于冻土地温，热棒自动停止工作，不会将大气中的热量带入地基，以起到保护冻土的作用。

保温隔热层施工方法是采用保温板等隔热材料覆盖在冻土表面，起到保温的效果。隔热保温层在暖季减少了向地基传递的热量，但在冬季也减少了地基向外扩散的热量，属于被动型的保温措施。

冻土在世界范围内都广泛存在，以往人类的生产活动大多都在地上的温暖区域进行。近代以来，人口大量增加，土地资源越来越紧缺，不得不开发新的空间和资源。同时，随着第三次工业革命的爆发，人类掌握的工程技术允许人们在更复杂、更困难的地区开展施工，利用资源。由于我国特殊的地质环境以及国家持续不断的科研投入，使我们对于冻土的研究领先于世界上大部分国家。但是，目前仍有许多棘手的问题有待解决，要真正做到利用、开发自然资源的同时保护好环境，为子孙后代造福。我们就不能满足于现有的成绩，而要充分考虑到人与自然和谐相处，合理地对自然资源进行开发。

（二）地下冰冻施工技术

说起冰冻施工技术，就不得不提"空调之父"威利斯·哈维兰·卡里尔（Wills Haviland Carrier，1876—1950），他给我们带来了四季如春的气候，是他让冰冻技术在施工中变得可能。

地下冰冻施工技术，是指利用人工制冷技术，使地层中的水结冰，把天然岩土变成冻土，增加其强度和稳定性，隔绝地下水与地下工程的联系，以便在冻结壁的保护下进行地下工程掘砌施工的特殊施工技术，实质是利用人工制冷临时改变岩土性质以固结地层。

其制冷技术方法通常使用制冷设备，利用物质由液态变为气态，即气化过程的吸热现象来完成的。

优点：①安全性好：冻土强度较高、冻土连续性可靠、封水性好。②适用性强：适用于几乎所有具有一定含水量的松散地层（包括岩石）、复杂地质条件可行（流沙、大深度、高水压）。③灵活性高：冻土帷幕性状（范围、形状、温度、强度）可控。

缺点：由于冻结法所形成的冻土帷幕其范围、温度、强度具有变化性，其冻结范围、强度随温度的变化而变化，供冷不足或外部热源可导致冻土帷幕性能（范围、强度）退化，安全性能降低，施工风险增大。众所周知，上海地铁4号线联络通道施工时，其冻结帷幕失效，发生重大工程风险事故，给国家造成严重的经济损失。

应用范围：通过冻结法加固所形成的冻土帷幕，其形状、范围、温度、强度完全可以受控，且通过温度测试可判断冻结范围、冻土强度。因此，人工冻结地层加固方法被广泛用于需要进行地层加固和封水（冻土帷幕）要求工程施工的领域。特别是随着我国城市地铁轨道交通的发展，软土隧道盾构的进出洞、联络通道等风险性较高的工程项目，常采用冻结法施工。

（三）水下施工技术

在修建大坝时，我们常常采取围堰导流的办法将河流暂时引开，以便工程施工。但并不是在所有的水利、海洋工程中都可以把水"拿开"来施工，更准确地说，在涉及水的工程中，每次都营造一个干地施工的环境并不是最为经济的施工方式。在许多情况下，或许我们可以依靠现代科技在水下进行施工，使得施工更为迅速、便捷、经济。

水下施工技术就是水域环境中的施工技术。与大气中的施工技术相比较，二者的设计理论一脉相承，二者的施工技术虽有共同点和相似处，但水下施工有其独特的条件和特有的问题，需要重新认识学习。水下施工技术按照施工的内容可以大致分为：水下基础处理技术、水下混凝土浇筑技术、水下检测修补技术等。

水下的基础可分为着地式和锚碇式两种。对于着地式地基，地基处理的方式和陆上非常相似：开挖、清洗、灌浆等。但是由于深水作业，所以使用机械和技术有很大的不同。随着海洋资源开发工程的迅速崛起，一些深水作业的设备应时而兴，比如水下挖掘机、水下推土机、开沟埋管船机、挖沟犁等设备。此外，除了用机械进行开挖，为了处理水下较为坚硬的岩石，也诞生了水下爆破技术等。锚碇式基础与船舶锚索非常相似，建造水上漂浮或浮潜于水中的建筑物时，需要锚索将建筑物固定住，以防在水流的作用下使建筑物漂走。

水下浇筑混凝土对于工程来说是较大的挑战。混凝土本身是由水、水泥、石子、沙子等材料按照一定配比拌和硬化后形成的。工程师们发现，影响硬化后混凝土强度的主要因素之一是水和水泥的比例。然而，在水下的环境中，拌和好的混凝土进入水中立马就被分散了，很难形成完整的一块，更别说硬化。现代化学工业很好地解决了这一问题。工程师们研发出一种外加剂，可以保证拌和好的混凝土在进入水中时不分散，形成很好的整体并隔绝外来的水分进入，从而保证水下混凝土的配比不改变。有了水下混凝土技术，就可以较好地完成各种水下工程中的各种浇筑任务了。

陆地上的结构建筑物都有一个使用期限，超过使用期限后，结构的混凝土、钢筋等承力组件都会有一定的劣化，若不及时进行检测修补就会发生事故。水下建筑物也是一样。以往对于水下结构的检测一般都是派遣有一定工程经验的人员下潜进行检测，这种检测方法主要依靠下潜人员的经验，有较大的危险性，同时对于较深的水下结构，工程师很难一探究竟。现代科学技术的发展使得工程师们不需要再冒很大的风险下潜检测，可以利用水下无人探测器搭载水下录影设备、超声波仪器、辐射仪器、电磁仪器等对水下结构的损伤劣化进行全方位的分析检测。

地球上约有70%的面积被水覆盖，以往受限于科学技术的落后，人类大部分的生产活动都在陆地上进行。随着现代科技的发展，人类探索的脚步也逐渐从陆地转向了水面。水面之下，有着更为丰富的自然资源与活动空间，也有许多人类还未曾解开的秘密。在未来，如何更经济地进行水下施工并最大限度地保护自然环境，这需要我们前赴后继地去探索。

（四）导流技术

导流技术一般指专门运用在水利水电工程中的施工导流技术。截止到今天，人类大部分的生产活动还是在陆地上进行。虽然经工程师及科学家们的努力，许多水下施工技术孕育而生，但是从工程的成本、安全、复杂性等方面考虑，还是更倾向于在干燥的陆地上施工，水利工程也是一样。因此就诞生了导流技术，并且经过多年的发展，人们总结出相应的科学原理和经验，形成了一门三级学科。

导流技术是指在水利水电工程施工时，为避免水流对施工现场造成影响，使用导流技术将水流绕过施工场地引到下游，为水利工程创造良好的施工环境。导流技术中一般有两个关键的工程：围堰和泄水建筑物。按照围堰的布置类型可以将导流技术分为全段围堰法导流、分段围堰法导流。按照泄水方式的不同可以将导流分为束窄河床导流、明渠导流、隧洞导流等。

围堰，是采用土体、石子及混凝土等材料在施工场地向下游建立的阻止水流通过的挡墙。利用围堰将施工现场包围起来，再将水流排出去，使得可以在干燥的场地上进行施工。常见的围堰有土石围堰、混凝土围堰等。在施工期间，将河流整个截断进行施工的方法就叫作全段围堰法，此时，原始河道被全部截断，必须采用其他方法来引导水流绕过施工工地导向下游，比如，在旁边修建明渠泄水就是明渠导流、在上游上体中修建隧洞就是隧洞导流等。一般全段围堰法导流适用于枯水期较长、流量较小的河流。

分段围堰法是更为常见的布置方式，比如三峡大坝就采用了三期围堰。一般的水利工程更多的是采用两段两期围堰进行建造。在一期时，将河床拦截一半，在干燥的一半中修建大坝等泄水建筑物，比如永久导流隧洞、坝体的泄洪洞等；在二期时，拆除一期的围堰，在原来过水的河道处修建二期围堰，导流就利用已经修建好的泄水建筑物进行导流。

实际的工程建设中，选择何种围堰方式，往往是根据当地实际情况及历史资料进行确定。根据历年的水文信息，推测出枯水期的水量，结合工程规模，安排施工工期，选定围堰的形式。在导流方法的选择上，也没有固定的样板，根据坝址的地质地貌形态、工程量等信息，常常是一两种导流方法结合在一起实施。导流方法的选择常常是管理科学与最优化问题。选择一种能够缩短工程工期，提高施工质量，增加施工企业经济效益，以及保护环境的方法是选择方法的最终目标。

（五）拆除技术

拆除是指通过一定的手段，凭借一定的方法对建筑物（含构筑物）实行破坏，并清运残渣。由此可见，拆除包括破坏和清渣两个阶段。随着城市现代化建设的加快，旧建筑拆除工程也日益增多。拆除物的结构也从砖木结构发展到了混合结构、框架结构、板式结构等，从房屋拆除发展到烟囱、水塔、桥梁、码头等建筑物或构筑物的拆除，因而建（构）筑物的拆除施工技术近年来已形成一种行业的趋势。

一般来说，拆除原因有两种：一种是建筑物本身老化，丧失了使用功能，成为"危险房屋"，影响生产，危及生活；另一种是指不考虑建筑物本身的状况，而由其他原因如城市发展、工业技术改造等造成的拆除。

拆除技术包括拆除准备技术、拆除方法、拆除防护技术、废弃物再利用技术等。拆除方法是拆除技术的中心内容。目前，世界各国通常采用的拆除方法可以分为五大类：机械拆除法、爆破拆除法、热熔切割拆除法、膨胀破碎拆除法、特殊拆除法（二氧化碳气法、卡道克斯法、冰胀法、钢筋通电加热法等）。

拆除技术不断发展，就拆除方法来说，手工工具拆除法可以追溯到几千年以前，机械拆除法业已存在几百年了，爆破拆除法则是近几十年发展起来的。

拆除技术和建筑关系密切。没有建筑，当然也就没有拆除；而拆除又是在否定旧建筑，为新建筑的建设做准备。有些技术既属于建筑施工技术又属于拆除技术，如吊车、凿岩机、爆破等。同时，更高层更复杂的建筑的兴起不断对拆除工作提出新的要求。

在拆除工程中，速度尤其重要，施工中往往希望能够快速将建筑物破坏并完成清运处理。但是速度快的方法往往噪声大、振动大或粉尘大。解决的方法主要有两种：一种是采取补救措施，如安装消声器、隔振器、防尘罩等；另一种是发展既速度快又无太大公害的新方法，如高能燃烧剂，既具有硝铵炸药的威力，又因其燃爆速度低，主要以膨胀压力而不是以冲击波的形式作用于破碎体，所产生的噪声、振动、粉尘比硝铵炸药要小得多。再比如，日本在拆除一栋超高层建筑时，采用了一种新的施工方法"TECOREP系统"，像帽子一样包裹拆除部分，在顶层的承重梁上悬挂隔音板，安装简易屋顶。虽然准备的工作量会加大，但因为拆除现场密闭，所以可以进一步减少噪声和粉尘的扩散。由于拆除部分设置了屋顶，需要在屋顶上安装桥式起重机，利用事先在建筑内部打通的通道向下运输拆除废料。因此，在拆除现场既看不到起重机，也没有重型机械的身影，甚至听不到粉碎混凝土的声音，然后高层建筑就在那座城市逐渐消失。

随着人们对城市环境的关注，建筑物拆除的难度和要求会越来越高，绿色拆除、智能拆除成为拆除技术的必然趋势。实现绿色拆除不仅是指拆除过程的绿色，更要从建筑的生命周期出发，使建筑的设计、规划、所选用的建筑材料、施工等每个环节都做到真正意义上的绿色。

（六）建筑材料再生技术

建筑材料是建筑工程中应用的各种材料的总称。建筑材料品种繁多，有金属、无机非金属、有机高分子和复合材料等。日常生活中最为常见的是钢筋、混凝土、黏土砖等。我国的土木工程建设从20世纪50年代起不断发展，进入改革开放后，发展迅猛，为了满足不断增长的社会需求，建筑材料的品种数量日益增多，质量也不断提高，逐渐发展为一个庞大的产业。

然而，庞大的建筑材料产业也给资源和环境带来了沉重的负担。建筑材料的生产和加工需要消耗大量的自然资源，同时排放大量的污染。比如，生产1吨水泥数量需要排放约1吨二氧化碳、0.74千克二氧化硫、130千克粉尘等。另外，建筑结构的使用寿命是有一定年限的，达到服役期限的结构必须进行拆除，加上我国过快的城市化进度，建筑垃圾与日俱增。我国混凝土垃圾2010年达到2.39×10^9吨，预计2020年将达到6.38×10^9吨，平均每年以8%的速度增长。

为了解决日益增长的建筑垃圾，同时减少人类对环境的污染，工程师和科学家提出了建筑材料再生技术：将拆除的建筑垃圾破碎、分类，将可以继续使用的部分加入并替代一部分新的建筑材料，这样既可以利用废弃的建筑材料，还节省了生产新建筑材料所需要的资源。

建筑材料的循环再生是一个复杂的系统工程，涉及建筑物的拆除、回收与加工。拆除建筑物是建筑材料再生的前期工作，常用的拆除方法有整体爆破、无声破碎、局部爆破和机械拆除等方法。拆除时根据建筑结构的特点、地理位置、拆除要求等选择一种合适的方法进行拆除。在进行建筑材料回收时，为了保证再生建筑材料的质量，分类回收和选择性回收非常重要，常常按照水泥基材料、烧结类材料和天然石材类材料进行回收和处理。最后，需要对拆除的建筑废料进行加工，建筑垃圾一般是多组分的混合物，一般通过成套的生产线将建筑废料加工成符合要求的形态，同时去除杂质会使得建筑废料制成的结构质量更好。

社会的飞速发展带来了很多建筑垃圾，多年以前就有人畅想会生活在钢筋水泥的"丛林"里。每年大量的建筑垃圾早已无处存放。建筑材料再生技术为我们打开了一条很好的可持续发展道路。但是，在再生技术中，我们依然面临许多挑战与困难，需要我们前赴后继地去解决。

（七）盾构技术

盾构是在软土、软岩和破碎含水的地层中修建隧道时，进行开挖和衬砌的一种专用机械设备，采用盾构施工的方法，称为盾构法。

盾构主体是一个可以移动的钢套筒，该套筒插入土体内，在初步或者最终隧道衬砌建成之前，主要起开挖土体、保证作业人员和机械设备安全，同时能够承受来自地层的压力，防止地下水或者流沙的侵入等作用。盾构的外壳断面一般是圆筒形，也有按照隧道断面做成矩形、马蹄形或半圆形等。盾构类型较多，主要有人力挖掘开式、人力挖掘闭式（挤压式）、半机械挖掘式、全机械挖掘式。

人力挖掘开式采用开敞式挖掘或正面支撑开挖（千斤顶支撑），以防坍塌。优点是可以随时观察地层变化情况，及时采取措施，需要向多方向开挖时，容易纠偏，造价低，设备简单。

人力挖掘闭式（挤压式），在盾构前端用胸板封闭以挡住土体，防止发生地层坍塌和水土涌入盾构内部。盾构向前推进时，胸板挤压土层，土体从胸板上的局部开口处挤入盾构体，因此可不必开挖，使掘进效率提高，劳动条件改善。

半机械挖掘式在人力挖掘式基础上装挖土机来代替人工开挖，提高掘进效率，可以安装反铲挖掘机或者螺旋切削机。

全机械挖掘式使挖掘过程都机械化，在人工挖掘盾构的切口安装比盾壳直径略大的刀盘，开挖出来的土利用刀盘周边安装的铲斗连续装运并提升，然后装车外运。

全机械挖掘式盾构机主要有气压式、泥水加压式、土压平衡式。它们共同的特点是利用空气或者泥水或者直接利用刀盘切下来的土充满密封舱，保持一定的压力，来平衡开挖面的土压力。盾构机从工作面开始可以分切口环、支承环、盾尾三部分，盾构机三部分通过外壳钢板联成整体。切口环部分主要是开挖和挡土的部分，施工时最先切入地层，切口把土挖下来的土通过螺旋运输机向后方运输。支承环是盾构的主体结构，承受作用于盾构上的全部荷载骨架地层压力、千斤顶的反作用力以及切口入土时的正面阻力、衬砌拼装时的施工荷载均由支承环承受。盾尾主要由盾构外壳钢板延伸而成，主要用于掩护隧道管片衬砌的安装工作。盾尾末端设置密封装置，以防止水、土从盾尾与衬砌之间进入。

工作时，刀盘先切削土体，然后通过螺旋运输机运出，最后在盾尾完成衬砌，然后围绕支承环的千斤顶顶升，盾构机前进，重复削土、运出、衬砌。

盾构法无须拆除或移动地面及地下建筑，施工期间无噪声、无振动，不影响地面交通，掘进力大，在地下水深处也能施工，并且特别适用于软土地层中的隧道构筑，工作条件安全可靠。

（八）防水技术

俗话说"兵来将挡，水来土掩"，防水在古代就是一个很受关注的话题。现代的生活，无论是隧道、桥梁、堤坝、道路、建筑还是日常居住的房屋，防水都不容忽视。

建筑工程是不断变化和发展的，防水技术也随着建筑工程的变化不断寻找着正确的发展方向。工程防水分为结构防水和材料防水。合理的建筑结构设计和施工可以解决很多渗漏问题，比如设计一些结构措施（女儿墙压顶、滴水、找坡和组织排水）来解决水爬坡、平爬的现象。

更重要的是材料防水。人们盖房子时都会使用油毡作为防水隔水材料。沥青油毡作为防水层防水，在社会生产生活中扮演着重要的角色，是改善混凝土性质的结构自防水技术等传统防水技术。现在的防水技术涌现了一批新兴材料和技术。以下重点介绍三种新技术。

1. 聚合物水泥防水涂料

聚合物水泥防水涂料是以丙烯酸酯、乙烯—醋酸乙烯酯等聚合物乳液和水泥为主要原料的双组分建筑防水涂料。相较于传统涂料易污染环境，聚合物水泥防水涂料施工灵活，以水为分散剂，有利于环保，是防水层防水技术中的新生力量。

2. 喷涂聚氨酯和聚脲

喷涂聚氨酯和聚脲技术是在反应注射成型技术的基础上发展起来的，该技术实现了聚氨酯和聚脲快速固化喷射成型。作为一门防护技术，喷涂聚脲技术用于防水、防腐、防冲磨合表面装饰四大领域。该产品成膜时需要采用特殊专业施工机械喷涂成型，其优异的理化性能指标、便捷的施工工艺、防水防腐系统的整体性，以及环保性是其他任何一种传统防护材料及技术无法企及的，被广泛地用于城市地铁、高速铁路、隧道桥梁、水利机电、海洋化工、军民两用项目之防水、防腐、耐磨"两防一耐"工程。

3. 喷膜防水技术

喷膜防水技术是为了消除防水卷材在复合式衬砌地下工程的不足的一种新型防水技术，主要特点为：对施工环境无特殊要求、适应性广、质量均匀、无接头、耐久性好、施工快速方便、无污染。喷膜防水技术主要用于隧道工程。喷膜材料是以丙烯酸金属盐水性单体为主液，以过硫酸钠为引发剂，添加交联剂、增塑剂及各种助剂制成，利用喷枪将喷液喷射到需防水的界面，瞬间凝聚成具有一定强度和韧性的薄膜，起到防水的作用。其特点是：对施工环境无特殊要求，适应性强、质量均匀、无接缝、耐久性好、施工快速方便、无毒无味、不易燃、对环境无污染等。

（九）修复补强技术

严格来说，修复和补强是两个不同的概念。

"修复"指将损坏恢复至良好情况。而"补强"是不仅要恢复到损害发生前的原状，还应为特定目的而施予强化或提升目标物的结构强度或安全耐力的行为。常见的混凝土修复补强技术：

1. 混凝土裂缝树脂注入补强技术

简单来说，就是向裂缝内注入树脂以达到补强混凝土的目的。

施工步骤：①表面处理将裂缝的周边磨平，露出坚实的表面，有油渍时应以溶剂拭除；②裂缝表面封缄：以封缄剂将裂缝表面确实封闭以防补强剂渗出；③注入器贴附将低压注入器开孔对准裂缝，以30厘米间距贴附于裂缝上，并以裂缝封缄剂将裂缝确实封闭；④补强剂注入：使用灌注机将裂缝补强剂的混合液，打入低压注入器内，利用低压注入器的收缩还原压力将补强剂注入裂缝内，如此反复作用，待注入器内的补强剂不再注入裂缝为止；⑤养护补强剂注入完成后必须24小时硬化养护，养护期间内不得施加任何外力。

2. 强化碳纤维网贴附补强技术

通俗地说，强化碳纤维网贴附补强就是使用纤维网铺贴在混凝土表面以达到修复补强混凝土的目的。

施工步骤：①结构材表层处理。将结构材表面裂质的混凝土研磨、去除，必要时再以树脂砂浆补平；②底漆涂布为确保树脂的黏着力，先以底漆涂布；③树脂涂布。待底漆干燥后，涂布常温硬化树脂；④强化碳纤维网黏贴配合补强处裁切强化碳纤维，黏贴后撕去离型纸；⑤树脂的浸润及补充再次涂布树脂于强化纤维上，利用橡皮刮刀沿纤维方向刮平，使强化碳纤维面层全面浸润树脂；⑥完工后面层处理必要时涂装耐候性涂料等，作为完工面层处理。

3. 钢板与环氧树脂联体补强技术

顾名思义，就是将钢板利用环氧树脂黏贴到混凝土表面以达到回复补强的目的。具体施工工艺类似强化碳纤维网贴附补强方法。

4. 喷涂硅酸盐系表面改性材料技术

作为一种新技术，清华大学安雪晖教授和姚国友博士开发的佳固士产品具有很好的修复补强功能。该种防水涂料涉及纳米微细化改性技术、反应控制技术、渗透深度增强技术、结晶促进技术。其原理为佳固士中的"纳米等级"硅酸盐可以跟混凝土中的钙离子化学反应，使混凝土致密性更好，抑制碳酸气体、水等劣化因子的侵入，提高混凝土强度和质量，延长建筑物的寿命。

（十）施工过程冷却技术

在建筑工程中，施工冷却技术主要指的是针对大体积混凝土的温度控制技术。我国《大体积混凝土施工规范》（GB 50496—2009）规定：混凝土结构物实体最小几何尺寸不小于1米的大体量混凝土，或预计会因混凝土中胶凝材料水化引起的温度变化和收缩而导致有害裂缝产生的混凝土，称为大体积混凝土。它主要的特点就是体积大，一般实体最小尺寸大于或等于1米。它的表面系数比较小，水泥水化热释放比较集中，内部升温比较快。混凝土内外温差较大时，会使混凝土产生温度裂缝，影响结构安全和正常使用。所以必须从根本上分析它，来保证施工的质量。

美国混凝土学会（ACI）规定："任何就地浇筑的大体积混凝土，其尺寸之大，必须要求解决水化热及随之引起的体积变形问题，以最大限度减少开裂"。

大体积混凝土一般在水工建筑物里常见，类似混凝土重力坝等。为减少混凝土变形，一般所用的是降温法，即在砼浇筑成型后，通过循环冷却水降温，从结构物的内部进行温度控制。

为确保大体积混凝土施工质量，除要满足混凝土强度等级外，关键要控制水化热引起的内外温差，防止因温度应力而造成混凝土产生裂缝。大体积混凝土温控防裂是世界难题，尽管近年来科技工作者在水工大坝领域取得了多项重要研究成果，但仍未完全解决混凝土裂缝问题，其中混凝土冷却通水降温是关键的一环。通过对混凝土浇筑的初期、中期和后期过程中混凝土不同龄期水化热的发展特点、不同季节内外温差的不同要求以及混凝土块体间接缝灌浆施工的温度需要，在通水冷却过程中，需根据坝体内混凝土温度变化情况，采取个性化通水方法，减小混凝土内的拉应力，达到防止混凝土出现裂缝的目的。

温度控制标准实质上就是将大体积混凝土内部和基础之间的温差控制在基础约束应力小于混凝土允许抗拉强度以内。此外，考虑到下层降温冷却结硬的老混凝土对上层新浇筑混凝土的约束作用，通常需要对上下层混凝土的温度进行控制，要求上下层温差不大于15～20℃。此外，灌浆温度也是大体积混凝土温控的一个指标。

大体积混凝土温度控制是通过控制混凝土的拌合温度来控制混凝土的入仓温度，通过一期冷却降低混凝土内部的水化热温升，从而降低混凝土内部的最高温升，使温差降低到允许范围；通过二期冷却，使混凝土结构温度从最高温度降到接近稳定温度，以便在达到灌浆温度后及时进行纵缝灌浆。温度控制的具体措施主要从减热和散热两方面着手。可以通过减少每平方米混凝土水泥用量或者采用低发热量的水泥来减少混凝土的发热量。采用加冰或者冰水拌和以及对骨料进行预冷来降低混凝土的入仓温度。在混凝土内预埋水管通水冷却加速混凝土散热。

随着感知技术和信息技术的发展，利用数字温度测量和无线网络通信技术，可以实现智能混凝土温控系统。浇筑仓内温度由预埋的数字测温仪采集，拌合楼主机口温度、混凝土入仓温度和浇筑温度由红外温度测量仪采集。各测温仪配备GSM通信终端，将温度信息最终存入大坝云端。混凝土浇筑完成后，便可实时采集混凝土各处温度信息，智能调整通水量和铜水温度等温控策略，实现混凝土温度的自动检测和智能控制。

参考文献

［1］ 张君，阎培渝，覃维祖. 建筑材料［M］. 北京：清华大学出版社，2008.

［2］ 冯乃谦，邢锋. 高性能混凝土技术［M］. 北京：原子能出版社，2000.

［3］ 曹平周，朱召泉. 钢结构［M］. 北京：中国电力出版社，2008.

［4］ 李国强. 钢结构抗火设计方法的发展［J］. 钢结构，2000，15（3）：47-49.

［5］ 晏石林. 复合材料建筑结构及其应用［M］. 北京：化学工业出版社，2006.

［6］ 肖艳. 复合材料的发展历程及其应用［J］. 建筑，2009（24）：59-60.

［7］ 李扬. 复合材料的应用及发展前景［J］. 中国化工贸易，2014（9）.

［8］ 何关培. BIM在建筑业的位置、评价体系及可能应用［J］. 土木建筑工程信息技术，2010，2（1）：109-116.

［9］ 吴守霞，高文琪. 人工智能技术在智能建筑中的应用研究［J］. 中国建材科技，2014，23（5）：25-26.

［10］ 韩豫，张泾杰，孙昊，等. 基于图像识别的建筑工人智能安全检查系统设计与实现［J］. 中国安全生产科学技术，2016，12（10）：142-148.

［11］ 赵旭晖. 土方开挖技术在公路工程施工中的运用［J］. 山西建筑，2017，43（4）：162-163.

［12］ 唐君，邓雨露，陈翔. 白鹤滩水电站左岸尾水调压室穹顶开挖技术创新应用［J］. 水利水电技术，2017（s2）.

［13］ 戴俊. 爆破工程［M］. 北京： 机械工业出版社， 2007.

［14］ 汪旭光，于亚伦. 21世纪的拆除爆破技术［J］. 工程爆破， 2000， 6（1）：32-35.

［15］ 肖崇乾，陈新桥. 论三峡工程中塔带机的应用［J］. 建设机械技术与管理， 2007（1）：79-82.

［16］ 曲利. 向家坝供料线及塔带机混凝土输送系统保温探讨［J］. 水利技术监督， 2011（5）： 48-50.

［17］ 李迪， 王朝阳， 蒋官业， 等. 超高层建筑施工中塔吊的合理应用［J］. 工业建筑， 2012， 42 （12）：76-80.

［18］ 邓友生. 基础工程［M］. 北京：清华大学出版社， 2017.

［19］ 赵俊丽. 地基与基础工程［M］. 武汉：华中科技大学出版社， 2013.

［20］ 杨舟海. 现代房屋建筑地基基础工程施工技术［J］. 价值工程， 2012， 31（22）：108-109.

［21］ 吴欣之. 现代建筑钢结构安装技术［M］. 北京：中国电力出版社， 2009.

［22］ 杨耀辉，李世鲲，王维迎，等. 超高层钢结构安装技术［J］. 建筑技术， 2008， 39（4）：247-253.

［23］ 杨文柱，杨晓杰，王保健，等. 略论我国钢结构吊装技术的发展特点与展望［J］. 安装， 2011 （4）：53-56.

［24］ 金峰，安雪晖，石建军，等. 堆石混凝土及堆石混凝土大坝［J］. 水利学报， 2005， 36（11）： 1347-1352.

［25］ 沈长松. 现代坝工技术及其发展趋势（一）［J］. 水利水电科技进展， 1999， 19（5）：16-19.

［26］ 碾压混凝土坝筑坝技术专业委员会. 碾压混凝土坝筑坝技术综述［J］. 中国水利， 2004（10）： 26-27.

［27］ 魏朝坤. 大体积碾压混凝土［M］. 北京：水利电力出版社， 1990.

［28］ 潘家铮. 千秋功罪话水坝［M］. 北京：清华大学出版社， 2000.

［29］ 马建，孙守增，杨琦，等. 中国桥梁工程学术研究综述·2014［J］. 中国公路学报， 2014， 27（5）：1-96.

［30］ 向中富. 桥梁施工控制技术［M］. 北京：人民交通出版社， 2001.

［31］ 陈克坚. 水柏铁路北盘江大桥转体施工设计关键技术［J］. 铁道标准设计， 2004（9）：55-58.

［32］ 周文波. 盾构法隧道施工技术及应用［M］. 北京：中国建筑工业出版社， 2004.

［33］ 王梦恕，谭忠盛. 中国隧道及地下工程修建技术［J］. 中国工程科学， 2010， 12（12）：4-10.

［34］ 黄宏伟. 隧道及地下工程建设中的风险管理研究进展［J］. 地下空间与工程学报， 2006， 2（1）：13-20.

［35］ 张凤祥，等. 盾构隧道施工手册［M］. 北京：人民交通出版社， 2005.

［36］ 郭京卫，王静，郭玉安. 浅谈高层建筑技术创新研究［J］. 河南建材， 2013（1）：179-181.

［37］ 侯兆铭，梅洪元. 当代高层建筑技术创新理念研究［J］. 低温建筑技术， 2008， 30（3）：40-41.

［38］ 张立芳. 高层建筑技术层的设计和利用［J］. 中国勘察设计， 1999（12）：19-20.

［39］ 丁博. 铁路路基施工技术与防护措施的施工的探讨［J］. 建筑工程技术与设计， 2015（6）.

［40］ 张斌. 高速铁路路基施工技术探析［J］. 城市建设理论研究：电子版， 2013（20）.

第八章

土木与建筑技术

［41］　赖涤泉，李建英，朱齐平. 臂式掘进机现状及其在隧道施工中的应用［J］. 工程机械与维修，2001（11）：50-53.

［42］　郭子坚. 港口规划与布置［M］. 北京： 人民交通出版社， 2011.

［43］　蔡长泗. 中国港口建设的现状和未来［J］. 中国港湾建设，2002（4）：1-4.

［44］　周凯. 简析城市地下综合管廊的设计与施工［J］. 装饰装修天地，2017（20）.

［45］　李鹏程，施萍. 基于GIS的城市地下综合管廊路由规划初探［J］. 中国给水排水， 2017（10）：85-89.

［46］　谭忠盛，陈雪莹，王秀英，等. 城市地下综合管廊建设管理模式及关键技术［J］. 隧道建设，2016，36（10）：1177-1189.

［47］　刘志戉，范霁红. 核电厂先进建造技术的应用研究［J］. 中国电力，2013，46（2）：17-23.

［48］　李鹏. 4D可视化理论在核电站管道安装中的应用研究［D］. 南华大学，2014.

［49］　曾星. 核电站的结构［J］. 发电设备，2008（4）：298-298.

［50］　尹军. 日本关西国际机场给排水设计特色［J］. 中国给水排水，1997（5）：30-32.

［51］　韩选江. 大型围海造地吹填土地基处理技术原理及应用［M］. 中国建筑工业出版社，2009.

［52］　张佳. 岩土工程地基加固技术分析［J］. 2015（5）：00122-00123.

［53］　赵由才，朱青山. 城市生活垃圾卫生填埋场技术与管理手册［M］. 北京：化学工业出版社，1999.

［54］　APPELS L，BAEYENS J，DEGRÈVE J，et al. Principles and potential of the anaerobic digestion of waste-activated sludge［J］. Progress in Energy & Combustion Science，2008，34（6）：755-781.

［55］　TIEHM A，NICKEL K，ZELLHORN M，et al. Ultrasonic waste activated sludge disintegration for improving anaerobic stabilization. ［J］. Water Research，2001，35（8）：2003-2009.

［56］　张冠军，赵琛. 城市轨道交通建设技术的发展展望［C］//中国国际隧道工程研讨会. 2009.

［57］　冯爱军，王亚红. 城市轨道交通土建技术创新［C］// 2009，海峡两岸地工技术／岩土工程交流研讨会. 2009.

［58］　刘军权. 高原多年冻土保护施工技术［J］. 铁道标准设计，2006（11）：4-7.

［59］　王友芽. 浅谈高原多年冻土地区的冻土施工与环境保护［C］//青藏铁路工程技术学术研讨会. 2003.

［60］　张国光， 薛利群， 董建顺，等. 我国海洋水下工程技术的发展与展望［J］. 舰船科学技术，2009，31（6）：17-26.

［61］　张国光，薛利群，董建顺. 海洋工程装备水下施工技术及其机遇、挑战和前景［C］. 长三角地区船舶工业发展论坛. 2013.

［62］　李成，周海利. 导流施工技术在水利工程中的应用研究［J］. 工程技术：全文版：00102.

［63］　白向华. 水利水电工程施工中导流技术的运用［J］. 内蒙古水利，2015（6）：127-128.

［64］　蒋之峰. 建筑物拆除技术［M］. 冶金部建筑研究总院技术情报研究室，1983.

［65］ 筑龙学社：国外超高层建筑拆除技术［EB/OL］. http：//blog.zhulong.com/u10013184/
blogdetail4781868.html，2015-02-02.

［66］ 杨婷婷. 城市建筑绿色拆除管理与研究［J］. 山西建筑，2012，38（25）：237-239.

［67］ 陈馈，洪开荣，吴学松. 盾构施工技术［M］. 北京：人民交通出版社，2009.

［68］ 吴笑伟. 国内外盾构技术现状与展望［J］. 建筑机械，2008（15）：69-73.

［69］ 张凤祥，杨宏燕，顾德昆，等. 对我国发展盾构技术的一点看法［J］. 岩石力学与工程学报，
1999，18（5）：611-614.

［70］ 张学兵. 再生混凝土改性及配合比设计研究［D］. 湖南大学，2015.

［71］ 陈玲琳. 废旧建筑材料再利用方法及应用［D］. 湖北工业大学，2017.

［72］ 朱伯芳. 大体积混凝土温度应力与温度控制［M］. 北京：中国水利水电出版社，2012.

［73］ 林鹏，李庆斌，周绍武，等. 大体积混凝土通水冷却智能温度控制方法与系统［J］. 水利学报，
2013，44（8）：950-957.

［74］ 袁光裕，胡志根. 水利工程施工. 第6版［M］. 北京：中国水利水电出版社，2016.

［75］ 刘军权. 高原多年冻土保护施工技术［J］. 铁道标准设计，2006（11）：4-7.

▷ **编写专家**

安雪晖　丁仲聪　韩迅　任明倩　刘祖光　张京斌　李博文　杨　柳

▷ **审读专家**

强茂山　陆新征　蔡亚宁

▷ **专业编辑**

卫夏雯

第九章
交通与运输技术

交通是运输和邮电的总称。运输是人和物借助交通工具的载运，产生有目的的空间位移。邮电则是邮政和电信的总称。本章主要阐述除邮电以外的交通运输技术。

交通运输是人类社会的生存基础和文明标志，社会经济的基础设施，现代工业的先驱和国民经济的先行部门，国土开发、城市和经济布局形成的重要因素。交通运输对促进社会分工、大工业发展和规模经济、网络经济的形成，巩固国家的政治统一和加强国防建设，扩大国际经贸合作和人员往来发挥重要作用。

人类自原始社会开始，在其生存斗争中就已经学会制造并使用原始的交通工具，如依靠人力、畜力、风力等自然力推动的舟、车、撬进行物料运输和人员迁徙。在相当长的一个历史时期，虽然也有诸如中国古代社会的驿道修建、丝绸之路开辟及其商旅活动，京杭运河开凿和漕运兴盛，鉴真东渡日本和郑和六下西洋的航海壮举，但终究未能从根本上改变生产力发展缓慢导致的运输需求少、频率低、速度慢、可靠性差的状况。值得一提的是，15世纪以哥伦布发现新大陆肇始的地理大发现，远洋航海技术对推动人类历史进程曾经做出了重大贡献。

从英国工业革命开始，19世纪初出现了以蒸汽为动力的机械化运输工具轮船和火车，运输业成为独立的经济部门。到19世纪后期至20世纪初叶，资本主义社会化大生产进一步发展，以内燃机为动力的汽车和飞机先后问世。围绕运输效率和社会效益，各种运输方式形成竞争合作的发展态势。20世纪70、80年代发达国家进入信息化和后工业化社会，综合运输体系不断完善。近20年来，各国政府根据可持续发展要求，提出并制定一体化交通运输政策，包括运输方式内部和运输方式之间的一体化，运输与能源环境的一体化，运输与土地使用规划的一体化，运输与国家、社会安全的一体化以及运输与教育、健康和财富创造政策的一体化。研究、开发和建设高效、安全、低能耗、无公害、清洁化、智能化的交通运输系统。总之，现代交通运输系统的发展，助力于科学技术进步的支持、社会发展和市场经济的推动以及可持续发展要求的促进。

现代综合交通运输系统包括水运、铁路、公路、航空和管道五种运输方式，这些运输方式虽然具有不同的技术经济特征和适用范围。但是，交通运输技术本质上都是土木、机械、动力、电子、材料、信息等工程技术的综合应用，并充分吸取系统工程、运筹学等最优化技术方法的最新成果。目前，交通运输现代化发展的前沿领域，主要有客运高速化、货运重载化和快速化，运输安全技术集成化，运输管控技术信息化和智能化；以及体现可持续发展要求的运输能源、土地合理利用、清洁运输、环境监测和污染防治技术以及智能交通运输技术等。此外，国内外专家学者基于交通运输的社会性，以人权原则引申出的"安全""便捷""公正""舒适""生态"原则为价值导向，对交通主、客体及其相互间的伦理关系及其矛盾冲突进行理性的审视、质疑、评判、论证，寻求伦理权衡机制与解困的共识，致力于为文明交通与和谐交通提供伦理导向与政策支持。

本章知识结构见图9-1。

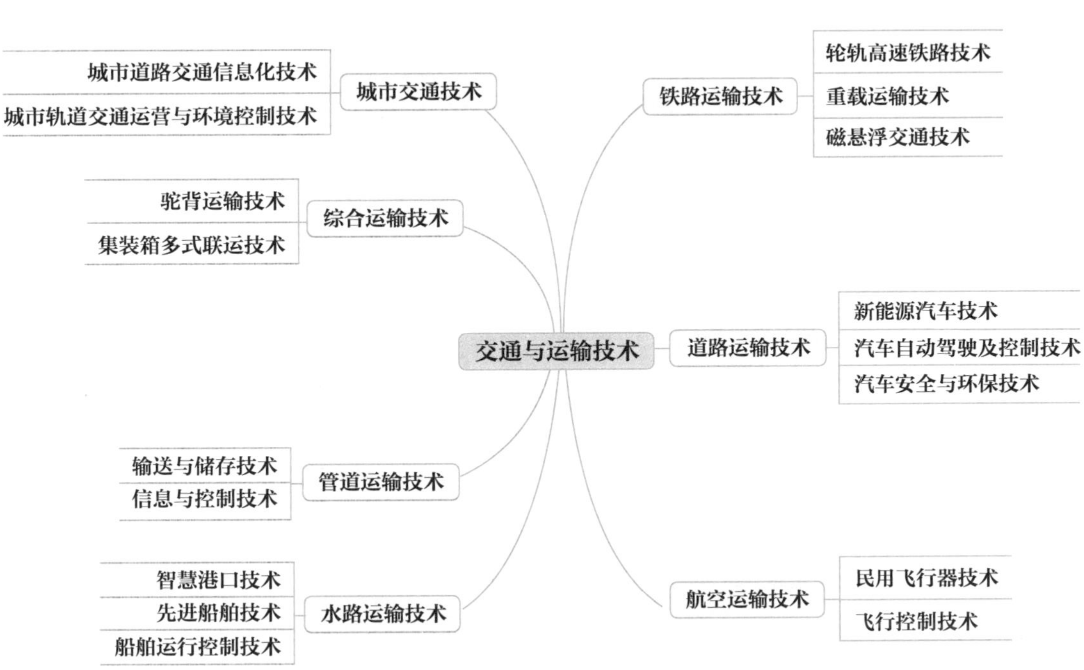

图9-1 交通与运输技术知识结构

一、铁路运输技术

铁路是以蒸汽机发明为标志的近代工业革命的产物。近两百年间，世界铁路先后经历了开创、发展、成熟和衰落、新发展多个历史阶段。

1825年至1850年为铁路发展的开创时期。正值产业革命后期，工业发展和原材料及产品的运输促使铁路迅速兴起。1814年英国人乔治·史提芬逊（George Stephenson，1781—1848）发明了第一台蒸汽机车。1825年英国建成第一条铁路后，美国、德国等相继开始修建铁路。

1850年至1900年为铁路的发展时期。有60多个国家和地区建成铁路并开始营业，工业先进国家的铁路已渐具规模，电力机车和内燃机车先后于1879年和1892年研制成功。铁路建筑技术也获得了新的发展。1872年至1881年建成长15千米的圣哥达隧道。

1900年至1950年是铁路发展的成熟和衰落时期。一方面又有28个国家和地区建成铁路并开始营业；另一方面由于发达国家铁路在与公路和航空等运输方式的激烈竞争中处于劣势，逐渐出现萧条景象。

1950年至今为铁路的新发展时期。这个时期铁路的技术改造获得重大进展。随着能源结构的变化以及高新技术的采用，铁路经济效益和竞争能力有了明显提高。在客运方面，以高速轮轨铁路和磁悬浮铁路为代表，列车速度分别超过300千米时和400千米时；在货运方面，以大宗货物重载运输为代表，列车重量达到2万吨以上。伴随着这些变化，铁路的高科技含量也有了长足发展，以现车管理信息系统、调度集中系统、列车运行控制系统、计算机售票系统为代表的一大批铁路信息通信控制系统极大地提高了铁路运营自动化水平。

总之，铁路以其独特的轨道运输技术，运输能力大、速度快、成本低的技术经济特征，适合中、长距离的旅客和货物运输。同时，其用地省、能耗低、可利用清洁能源、污染少、环境友好等特征符合经济社会的可持续发展要求，已成为现代国家重要的基础设施、国民经济的先行部门和综合运输体系的骨干。

（一）轮轨高速铁路技术

高速铁路简称高铁，是一个相对于普速铁路的概念，各国不同时期对高速铁路有不同规定。中国铁路目前的定义为：新建设计开行250千米时（含预留）及以上动车组列车、初期运营速度不小于200千米时的客运专线铁路。高速铁路有轮轨高速和磁悬浮高速两种形式，世界上已建成并投入商业运行的高速铁路绝大部分为轮轨高速铁路。

中国新建高速铁路开始于2005年，2008年京津城际高速铁路正式通车，截至2017年，中国高速铁路里程达到了2.5万千米，复兴号动车组运行速度已达到350千米时，无论里程和时速，都已成为世界高铁的领跑者。

高速铁路相较于普速铁路，在基础设施、动车组、列车控制等许多方面，其技术水平有了根本性的提高。

1. 高速铁路基础设施先进技术

高速铁路是铁路旅客运输发展的方向和技术进步的主要标志。为了达到较高速度，高速铁路线路设计上采用了很多新技术。中国的《高速铁路设计规范》集成了近20个专业领域的技术要求，全面反映了高速铁路基础理论研究、应用技术研究、综合实验、成果应用等多方面的巨大成就，是中国高速铁路建设最基本、最重要的行业技术标准。其技术上的创新主要体现在：制定出世界上首部系统完整、内容全面的高速铁路设计规范；确定了土建工程、牵引供电、列车运行控制、运营调度、客运服务系统的主要技术标准；建立了勘察设计、工程施工、运营维护"三网合一"的精密测量控制网，系统形成了具有世界先进水平的高速铁路空间线型高平高稳、线下基础刚度匹配、轨道系统稳定平顺的高速铁路基础设施设计理论方法；明确了确保高速铁路安全可靠的工程结构设计耐久性，通信信号关键设备和安全信息传输通道冗余配置，接触网—受电弓系统弓网受流性能质量仿真评价以及防灾安全监控系统设置要求；规定了基于地形地质条件、社会经济及环境因素等的平均站间距、列车最小追踪间隔时分，以及车站及区间点线能力匹配的设计要求；提出高速铁路供电系统设计技术标准和技术体系；提出高速铁路电力供电方案可靠性、可用性、可维护性和安全性的综合评价体系、定量评估方法及其具体实施方案；采用自主创新的CTCS-2和CTCS-3级列车运行控制系统[①]，细化了列控系统设备设置，形成了中国高速铁路信号系统整体设计标准；明确了高铁车站体现"以人为本、安全、便捷、舒适"相关设计要求；增加了综合交通枢纽、绿色客站、综合开发等内容，强调了客站建筑文化性和经济合理性等内容；将生态保护和水土保持结合起来，体现了建设绿色铁路的理念；提出了中水回用、固体废物分类收集、再生综合利用的原则，体现了循环经济和可持续发展的理念；在选线和工程措施方面以保护居住环境为重点，体现了以人为本的理念等。

---

① CTCS是中国列车运行控制系统（chinese train control system）的英文缩写。

2. 高速铁路动车组技术

普通铁路旅客列车由机车（牵引动力）和一定数量的车辆（载运工具）组成。车辆不带动力，完全依赖机车牵引，机车一旦在途中故障，列车只好停车等待救援。由于设备限制，机车也不能控制车辆的车门和空调等设备。同时由于机车运行区段的限制，长途客车一般需要在途中车站停靠进行换挂机车作业，这就延长了列车的旅行时间。尝试将机车和车辆一体化设计，使车辆携带动力设备，便形成动车。由两节或两节以上动车组成的列车，或由动车和不带动力的附挂车（称为拖车）组成的列车，称为动车组。最早的动车组产生于1903年的德国柏林，编组为动车＋拖车＋动车＋动车＋拖车＋动车，拖车间安装了重连线，可以保持整列动车组的同步操纵。现代动车组大部分采用了动力分散配置的形式，可以实现较普通列车更高的运行速度。所以，虽然动车组不等于高速列车，但时速在160千米以上的高速列车全部采用了动车组的形式，其中时速超过200千米或250千米的动车组称为高速列车。目前，比较成熟的高速动车组型式包括德国的ICE、法国的TGV、日本的新干线、中国的CRH等类型。

以中国的CRH高速动车组为例，其在设计制造中解决了九大关键技术：动车组总成（即系统集成）、车体、转向架、牵引变压器、主变流器、牵引电机、牵引传动控制系统、列车控制网络系统、制动系统等。

动车组总成（即系统集成）包括总体技术条件、系统匹配、设备布置、参数优化、工艺性能、组装调试和试验验证等内容，此外还要确定高速列车与运行系统的关系和接口关系，如轮轨关系接口、弓网关系接口、流固耦合关系接口、机电耦合关系接口、环境耦合关系接口等。

为了满足列车高速运行的需要，车辆走行部的转向架必须保证具有足够的强度和刚度，较高的运动稳定性和运行平稳性，良好的曲线通过能力，低的轮轨动作用力，最大限度地发挥轮轨间的黏着潜力，并且结构简单、可靠、少维修。为此，高速列车转向架需要解决的关键技术有：转向架轻量化技术、转向架悬挂技术、转向架驱动技术、牵引电动机悬挂技术。

牵引传动控制系统主要指高速动车组需要的大功率电力牵引传动系统设计。高速列车的电力牵引传动系统必须向功率大、重量轻、体积小、可靠性高和低成本方向发展，这就决定了高速列车的电力牵引传动系统必然采用先进的交流（交—直—交）传动系统，具体包括主变流器、牵引变压器、牵引电动机及牵引传动控制四项关键技术。

高速列车的制动系统是实现列车高速、安全运行的保障。列车高速运行时具有相当大的动能，而高速列车的制动技术必须解决列车动能的快速转换和消耗问题，并在轮轨黏着允许的条件下，做到高速列车的可靠制停或降速。目前，高速列车制动的关键技术有：①基础制动技术；②动力制动技术；③复合制动技术；④非黏着制动技术（非黏着制动主要是指电磁轨道制动和涡流轨道制动）；⑤防滑控制技术。

高速列车在车体方面的关键技术主要包括：①车体轻量化技术：包括采用新材料、新工艺；改变车体结构；优化结构设计；模块化和集成化。②气动外形技术。③车体密封技术。

列车控制网络系统对于高速列车安全运行起着重要的作用，由于高速列车的故障会带来严重后果，因此必须在事故发生以前，利用先进的装备发现和预防故障。高速列车控制网络系统大致可以分为运行监控、故障检测与诊断以及通信网络三个方面的技术。

3. 高速铁路列车控制技术

列车运行控制系统是根据列车在铁路线路上运行的客观条件和实际情况，对列车运行速度及制动方式等状态进行监督、控制和调整的技术装备。列车对区间的占用是通过闭塞设备，保证同一区间同时只能被一个列车占用；列车行进是根据车站或区间的信号设备显示的信号，以规定速度运行或停车；列车进出车站的运行经路（称为列车进路）的开通则是通过线路、道岔与对应信号的连锁关系确定的。信号—连锁—闭塞（简称信—联—闭）系统，是保证行车安全的重要技术。列车运行最初主要由司机根据信—联—闭系统以及车地间调度信息控制，随着电子工业的进步，如今的列车运行控制系统已逐步向数字化、网络化、自动化与智能化的方向发展。它的作用是保证行车安全、提高运输效率、节省能源、改善员工劳动条件。

现代的列车控制系统是集列车运行控制、行车调度指挥、信息管理和设备检测为一体的综合自动化系统。列车运行控制系统的内容是随着技术发展而提高的，从初级阶段的机车信号与自动停车装置，发展到列车速度监督系统与列车自动操作系统，从信—联—闭系统的分散控制发展到调度集中控制。

进入20世纪90年代，世界上已有许多国家开发了各自的列车运行控制系统，其中，在技术上具有代表性且已投入使用的主要有：德国的LZB系统、法国的TVM300和TVM430系统、日本新干线的ATC系统等，这些系统的共同特点是：可以实现自动连续监督列车运行速度，可靠地防止人为错误操作所造成的恶性事故的发生，保证列车以一定的间隔高速安全运行。它们之间的主要区别体现在控制方式、制动模式及信息传输形式等方面。目前使用较为广泛的列控系统主要包括欧盟采用的ETCS系统和中国铁路采用的CTCS系统。

中国列车运行控制系统（chinese train control system，CTCS）以分级的形式满足不同线路运输需求，在不干扰机车乘务员正常驾驶的前提下有效地保证列车运行的安全。根据系统配置，按功能划分为CTCS-0级、CTCS-1级、CTCS-2级、CTCS-3级及CTCS-4级5个应用等级。其中CTCS-0级和CTCS-1级是面向既有线160千米时以下的区段；CTCS-2级是基于轨道传输信息的列车运行控制系统，面向提速干线和高速新线，采用车-地一体化设计，适用于各种限速区段，地面可不设通过信号机，机车乘务员凭车载信号行车；CTCS-3级是基于无线传输信息并采用轨道电路等方式检查列车占用的列车运行控制系统。面向提速干线、高速新线或特殊线路，基于无线通信的固定闭塞或虚拟自动闭塞，适用于各种限速区段，地面可不设通过信号机，机车乘务员凭车载信号行车，是目前我国高速铁路采用最为广泛的列控系统；CTCS-4级是基于无线传输信息的列车运行控制系统，面向高速新线或特殊线路，基于无线通信传输平台，可实现虚拟闭塞或移动闭塞，目前尚未应用。

高铁列车的运行控制必须满足列车运行图规定的列车在区间运行时间和车站停靠时间等要求，为保证行车安全和良好的行车秩序，采用分散自律的调度集中控制设备（centralized traffic control，CTC）。

调度集中是调度中心对某一区段内的信—联—闭设备进行集中控制，对列车运行直接指挥、管理的行车指挥设备。列车调度员在调度所远程控制和监视管辖范围内铁路沿线的列车进路准备与信号开放，指挥列车运行。世界上第一套调度集中控制设备于1927年7月25日在美国纽约中央铁路斯坦利和贝里克间59.5千米单线和4.8千米双线上安装使用。初期的调度集中控制是用继电器等元件构成的随机启动的静态系统，结构复杂，可靠性低，并没有得到大规模推广。20世纪80年代以来，微型计算机代替了布线逻辑，构成微型化调度集中系统，显著提高了系统的数据处理能力，扩大了系统的控制范围和功能，调度集中系统逐步成为西方国家主要行车指挥设备。

中国高速铁路全部采用了分散自律式调度集中系统。该系统综合了计算机、网络通信和现代控制技术，由调度中心系统、车站系统和网络传输系统三部分组成。有分散自律模式和非常站控两种控制模式：分散自律模式由调度中心直接控制沿线的信—联—闭设备，根据调度中心编制的列车运行计划构成列车运行序列指令，实时自动触发各站的智能自律机自动接受并执行指令，自动开通列车进路和显示运行信号。非常站控模式是在各种非常情况下，脱离集中控制，改为传统的车站控制模式。

（二）重载运输技术

重载运输是铁路货运的先进技术。根据2005年国际重载运输协会的规定，重载铁路至少应满足下列三项条件中的两项要求：①线路长度不少于150千米的区段，年计费货运量不低于4000万吨；②列车牵引质量不少于8000吨；③车辆轴重达到或超过27吨。

重载运输有单元式、整列式和组合式三种模式。无论何种模式，重载货物列车仍然采用传统的机车＋车辆的牵引模式，但为适应重载运输列车长度长、牵引质量大的运输需求，在机车和车辆技术上较普通货物列车有本质的改进。

1. 重载列车车辆技术

重载运输通常采用载重量大、强度高、自重系数小的大型四轴货车。货车车体大量采用耐腐蚀的钢结构和铝合金材料，高强度、低自重、以增大车辆容积或增加轴重为特征的浴盆式车体，低动力作用的转向架或径向转向架，装备新型的空气制动装置、高强度车钩和大容量高性能缓冲器。其主要特点包括：

车辆大型化

货车大型化的主要途径是提高车辆轴重（即每一车轴的承载重量）。重载运输要求车辆在长度基本不变的前提下大幅度提高载重量，因此必须提高货车轴重。国际重载协会于1994年把重载货车的轴重标准从21吨提高到了25吨，2005年又把重载货车的轴重标准从25吨提高到了27吨，顺应了重载运输技术不断提高和发展的趋势。目前，货车轴重最大已达到了35吨，在提高列车牵引质量标准的同时，车辆大型化可有效缩短列车长度，进而缩短站线有效长，减少站场用地面积。

车辆轻量化

车辆轻量化是指在相同的货车总重条件下，尽可能降低货车自重，是提高货车净载重的有效措施。实现重载车辆轻量化的途径主要有两个：一是采用高强度、质量轻的优质材料，如铝合金、不锈钢、高强度耐候钢、高强度合成材料等轻型高强度的车体结构材料；二是优化车辆结构设计，包括改进设计方法、选择合理的设计参数，利用等强度理论和结构的有限元分析程序，对车体结构进行优化设计，减轻车辆自重。

转向架技术

车辆转向架是承载车辆重量，联结车体和轮轴，保证列车运行品质和安全的关键部件。由于车辆轴重提高会加剧车轮与钢轨的磨耗，为了减少轮轨磨耗，各国都在着力改进重载车辆转向架的性能，除了低动力作用转向架及径向转向架外，还采用了大直径车轮，在悬挂系统轴箱定位处采用弹性橡胶并使用新型减振摩擦构件，货车轴承的迷宫密封技术、缩短轴颈、侧架和摇枕的整体芯铸造、射线探伤等手段，大幅提升了安全可靠性。

车钩缓冲装置

车钩是用来实现机车和车辆或车辆之间的连挂，传递牵引力及冲击力，并使相互连挂的车辆之间保持一定距离的车辆部件。为适应重载运输单元列车的组织形式，重载车辆普遍应用了旋转车钩，其构造与普通车钩不同，钩尾开有锁孔，钩尾销与钩尾框的转动套连接，可更好地适应翻车机卸车作业需要，有效降低卸车作业时间。部分重载线路甚至取消了车组内的车钩，替之以运营过程中不能拆解的牵引杆（无间隙连接杆），可以更好地利用装卸设备成组作业的需要，并减少了车辆连接部位的制造和维护成本。

缓冲器用来缓和列车在运行中由于机车牵引力的变化或在起动、制动及调车作业时车辆相互碰撞而引起的纵向冲击和振动。国际上发展的重点是弹性胶泥缓冲器。弹性胶泥是一种高分子材料，具有较高的黏度和良好的弹性，既能压缩，又能流动，把它填充在带有活塞的缓冲器缸体内，在活塞杆受到纵向冲击时，扒动活塞压缩弹性胶泥吸收能量，同时弹性胶泥在受压过程中会从活塞周边预留的间隙或节流孔流动到活塞的另一边，通过这种"节流"作用进一步吸收冲击能量，使缓冲器的性能大大优化。

2. 机车同步操纵技术

由于重载列车质量大，一台机车的功率往往不够，因此需要用双机或多机组合牵引。采用双机或多机牵引时，机车的编挂方式（位置）对于重载列车的运行和在站作业都会造成影响。一般来说，牵引机车可采取集中连挂和分散连挂两种编挂方式，对于牵引重量在1万吨以上的列车，由于车钩强度的限制，一般只能采用分散连挂方式。在根据列车质量确定所需机车台数的基础上，将机车合理地分布在列车头部和中部，可以减轻列车纵向冲动，减小车钩力，避免断钩事故，但却增加了前后机车的可靠通信联系、协调配合、同步运转的复杂性。而前后机车联系、操纵的失调，都会直接危及行车安全，这就产生了多台机车同步操纵的问题。在运行过程中，为实现列车中不同位置处各机车牵引和制动过程的自动控制和调整，应在重载列车上装设机车同步操纵和遥控装置。

机车同步操纵和遥控装置有无线同步操纵系统（Locotrol）和电空制动系统（ECP）两种方式。

Locotrol系统由装设在列车头部本务机车上的主控设备和装在中部辅助机车上的受控设备组成。司机操纵指令由主控设备经列车无线通信信道传送，受控设备接收后经过逻辑处理，通过控制电路使牵引或制动装置动作，实现辅助机车按照指令要求同步或独立工作。无线传输信道多为铁路专用移动通信系统（GSM-R），也可以是频率800兆赫以上的无线电台。采用Locotrol系统，能够基于整个列车长度来优化动力的分布和整个列车的制动控制，减少列车的纵向冲动，缩短列车的制动和缓解时间，提高重载列车中不同位置各机车操纵的协调性，能够更好地保证列车运行安全；并能提高牵引能力、轨道附着力和燃油效率，从而提高系统运载能力（平均提高12%），降低运营支出（平均降低10%）。大多数国家的重载线路采用了该类型系统。

ECP是一种电子控制的直通式空气制动系统，通过机车与货车之间的有线连接线路，直接用计算机控制列车中每辆货车制动缸的制动和缓解，变传统的以空气传递制动信号（传递速度为声速）为电流传递制动信号（传递速度为电流速度），大大加快了制动信号传递速度，保证了长大重载列车中各节车辆的制动、缓解动作一致，从而大大加快了制动速度，缩短了制动距离，降低了车辆纵向制动力，效果非常明显。但由于对设备条件要求较高，应用范围相对较小。

（三）磁悬浮交通技术

磁悬浮列车是一种现代高科技轨道交通工具，它通过电磁力实现列车与轨道之间的无接触的悬浮和导向，再利用直线电机产生的电磁力牵引列车运行，是一种完全不同于轮轨铁路的新型交通方式。20世纪70年代以后，为提高交通运输能力以适应其经济发展和民生的需要，德国、日本、美国等国家相继开展了磁悬浮运输系统的研发。

我国第一辆从德国引进的磁悬浮列车2003年1月开始在上海磁浮线运行；2016年5月，中国首条具有完全自主知识产权的中低速磁悬浮商业运营示范线——长沙磁浮快线开通试运营，成为世界上最长的中低速磁浮运营线。

磁悬浮列车的技术核心为列车悬浮技术和牵引技术。

1. 磁悬浮列车悬浮技术

磁悬浮列车从悬浮原理上可分为电磁悬浮系统（electromagnetic suspension

system，简称：EMS）和电力悬浮系统（electrodynamic suspension system，简称：EDS）。

电磁悬浮系统（EMS）是一种吸力悬浮系统，是结合在机车上的电磁铁和导轨上的铁磁轨道相互吸引产生悬浮。常导磁悬浮列车工作时，首先调整车辆下部的悬浮和导向电磁铁的电磁吸力，与地面轨道两侧的绕组发生磁铁反作用将列车浮起。在车辆下部的导向电磁铁与轨道磁铁的反作用下，使车轮与轨道保持一定的侧向距离，实现轮轨在水平方向和垂直方向的无接触支撑和无接触导向。车辆与行车轨道之间的悬浮间隙为10毫米，是通过一套高精度电子调整系统得以保证的。此外，由于悬浮和导向实际上与列车运行速度无关，所以即使在停车状态下列车仍然可以进入悬浮状态。

电力悬浮系统（EDS）将磁铁使用在运动的机车上以在导轨上产生电流。由于机车和导轨的缝隙减少时电磁斥力会增大，这种电磁斥力对机车提供了稳定的支撑和导向。同时，机车必须安装类似车轮一样的装置对机车在"起飞"和"着陆"时进行有效支撑。由于电力悬浮系统在机车速度低于40千米每小时无法保证悬浮。电力悬浮系统在超导技术下得到了更大的发展。

超导磁悬浮列车的最主要特征就是其超导元件在相当低的温度下所具有的完全导电性和完全抗磁性，利用超导体的抗磁性可以实现磁悬浮。超导磁铁是由超导材料制成的超导线圈构成，它不仅电流阻力为零，而且可以传导普通导线根本无法比拟的强大电流，这种特性使其能够制成体积小功率强大的电磁铁。

超导磁悬浮列车的车辆上装有车载超导磁体并构成感应动力集成设备，而列车的驱动绕组和悬浮导向绕组均安装在地面导轨两侧，车辆上的感应动力集成设备由动力集成绕组、感应动力集成超导磁铁和悬浮导向超导磁铁三部分组成。当向轨道两侧的驱动绕组提供与车辆速度频率相一致的三相交流电时，就会产生一个移动的电磁场，因而在列车导轨上产生磁波，这时列车上的车载超导磁体就会受到一个与移动磁场同步的推力，正是这种推力推动列车前进。其原理就像冲浪运动一样，冲浪者是站在波浪的顶峰并由波浪推动快速前进的。与冲浪者所面对的难题相同，超导磁悬浮列车要处理的也是如何才能准确地驾驭在移动电磁波的顶峰运动的问题。为此，在地面导轨上安装有探测车辆位置的高精度仪器，根据探测仪传来的信息调整三相交流电的供流方式，精确地控制电磁波形以使列车能良好地运行。

2. 磁悬浮列车牵引技术

磁悬浮列车采用直线电机提供牵引力。传统的电机是圆形，通过转子绕着定子旋转产生电力，而磁悬浮铁路采用非轮轨接触的牵引技术，它使用的直线电机沿着轨道一字铺开，就相当于将圆形电机展开成平面，从而获得牵引动力。由于磁悬浮列车在每节车辆两端和两侧均安装有电磁铁，通电之后产生磁场的两极。通过某种控制手段，使得前方地面磁场与车辆磁场的极性相反而产生牵引力，后面相邻地面磁场与车辆磁场产生的极性相同而产生推力，使得车辆向前运动。

不同的磁悬浮列车技术采用的牵引技术如下：

常导高速磁悬浮技术

采用地面长定子直线同步电机牵引，电机长定子沿整个线路敷设。电机动子即电磁铁安装在车体上。改变电流频率可以调节列车速度，改变电机三相电流的相序可使列车反向运行。为了提高电机供电效率，长定子直线同步电机采用分段供电方式，即沿线的直线电机定子被分割成若干个供电区段，从牵引变电站输出的三相变频变压的交流电经由开关站切换给定子通电。

低温超导磁浮技术

采用电动式悬浮长定子直线同步电机牵引，典型轨道为凹槽"U"字形，全线敷设。超导磁体装在车上，每节车厢有四个，前后左右各一个。磁体采用液氦冷却，用于驱动的三相定子线圈和用以悬浮和导向的8字形短路线圈，安装在轨道槽的侧壁，驱动用线圈在外侧。

混合式磁体磁浮技术

采用长电枢直线同步电机牵引。其采用电磁永磁混合式磁体悬浮，依靠永磁体与长电枢铁芯的相互作用产生悬浮力，通过控制磁体绕组电流调节悬浮力，控制悬浮气隙，额定悬浮气隙为15毫米以上，控制系统简单。

高温超导磁浮技术

采用直线异步电动机为牵引的新型轨道交通技术，并以车载高温超（77K液氮）导块和轨道永磁体相互作用为磁悬浮支撑。

中速磁浮技术

中速磁浮技术是一种基于同步直线电机牵引的新型中速磁浮列车牵引技术。该技术以U形电磁铁同时实现悬浮和导向、以永磁同步直线电机为牵引动力，具有低速磁悬浮列车结构简单、造价低，以及高速常导磁悬浮列车高效、高速的特点，特别适用于城市经济圈之间的区域交通等。

中低速磁悬浮技术

车载常导电磁铁与轨道F铁形成的电磁悬浮系统，利用轨道长次级直线感应电机实施牵引。该系统的导向依靠电磁铁与F轨的自恢复力完成，悬浮间隙和直线电机的初级与次级间隙为10毫米左右。由于直线感应电机的边端效应和导向力等限制，列车运行速度通常不高于200千米时。

二、道路运输技术

道路运输是最古老的运输方式。古代苏美尔人最早制成用畜力拉动的车辆，古埃及等国家也修筑过坚固的石砌道路，中国在秦代曾大修驰道，颁布"车同轨"法令，使车辆可畅行全国。17世纪初，荷兰人曾用过风帆、风车驱动车辆。随着蒸汽机的出现，一些国家相继制成了蒸汽机驱动的汽车。技术的不断进步，带来了更先进的内燃机驱动的汽车。1885年和1886年，德国工程师卡尔·本茨（Karl Friedrich Benz，1844—1929）和戈特利布·戴勒姆（Gottlieb Daimler，1834—1900）分别制成了汽油机三轮车和四轮车，被尊为汽车的发明者。之后，法国的路易斯·庞赫尔（Louis Francois René Panhard，1841—1908）和埃米尔·勒瓦瑟（Émile Constant Levassor，1843—1897）在内燃机驱动汽车的基础上加入离合器与变速器，这就是现代汽车的雏形。

汽车是具有四个或四个以上的车轮，自身带有动力装置驱动，不依靠轨道和架线在道路上行驶的车辆。中国最早的这种车辆装有汽油发动机，所以称为汽车。汽车作为道路交通工具，用来运输人和货物，经过改装也可用作起重、消防、救护、环境卫生等作业，具有快速、机动、使用方便等优点。

汽车开启了道路交通运输机动化的新时代。高速公路的建设和道路网络的普及，使道路运输以其快速、灵活、机动、便捷、可达性强和可以实现"门到门"运输的特点，在中短距离旅客运输、城市和城乡交通运输以及小批量、强时效、高附加值货物运输领域表现出强大优势，以其较高的市场占有率雄视其他运输方式。现代道路运输对其他运输方式发挥重要的集疏作用，配合其他运输方式完成客货运输全过程，成为综合运输体系不可缺少的重要组成部分。而由于小汽车进入家庭，更导致汽车工业成为国民经济的支柱产业，对经济社会发展和交通结构演变产生了巨大的影响。现今，"共享汽车"即多人合用一车，开车人对车辆只有使用权，没有所有权的分时段租赁的使用方式已进入人们的视野，不仅省钱环保，而且能够缓解道路拥堵。作为共享经济时代的一种重要资源，未来的汽车不但引领人类的生活新方式，也必将构成未来智慧城市的新形态。

（一）新能源汽车技术

传统能源汽车的发动机以汽油或柴油为能源，利用燃料燃烧后产生的动力，通过底盘传动系驱动汽车行驶。新能源汽车是采用绿色能源作为动力，有效降低了汽车的能源消耗和尾气中有害物质的排放，使得汽车在使用中对环境的影响大为降低。目前新能源汽车主要包括纯电动汽车和混合动力汽车等。

1. 纯电动新能源汽车技术

纯电动汽车是完全由可充电电池提供动力源的汽车，主要包括电力驱动及控制系统、驱动力传动等机械系统、完成既定任务的工作装置等，其核心为电力驱动及控制系统，是与内燃汽车的主要区别所在。

纯电动汽车目前面临的问题为蓄电池的单位重量储存能量较少，续航能力欠佳且成本较高，电池充电难且充电时间长等。发展纯电动汽车，需要解决的核心技术为：电池技术、电动汽车整车技术及能量管理技术。

电池作为动力源，一直是制约纯电动汽车发展的因素，其主要性能指标包括比能量、能量密度、比功率、循环寿命和成本。提高电动汽车的竞争力的关键是开发出比能量高、比功率大、使用寿命长的高效电池。目前，电池的发展经过了三代，第一代为铅酸电池；第二代为碱性电池，它比铅酸电池的比能量和比功率更高；第三代为燃料电池，可以直接将燃料的化学能转变为电能，能量转变效率高，比能量和比功率都很高，且可以控制反应过程，能量转化过程可以连续进行，目前尚处于研制阶段。

整车技术是指在纯电动汽车车身中包含的节能技术，如采用轻质材料和优化结构使汽车自身质量减轻；在制动、下坡和怠速过程中进行能量回收；采用高弹滞材料制成的高气压子午线轮胎，减少车轮滚动阻力；车身及车底流线型化，减少汽车空气阻力。

能量管理技术是纯电动汽车的智能核心，其作用是检测单个电池或电池组的荷电状态，根据各种传感信息合理调配和使用有限的车载能量，根据电池组的使用情况和充放电历史选择最佳充电方式，以延长电池寿命。

2. 混合动力新能源汽车技术

混合动力汽车一般是指油电混合动力汽车，是采用传统内燃机和电动机作为动力源的汽车。按混合动力的联结方式，混合动力汽车可分为串联式、并联式和混合式三类。

串联式动力有发动机、发电机和电动机三部分动力，它们之间用串联方式组成汽车动力单元系统，发动机驱动发电机发电，电能通过控制器输送到电池或电动机，由电动机通过变速机构驱动汽车。小负荷时由电池驱动电动机驱动车轮，大负荷时由发动机带动发电机发电驱动电动机。当车辆处于启动、加速、爬坡工况时，发动机、电动机组和电池组共同向电动机提供电能；当电动车处于低速、滑行、怠速的工况时，则由电池组驱动电动机，当电池组缺电时则由发动机—发电机组向电池组充电。串联式结构适用于城市内频繁起步和低速运行工况，可以将发动机调整在最佳工况点附近稳定运转，通过调整电池和电动机的输出来达到调整车速的目的，避免发动机怠速和低速运转的工况以提高发动机的效率，减少了废气排放。其缺点是能量几经转换，机械效率较低。

并联式装置的发动机和电动机共同驱动汽车，发动机与电动机分属于两套系统，可以分别独立地向汽车传动系提供扭矩，在不同的路面上既可以共同驱动又可以单独驱动。当汽车加速爬坡时，电动机和发动机能够同时向传动机构提供动力，一旦汽车车速达到巡航速度，汽车将仅仅依靠发动机维持该速度。电动机既可以作电动机又可以作发电机使用，又称为电动－发电机组。由于没有单独的发电机，发动机可以直接通过传动机构驱动车轮，这种装置更接近传统的汽车驱动系统，机械效率损耗与普通汽车差不多，得到比较广泛的应用。

混联式装置包含了串联式和并联式的特点。动力系统包括发动机、发电机和电动机，根据助力装置不同，它又分为发动机为主和电机为主两种。以发动机为主的形式中，发动机作为主动力源，电机为辅助动力源；以电机为主的形式中，发动机作为辅助动力源，电机为主动力源。该结构的优点是控制方便，缺点是结构比较复杂。

（二）汽车自动驾驶及控制技术

随着汽车领域智能控制技术的广泛应用，自动驾驶汽车这一新的发展方向被提出并逐步被实现，进而在车联网技术基础上设计了自动驾驶汽车，并将成为未来道路交通技术发展的大趋势。

1. 汽车自动驾驶技术

自动驾驶汽车能够通过车载无线设备将其行驶状态、目的地、所经道路的路况和车况等发送给中央信息系统，中央信息系统在收到这些信息并对车辆运行状况进行检测，向行驶车辆的车载无线车联设备发送运行指令，当指令被主控制器接收后，车辆立即按指令实施启动、加速、匀速运行、惰行、减速直至停车动作。从而实现对车辆的有效控制，降低了刹车不及时、失灵所造成的各项安全隐患，避免了车辆制动不及时所引起的交通堵塞、车辆追尾等。通过自动驾驶车辆提供的信息，中央信息系统还能够快速掌握并预测道路当前及可能出现的状况，自行规划出更为合理安全的行车路线，从而避免交通堵塞。

自动驾驶汽车中主要应用道路新信息采集系统、转向控制系统、车速控制系统等新型技术。

道路新信息采集系统使用摄像头、传感器等设备连接高速数字信号处理器，高速数字信号处理器与自动驾驶汽车的主控制器连接，由系统主控制器计算出车辆的期望转角及速度。由于存在路面不平、污渍等复杂路况，因此在获取道路实际信息图像时，需要采用处理图像技术，使采集到的道路图像质量更高，保证图像上无干扰点及无用点。系统主控制器能够利用行驶车道中的方向参数及位置参数，求得车辆的期望转角，从而更好地对转向系统进行有效控制，保证自动驾驶车辆在行驶过程中能够自行找到更好路线，保证车辆的安全驾驶。

自动驾驶汽车中，转向控制器依据主控制器输出的期望转速，并将其与实时采集到的转向步进电机的角位置信号相结合，从而调控转向步进电机，实现车辆行驶位置最佳、最安全。该系统的重要功能是控制转向步进电机的角速度及角位移。

自动驾驶汽车虽然为无人驾驶，然而其控制方法与传统汽车比较并无差异，汽车的制动机驱动功能仍然是需要通过制动踏板与加速踏板的工作来实现。车速控制系统包含了步进电机、传感器、步进电机驱动器、车速控制器。其工作原理是：传感器的增量式光电编码器采集车辆行驶过程中的车轮转速信号，使车速控制器得到当前车速信息，在比较来自主控制器给出的车速控制目标后，分别向加速、制动步进电机驱动器发送信号，步进电机驱动器则输出相应的电流驱动加速和制动步进电机的转角，从而引起制动踏板与加速踏板动作，实现汽车的自动制动机驱动功能。

2. 车联网技术

车联网（internet of vehicles）是由车辆位置、速度和路线等信息构成的巨大交互网络。通过全球定位系统、无线射频识别、传感器、摄像头图像处理等装置，车辆可以完成自身环境和状态信息的采集；通过互联网技术，所有的车辆可以将自身的各种信息传输汇聚到中央处理器；实现车辆与基站之间、行驶车辆之间的无线通信，通过计算机分析和处理大量的车辆信息，并对产生的实时信息进行分发；不但能够选择车辆的最佳运行路径，而且能全程控制每一车辆的行驶过程，实现一定范围内车辆的信息共享，达到动态调整和优化道路交通流量，缓解消除交通拥堵，提高车辆安全运行效率。

自动驾驶汽车在嵌入车联网时可将可见光网络作为基础。常规车联网主要包含中央信息系统、无线车联设备两部分。将标准无限车联设备固定在汽车或者道路上，能够实现可见光信号的实时发送及接收，从而实现中央信息系统与自动驾驶车之间的信息共享与交流。标准的无线车联设备主要有接收、发射两大部分，其中发射部分主要组成单元为光源及信号处理，由于光源基本不会对人眼造成损害，使光通信的可靠性显著提高；接收部分主要单元为信号处理及光电检测器，光电检测器能够将光信号转换为电信号，信号处理部分能够放大并处理电信号，将其发送到中央信息系统处理，中央信息处理系统以同样方式将信息传递给自动驾驶车辆，实现信息的共享与交流。

当自动驾驶汽车在行驶过程中时，标准无线车联设备能够接收道路交通信号灯并向中央信息系统准确发射车辆位置、运行状态及目的地等实时信息，中央信息系统接收并处理得到的信息后，判断车辆运行过程中的安全性并通过车联网对车辆经过的路线上车流量进行计算，通过发射系统反馈给车辆，自动驾驶车辆依据这些实时信息自动规划车辆的最佳行驶路线，从而有效缓解交通拥堵；若行驶路面出现交通事故等情况，则可以将信息自动上传，从而方便救援及事故处理。

（三）汽车安全与环保技术

我国道路交通事故发生次数较多，小汽车保有量不断增大，汽车尾气排放总量也不断上升。大城市的汽车保有量相对更高，因此城市环境问题也更为严重。为了保证居民的生命财产安全，实现可持续发展，汽车安全与环保问题必须得到足够的重视。

1. 汽车安全防护技术

汽车安全防护包括汽车被动安全装置和汽车主动安全装置。前者的作用是在危险事故发生时，尽量减少车内人员的伤亡；后者是为了提高车辆行驶过程中的安全性，减少危险事故的发生。

汽车被动安全装置包括安全带、安全气囊、安全头枕、安全玻璃和吸能车身等。

安全带作用是当汽车急转弯，发生碰撞或翻车时，约束车内人员尽量避免从座椅上甩出或与车内坚硬部位碰撞。安全气囊作用是当发生正面撞车事故时避免车内乘员的头部、颈部和胸部强烈撞击在仪表盘、方向盘或挡风玻璃上。安全头枕可有效缓冲事故发生时巨大的瞬间冲击力，保护脆弱的颈骨，降低颈部受到伤害的概率。安全玻璃具有足够大的变形余量和柔性，在保证正常状况下良好视觉效果的同时，也能防止发生碰撞后乘员从窗中飞出时，玻璃不对其头颈部位造成严重伤害。吸能车身在发生碰撞时，能吸收一定的撞击能量，减缓车内成员的移动程度，减轻车内成员和车外行人所受伤害。

汽车主动安全装置包括防抱死制动系统、电子制动力分配系统、车身电子稳定系统、自适应巡航系统、碰撞预警系统、牵引力控制系统、车辆稳定性控制系统、变道辅助系统和驱动防滑系统。

防抱死制动系统作用是在汽车制动时，自动控制制动器制动力的大小，使车轮不被抱死，处于边滚边滑状态，以保证车轮与地面的附着力为最大值。电子制动力分配系统是当发生紧急制动时，在防抱死制动系统起作用之前，依据车身的重量和路面条件，自动以前轮为基准去比较后轮轮胎的滑动率，如发觉差异程度必须调整时，刹车油压系统将会调整后轮的油压，以得到更平衡且更接近理想的刹车力分布。车身电子稳定系统实际是一种牵引力控制系统，可以控制驱动轮和从动轮，如后轮驱动汽车常出现的转向过多情况，此时后轮失控而甩尾，系统便会刹慢外侧的前轮来稳定车况；在转向过少时，为了校正循迹方向，系统则会刹慢内后轮，从而校正行驶方向。自适应巡航系统通过对路况实时监测（前车车速、距离、位置等），进而提醒驾驶员注意行驶。碰撞预警系统是当驾驶员疲劳精神分散时，汽车出现无意识的车道偏离及汽车间距过近，存在追尾可能的情况下，能够及时对驾驶员报警。牵引力控制系统的作用是防止车辆在起步、加速时驱动轮打滑的现象，当该系统发现某车轮有打滑趋势时，迅速调节该车辆的输出扭矩，同时触发防抱死制动系统对该车轮进行适当制动，以平衡每个车轮的抓地力，使其不致出现打滑或空转，保证车辆迅速稳定地启动或加速，保持良好的操作性和方向稳定性。车辆稳定性控制系统是当车辆被判断为转向不足或转向过度时，通过计算使车辆产生反方向的转矩，保证车辆在直行、转向、制动等各种行驶状态下的稳定性。变道辅助系统可在左右两个后视镜及其他地方提醒驾驶者后方安全范围内有无来车，消除视野盲区，提高行车安全。驱动防滑系统是在车轮出现滑转时，通过对滑转车施以制动力或控制发动机的动力输出来抑制车轮的滑转，以避免汽车牵引力和行驶稳定性的下降。

交通与运输技术

2. 汽车尾气排放控制技术

汽车尾气排放控制技术主要包括净化技术、代替燃料和电池汽车。

净化技术包括汽油车机内净化技术、柴油车机内净化技术和机动车污染物的机外净化技术，如表9-1所示。

表9-1　机动车尾气净化技术

技术名称	技术方法
汽油车 机内净化技术	1. 电子控制燃油喷射系统
	2. 推迟点火提前角
	3. 废气再循环
	4. 燃烧系统优化设计
	5. 可变进气系统和层状充气发动机
	6. 汽油机直喷技术
柴油车 机内净化技术	1. 推迟喷油提前角
	2. 废气再循环
	3. 增压中冷技术
	4. 喷油系统优化
机动车污染物 机外净化技术	1. 汽油车排气后处理技术：壳体、垫层、载体、涂层、催化剂
	2. 柴油机排气后处理技术：颗粒捕集器、氧化催化转化器、氮氧化物还原催化转化器
	3. 非排气污染物控制技术

代替燃料主要包括压缩天然气（CNG）、液化石油气（LPG）、氢燃料、生物柴油、乙醇、甲醇和二甲醚。CNG、LPG、乙醇汽油作为燃料，均能有效地减少汽车尾气中碳氧化合物、烃类化合物和氮氧化合物；氢燃料燃烧产物只有水和氮氧化合物；生物柴油中硫含量极低，含氧量高，基本不含芳香族烃类，因此其燃烧排放的二氧化硫和硫化物很低，一氧化碳较少，也基本无烃类化合物；乙醇、甲醇和二甲醚作为燃料可实现超低氮氧化物排放。

电池汽车包括纯电动汽车、燃料电池汽车和混合动力汽车。与燃油汽车相比，电池汽车排出的废气很少，其能源也可来自太阳能、化学能、电厂输出的电能，以及机械能转化的电能等多种方式，因而可达到控制尾气排放的效果。

三、航空运输技术

自1903年美国人莱特兄弟发明了第一架依靠自身动力载人飞行的飞机之后，航空运输成为20世纪新兴的、发展最快的运输方式。与其他运输方式相比，航空运输具有速度快、机动性大、舒适、安全、基本建设周期短、投资少、见效快的优势。主要缺点是飞机机舱容积和载重量较小，运输成本高，且受制于气象条件，影响其正常性和准点性，因此适合中长途旅客运输、邮件运输和精密、贵重、鲜活易腐物品等高附加值货物运输。航空运输业拥有巨额资金、先进技术和装备、复杂的生产过程和严格的质量标准，全球性的生产规模和高素质的员工队伍，并且在国际、国内和企业内部形成了完备的管理体系。航空运输以客运为主、货运为辅，是国际旅客运输的主要方式，具有国际性。国际民航运输管理机构负责制定国际民航运输的行为准则，协调国际民航运输业务关系，指导各国民航运输企业在国际民航运输活动中实行统一的技术标准、航行规则和操作规程，执行统一的价格体系和票据规格，遵循统一的国际法规准则，公正处理国际航空事务。这是航空运输业得以迅速、安全、健康发展的重要保证。

（一）民用飞行器技术

民用飞行器，是指用于非军事目的的飞机，一种运人载物的交通工具。民用飞机分为商业飞机和通用飞机。商业飞机有国内和国际干线客机、货机或客货两用机以及国内支线运输机。通用飞机有公务机、农业机、林业机、轻型多用途机、巡逻救护机、体育运动机和私人飞机等。

1. 大型飞机技术

大型飞机俗称大飞机，一般是指起飞总重超过100吨的运输类飞机，包括军用大型运输机和民用大型运输机，也包括一次航程达到3000千米的军用或乘坐达到100座以上的民用客机。

大飞机是飞机制造业技术进步的标志性成果，其主要关键技术如下：

发动机技术

为适应大飞机推力大、巡航速度高、起飞重量大、满载航距长、燃油容量大的要求，采用大涵比涡扇发动机技术，以及发动机组件表面激光冲击强化处理的精细加工技术等，实现大功率、远距离、长时间运行条件下的节能、降噪。

电子设备技术

为适应大温差、低气压、变频范围机械振动、强冲击过载、狭小使用空间等恶劣环境条件下正常可靠工作，对电子设备设计、元器件和材料选择提出更高的要求。既包括通信、无线电台、导航、控制（电传飞控）综合显示等通用设备，又包括机载雷达、计算机、智能化座舱等专用设备，并要求采用方便操作运用和维护的综合模块化技术。

复合材料技术

复合材料技术指采用高强度纤维（玻璃、碳、硼、芳纶纤维等）、树脂基体通过构件成型工艺相结合，使各种材料性能互补从而提高材料整体性能的技术。复合材料充分体现了高强度、高刚度、抗疲劳、耐腐蚀、耐辐射的特点，已广泛应用于飞机舱门、支架、机翼、机尾以及整流罩、机载雷达罩等。波音787采用的复合材料已占全机结构质量的50%，可大幅减轻机重，提高燃油效率。复杂材料技术包括复合材料的设计（材料的单层厚度、铺层区域、铺层顺序、角度等），金属／非金属的胶结构件，零部件的加工成型以及通过计算机三维建模技术进行数字化装配与仿真技术等。

智能控制技术

发动机智能控制技术有能够准确感知发动机及其部件的工作环境和执行特定任务的能力，它还能够快速适应变化的环境和功率降低的状态，精确地规划／重新规划单项任务甚至整个任务，进而使整个发动机在所有工作状态下的综合性能（性能、可操纵性、可靠性、寿命、费用）都达到最优，达到改善发动机的耐久性与经济可承受性的目的。其关键技术主要包括：燃烧、间隙和振动的主动控制技术；高精度实时性能和寿命模型技术；分布式主动控制技术；发动机健康管理技术；一体化低观测性进气道和喷管技术；微机电传感器和作动器技术；信息融合技术；先进非线性技术；灵巧结构、受控化学反应燃料等。

2. 通用航空

通用航空（general aviation），是指使用民用航空器从事公共航空运输以外的民用航空活动，包括从事工业、农业、林业、渔业和建筑业的作业飞行以及医疗卫生、抢险救灾、气象探测、海洋监测、科学实验、教育训练、文化体育等方面的飞行活动。

通用航空应用范围十分广泛，根据中国通用航空经营许可管理规定（交通运输部令2016年第31号），共分为四大类31项：

甲类

陆上石油服务、海上石油服务、直升机机外载荷飞行、人工降水、医疗救护、航空探矿、空中游览、公务飞行、私用或商用飞行驾驶执照培训、直升机引航作业、航空器代管服务、出租飞行、通用航空包机飞行。

乙类

空中游览、直升机机外载荷飞行、人工降水、航空探矿、航空摄影、海洋监测、渔业飞行、城市消防、空中巡查、电力作业、航空器代管、跳伞飞行服务。

丙类

私用驾驶员执照培训、航空护林、航空喷洒（撒）、空中拍照、空中广告、科学实验、气象探测。

丁类

使用具有标准适航证的载人自由气球、飞艇开展空中游览；使用具有特殊适航证的航空器开展航空表演飞行、个人娱乐飞行、运动驾驶员执照培训、航空喷洒（撒）、电力作业等经营项目。

其他需经许可的经营项目，由民航局确定。

通用航空具有机动灵活、快速高效等特点，作业项目覆盖了农、林、牧、渔、工业、建筑、科研、交通、娱乐等多个行业。通用航空的具体内容包罗万象，我们熟知的通用航空有以下几种：航空摄影、医疗救护、气象探测、空中巡查、人工降水等。其他类型包括海洋监测、陆地及海上石油服务、飞机播种、空中施肥等。另外，公务机飞机和私人飞机都属于通用航空范畴之内。

通用航空器主要有直升机、公务机、轻型飞机、热气球等。前两种最常见，下面将进行简要介绍。

直升机主要由机体和升力（含旋翼和尾桨）、动力、传动四大系统以及机载飞行设备等组成。旋翼一般由涡轮轴发动机或活塞式发动机通过由传动轴及减速器等组成的机械传动系统来驱动，也可由桨尖喷气产生的反作用力来驱动。直升机的最大时速

交通与运输技术

可达300千米时以上，俯冲极限速度近400千米时，实用升限可达6000米（世界纪录为12450米），一般航程可达600～800千米左右。携带机内、外副油箱转场航程可达2000千米以上。根据不同的需要直升机有不同的起飞重量。当前世界上投入使用的重型直升机最大的是俄罗斯的米-26（最大起飞重量达56吨，有效载荷20吨）。当前实际应用的是机械驱动式的单旋翼直升机及双旋翼直升机，其中又以单旋翼直升机数量最多。

公务机是在行政事务和商务活动中用作交通工具的飞机，也称行政机或商务飞机。公务机一般为9吨以下的小型飞机，可乘4～10人；但有的地方把总统、国王、皇室成员专用的要人专机也列入通用航空范围，这时波音747这样的大型飞机也可以列入公务机行列了。

3. 无人机技术

无人机（unmanned aerial vehicle，缩写为UAV）又称"空中机器人"，是一种由动力驱动、利用无线电遥控设备和自备的程序控制装置操纵或者由车载计算机完全地或间歇地自主操作、机上无人驾驶、可重复使用的航空器的简称。它由无人机载体、地面站设备（无线电控制、任务控制、发射回收等起降装置）以及有效负荷三部分组成的。按飞行平台构型分类，无人机可分为固定翼无人机、旋翼无人机、无人飞艇、伞翼无人机、扑翼无人机等。无人机具有广泛的应用前景。与有人驾驶飞机相比，无人机往往更适合那些不适合人的生理和心理特点的太"乏味、肮脏或危险"的工作任务。

图9-2 旋翼无人机

（图片来源：维基百科。https://commons.wikimedia.org/wiki/File:Quadcopter_camera_drone_in_flight.jpg。）

无人机技术主要包括以下几个方面：

动力技术

续航能力是目前制约无人机发展的瓶颈，使之外出飞行不得不携带多块电池备用，导致使用作业极大不便。因此必须在动力方面寻求突破。2015年，加拿大蒙特利尔的科技公司EnergyOr技术有限公司报道采用燃料电池的四旋翼无人机进行了3小时43分钟续航飞行。美国初创公司（Top Flight Technologies）报道自己开发混合动力六旋翼无人机。随着科技的不断发展进步，动力技术的发展呈现出新型电池、混合动力、地面供电、无线充电等多方向发展的局面。

导航技术

导航技术主要包括定位、测速、避障和跟踪技术。

定位技术可利用：①GPS载波相位定位；②TV、收音机、Wi-Fi等多信息源定位，弥补GPS的不足；③UWB（ultra wideband，超宽带）无线定位。

测速技术在目前公认的比较精确的方案是通过"视觉（光流）＋超声波＋惯导"的融合。AR．Drone是最早采用该项技术的多旋翼飞行器，极大提升了飞行器的可操控性。

避障技术是使飞行中的无人机能够识别飞行路径上的障碍物，并准确绕飞或悬停，是实现无人机智能化的重要一步。未来无人机避障技术将在深度相机避障、声呐系统避障、"视觉＋忆阻器"避障、双目视觉避障、小型电子扫描雷达、激光扫描测距雷达、四维雷达实现突破。

跟踪技术能够使无人机准确识别目标并进行跟踪飞行，执行特殊环境条件下的特殊任务。智能跟踪技术主要有GPS跟踪和视觉跟踪。

交互技术

无人机目前主要通过遥控器进行飞行控制，需要专业训练，具有一定的局限性。随着新技术的发展，无人机应简化对操作人员的要求，运用简单的手势控制技术和相对复杂的脑机接口（BCI）技术。手势交互目前在精确度上存在挑战。作为需要较高安全性的飞行器，BCI目前尚不成熟，只作为一种验证性质的技术展示，离实际应用还有不少距离。

通信技术

无人机将采用速度更快的、标志无线行业新里程碑4G／5G通信技术和新型的无线广域网Wi-FI通信技术。将使无人机更受益于更快的通信速度和更广大的传输距离。

交通与运输技术

2014年在CES上，高通和英特尔展示了功能更为丰富的多轴飞行器。3DR与英特尔共同合作开发Edison新型微处理芯片，具有个人计算机一样的处理能力。目前，包括IBM在内的多家科技公司都在模拟大脑，开发神经元芯片。一旦类似芯片被应用于无人机，自主反应、自动识别有望会变得轻而易举。

（二）飞行控制技术

飞行器从设计之初开始，最难的就是控制问题。随着航空环境的越来越复杂，对飞行控制技术也有了更高的要求。一方面，要求对飞行器的操控更智能、更精细化，让着陆更安全，如飞机进近导航技术；另一方面，要求对飞行器进行更合理高效的管制，防止飞行器相撞，防止机场及其附近空域内的飞行器同障碍物相撞，维护空中交通秩序，保障空中交通畅通，保证飞行安全和提高飞行效率，如空中交通管制监视技术。

1. 空中交通管制监视技术

目前空中交通管制监视技术应用最为广泛，是飞行器同管制员间的联系程度所分类的监视技术，分为独立监视、协同监视和相关监视。

独立监视技术是指空中交通管制工作不需飞行员参与，仅由空中交通管制员独立完成对飞行器的监视定位。

目前，在空中交通管制系统中比较常用的监视技术是一次雷达监视技术。其工作原理是通过无线电信号作用于飞行器，根据信号反馈数据确定飞行器期间距离，实现对飞行器的监视；基于其技术比较成熟，目前在空中交通管制系统仍旧在广泛应用。多基雷达监视技术属于立体监视技术，其工作原理是根据飞行器的电磁波反射实现对目标的监视。这种技术能够对多个目标进行监视，不仅可以监视空域管辖范围内的飞行器，可以对合作空域范围内的飞行器进行监视。

协同监视技术指的是飞行器的监视定位工作需要飞行员和空中交通管制员相互协作来成。协同监视技术的典型代表是二次雷达。雷达通过天线的不断的旋转接收信号，定期将信号传输到地面管制员，管制员通过对信号的分析，准确定位飞行器具体位置。当前的空中交通管制二次雷达技术模式有A／C和S两种模式，该两种模式主要应用在航道及终端区域；基于这两种监视模式都是飞行器自载设备自动检测飞行器高度，所以可以达到立体监视的效果。此外，应用比较广泛的监视系统还有多基站测量定位系统，是当前最为先进的空中交通管制监视系统，能够对空域同地面控制区域的高度进行自动监测。

相关监视技术指的是飞行员将飞行器的具体的飞行信息，如飞行器所在的地理经纬度报告给地面交通管制员，由地面交通管制员对飞行器的飞行环境进行监视。相关监视是一种人工监视的非自动监视技术，难免造成信息数据传输不及时或者存在错误等。为了减少人工在相关监视技术中的参与，该技术正向着数字化和自动化方向发展。

2. 飞机进近导航技术

飞机进近是指飞机下降时对准跑道飞行的过程。在进近阶段，要使飞机调整高度，避开地面障碍物，对准跑道降落，需要严格的标准和操作规程，并研发、发展、完善了一系列导航技术。

航站导航设施

航站导航设施也称为终端导航设施，目的是引导到达机场附近的飞机安全、准确地进近和着陆。分为非精密进近设备和精密进近设备。

非精密进近设备通常是指设置在机场的VOR-DME台（甚高频全向信标测距仪）、NDB（无方向信标）台及机场监视雷达。作为导航系统的一部分，只把飞机引导至跑道平面，但不能提供在高度方向的引导。

精密进近设备则能给出准确的水平引导和垂直引导，使飞机穿过云层，在较低的能见度和云底高下，准确地降落在跑道上。目前使用最广泛的精密进近系统是仪表着陆系统（ILS）。

仪表着陆系统的地面系统由航向台（localizer）、下滑台（glideslope）和指点信标三个部分组成。飞机上的系统由无线电接收机和仪表组成，为驾驶员指示跑道中心线并给出按照规定的坡度降落到跑道上的航路。

航空地面灯光系统

航空地面灯光系统包括跑道灯光、仪表进近灯光、目视坡度进近指示器（VASI）。

跑道灯光包括跑道侧灯、跑道中心灯、着陆区灯，起到助航作用。仪表进近灯光是飞机在进近的最后阶段，由仪表飞行转为目视飞行，必须使用进近灯光确定距离和坡度。目视坡度进近指示器安装在跑道外着陆区附近，由两排灯组成。每排灯组前装有上红下白的滤光片，经基座前方挡板狭缝发出两束光，下面一束是红光，上面一束是白光。驾驶员根据观察到的灯光情况确定飞机高度及调整方向。

表9-2　飞机高度及调整方向确定

驾驶员看到灯光	飞机高度状态	调整方向
上红下白	正常	—
全白	偏高	向下
全红	偏低	向上

跑道标志

跑道类别不同，道面标志也不同。跑道按使用目视飞行规则和仪表飞行规则分为目视（非仪表）跑道和仪表跑道，仪表跑道按所装备的仪表着陆系统的精度，分为非精密进近跑道和精密进近跑道。

表9-3　飞机跑道标志（"√"表示有，"×"表示无）

跑道类别	中心线	跑道号	等待位置	跑道端标志	定距离标志	着陆区标志	跑道边线标志
目视跑道	√	√	√	×	×	×	×
非精密进近跑道	√	√	√	√	√	×	×
精密进近跑道	√	√	√	√	√	√	√

四、水路运输技术

水路运输是以船舶、排筏等作为交通工具，在海洋、江河、湖泊、水库等水域沿航线载运旅客和货物的一种运输方式。

水路运输历史悠久。人类在上古时代已经使用天然水道从事运输。最早应用的水上运输工具是独木舟和排筏，后来制造出木板船。据记载，公元前4000年就有了帆船，此后经历了漫长的帆船时代。15世纪，中国郑和下西洋的航海宝船共63艘，最大的折合现今长度为151.18米，宽61.6米，船有四层，船上9桅可挂12张帆，锚重有几千斤，要动用两百人才能启航，一艘船可容纳千人，是当时世界上最大的木质帆船。1807年美国人罗伯特·富尔顿（Robert Fulton，1765—1815）发明了用蒸汽机驱动的船舶，标志着帆船时代的结束，从此水路运输工具发生了划时代的变革。目前水路货物运输仍是一些国家国内和国际贸易货物运输的主要形式，对社会经济发展起着重要作用。

水路运输的优点是运载能力大，成本低，生产率高，能耗少，投资省，但也存在速度慢、环节多、受自然条件影响大、机动灵活性差等弱点。

（一）智慧港口技术

港口是具有水陆联运设备和条件，供船舶安全进出和停泊的运输枢纽，是水陆交通的集结点和枢纽，工农业产品和外贸进出口物资的集散地，船舶停泊、装卸货物、上下旅客、补充给养的场所。

智慧港口是指借助物联网、传感网、云计算、决策分析优化等技术手段对港口各核心的关键信息进行透彻感知、广泛连接和深度计算，从而实现各个资源与各个参与方之间的无缝连接与协调联动，对港口管理运作做出智慧响应，形成信息化、智能化、最优化的现代港口。

1. 智能港口信息技术

智慧港口借助功能强大的互联网、物联网、移动互联网、大数据、云计算等现代信息技术，综合利用全球定位系统（GPS）、地理信息系统（GIS）、通用分组无线服务技术（GPRS）、计算机仿真、传感器网络、可视化、人工智能等技术手段，其感知、追踪、控制与管理范围已远远超出港口本身的物理空间，可以涉及多口岸、多港口、多码头、内陆港，实现更多参与方资源、角色、功能、信息的协同，形成一个结构庞杂的智慧港口物流公共服务（云）平台。

智慧港口的前沿技术主要有以下几个方面：

物联网技术

物联网指的是将各种信息传感设备，如射频识别装置、红外感应器、全球定位系统、激光扫描器等装置与互联网结合起来而形成的一个巨大网络。

云计算技术

云计算是一种基于互联网的计算方式，通过这种方式，共享的软硬件资源和信息可以按需求提供给计算机和其他设备。

移动互联网技术

移动互联网在港口的应用，主要利用移动互联网共享、互动、链接的特性，实现港口相关方跨平台、即时的便捷服务模式。

大数据技术

大数据技术在港口的前沿应用有面向分布式协同感知的多源异构的港口大数据清洗技术，基于多源图像聚类分析的港口异常行为监测技术，面向港口业务决策的压缩感知数据重构技术，基于多维度数据融合的港口交通流量预测技术。

人工智能技术

人工智能技术在港口领域的前沿应用有基于神经形态工程学原理的智慧理货技术，基于无监督的深度生成模型的图像处理技术，基于大数据和深度学习的港口业务决策预测技术和智能调度技术。

自动化港口装卸设备

自动化港口装卸设备是将先进的传感器、自动定位、机器视觉、远程控制、设备智能诊断与评估等技术应用于港口大型装卸设备（如散货码头的堆料机、取料机、集装箱码头的堆场轨道吊、无人驾驶自动导引运输车等），使装卸设备自动化和无人化。港口装卸自动化显著提高了装卸作业安全和效率，降低了运营成本。

2. 自动化无人堆场技术

堆场的自动化无人堆放是集装箱码头作业的主要发展方向。对于加强集装箱堆场和设备的利用效率、减少运营成本支出发挥重要作用。

堆场堆放受诸多内外环境因素影响，为了追求更为高效的堆放，需要从全局出发，考虑各方面因素并结合工作人员的实践经验。自动化无人堆放技术体系主要由装卸工艺、控制系统、堆存管理和作业策略和智能道口系统构成。

新型全自动化高低架轨道龙门吊接力式装卸系统，是最新的一种集装箱装卸技术工艺和装卸系统，能大大提高码头的装卸生产效率。高架轨道吊（DRMG）与低架轨道吊（CRMG）在彼此的轨道上正常运转，二者吊车运转的方向成90度。在每条堆放线的外侧两边和集卡的工作区域之间设置一个合适的缓冲区，同时配备集装箱中转平台。高架轨道吊与低架轨道吊利用中转平台实现接力式作业，达到集装箱能够多次装卸，一次集拼的高效工作模式。

自动化堆场控制系统把当代码头生产管理技术和自动化堆场的装卸技术二者有机地结合在一起，同时利用目前最为先进的网络信息技术，通过远程操作、远程监控和报警等技术，运用图形化的操作管理界面和远程对讲系统把全自动化堆场中的操作人员、设备与集卡都充分地调动起来，从而达到自动化无人堆场实时生产和控制的目的，确保无人堆场能够自行运转，高效作业。

高度自动化的堆场设备要想充分实现高效作业的目的，需要合理的与堆场实际管理和作业策略规划有机结合。集装箱堆场属于自动化无人智能堆场，应当根据生产计划按时精准地达到堆场自动化设备按时调度的目的，处理好堆场的进出箱工作，做好堆场集装箱的信息管理工作。作业策略规划属于码头生产工作中最重要的技术之一，受到生产设备、操作人员、控制系统等多方面因素的影响。

码头智能堆场进场道口主要是将进入智能堆场箱区的集卡车号及装载的箱号信息自动识别并提交码头营运系统。它与已在进港大门作业系统中生成的作业任务进行校验，确保轨道吊作业指令与驶入的集卡装载信息的唯一匹配；同时将得到的业务系统任务信息反馈给集卡司机，让集卡司机明确应该进入的相应车道。

（二）先进船舶技术

船舶是各种船只的总称。船舶是能航行或停泊于水域进行运输或作业的交通工具，按不同的使用要求而具有不同的技术性能、装备和结构形式。船舶内部主要包括容纳空间、支撑结构和排水结构，具有利用外在或自带能源的推进系统。船舶的外形一般是利于克服流体阻力的流线型包络，材料随着科技进步不断更新，早期为木、竹、麻等自然材料，近代多是钢材以及铝、玻璃纤维、亚克力和各种复合材料。目前，先进船舶技术主要有大型化、高速化和船型优化技术。此外，船舶智能化是决定未来船舶行业发展方向的重要因素；除了信息感知、通信导航、能效管控等关键技术，自动靠泊、离岸，自主维修，自动清洗，自动更换设备部件，自我防护等技术同样也会趋于智能化发展；随着船舶智能化相关技术的不断发展，最终可实现由智能系统设备逐步转变为会思考的智能船舶，促进船舶安全、高效航行。

1. 船舶大型化技术

随着世界经济不断趋于全球化和一体化，全球集装箱运输网络正在逐步形成。海上运输干线和集装箱枢纽港的出现以及航运技术的不断发展，使超巴拿马型集装箱船以及比其更大的船型受到越来越多承运人的青睐，集装箱船大型化的趋势日益明显，这对各班轮公司和全球集装箱港口都产生了深远影响。

船舶大型化是提高单位功率的运载效率、降低造价和减少有害生态物质排放的有效途径，集中表现为30万吨级以上超大型油轮（VLCC）、38万吨级散货船、可装载12500TEU的超苏伊士级和最大装载18000TEU、可通过马六甲海峡的集装箱船。

船舶大型化发展的支撑技术如下：

港口设施与货物操作

船-岸交互界面在船舶大型化发展中扮演着重要角色，伴随船舶大型化，需要更快速、更专业化的货物处理系统。近年来码头设施的发展也加速了船舶的大型化。港口方面影响船舶大型化发展的其他主要技术性因素还有水深、泊位长度、吊机速度等，这些限制已不再是不可能实现的壁垒。

船体设计上的改进

取消甲板横梁和减小两边压载舱宽度的设计是实现集装箱船大型化的两种重要方法。高强度钢板在建造集装箱船和油轮上的应用能降低船身重量的25%，从而相应提高船舶装载量。

发动机功率和螺旋桨

发动机是将某一种形式的能量转换为机械能的机器，其作用是将液体或气体燃烧的化学能通过燃烧后转化为热能，再把热能通过膨胀转化为机械能并对外输出动力。发动机技术及相关材料技术的不断进步，使得船用发动机不断向着大功率、大缸径方向发展。船用螺旋桨是推动船舶前进的机构，螺旋桨安装于船尾水线以下，由船舶主机获得动力而旋转，将水推向船后，利用水的反作用力推船前进。现代船用螺旋桨类型很多，如定距桨、可调螺距桨、对转桨、导管桨、喷水推进器和吊舱式推进装置等。普通运输船舶有1~2个螺旋桨。推进功率大的船，可增加螺旋桨数目。大型快速客船有双桨至四桨。螺旋桨一般有3~4片桨叶，直径根据船的马力和吃水而定，以下端不触及水底、上端不超过满载水线为准。螺旋桨材料一般用锰青铜或耐腐蚀合金，也可用不锈钢、镍铝青铜或铸铁。

2. 船舶高速化技术

船舶高速化的主要标志是速度30节以上的小型高速气垫船、水翼船、水动力船、喷气推进船快速研制并大量投入使用。

气垫船按航行状态分为全垫升气垫船和侧壁式气垫船两种。全垫升气垫船是利用垫升风扇将压缩空气注入船底，与支承面之间形成"空气垫"，使船体全部离开支承面的高性能船侧壁式气垫船的船底两侧有刚性侧壁插入水中，首尾有柔性围裙形成的气封装置，可以减少空气外逸。航行时，利用专门的升力风机向船底充气形成气腔，使船体漂行于水面。它常选用轻型柴油机或燃气轮机作为主动力装置，用水螺旋桨或喷水推进，航速可达20~90节；有较好的操纵性和航向稳定性，但是不具备登陆性能。由于这种气垫船气腔中的空气不易流失，托力比全垫升式大，而且功率消耗小，适合建造大型船只。

水翼船是一种高速船。船身底部有支架，装上水翼。当船的速度逐渐增加，水翼提供的浮力会把船身抬离水面，从而大为减少水的阻力来增加航行速度。

喷气推进船是由反作用力发动机产生的高压气体通过喷气装置向外喷射产生反作用力驱动船体运动，使用该喷气推进船，驱动系统结构简单、体积小、重量轻、制造成本低，推进效率高，运行和维护费用低，易于推广应用的一种喷气推进船。由船体、反作用力发动机、喷气装置、方向控制器组成，其特征在于：由反作用力发动机产生的高压气体通过在水下的喷气口向水中喷射产生反作用力驱动船体运动。

3. 船型优化的高性能船舶技术

最初的船舶都是单面体的船舶。船体空间狭窄，其稳定性和承受较大风浪的能力差。为此，将船型从单面体改进为双面体，即将单一船体分成上部用甲板桥连接的两个片体。由于每个片体更为瘦长，从而减小了兴波阻力，提高了航速。双体船宽度比单体船大得多，其稳定性明显优于单体船，具有承受较大风浪的能力，且漂浮能力强，船体局部破坏对船舶没有影响。双体船还具有操纵性好、装载量大等特点，因而被世界各国广泛应用于军用和民用船舶。

为进一步改善高速双体船的综合性能，人们在高速双体船的基础上派生了若干新型的双体船型，主要代表是小水线面双体船和穿浪双体船。

小水线面双体船是由潜没于水中的鱼雷状下体、高于水面的平台（上体）和穿越水面联接上下体的支柱三部分组成，其优点在于水线面面积较小，受波浪干扰力较小，在波浪中具有优越的耐波性。另外，还具有宽阔的甲板面和充裕的使用空间。因为两个船体都有推进系统，因此其转向半径小、机动性能好。但浸湿面积比常规船大，船体较重，吃水较深；在静水中单位装载重量所消耗的功率较大，高速航行时需靠自动控制水平鳍确保纵向运动稳定性，技术较复杂；造价较高。

穿浪双体船是将小水线面和深V型船在波浪中的优良航行性能、双体船的结构形式及水翼船弧形支柱等优点复合在一起的产物，其综合技术经济指标被称为高性能船之首。穿浪双体船两侧是两个细长瘦削的深V形线型船体（片体），中间有一个主船体。两侧细长船体的排水量提供足够浮力以支撑整个船重，两个船体的间距较大以减少相互之间的干扰，两船体的艏部特别尖削，能穿浪而行，使船在波浪中的航行性能有了很大提高。常规的双体船只能在波浪上航行，称为载波航行；而穿浪双体船能够穿浪航行，尖削前冲的两侧船体似两把锋利的匕首穿过波谷，削去波峰行进，这也就是穿浪双体船名称的由来。穿浪双体船具有高速、优良的耐波性、稳定性、舒适性、吃水浅、甲板宽敞、回旋性能好等综合航海性能。东日本轮渡公司在函馆-青森航线2007年9月投入运营的Natchan Rera号，是当时世界上最大、最快的轮渡，载重10712吨，全长112米，宽30.5米，最大载客量800人，航速36海里，将原4小时航程缩小为1.5小时。

目前，双体船为满足使用要求在逐步向大型化发展，并为改善快速性和耐波性尝试向复合船型发展。其中，小水线面船型将从双体演化成三体等多体。为提高双体船在高海况下的航行能力，各国的研究方向大都集中在开发超细长体双体船的系统技术、优化线型设计和采用大功率喷水推进系统等。

（三）船舶运行控制技术

为了适应海上运输量增加的需要，船舶出现大型化和高速化，而且海上交通密度不断加大，因此航行安全越来越受到重视。同时，为了提高营运的经济效益，不仅要降低船员的操作强度，还期望减少船员配置，而减少船员配置又面临新的航行安全问题。为了解决这一矛盾，加速了在船舶运航中应用高科技，促进高智能化船舶的研究和开发，成为世界上主要航运国家当前的重要研究课题。

1. 船舶出入港导航技术

随着科技的发达，舰船海上航行所采用的导航方法也越来越多、越来越方便，对船只的航行安全提供了有力的保障。

GPS导航

进港电子海图的发展，为舰船的航行提供了安全、高效、便捷的保证，而GPS导航设施与电子海图的结合，就更为导航提供了自动、直观、便捷的服务。舰船进港或通过狭窄水道时，一般选用大比例尺海图，在电子海图上做好计划航线，能见度不良时，随时通过GPS接收信号把本船船位显示在电子海图的屏幕上，注意观察船位是否偏离计划航线，随时予以纠正，同时还要在纸质海图上间隔5~10分钟标出舰船位置与电子海图进行对比，以防发生意外。也可根据具体情况，设立报警距离，当舰船偏离计划航线达到一定距离时进行报警，以保证舰船始终航行在计划航线上。

按叠标导航进港

在港口或狭窄水道附近，陆地上一般都设有叠标，作为引导舰船进入计划航线的重要依据，是进出港口或水道的重要辅助设施之一。按叠标航行是指：制作计划航线时，如果计划航线两端有合适的叠标，则应将计划航线做在叠标方位线上，保证舰船始终航行在叠标方位线上的安全水道。在实际作业过程中，航海人员要不断地观测船位是否与叠标方位线重叠。在天气状况良好时，只需航海瞭望人员报告指挥人员叠标重合，或者位于叠标方位线上时，指示操舵员保持舰船按叠标航行即可；而在天气能见度较差，视距不良时，这种人工操舵的方式难以实施，此时，可利用差分GPS导航仪提供的精确船位进行辅助导航。

雷达辅助进港

当舰船在天气状况较差或能见度不良条件下航行，目视观测距离受限时，需要雷达为其提供准确的位置来保证安全航行，即所谓雷达导航。雷达测距准确，可以使用雷达测量一到两个或多个物标的距离和方位，利用距离位置线，在海图上定位，用辅助设施记下距离和方位并在海图上做出距离弧线，几个物标的距离弧线会相交于一点，以此来确定舰船位置，逐步修正舰船航向，引导舰船行驶在推荐航线上，达到安全进港的目的。

按灯浮标导航进港

一般情况下，港口和狭窄水道的进出口附近都设有灯浮，作为引导舰船安全航行的辅助设施，灯浮间的水道即为安全航行的水域。当船舶按灯浮布设的位置制定或选择计划航线进行航行时，应首先抓准第一个灯浮，转向后要保证航线在灯浮之间。航行时，船上值更或驾驶人员在舰船驶过第一个灯浮后，转入预定航线，再用目力观察，结合推算航行，及时抓住下一个灯浮，保证舰船始终航行在左右两侧的灯浮中间。进港时注意始终保持灯浮标颜色为左红右绿，出港时颜色相反。

2. 智慧船舶技术

智能船舶的功能分为智能航行、智能船体、智能机舱、智能能效管理、智能货物管理和智能集成平台，基本囊括了智能船舶所应具备的所有功能。因此智能船舶的七大关键技术是与船舶有关的信息感知技术、通信导航技术、能效控制技术、航线规划技术、状态监测与故障诊断技术、遇险预警救助技术、驾机一体化和自主航行技术。

信息感知技术

船舶信息感知是指船舶能够基于各种传感设备、传感网络和信息处理设备，获取自身和周围环境的各种信息，使其能够更安全、可靠航行的一种技术手段。船舶感知的信息可分为自身状态信息和周围环境信息。自身状态信息包括船舶机舱、驾驶台、货舱内各种设备的状态信息，以及船舶航行的位置、航速、航向等航行状态信息，主要依靠目前已有的压力、温度、转速、液位等传感器，感知手段较成熟。周围环境信息包括周围船舶和障碍物信息、气象条件、水深、视频监控信息、音频监控信息、水流速度和方向、航标位置、可航行区域等，主要依靠AIS、海事雷达、视频摄像机、激光传感器、激光雷达传感器、风速传感器、风向传感器、能见度采集设备、计程仪、水深仪、航行数据记录仪（VDR）、电子海图（电子航道图）以及船岸交互信息来获取。

通信导航技术

通信技术是用于实现船舶上各系统和设备之间，以及船舶与岸站、船舶与航标之间的信息交互。常用的通信方式主要包括：甚高频（VHF）、海事专网、海事卫星、移动通信网络（手机网络）等。导航技术是用于指导船舶从指定航线的一点运动到另一点，通常包括定位、目的地选择、路径计算和路径指导等过程。船舶常用的导航技术包括早期的无线电导航和现在广泛使用的卫星导航。北斗卫星导航系统为我国船舶导航领域提供了新的发展契机。

能效控制技术

为提高船舶能效、减少船舶温室气体排放（节能减排），国际海事组织（IMO）提出新造船设计能效指数（EEDI）、船舶营运能效指数（EEOI）等评价标。智能船舶的发展应顺应"绿色船舶"的发展潮流，分析通航环境、装载量、吃水、主机功率（转速）等因素与船舶营运能效指数之间的内在关系，在保证船舶安全和营运效率的前提下，通过优化控制船舶航速、装载量、吃水、航线等，以最大限度降低EEOI指数。

航线规划技术

航线规划是指船舶根据航行水域交通流控制信息、前方航道船舶密度情况、公司船期信息、航道水流分布信息、航道航行难易信息，智能实时选择船舶在航道内的位置和航道，以优化航线，达到安全高效、绿色环保的目的。目前常用的航线规划方法包括：线性规划方法、混合整数规划模型、遗传算法、模拟退火和粒子群优化算法等智能算法（解决随机旅行时间问题）。

状态监测与故障诊断技术

状态监测技术是以监测设备振动发展趋势为手段的设备运行状态预报技术，通过了解设备的健康状况，判断设备是处于稳定状态或正在恶化。未来船舶故障诊断可考虑以大数据为基础，运用多尺度分析方法来构建设备状态监测系统。故障诊断技术是在船舶机械设备运行中或基本不拆卸设备的情况下，掌握设备的运行状况，根据对被诊断对象测试所取得的有用信息进行分析处理，判断被诊断对象的状态是否处于异常状态或故障状态，判断劣化状态发生的部位或零部件，并判定产生故障的原因，以及预测状态劣化的发展趋势等。

遇险预警救助技术

水上交通事故时有发生，尤其是碰撞和搁浅事故，往往会造成严重的经济损失和人员伤亡。无论是在海上还是内河水域，船舶碰撞是最为常见的水上交通事故类型，在所有的水上交通事故中占很大比例。船舶遇险预警与搜救技术能够有效降低事故的发生率以及降低事故的损失。

自主航行技术

智能航行指利用计算机、控制技术等对感知和获得的信息进行分析和处理，对船舶航路和航速进行设计和优化；可行时，借助岸基支持中心，船舶能在开阔水域、狭窄水道、复杂环境条件下自动避碰，实现自主航行。

五、管道运输技术

管道是由管子、管件、阀门等连接起点站、中间站和终点站，用于输送气体、液体或固体料浆（即将固体物质破碎为粉粒状，再与适量液体配置成可泵送的浆液）的一种设施。管道运输是运输通道和运输载体合一的运输方式。具有运量大、占地少、受恶劣气候条件影响小、运行稳定、便于管理、油气挥发损耗小、安全性好、耗能低、噪声小、污染少等优点。

管道运输具有悠久的历史，最早可追溯到我国公元前秦汉时代，当时四川省就开始用竹管输送卤水。真正的工业性管道输送始于19世纪早期，1825年在美国的宾夕法尼亚州，铺设了第一条输气管线，随后于1879年建设了第一条跨州原油管线，管径152毫米，全长175千米。在之后的近半个世纪内，管道输送经历了一个缓慢的发展时期。20世纪20年代，随着焊接生产方法在管道上的应用，开创了管道运输史上崭新的一页。从此，管道的直径和管线的长度都在扩大，管线网络初具规模，并初步具备了向近海和极地延伸的能力。现代规模的长距离管线建设开始于第二次世界大战。当时，沿海油轮交通被摧毁，由于战争的刺激，美国政府投建了两条从西南至东海岸的长距离管线：一条是管径610毫米、全长2011千米的原油管线；另一条是管径508毫米、全长2365千米的成品油管线。战后，随着世界范围内经济的恢复，以及对石油和天然气等资源的需求，管道工业继续得到蓬勃发展。引人注目的是加拿大管线网的建立和从波斯湾至地中海的泛阿拉伯管线的建立。20世纪60年代以后，由于一些边远地区大型油田的相继发现，长输管道工业进入了一个新的建设高潮。

近年来，新的科学技术在管道运输中也开始大量应用，一方面是新材料、新技术的应用（如高压输送、高压存储技术），来大幅提高管道运输输送能力；另一方面是信息技术的应用，如先进的输送检测、泄漏检测等技术，使管道运输更安全、更经济、更智能。

（一）输送与储存技术

输送与储存是管道运输的核心环节，输送与储存技术众多，对于不同的输送产品，需要根据其物理特性，选用配套的输送与储存技术。在输送环节，无论是液体、浆体或气体，都需采用高压输送技术，以克服输送高差和管道中的摩擦阻力，达到管道输送的目的。在储存环节，主要通过高压存储技术来增大存储能力。

1. 高压输送技术

压力管道是利用一定的压力用于输送流体的管状设备。当压力大于2.5兆帕时为高压管道，高压管道可以显著地提升输送效率。对于输油管道，输油泵是提供压力输送的动力源。输油泵有两种类型：离心式输油泵和往复式输油泵。离心式输油泵是一种速度型输油泵，依靠高速旋转的叶轮离心力获得很高的动能，随后在排出室逐渐降低速度，使动能转化为压能；往复式输油泵是一种容积型输油泵，依靠活塞的往复运动，使油品获得很高的动能，通过上述工作原理产生的压力，达到输油的目的。离心式输油泵根据叶轮级数的不同分为单级泵和多级泵，多级泵的压力较高，适用于长输管道输油用，是常用的类型。

对于输气管道，给气体加压用的压缩机可分为离心式压缩机和往复式压缩机两种类型。离心式压缩机和往复式压缩机工作原理类似，离心式压缩机稳定的工作范围较窄，因此需要一套控制系统，当流量过小而没有做出反应时，会造成喘振，对机器本身及相关设备都会造成损伤。对于流量过小的系统，采用离心式压缩机会使其结构过小而导致扩压器尺寸小，影响气体的流动。活塞式压缩机单级压力比可以达到3∶1~4∶1，单级压力比高，输出压力稳定。但是由于容积变化需要一定尺寸的箱体来提供压缩场所，导致其占地面积较大，流量也会受到限制，会略小于离心式压缩机。同时流量过高或压比过高时还会导致排气温度升高，由于阀门材料以及密封要求的限制，要求排气温度低于176℃。对于高压缩比的活塞式压缩机，采用多级压缩时，还配有一套冷却系统，结构复杂，同时往复作用导致气体输出不连续，对于要求输出稳定连续的系统需配置缓冲罐。

高压管承受压力高，输送的介质危险，安装精度及质量要求高。施工中交叉作业频繁，与生产车间紧邻，与现有管道合拢口多，交接程序要求紧凑合理，管道合拢时时间紧、焊接质量要求高。目前国内外长输管道常用焊接方法主要有：手工焊条电弧焊、手工钨极氩弧焊、半自动熔化极氩弧焊、自保护药芯焊丝电弧焊、二氧化碳气体保护焊。此外，还有埋弧自动焊、电阻焊、闪光对焊等。

在输送方式中，除高压输送技术外，还有其他辅助技术。目前石油管道输送多采用加热输送、改质输送、加剂输送、稀释输送等；天然气输送技术主要有液化天然气输送技术、天然气—凝析液混合输送等技术。随着科学技术的发展，越来越多的新材料、新工艺、新技术会应用到管道运输中，如加入纳米材料改性的原油技术、新型减阻剂的研发、吸附天然气技术等都会对管道运输的发展产生重大的推动作用。

2. 高压储存技术

高压储气罐，改变压力来储气，有固定体积，分圆筒形罐和球形罐。适用于天然气的少量储存，其储罐容积较小，承压能力较强，使用真空隔热结构，隔热性能较好，罐内液化天然气蒸发率较低。

圆筒形罐分立式和卧式，立式所占面积小，但对基础、支柱要求高，卧式储气罐支座、基础的做法简单。圆筒形储气罐制作方便，但是耗钢量大，一般进行小规模高压储气。

球形容器的表面积最小，即在相同容量下球形容器所需钢材面积最小；球形容器壳板承载能力比圆筒形容器大一倍，即在相同直径、相同压力下，采用同样钢板时，球形容器的板厚只需圆筒形容器板厚的一半；球形容器的占地面积小，且可向高度发展，有利于地表面积的利用。由于这些特点，加之球形容器可以多方向均衡地调节气量，并且它的基础简单、外观漂亮、受风面小等原因，使球形容器在天然气行业中得到了广泛的应用。

在天然气高压存储中，还通过在储罐中装入高比表面的天然气专用吸附剂，利用其巨大的内表面积和丰富的微孔结构，在一定的储存压力（3~4兆帕）下达到与高压罐相接近的存储容量，使用时再通过降低储存压力，使被吸附的天然气释放出来。该技术的关键是运用多孔吸附剂填充在储存器中，在中高压（约35兆帕）条件下，利用吸附剂对天然气的高吸附容量来增加天然气的储存密度。天然气吸附技术的研究主要包括优良吸附剂材料、天然气吸附热质传递过程、吸附储存容器等方面。近20年来，美国、日本等西方工业化国家和我国在天然气吸附储存技术方面进行了大量的试验和研究开发，取得了许多成果，在室温和压力为3.5~4.8兆帕的压力范围内，天然气吸附储存的体积比达到200。中国的科技工作者利用大比表面积的吸附剂储存天然气，在室温和压力为4~6兆帕的压力条件下，储气体积比在148~181之间，达到了世界先进水平。

（二）信息与控制技术

管道运输线路长，站、库多，输送产品易燃、易爆、易凝或易沉淀，且在较高的压力下连续运行，这就要求管道运输生产管理具有信息和控制技术。管道运输信息与控制技术是利用各种仪表、监控设施和计算机，对管道运输系统进行检测、监视和操作的技术。信息与控制技术既可保证产品质量，为安全运行创造条件，又是实现调度管理现代化的必要手段。管道运输信息与控制技术主要包括输送检测技术、泄漏检测技术、输油气管道自动控制技术。管道运输系统的信息与控制水平是管道运输业现代化的重要标志之一。

1. 输送检测技术

油气输送管道在服役前后都需要接受检测，在服役前的检测是为了确保管道在设计、制造及管道材料本身符合服役要求，而在服役期间还需要进行年度检测以及全面检测或者是管道的在线检测。检测的目的是为了进行安全评估，只有通过检测后的结果，才能更加真实地了解服役管道的运行状态，进而发现可能引起管道失效的损伤缺陷，如腐蚀、变形、裂纹等，及时对这些损伤缺陷进行相应的更换或维修处理，减小油气输送管道的安全风险。

油气输送管道通常采用埋地处理，这就使得管道在运行过程中将受到管道外部环境以及内部输送介质的共同影响。所以油气输送管的检测可以分为两个方面，一方面是检测管道外部的完整性简称外检测或涂层检测，这方面主要是指对管道的涂层和阴极保护的检测。目前，应用较为广泛的管道外检测技术主要有标准管／地电位检测（P／S）、皮尔逊检测（PS）、密间距电位测试（CIS、CIPS）、多频管中电流测试、直流电位梯度测试等。还有一种不常用的外检测技术即开挖检测，指直接挖开管道外围的土壤直观地对管道外部进行检测。

另一方面是对管道内部的检测简称内检测或智能检测，主要是指在不影响管道运行的情况下，采用智能化设备进入管道内对管道内部的腐蚀、变形、裂纹等损伤缺陷进行检测，有时也能检测外部涂层的完整性。其原理是将各种无损检测（NDT）设备加载到清管器（PIG）上，将原来用做清扫的非智能PIG改为有信息采集、处理、存储等功能的智能型管道缺陷检测器（SMARTPIG），通过清管器在管道内的运动，达到检测管道缺陷的目的。早在1965年美国Tuboscope公司就已将漏磁通（MFL）无损检测技术成功地应用于油气长输管道的内检测，紧接着其他的无损内检测技术也相继产生。内检测器按功能可分为用于检测管道几何变形的测径仪、用于管道泄漏检测仪、用于对因腐蚀产生的体积型缺陷检测的漏磁通检测器、用于裂纹类平面型缺陷检测的涡流检测仪等。目前，应用较为广泛的油气输送管道内检测方法主要有测径检测、漏磁通检测、压电超声波检测、电磁声波传感检测（EMAT）。

油气管道检测可以准确全面地了解管道状况、科学地预测管道未来情况和寿命，从而知道业主经济可靠的维护管道，变过去的不足维护和过剩维护为视情维护，可以极大地减少事故发生的可能，具有重大的经济效益和社会效益。虽然国内在管道外检测技术方面已经取得了很大的进步，但管道内检测技术研究和应用仍有待加强。管道内检测技术的匮乏，主要原因在于国内早期的油气管道不具备管道内智能检测的条件，在应用前首先要对管道进行改造，导致该项技术的推广和应用受限。但是随着国内管道检测技术的发展，部分国内管道公司已经开始了此方面的研究，相信通过引进、消化、吸收、创新，国内油气长输管道检测技术将会逐步发展到先进水平。

2. 泄漏检测技术

由于管道的老化、地理和气候环境的变化以及人为损坏等原因，泄漏事故时有发生，这不仅会造成油气资源的浪费，还会对国民经济造成巨大的损失，同时对人类的生存环境也会产生潜在的威胁。因此除了对管道运行状态检测外，还需要利用管道泄漏检测技术对管道进行泄漏检测并对泄漏点进行定位。此项技术为泄漏管道的及时检修提供了方便，可以最大限度地减少经济损失和资源浪费，尽可能避免环境污染和安全事故的发生。目前常见的泄漏检测方法如下。

泄漏噪声探测法

泄漏噪声在管道内产生声场，可以通过压电转换器探测其强度。泄漏噪声的频谱为6～80千赫。管道内液体流动、探测器行走及管外的干扰都会产生噪声，泄漏检测器的中心频率常选为35千赫。经过滤波后，剩下的频率为0.1～4.0千赫。回放录音磁带，若出现声音信号，即判断发生泄漏，录音磁带的长度反映泄漏的位置。

系缆式漏磁探测法

可对管道的状况提供实时评价，并能准确定位泄漏点。用清管器发送检测装置（距离可达3.2千米）到管道中，然后退出来，提供管道内、外腐蚀的实时评价，并能测出在管道内行走的准确距离。分析检测结果、确定需修复的漏点位置后，再把检测装置发送到需修复的漏点处，发送信号，进行修复。

放射性示踪剂检漏法

将放射性示踪剂（如碘-131）掺入管道内的介质中。管道发生泄漏时，放射性示踪剂随泄漏介质流到管道外，扩散并附着于周围土壤中。位于管道内部的示踪剂检漏仪随着输送介质而行走，可在360度范围内随时对管壁进行监测。示踪剂检漏仪可检测到泄漏到管外的示踪剂，并记录下来，确定管道的泄漏部位。该方法对微量泄漏检测的灵敏度很高，但检测操作时间较长，工作量较大。

此外，还有热红外成像、负压波、压力梯度、质量或体积平衡、应力波检测和声波等检测方法。

3. 输油气管道自动控制技术

目前国内外长输管道自动控制大多采用以计算机为核心的监控及数据采集（supervisory control and data acquisition，SCADA）系统。SCADA系统是一种以计算机为工作基础的实时的生产过程控制调节与调度自动化系统，可以对现场设备的实时运行状况进行数据采集和全方位动态监视控制，以实现测量、参数调节、故障诊断以及发出各类信号报警等重要功能。

SCADA系统一般包括监控系统、冗余系统、远程控制终端、通信网络这几个子部分。监控系统用于采集数据，将采集到的信息以图片、曲线、视频图像以及实时、历史报表的形式显示现场的工艺流程、参数动态、设备运行状态，使观察、操作监控系统、提交控制调节命令过程形象直观，确保整个系统能正常运行。冗余系统通过冗余配置构建一个容错控制系统以满足SCADA系统数据采集、监视控制功能、自我诊断以及自我修复，以保证在某些特殊情况产生时系统能够自动发挥应警动作，实现生产的安全与连续进行。远程控制终端（remote terminal unit，RTU）收集传感器、智能仪表等传送的数据，并将数据通过网络传送至上级监控系统及调度中心，其有时用可编程逻辑控制器代替。通信网络是监控系统与测控终端之间数据传输的桥梁。

典型的SCADA系统建设为三层：调度中心控制管理层、站控室中间控制层和现场就地控制层。在正常情况下，由调度控制中心对全线进行监视和控制。调度人员在调度控制中心通过计算系统完成对全线的监视、操作和管理。管道沿线的站场均处于调度控制中心的监控之下；另外，重要部位的线路紧急截断阀和高点压力检测点也直接纳入调度控制中心的监控范围。通常，沿线各站无须人工干预，各站的站控系统在调度控制中心的统一指挥下完成各自的工作。当数据通信系统发生故障或调度控制中心主计算机发生故障或系统检修时，由站控系统完成对本站的监视控制。当进行设备检修或紧急情况时，可就地控制。

SCADA系统能对生产中的突发状况迅速做出反应和处理，可以实现恶劣环境下无人化操作，能够极大提高自动化水平和生产效率，不仅应用于石油天然气行业，也广泛应用于电力、水利、化工、冶金等领域。

六、综合运输技术

旅客和货物运输过程往往需要两种及以上的运输方式联合完成，因此需要从综合运输体系建设和永续运营的视角，在运输规划和管理层面上的制度安排，解决不同运输方式之间基础设施对接、枢纽共构、运具适配、能力协调、信息共享和规章统一，提高运输方式转换的效率，降低全过程的运输成本。20世纪60年代以来，以美国为代表，注重通过立法，改革运输管理体制，统筹规划、建设无缝衔接各种运输方式的综合运输枢纽，同时研发和运用简易、快捷的转运技术设备以及兼容各种运输方式的标准化运输载体，推进了综合运输体系建设以及各种运输方式发展的协同和运输过程的协作。

（一）驼背运输技术

驼背运输（或载驳运输）是将甩挂运输的基本原理应用于集装箱或挂车的换载作业形式。其基本方法是，在多式联运各运输方式的对接场站上，由牵引车将载有集装箱的底盘车或挂车直接开上铁路平车或船舶上，停妥摘挂后，牵引车离去；载有集装箱的底盘车或挂车由铁路车辆或船舶载运至前方换装点，再由到达地点的牵引车开上车船挂上集装箱底盘车或挂车，直接运往目的地。

公铁联运的驼背运输过程中，由于集装箱连同拖车一起装载在铁路集装箱专用车上，其稳定性较差，载重量利用率低，并且容易超出铁路机车车辆限界。为降低其装载高度，欧美国家和日本均研制并采用袋鼠式凹底承载结构的驼背运输专用车。

北美铁路限界高度宽松，采用普通铁路集装箱平车即可实现驼背运输，这也是北美驼背运输最主要的方式。北美驼背运输的主要对象是公路半挂车，采用吊装方式装卸。

欧洲铁路由于限界高度的限制，驼背运输车均采用凹底承载结构，以适应公路货车或半挂车的装载高度。欧洲典型的驼背运输车主要有以下几种：①法国劳尔（Lohr）公司旋转式驼背运输车。汽车或半挂车可以自行装卸，驼背运输车结构简单，但站场配套设施较为复杂。②小轮径凹底驼背运输车。公路货车滚装滚卸，驼背运输车结构简单，站场配套设施简单。③瑞典Megaswing型驼背运输车。公路半挂车自行装卸，驼背运输车结构简单，站场配套设施简单。

中国第一代多式联运公铁驼背运输专用车是QT1及QT2型驼背运输车。QT1型驼背运输车用于公路汽车整车或半挂车运输，两节车体为一组，两端采用车钩，车体间采用关节连接器连接，通过关节连接器共用2个两轴转向架。车辆采用转K6型转向架，轴重23吨，最高运行速度120千米时。QT2型驼背运输车专用于公路半挂车甩挂运输，两节车体为一组，两端采用车钩，车体间采用关节连接器连接，通过关节连接器共用1个三轴转向架。车辆两端采用转K6型转向架，轴重23吨，最高运行速度120千米时。

进行装卸作业时，车辆以地面三相四线制AC 380V为动力，液压驱动，电气控制，可实现凹底架双侧旋转，适应公路货车自行上下、铁路承载车辆不摘钩装卸作业的要求；端部底架和凹型底架的连接及载荷传递采用钳夹车成熟结构，运动机构设有防脱结构。

驼背运输需在专门设计的站场进行。这种场站作业的基本条件如下：①作业区域。在货场内预留满足整列驼背运输车装卸条件的作业区域，地面硬化且与轨面高度基本一致。同时考虑到公路货车转向、工作人员安全操作空间、载重货车临时停放待装等因素，作业区域应有合理的宽度。②限界及重量检测。货场内设置限界检测装置、偏载检测装置、大型地磅（60吨）和安全检查设备等，防止驼背运输车装载后超限、超载，确保运输安全。③地面电力供应。货场内设置地面电源装置，电源具有防水、防尘性能且具有漏电保护功能，主要为驼背运输车作业提供电力。

（二）集装箱多式联运技术

集装箱具有方便承运、装卸、搬运和交付，充分利用运具载重力、加速运具周转、保证货物运输质量、提高货物运输效率，实现多式联运和门到门运输等一系列优点，是各种运输方式之间乃至国际间办理货物联运的主要运载工具。

集装箱多式联运是以集装箱为运输单元，将不同运输方式有机组合，构成连续的、综合性的一体化货物运输，通过一次托运、一次计费、一份单证、一次保险，由各运输区段的承运人共同完成货物的全程运输，即将货物的全程运输作为一个完整的单一运输过程来安排。

信息交换是不同运输方式之间实现联运的重要因素，目前集装箱多式联运的信息交互技术主要有：

1. 射频识别技术

射频识别技术（radio-frequency identification，RFID）是利用发射无线电射频信号，对物体进行近距离无接触方式探测和跟踪的一种高新技术。一套完整的RFID系统是由阅读器、电子标签及应用软件系统组成。标签进入磁场后，接收解读器发出的射频信号，凭借感应电流所获得的能量发送出存储在芯片中的产品信息。RFID具有环境适应性强，可在全天候下使用，免接触，抗干扰能力强，可以穿透物体进行识别处理等特点。

把各种运输方式中集装箱运输的起运点、途中重要站点、暂存的堆场等作为掌握集装箱动态信息的监控节点，在这些节点安装基于RFID技术的信息管理系统，对信息进行自动识别和处理，并通过网络实现信息的多方共享，可实现集装箱管理的可视化，掌握有关集装箱的相关信息，便于实现集装箱多式联运。

2. 电子数据交换技术

集装箱多式联运主要采用的信息技术是电子数据交换（electronic data interchange，EDI）技术。EDI是由国际标准化组织（ISO）推出的国际标准，是一种为商业或行政事务处理，按照一个公认的标准，形成结构化的事务处理或消息报文格式，从计算机到计算机的电子传输方法，也是计算机可识别的商业语言。

EDI用户需要按照国际通用的消息格式发送信息，接收方也需要按国际统一规定的语法规则，对消息进行处理，并引起其他相关系统的EDI综合处理。整个过程自动完成，无须人工干预，减少了差错，提高了效率。

在集装箱管理中，采用电子数据交换技术，可实现铁路、港口、海关、银行等不同系统间的数据交换，简化各项手续、账目往来及费用清算等业务，快捷有效地组织集装箱运输。有利于实现运输全程"一票到底"，为用户提供"门到门"的集装箱运输全程服务。

3. 定位技术

全球定位系统（GPS）是美国国防部研制建立的一种全方位、全天候、全时段、高精度的卫星导航系统，能为全球用户提供低成本、高精度的三维位置、速度和精确定时等导航信息。

在运输领域，GPS可以提供车辆定位、防盗、反劫、行驶路线监控及呼叫指挥等功能，适用于对运载工具进行定位及监测。目前，通过在集装箱内安装GPS终端，可对集装箱运输过程进行全自动跟踪，同时实现运输职能调度、信息查询、数据分析、辅助决策等功能。此外，集装箱定位技术也有利于不同运输方式之间的无缝衔接，有助于多式联运的实现。

定位技术对于提高集装箱运输的安全性和可靠性意义重大，集装箱物流链上的所有节点都能进入该系统，可以从供应链管理的角度对整个集装箱物流系统进行管理和监控，提高集装箱多式联运的整体效率、货运质量和安全保障。

七、城市交通技术

城市是人口和产业高度集聚的地点。社会经济不断发展，促进了城市数量的增加和规模的扩大，这一过程称为城市化，通常以城市人口在社会总人口中的比重来衡量。而城市交通的便利和发达程度，也成为现代化水平的重要标志。城市居民的出行活动，从最初的步行、到使用自然力驱动的简易交通工具，如马车、人力车、自行车，再到使用机械化的各种车辆，其发展过程称为城市交通机动化。在城市交通机动化发展过程中，产生了使用机动交通工具为城市居民服务的公共交通系统。随着城市规模的扩大和城市化进程的加速，城市公共交通也从单纯利用地面常规交通发展为充分利用城市空间的轨道交通，形成了立体化的城市交通系统。与此同时，改善交通服务、解决交通拥挤、污染和事故等交通公害也成为城市可持续发展面临的迫切问题。

（一）城市道路交通信息化技术

道路交通体系是城市机能运转不可缺少的重要组成部分。建立完善的城市道路交通系统，离不开信息化技术的引领和支撑。各类城市道路交通信息化技术的采用，使得城市道路交通信息从采集、处理到提供服务更加智能化，为提升城市道路交通管理水平、改善城市道路公共交通服务以及发展城市道路智能交通系统奠定了基础。

1. 城市公交一卡通技术

城市公交一卡通是在城市公共交通应用环境中（包括公交、地铁、轻轨、出租车），通过IC卡支付介质和相应的计算机及通信等先进技术手段所实行的一卡多支付应用平台，是通过政府干预并通过市场机制形成的城市范围内的新型交通收费模式。即通过统一发行的非接触IC卡介质作为市政公共交通储值票，实现在市政不同公共交通工具的统一支付，并通过按照协定的商务规则由统一建设的清算中心完成对应交通费用的结算和划转，从而达到方便用户，同时又全面提高各公共交通应用业主的经济和管理效益的目的。城市公交一卡通系统的总体结构如图9-3所示。

此外，在城市公交一卡通的基础上还可为市民提供其他交通、旅游、小额消费等多样化的电子消费服务。以香港八达通卡为例，在1997年9月开始使用，充值后放在八达通读写器上即能完成付款过程。最初只应用在巴士、铁路等，现在可支持地铁、轻轨、出租、轮渡、电车、汽车等八个运输公司的费用支付和清算，并已陆续扩展至更多不同种类的应用范畴，包括商店、食肆、停车场等业务，也用作学校、办公室和住所的通行卡。

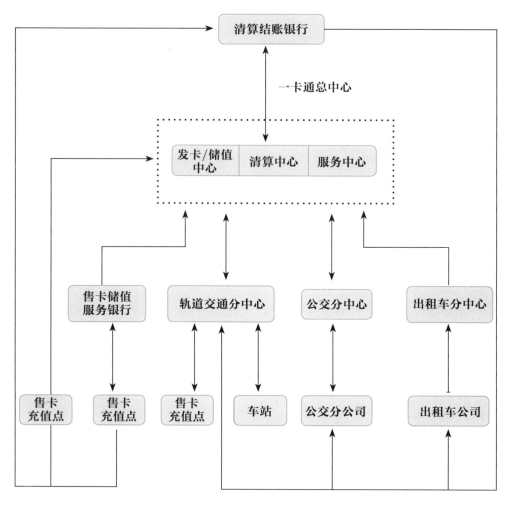

图9-3　一卡通系统的总体结构

2. 智能公交电子站牌技术

　　智能公交电子站牌是一种融计算机、通信、电子地图、现代控制技术为一体的新一代应用系统，它由公交车辆、电子站牌、总控中心和通信网络等组成。公交车辆将车况信息（位置、人员、速度、故障与否等）通过通信网络发送到总控中心，总控中心将该信息综合处理后，发送给相应公交站点的电子站牌，乘客通过站牌的电子屏幕，可以看到下一辆乃至该线全部公交车辆的运行情况，即车辆位于哪一站、预计到达本站的时间、车上的人员拥挤状况、车辆是否出现故障等信息。除了可为候车乘客提供实时准确的公交车辆到站预报外，该系统还可附带多媒体视频播放、实时视频监控、乘客反馈建议、公众信息发布提供服务、语音助盲设备等功能。

常用的电子站牌有以下两种形式：基于GPS定位技术的自动电子站牌。该项技术是利用车载GPS进行定位，而后将定位信息和其他信息发送出去，接收方对GPS信息进行分析、计算，而后将得到的公交车位置信息显示在总控中心和电子站牌上。有人工辅助操作的半自动电子站牌。该项技术采用人机结合的方式，完成电子站牌的各项功能。公交车携带通讯机，在接近电子站牌时，由驾驶员在按下电子报站器的同时，将公交车的站位等信息发送给电子站牌，电子站牌通过地下光缆将信息传送给总控中心和其他需要该信息的站牌，总控中心可以监控公交车的位置信息，而各电子站牌也能标绘出下一辆车的基本位置。

3. 智能交通检测技术

城市道路交通拥堵是城市道路交通需求超过道路通行能力或因突发事件导致车辆进入排队状态、出现交通阻塞的现象。运用先进技术，检测道路交通状况，及时、准确地发现路网中发生（或即将发生）的交通拥堵，对于制定合理有效的交通拥堵疏导策略具有重要意义。先进的城市道路交通检测系统以实时采集交通状态信息为基础，目前采用较多的有地埋式感应线圈、微波检测器、GPS浮动车检测、视频检测等技术。

交通与运输技术

地埋式感应线圈

是目前使用最广泛、效果也较好的固定型检测器。它基于电磁感应原理，将通有一定工作电流的环型线圈埋在路面下。当车辆行驶过该线圈上时，线圈的电流就会发生跳跃，超过一个标准的阈值。信号检测单元则记录每次电流通过这个阈值的时间，实现车辆与通过时间的检测。环型线圈的检测精度高；但是因为距离和传输的问题，只能每隔20秒或30秒传输一次数据；而且安装成本和要求高，维护和管理较困难。

微波检测器

是波束检测装置的一种，由微波发射器、接收器和时控电路组成。微波检测器根据多普勒相应进行车速测量，从安装在道路上方的天线向道路上的检测区域发射具有能量的波，当一个车辆通过检测区域的时候，车辆的金属表面将一定比例能量波返回到道路上方的天线，返回的波的能量随后进入做出检测决策的接收器中，检测交通量、车速和占有率等交通参数。微波检测器的检测精度高，尤其是在恶劣天气下性能出色；但安装要求高，检测精度受铁质分隔带的影响大。

是基于视频图像处理的车辆检测技术。它通过闭路电视或者数字照相机、摄像机进行现场数据采集，采用计算机图像识别技术和数字化技术分析交通数据，包括车辆状态的空间交通参数（如密度、速度、排队长度），以及道路交通辅助信息（如路肩车辆、车道变化及其他方向的阻塞）等。视频检测技术具有成本低、检测范围广、检测信息量大、无须破坏路面等优点；但受环境光线、天气的变化影响，检测误差较大。

是基于GPS的城市道路交通信息采集技术。其基本原理是：选择安装有GPS 接收装置的车辆（浮动车，floating car），在不同路况的道路上跟驰运行，利用卫星全球定位系统，自动采集浮动车的定位数据：身份标识、空间位置、定位时间等信息。对采集到的定位数据经过计算，间接得到路段车辆平均行驶时间、平均速度等交通参数，从而获得城市道路交通网上动态、实时的交通拥堵信息。该技术的优点是：定位精度高，不受天气条件的影响，采集的数据有很强的连续性；缺点是：单一GPS浮动车短期所获取的道路交通参数可靠性不足，需要一定数量的浮动车长期不断的数据采集和分析；另外高大的建筑物及隧道会对卫星信号造成遮挡，存在检测盲区。除采集道路交通信息外，浮动车上还可安装汽车尾气检测设备，在采集道路交通信息的同时，采集相应交通状况下的道路汽车尾气排放信息，有利于分析研究交通拥挤与尾气排放的相互关系。

（二）城市轨道交通运营与环境控制技术

城市轨道交通因其多路权专用，且具备速度快、安全、便捷、环境污染少等特点，因而成为城市公共交通的骨干，并在运营上具有不同于地面道路交通的技术特征。尤其是作为大运量城市轨道运输系统的地铁，需要在有限的空间内短时快速完成大量的乘客集散。又由于轨道交通主要在大城市地下空间修筑的隧道中运行，还具有特定的环境控制技术特征。

1. 地铁自动售检票技术

地铁自动售检票系统（AFC），是国际化大城市轨道交通运营中普遍应用的现代化联网收费系统，可实现轨道交通售票、检票、计费、收费、统计、清分、管理等全过程的自动处理。自动售检票系统是自动控制、计算机网络通信、现金自动识别、微电子计算、机电一体化、嵌入式系统和大型数据库管理等高新技术的运用。其硬件设备包括与旅客直接进行交互的自动售票机和自动检票机；软件系统包括初始化模块、状态管理模块、参数管理模块、检票模块等，涉及车票的合法性检查、各硬件的运行状态管理、上传车票数据信息等工作。地铁自动售检票系统的构成关键技术包括交易安全技术、检票机控制技术、车票信息加解密技术、车票费收自动清分技术。①交易安全技术保证自动售票机与银行系统交易之间的安全性，保证售票机、网络及旅客信息等方面的安全。②检票机控制技术对检票过程中检票机各个部件的运行情况进行管理和监控，以保证其顺利协同工作。③车票信息加密技术用于车票信息的保密管理。地铁所售的车票都具有磁性，而且车票的信息已经被加密，只有经过专门的解码器解密之后才能读取，从而保证车票信息不被泄露。④车票费收自动清分技术是在地铁成网条件下，旅客需要在不同线路间换乘，且换乘方式可以有不同选择的情况下，根据旅客乘车进站和出站信息，合理确定旅客在各线上的旅行距离并分摊各线费收的技术。

2. 地铁环控通风技术

地铁环控通风系统是地铁环控系统中最重要的部分，通过空气处理机组、风机、冷水机组、冷却塔、水泵、风阀、消声器、变频多联空调机、BAS系统等设备的工作，控制地铁空间内空气的温度、湿度、空气品质和流速，实现对地铁线路的站厅、站台、隧道正常工况时的通风空调；阻塞、事故、火灾等工况时的通风工程。主要包含隧道通风系统、公共区通风空调系统、设备管理用房通风空调系统和水系统四个方面。各个组成部分的作用如表9-4所示。

地铁环控通风系统在列车正常运行时，可为客乘人员提供舒适的人工环境，满足其心理和生理要求；在列车阻塞运行时，可向阻塞段提供足够的通风量，保证设备正常运行，在较短时间内为列车上乘客提供适宜的环境条件；在发生火灾事故时，可采用迅速有效的排烟手段，提供足够的新鲜空气，同时形成一定的迎面风速，引导乘客迅速安全撤离事故现场；此外，它还可以为地铁内各种设备提供必需的空气温湿度和洁净度等条件，保证地铁正常运行所需的环境条件。

表9-4 地铁通风环控系统的设备与作用

系统	设备与作用
隧道通风系统	在站间区间设置隧道风机、活塞通道及风井，分为无列车运行时通过机械通风和列车运行产生的活塞通风两种方式，控制区间隧道及车站隧道的温度、湿度，以保证车辆和其他设备的正常运行
公共区通风空调系统	采用组合式空调机组、回／排风机、小新风机、相应的控制风阀、风道等，通过小新风空调、全新风空调、全通风三种运行模式为乘客提供足够的新鲜空气及适宜的温度、湿度。在火灾情况下能及时排出烟气，便于乘客逃生
设备管理用房通风空调系统	采用通风空调设备，及时排出设备散发的热量，避免设备温度过高影响设备正常使用，同时在火灾时能有防排烟作用
水系统	为通风空调系统提供冷源及提供可能的火灾消防用水

参考文献

［1］ 高速铁路设计规范. TB 10621-2014.［S］.

［2］ 郭玉华. 欧洲铁路互联互通技术规范体系分析研究［J］. 中国铁路，2015（09）：52-56.

［3］ 重载铁路设计规范. TB 10625-2017.［S］.

［4］ 杨浩. 铁路运输组织学［M］. 北京：中国铁道出版社，2015.

［5］ 杨浩. 高速铁路与重载运输［M］. 北京：中国铁道出版社，2015.

［6］ 史黎明，李耀华. 磁悬浮列车现代悬浮和驱动技术［C］. 全国直线电机学术年会，2015.

［7］ 刘琳. 磁悬浮技术与磁悬浮列车［J］. 现代物理知识，2004（3）：16-20.

［8］ 汽车百科全书编纂委员会编. 汽车百科全书［M］. 北京：中国大百科全书出版社，2010.

［9］ 百度百科. 纯电动汽车［EB／OL］.［2018-02-23］. https：//baike.baidu.com/item/纯电动汽车.

［10］ 长安马自达95987. 汽车的主动安全防护系统有哪些方面［EB/OL］.［2016-10-05］. https：//weibo.com/ttarticle/p/show?id=2309404027165866902286.

［11］ 陈柱峰. 车联网技术在汽车自动驾驶技术上的应用研究［J］. 科技风，2016（23）：13.

［12］ 王莹，王金旺. 车联网与自动驾驶关键技术问题［J］. 电子产品世界，2017（5）：20-22.

［13］ 姚志良，王岐东，申现宝. 机动车能源消耗及污染物排放与控制［M］. 北京：化学工业出版社，2012.

［14］刘玉梅. 汽车节能技术与原理［M］. 北京：机械工业出版社，2011.

［15］杨长进. 民航概论［M］. 北京：航空工业出版社，2014.

［16］贾玉红. 探索蓝天航空技术基础［M］. 北京：北京航空航天大学出版社，2014.

［17］邹湘伏，何清华，贺继林. 无人机发展现状及相关技术［J］. 飞航导弹，2006（10）：9-14.

［18］胡乔木. 中国大百科全书·交通卷［M］. 北京：中国大百科全书总编辑委员会，中国大百科全书出版社，1993.

［19］李春光. 辅助进出港的导航方法研究［J］. 天津航海，2014（01）：40-41.

［20］俞士将. 绿色船舶的最新发展［J］. 中国船检，2010（11）：44-47，110.

［21］方大怀. 航道文化［M］. 北京：人民交通出版社，2008.

［22］郭子坚. 港口规划与布置［M］. 北京：人民交通出版社，2011.

［23］高爱颖，梁晓杰，徐萍. 国内外港口发展态势与政策研究［M］. 北京：人民交通出版社，2017.

［24］谢云平，陈悦，张瑞瑞，等. 船舶设计原理［M］. 北京：国防工业出版社，2015.

［25］谢永和. 船舶结构设计［M］. 上海：上海交通大学出版社，2011.

［26］张沛文. 中国内河航道建设［M］. 北京：中国水利水电出版社，2016.

［27］特种设备安全监察条例［N］. 人民日报，2009-02-14（006）.

［28］工业金属管道工程施工规范. GB 50235-2010.［S］.

［29］王绍周. 管道运输工程［M］. 北京：机械工业出版社，2004.

［30］吴磊. 浅议长距离输油管道的优越性与发展趋势［J］. 中国化工贸易，2014（10）：34.

［31］荆雷. 油气管道焊接技术及其发展前景［J］. 石油工业技术监督，2008（11）：21-24.

［32］徐双友. 关于原油管道输送技术的研究［J］. 中国石油和化工标准与质量，2013，34（02）：63.

［33］王占君. 天然气管道输送技术的研究与创新［J］. 化工管理，2015（33）：107.

［34］张月静，李彤民. 液化石油气的储存方式及选择［J］. 油气储运，1999（08）：1-5.

［35］郑津洋，吴琳琳，寿比南，等. 《固定式压力容器安全技术监察规程》压力容器分类［J］. 压力容器，2009，26（05）：1-5，17.

［36］刘海峰，胡剑，杨俊. 国内油气长输管道检测技术的现状与发展趋势［J］. 天然气工业，2004（11）：147-150，28.

［37］董绍华，周劲文. 管道泄漏检测技术［C］. 2013中国油气田腐蚀与防护技术科技创新大会，2013.

［38］宋爽，李小睿，王永强. 长输管道自控系统维护管理方法探索［J］. 仪器仪表用户，2013（1）：17-19.

［39］熊建森. 我国成品油管道输送现状分析与展望［J］. 石油知识，2011（1）：42-44.

［40］吴军. 油气管道技术现状与发展趋势［J］. 化工管理，2015（14）：152.

［41］陈欢，杜艳玲. 我国原油管道输送技术现状及发展趋势［J］. 内蒙古石油化工，2012（16）：109-110.

［42］ 张兆吉，欧毅，李应晓. 国外成品油管道运输发展现状与启示［J］. 科教文汇旬刊，2012（4）：205-206.

［43］ 田庆泽. 天然气管网SCADA系统体系架构设计——以末站监控系统设计为例［D］. 宁夏：宁夏大学，2015.

［44］ 刘建辉. 天然气储运关键技术研究及技术经济分析［D］. 广州：华南理工大学，2012.

［45］ 吴荣坤. 我国发展驼背运输技术的思考［J］. 铁道车辆，2016（11）：9-12.

［46］ 王平，秦鸣夏. RFID在铁路集装箱场站中的应用［J］. 电子设计工程，2016（11）：141-143.

［47］ 钱继锋，刘占东，路学成，等. EDI技术在集装箱无缝运输中的应用研究［J］. 物流技术，2009（12）：166-168.

［48］ 黄宸懿. 基于北斗／GPS的集装箱监控终端［J］. 科技情报开发与经济，2014，24（8）：125-127.

［49］ DANIEL FLEISHMAN，CAROL SCHWEIGER，DAVID LOTT，et al. Multipurpose Transit Payment Media［M］. Washington D. C. ：National Academy Press，1998.

［50］ 张宁，房坚，黄卫. 城市公共交通一卡多用系统研究的回顾与展望［J］. 交通运输工程与信息学报，2005，3（04）：15-21.

［51］ 谢振东，曾烨，龚惠琴. 我国公共交通一卡通发展现状、趋势及挑战［J］. 金卡工程，2015（04）：19-21.

［52］ 李煜. 智能公交电子站牌的设计与实现［D］. 呼和浩特：内蒙古大学，2015.

［53］ 文雄军，刘叔锟，廖曙光. 智能公交系统电子站牌的研究与设计［J］. 湖南师范大学自然科学学报，2012，35（5）：42-46.

［54］ 李家伟. 城市道路交通拥挤状态识别关键技术研究［D］. 成都：西南交通大学，2009.

［55］ 曾恒. 基于视频检测的城市道路交通拥挤状态判别方法研究［D］. 重庆：重庆大学，2010.

［56］ Office of Highway Information Management，Federal Highway Administration，U.S. Department of Transportation，Texas Transportation Institute，Texas A&M University System. Travel Time Data Collection Handbook［R］. Report No. FHWA-PL-98-035，March，1998.

［57］ 陈青. 基于GPS浮动车的城市道路交通状态判别技术研究［D］. 西安：长安大学，2009.

［58］ 李龙. 城市轨道交通自动售检票系统所面临的技术挑战［J］. 电子世界，2014（15）：18-20.

［59］ 博涛. 地铁自动售检票系统设计及关键技术探讨［J］. 中国新通信，2015（5）：118.

［60］ 邓先平，陈凤敏. 我国城市轨道交通AFC系统的现状及发展［J］. 都市快轨交通，2005，18（03）：18-21.

［61］ 杨东旭. 地铁空调通风节能研究［D］. 天津：天津大学，2004.

［62］ 高彩凤. 地铁岛式站台公共区通风空调气流组织方式研究［D］. 天津：天津大学，2006.

［63］ 袁凤东. 智能化地铁通风空调系统节能技术研究［D］. 天津：天津大学，2006.

第九章

交通与运输技术

第十章
技术与社会

技术在人类产生和进化历史进程中一直发挥着重要的作用。在当代，科学技术成为第一生产力，技术则居于关键枢纽地位，因为科学成果只有通过技术环节才能转化成为现实生产力。技术是推动人类文明进步和社会发展的重要动力，技术能力是个人在社会立足的基本技能，技术竞争力是企业生存发展的关键，技术实力是国家竞争力的重要组成部分。

技术作为一种人们变革自然的实践活动，具有非常强的社会性，表现在技术活动的目的在于满足人类社会的生产和生活需要，技术活动处于社会环境之中，受社会条件的制约，技术活动需要社会组织，技术活动的后果影响到广泛的人群以及人类赖以生存的地球生态系统。总之，技术与社会具有非常密切的互动关系。因此，公民技术素质必然包括技术与社会的内容。

本部分从关于技术的基本观念、技术与社会（经济、政治、文化等）的相互作用关系、技术对人们生活方式、自然环境的作用和影响、技术伦理、技术的社会建制，以及技术的公众参与等方面，较为系统深入地研究当代技术的特点、发展、作用、价值以及技术与社会的互动规律，为公民了解技术及其与社会的相互关系提供比较全面系统的内容指南。

本章知识结构见图10-1。

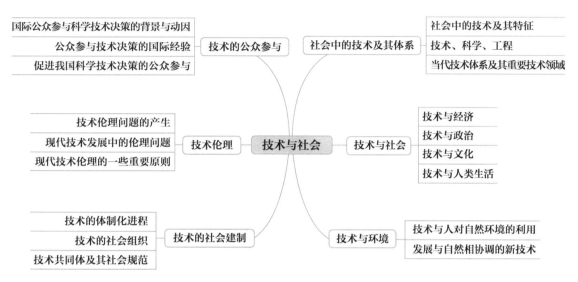

图10-1 技术与社会知识结构

一、社会中的技术及其体系

科学就一般意义上说属于认识领域，服务于人类对自然奥秘的认识，而技术则属于实践领域，服务于人类对自然的利用和改造。通常情况下，科学给人类利用和改造自然提供知识上的指导，帮助人们发展出利用和改造自然的技术手段，而当这种技术手段被运用于建造设施或制造产品，技术便成为工程得以实现的基础。无论从人的本质，还是从人类与自然之间的关系的角度看，技术都体现人类的本质特点。技术是人类有目的地利用和改造自然的活动所赖以进行的各种物质与知识手段，也是在这一活动中不断被发展出来的成果，包括各种技术制品以及其他非物质性的成果（如技术知识）等。

（一）社会中的技术及其特征

我们日常生产和生活都离不开技术，技术概念也使用得很普遍，但是熟知未必真知。技术是一个复杂的多面体，需要从各个方面进行理解。

1. 社会中的技术

劳动使人与其他动物相区别，人类自诞生以来就一直离不开技术，也在不断地发展着技术。尤其现当代，我们已经生活在一个由各种技术构建起来的人工世界里，被各种技术制品和技术系统所包围，也在使用各种简单的或复杂的技术来工作和生活。技术看起来是我们非常熟悉的东西，但若要给技术以一个确切的、能够涵盖其各个方面并为人们共同接受的定义，却不是一件容易的事情。

英文"技术"一词technology源于古希腊语techne，意思是"技能""技艺"等。在我国古代，技术泛指"百工"。春秋末期齐人所著的《考工记》中讲到"天有时，地有气，材有美，工有巧，合此四者然后可以为良"，指出精美器物的形成离不开天时、地利、材料和工巧各种因素的结合。

近代科学诞生之后，自然科学理论的应用导致了技术的理论化趋向，产生了技术科学，从而在技术的构成要素中，科学、知识逐渐占据越来越重要的地位。随着工业革命的兴起，能够代替甚至扩大人的体力的机器被制造出来。机器作为一种劳动手段，扩大了人的体力，补充和强化了人的技能和技巧。因此，在近代，技术这一概念开始被用来意指那些在功能上能强化或提高人的技能、技巧的各种机器和工具等物质手段。

随着技术内涵的这种变化，出现了一种从技术与人的关系出发来理解技术的观点，这种观点将技术制品视为人的体外器官，它们是人的自然器官的模仿与延伸。德国哲学人类学家盖伦（A. Gehlen，1904—1976）就认为，技术是客观化的人类器官。他把技术的功能与人的器官具体进行了类比，认为技术可以补偿人体器官的缺陷、加强已有的器官，甚至技术可以替代人的器官。

自从人类社会进入工业化发展阶段之后，技术被广泛应用于工业生产各个领域，促进了经济的发展，也影响到社会的各个方面，许多学者便从技术与生产、与经济、与社会的关系出发来理解技术。从技术与生产、经济的关系出发来理解技术，是当代看待技术的常见视角，尤其是经济学和管理学常用这种视角审视技术。在这种视角看来，技术是企业、地区和国家的一种战略性资源。它可以改变竞争态势与产业结构，是经济竞争乃至综合实力竞争中最重要的力量之一。在这里，技术或者被理解为生产过程中的劳动手段，或者被理解为体现在工艺制造程序和产品设计上的专有知识。如美国经济学家罗森布鲁姆（D. H. Rosenbloom，1943— ）认为，技术是企业开发、生产、传达其产品和服务的知识、诀窍、技艺的理论与实务的总和。技术被具体化在人、原料、设备、程序、物理过程中，而关键技术往往以隐含的形式存在。

从技术与社会的关系出发理解技术，是一种根据技术与社会的关系来理解技术的方式。这类理解有两种对立的观点：一种是自主技术论或技术决定论，把技术视作社会中的决定性因素。在这种观点看来，技术是一种自主性的存在，超越于社会伦理道德与人类抉择，而且技术还是人类社会生活的根底、基础和前提，是我们未来生活的最终决定者。另一种是社会决定论、技术的社会建构理论，把技术视作是社会价值的体现，是一种社会建构。在这种观点看来，技术的产生、发展都受到社会的制约，是社会价值最终决定了技术的发展方向与路径。多数人对技术的理解介于这两者之间。

当然，也有不少学者或哲学家尝试从认识论或哲学形而上的层面上研究技术，强调在认识论或哲学视野中认识技术。从认识论角度研究技术，通常会把技术同人类的其他知识形态（如科学）联系起来加以考察，技术与科学的关系极为密切，但技术活动本身却具有不同于科学的结构。其中一种代表性的观点是，纯粹科学是指向知识的理论结构，应用科学是指向实践的理论结构。例如，波兰哲学家斯柯列莫夫斯基（H. Skilimowski，1930— ）认为，技术追求的不是知识，而是生产给定种类产品的有效性。

德国哲学家海德格尔（M. Heidegger，1889—1976）则从哲学形而上的层面探讨过技术的实质。他认为，对技术的本质的询问需要从形而上的层面来回答。技术不能简单地归结为手段或所谓的人类活动，而是一种展现（事物的出场与呈现），一种与自然（如树的成长）不同的非自然的展现方式（对比床的制作）。在现代，整个自然，甚至包括人类自己，都成了技术的原材料。

关于技术的本质，马克思主义首先是从人类最基本的实践活动即物质生产劳动出发来加以把握的，认为技术是在劳动过程中产生、发展起来的，劳动进化史就是技术的进化史。而劳动"首先是人和自然之间的过程，是人以自身的活动来引起、调整和控制人和自然之间的物质变换的过程"。人们进行物质生产劳动时并不是直接作用于自然界，而是通过劳动资料即技术手段的中介作用，把人的活动传导到劳动对象上去。因此，人的劳动过程，实际上是借助包括劳动手段、工具及其技能、方法在内的技术，来引起、调整和控制人与自然的物质交换过程，其构成要素是：有目的的活动或劳动本身、劳动对象和劳动资料，其中劳动资料包括机器、器具、工具、厂房、建筑物、交通运输线等，它们是物化的智力。

基于这样的一些理解，可以把技术定义为：人类为满足自身的需要，在实践活动中根据实践经验或科学原理所创造或发明的各种手段和方式方法的总和。它主要体现在两个方面：一是技术活动（技术发明、技术开发、工程设计及实施等）；二是技术成果，包括技术理论、技术工艺与技术产品（物质设备）。技术在本质上"揭示出人对自然的能动关系，人的生活的直接生产过程，以及人的社会生活条件和由此产生的精神观念的直接生产过程"，体现了人对自然的实践关系，是人的本质力量的展现，属于直接生产力。

2. 技术的社会特征

技术既涉及发明家、工程师等专业技术人员的发明、研发、设计、试验等活动，也涉及工人等生产者在生产现场操纵机器等运用技术的加工制作活动，甚至涉及普通人使用技术产品的活动。技术成果不仅包括专业技术人员技术发明、创造的结果，如样品样机、技术专利、技术图纸等，也包括机器、设备、工具等物质产品以及制造生产的生活用品等。技术知识不仅涉及科学理论和技术原理知识，也涉及技术设计和技术操作的知识。科学理论知识与技术所依据的科学原理有关；技术原理知识涉及技术运行的基本原理（通常可用模型、框图、工作原理图表达出来）；技术设计知识也可称为技术实现知识，是技术中包含的保证技术得以具体实现并能实际运行的知识；技术操作知识是人们操作和使用一项技术的知识，体现为操作使用技术的具体方法、程序、技能、指令。

因此，技术与人的实践活动，与科学、工程，乃至与生产、经济、社会具有复杂的关系，技术本身也包含许多不同的类别，要说清楚其特征并不容易。通常情况下，我们应该注意技术的这样一些特征。

自然性和社会性

技术是人与自然之间相互作用的中介，它一端连着自然界，另一端连着人，技术同时具有自然性和社会性的双重属性。

技术的目的是使自然界发生符合人们需要的物质、能量和信息变换，技术过程是客观自然界的一部分，这决定了技术活动必须符合自然运动的规律，技术手段和技术方法必须依靠自然事物和自然过程，现代技术更是人类自觉利用自然科学知识的成果。因此，任何技术手段都首先具有自然属性，例如，燃煤发电的技术要通过煤的燃烧产生热能，热能可以转变为机械能和电能，这中间虽有人的参与和干预，但人的干预最终是促进自然过程的发生，遵循自然规律。

即使是技术的这种自然性，也反映着技术的社会性。人类决定利用什么样的自然规律，利用技术手段对自然做出什么样的变革，最终都是为了满足人类的需要，是人的主动自觉的行动，而不是自然界的自发过程。"世界不会满足人，人决心以自己的行动来改变世界"。而且，技术必须服务于人类的目的、满足社会的需要才能为社会所接受，否则就难以成为现实生产力。此外，社会经济、政治和文化对技术的制约使技术活动只有在适宜的社会历史条件下才能产生和实现。

主体性和客体性

技术是人对自然能动利用的过程，人们的知识、技能和经验这些主体要素有重要的作用。然而，仅仅是主体的能力和知识还不能实现技术功能，技术还是知识向物质手段和实体转化的过程，外化为物质手段和物质成果。技术是主体的知识、经验、技能与客体要素（工具、机器设备等）的统一。技术既包含方法、程序、规则等软件，也包括物质手段等硬件。缺少任何一方，技术都不可能是完整的。软件与硬件相互作用和不断更新，使技术不断发展。

中立性与价值性

长期以来，技术的价值负荷问题一直在学者们中间存在着争论。"技术中立论"一派认为，技术仅仅是方法论意义上的工具和手段，只是为人类活动提供更多的可能性，其本身并不规定特定的使用方向——既可以为善良的目的服务，也可以被邪恶的目的利用，因此，技术在政治、文化和伦理上没有正确与错误之分，其本身是价值中立的。而另一派则认为，任何技术本身都蕴含着一定的善恶、对错以及好坏的价值取向。随着技术的发展，尤其是现当代以来技术负面效应越来越突出，对技术的价值分析越来越多地受到人们的关注。其实，任何技术都具有价值中立的特性，又具有负载价值的特点，其统一源于技术的内在价值与技术的现实价值的统一。技术的内在价值是指技术自身具有的属性及其产生某种效应的内在可能性，这是由技术的自然属性规定的，一般来说具有中立性。而技术的现实价值则是指在现实的社会条件下技术作用于客体而产生的实际效果，这是由技术的社会属性规定的，具有强烈的价值性。任何技术在现实中被开发、被应用，都会承载着某种社会性的目的、目标和价值。

发展形式上的跃迁性和累积性

技术在人类历史上是不断累积进步的，并发生变化、更替和跃升。在不同历史时期，占主导地位的技术是不同的，这表现出技术的跃迁性。在人类社会的早期，社会生产力水平很低，人往往通过简单的工具对自然对象进行加工制作，这就使材料加工技术在古代技术结构中占据重要地位，例如石器、青铜器、冶铁技术等。近代工业革命侧重于解决材料加工技术发展对能源动力提出的新要求，从而能源动力技术成为近代各技术中的主导技术。这一时期，蒸汽机、内燃机和电力技术成为推动两次工业革命的关键力量。20世纪中叶以来，以信息通信技术为主导的新技术革命引发了一系列高新技术的产生，有人预测21世纪将逐渐成为生命科学技术的世纪。

技术在发展变化过程中又具有累积性。当新的技术（群）出现后，原来的技术并非全部被否定、被废弃，而是在主导技术影响下经过改造、提高的扬弃过程，形成技术的多层次性和多种技术相互融合的特征。例如，现代文明的材料、能源、信息三大技术将和生物技术交叉融合，形成生物材料技术、生物能源技术和生物信息技术，而纳米技术可能使人类在经历了材料主导、能源主导、信息主导以及三者融合之后，在更高层次上进入材料主导的新时代。

（二）技术、科学、工程

技术与科学、工程之间既有密切的联系，又有重要的区别。了解三者之间的关系，有助于科学、技术、工程协调健康地发展。

1. 技术与科学的关系

技术与科学是互相联系的

科学与技术的研究对象都是物、都是自然界，科学活动与技术活动都要遵守自然界的规律，都需要正确的自然观作为哲学基础。二者的研究方法有许多相通之处，例如都要应用观察、实验的方法，都要做出某种预言，预言正确与否都要通过实验来检验。

二者的根本目的，都是为了满足人类利用、控制、改造、创造和保护自然的需要。科学认识自然是技术改造自然的前提，技术改造自然是科学认识自然的最终目的之一。科学为技术提供理论基础，技术是科学价值的进一步实现。科学和技术都是为了创新，是人类统一创造过程的不同阶段。

科学与技术相互渗透，互相包含，不可分割。科学会研究技术提出的问题，采用一定的技术手段；技术也会研究科学提出的问题，应用一定的科学知识。现代科学与技术日趋一体化，即科学日趋技术化，技术日趋科学化。在当代科学技术发展条件下，技术通常体现为对科学的应用，技术的研发需要运用科学的知识，技术的突破也需要科学新理论的支持，而且越是复杂的技术通常越需要运用更多的科学知识。正因为科学与技术具有这样密切的联系，当代社会通常会统筹考虑支持科学与技术发展的政策和措施。

技术与科学也有很大的区别

科学与技术的研究对象是不同的物，科学研究的对象是天然自然物，技术要研究的是如何将自然物变为人工自然物，有时候研究的对象就是人工自然物。天然自然物是自然变化的结果，取决于自然变化过程；人工自然物是人创造出来的产物，取决于人的创造活动过程。

科学活动与技术活动的性质不同。科学活动是认识活动，是通过知识的生产和交流进行的；技术活动是实践活动，甚至是要直接生产出产品或商品。科学活动的路线是从实践到理论，从特殊性到普遍性，从具体到抽象；技术活动的路线是从理论到实践，从普遍性到特殊性，从抽象到具体。

二者追求的目标不同。科学指向自然界的存在方式，要解决的问题是"自然界是怎样的"技术指向人的活动方式，要解决的问题是"我们应当怎样做"，科学是为了满足认识世界的需要，技术是为了满足人利用物质资料的需要。科学的目的是求真，追求真理，尽量逼近真理，发现新的自然物质、自然现象和自然规律；技术的目的是求利，追求功效、利益的最大化，发明新的人造物、新的改造物的手段。科学活动要实现从已知到未知、变未知为已知；技术活动通常要解决的是投入与产出、利与弊、低效与高效这类问题。

二者的成果形式不同。科学是知识创新活动，科学创新的最终成果是新知识，知识是一种特殊的意识产品；技术是物质创新活动，技术创新的最终成果是技术手段和方法，甚至体现为新机器、新设备、新产品。科学的成果是发现新的科学定律，技术的成果是制定人的新的活动规则。科学知识的扩散形式是普及或传播，民众可以无偿地学习和应用科学知识。科学知识在扩散过程中会导致知识的增值。在一般情况下，知识无须保密。技术成果的扩散形式是有偿转让、占领市场，是有偿分享。在一段时期里，技术需要保密。科学的知识产权是优先权，科学论著可以引用，但必须注明出处，否则就被视为剽窃。技术的知识产权是专利权，引进技术必须支付报酬。

二者生产力形态不同。科学是意识形态的生产力，是潜在的、间接的生产力；技术是物质形态的生产力，是现实的、直接的生产力。科学对生存方式的影响是间接的，需要以技术为中介。技术对生存方式的影响是直接的。

二者的发展动力不同。科学知识不是商品，技术成果是商品。科学发展的基本动力不是市场的需要，往往是科学的内在逻辑的需要。技术发展的动力主要是实践的需要或市场的需要。技术创新的关键是技术成果的产品化、商品化和市场化，技术活动是按照市场规律进行的。科学与市场的关系是间接的，技术与市场的关系是直接的。

2. 技术与工程的关系

一般认为，工程是综合运用科学知识和技术方法与手段，有组织、系统化地改造客观世界的具体实践活动以及所取得的实际成果。工程与技术联系紧密。工程是各种不同技术的集成运用，是技术现实生产力作用和功能实现的重要途径。一方面，技术是工程的支撑和基础，工程作为改造世界的活动，必须有技术的支撑。工程中的核心技术往往是制约工程成功的瓶颈，是某一工程能否成立的关键因素；另一方面，工程是技术的载体和应用。工程的发展大大扩展了技术的使用范围，推动了技术的革新和进步，同时，它又成为技术成熟化、产业化道路上的桥梁。

但是，技术与工程之间在许多方面也存在不同的特点，例如技术以发明为核心，工程则以建（制）造为核心，工程不是为了获得新知识，而是为了获得新物，是要将人们头脑中观念形态的东西转化为现实，并以物的形式呈现给人们；而技术则是要解决变革自然界"做什么""怎么做"的问题，追求比较确定的应用目标，利用科学理论解决实际问题，属于认识由理论向实践转化的阶段。工程的建造要涉及工程目标的确定、工程方案的设计和工程项目的决策等，其实现必须考虑技术、经济、社会、生态等诸多因素。

从活动主体看，工程活动的主角是企业家、工程师和工人等，这些异质成员组成工程活动共同体；而技术活动的主角是发明家、工程师等技术人员，比较单纯。

（三）当代技术体系及其重要技术领域

人类的活动领域包括认识和改造自然界的活动、认识和改造社会的活动、认识和改造人类自身的活动，与此对应的广义技术因而可以分为三大类，即自然技术、社会技术和人类自身的技术。自然技术是人类在同自然界相互作用中产生的一类技术的总称。它在整个技术领域中出现得最早、最为基本，也最为重要。自然技术是人类和自然界之间相互作用的媒介和中间环节，体现了人对自然的能动作用。社会技术是指人类社会为了达到某种预定的目的和满足人们精神和物质的需要而对科学知识和物质手段的运用，如组织管理技术、交通管制技术、教育文化技术等。人类自身的技术是作用于人类的身体和精神的技术，包括医疗技术、心理技术和思维技术等。受研究的限制，下面主要探讨自然技术在当代的存在形式，即当代技术体系及其重要技术领域。

1. 当代技术体系

随着技术的发展和演进，技术形成了复杂的体系，也有了复杂的关系。特别是在当代，技术往往主要以复杂的形态呈现，每类技术都可能和其他技术通过交叉、融合、集成、协同而形成复杂关系。当代技术体系就是由当代社会生产与生活实践所使用的各种技术以及通过它们的交叉、融合、集成、协同而形成的技术体系，它是当代技术在社会中现实的存在方式，构成了当代技术的复杂网络。

在一定时代的技术体系中，都会同时存在着许多不同类型的单元技术，其中总会有某一项（或几项）技术，它（或它们）的存在和发展会影响和决定其他技术的内容、水平和发展方向，我们可以把这项（或这些）技术称为主导技术（或主导技术群）。在不同时代的技术体系中，处于主导地位的技术代表了这个时代技术体系发展的主流和趋势，决定着技术体系的性质和方向。技术体系中主导技术的确立和更替，必然引起技术领域中相关技术的连锁反应，其结果将是各种类型的技术在新的技术规范的基础上协调发展，形成以某项主导技术为核心的技术群，导致旧的技术体系的解体和新的技术体系的确立。

人类社会自有技术以来，在时间序列上曾经出现过多次性质不同的技术体系的变革。一般认为，近代以来，曾经有过三次技术体系的更迭，即：18世纪末至19世纪末，以蒸汽动力技术为主导的第一技术体系的形成和发展时期，人类社会进入到蒸汽动力时代；19世纪末至20世纪初，是以电力和内燃机技术为主导的第二技术体系建立时期；20世纪40年代以来，以微电子技术和生物技术等为核心的第三技术体系，逐步取代了原来工业化时代的"第二技术体系"。进入21世纪以来，新一代信息技术、制造技术、能源技术、材料技术以及生物工程技术快速发展，人工智能技术经过20世纪的发展和积累也呈现出重大突破的趋势，一场以数字化、网络化、智能化、实现万物互联为特征的新一轮科技革命正在蓄势待发，这不仅会推动未来技术的发展与变革，而且有可能形成新一代技术体系。

2. 当代技术的一些重要领域

基于不同的分类方式和分类方法，可以对当代技术体系进行不同的分类。但一般认为，信息技术、生物技术、先进制造技术、新材料技术、新能源技术、海洋技术及空间技术等技术领域在当代技术体系中扮演着重要角色，成为当代技术体系的重要技术领域。

信息技术并不是某一种具体的技术，而是围绕信息的加工、处理、传输，从不同角度为人们提供帮助的技术。信息的加工、处理、传输是一个复杂的过程，包括从信息的采集、信息的传递、信息的存储、信息的加工，直到信息的显示、提供、利用等许多环节。现代信息技术是在信息科学的基本原理和方法的指导下扩展人类信息功能的技术，它综合吸取了微电子学、光学、材料科学以及数学、逻辑学等众多学科的成果，集现代技术之大成。现代信息技术的范围相当广，从功能来说包括存储信息的技术、处理信息的技术、传递信息的技术、采集信息的技术、显示信息的技术、复制信息的技术等。涉及传感技术、计算机与智能技术、通信技术和控制技术等。信息技术不仅为社会经济的发展提供设备，也提供信息服务。信息技术的广泛应用使信息的生产要素和战略资源作用得以发挥，使人们能更高效地进行信息资源的利用和优化配置，提高社会劳动生产率和社会运行效率，对社会文化和精神文明也会产生深刻的影响。

生物技术，简单地说就是对生物或生物成分进行改造和利用的技术。现代生物技术，以现代生命科学为基础，结合其他基础科学的科学原理，采用先进的科学技术手段，按照预先的设计改造生物体或加工生物原料，为人类生产出所需产品或达到某种目的。近些年来，以基因工程、细胞工程、酶工程、蛋白质工程、发酵工程等为代表的现代生物技术发展迅猛，并日益影响和改变着人们的生产和生活方式。其中，基因工程是现代生物技术的核心。基因工程（或称遗传工程、基因重组技术、转基因技术），是以分子遗传学为理论基础，以分子生物学和微生物学的现代方法为手段，将不同来源的基因按预先设计的蓝图，在体外构建杂种DNA分子，然后导入活细胞，以改变生物原有的遗传特性、获得新品种、生产新产品。细胞工程是根据细胞生物学和分子生物学原理，采用细胞培养技术，在细胞水平进行的遗传操作。细胞工程大体可分染色体工程、细胞质工程和细胞融合工程。酶工程是指利用酶、细胞或细胞器等具有的特异催化功能，借助生物反应装置和通过一定的工艺手段生产出人类所需要的产品。它是酶学理论与化工技术相结合而形成的一种新技术。蛋白质工程以蛋白质分子的结构规律及其生物功能的关系作为基础，通过化学、物理和分子生物学的手段进行基因修饰或基因合成，对现有蛋白质进行改造，或制造一种新的蛋白质，以满足人类生产和生活的需求。现代的发酵工程（又称微生物工程），指采用现代生物工程技术手段，利用微生物的某些特定的功能，为人类生产有用的产品，或直接把微生物应用于工业生产过程。伴随着生命科学的新突破，现代生物技术已经广泛地应用于工业、农牧业、医药、环保等众多领域，产生了巨大的经济和社会效益。与此同时，生物技术的安全性和伦理问题也引起广泛讨论和争论，对人们传统的观念造成极大的冲击。

当今时代，一个国家的实力主要取决于其制造业所能提供的产品与劳务的竞争力。随着世界经济发展和人们生活水平的提高，消费者的需求日趋个性化和多样化，生产竞争日益全球化，传统的大批量生产模式越来越不适合变化迅速的市场环境，"先进制造技术"应运而生。当前，人们往往用先进制造技术来概括集机械工程技术、电子技术、自动化技术、信息技术等多种技术为一体所产生的技术、设备和系统。先进制造技术主要包括：①现代设计技术。根据产品功能要求，应用现代科技，制定方案并付诸实施。②先进制造工艺。包括精密和超精密加工技术，精密成型技术，特种加工技术，制膜、涂层技术等。③自动化技术。包括数控技术，工业机器人技术，传感技术，自动检测及信号识别技术等。④系统管理技术。包括工程管理、质量管理，企业组织结构与虚拟公司等生产组织方法。相比于传统制造技术，先进制造技术拥有这样一些特色：数字化、精密化、极端条件（指极端条件下工作或有极端要求的产品）、自动化、集成化、网络化、智能化和绿色发展。

新材料又称先进材料，是指使用物理研究、材料设计、材料加工、试验评价等一系列研究方法，生产加工或合成出的具备优于传统材料性能的新型材料。新材料按材料的属性划分，有金属材料、无机非金属材料（如陶瓷、砷化镓半导体等）、有机高分子材料、先进复合材料四大类。按材料的使用性能划分，有结构材料和功能材料。结构材料主要是利用材料的力学和理化性能，以满足高强度、高刚度、高硬度、耐高温、耐磨、耐蚀、抗辐照等性能要求；功能材料主要是利用材料具有的电、磁、声、光、热等效应，以实现某种功能，如半导体材料、磁性材料、光敏材料、热敏材料、隐身材料和制造原子弹、氢弹的核材料等。纳米材料是指在三维空间中至少有一维处于纳米尺寸（0.1～100纳米）或由它们作为基本单元构成的材料。由于纳米微粒和纳米固体具有小尺寸效应、表面效应、量子尺寸效应、宏观量子隧道效应和介电限域效应等基本特征，导致纳米材料在熔点、蒸气压、光学性质、化学反应性、磁性、超导及塑性形变等许多物理和化学方面都显示出特殊的性能。材料是人类生产、生活的物质基础，也是人类社会现代文明的重要支柱之一。新材料的不断出现推动了人类历史的前进，也促进了技术的发展和产业的升级。新材料往往出现在知识密集、技术密集和资金密集的新兴产业，它与新工艺、新技术密切相关，往往在极端条件下制备形成。21世纪科技发展的主要方向之一就是新材料的研制和应用，新材料的研究标志着人类对物质性质认识和应用达到新的更深层次。

能源是人类社会生活的物质基础。一次性的化石燃料（煤炭、石油、天然气等）面临着枯竭的危险，同时，煤炭、石油等在转变为电的过程中，还使大气中二氧化碳含量增加，引起温室效应，并容易引起酸雨等公害，所以，寻求新的蕴含丰富、安全干净的能源成为摆在人类面前的迫切任务。包括积极开发核能、太阳能、氢能等主要能源，充分利用风能、生物质能、海洋能等补充能源。新能源之"新"有两种情况：一种是不久前才进入科学研究视野的能源，如核聚变能、氢能；另一种是用现代科学技术重新开发利用古老的能源，如太阳能、风能等。核能（指原子核能，又称原子能）是原子核结构发生变化时释放出的能量。分核裂变能（重元素的原子核发生分裂反应时释放的能量）和核聚变能（轻元素的原子核发生聚合反应时释放的能量）两种。核电站是利用原子核裂变反应放出的核能来发电的装置，其安全性是各国关注的焦点。核聚变目前尚处于研制阶段。太阳能既是一次能源，又是可再生能源。太阳能的转换和利用方式主要有光—热转换、光—电转换和光—化学转换。氢也是一种理想的能源。因为地球上蕴藏大量的水，它们是取之不尽的制氢原料；而且氢的燃烧生成物是水，因此它又是干净的无公害的能源；同时氢的热值比较高。目前工业规模制氢的主要方法有从含烃的化石燃料中制氢、电解水、热化学制备以及生物质制氢。早在农业社会，人们便用原始的方式（如风车）利用风力。目前，人们主要是用风力机将风能转换成其他形式的能量，如电能、机械能、热能等。生物质能是指来自动植物的能源，包括农作物的秸秆、人畜粪便、农副产品加工中的废弃物、水里生长的各种水生植物和藻类、城镇垃圾中的有机物等。生物质能属可再生资源。人们正在研究开发除直接燃烧之外的生物质能利用方式，以减少污染，提高能源利用效率。海洋能是指依附在海水中的可再生能源。海洋通过各种物理过程接收、储存和散发能量，这些能量以潮汐、波浪、温度差、盐度梯度、海流等形式存在于海洋之中。海洋能开发利用的方式主要是发电。

人类利用海洋已有几千年的历史。但是，由于受到生产条件和技术水平的限制，早期的开发活动主要是用简单的工具在海岸和近海中捕鱼虾、晒海盐以及海上运输，并逐渐形成了海洋渔业、海洋盐业和海洋运输业等传统的海洋开发产业。17世纪20年代至20世纪50年代，一些沿海国家开始开采海底煤矿、海滨砂矿和海底石油。20世纪60年代以来，人类对矿物资源、能源的需求量不断增加，开始大规模地向海洋索取财富。随着科学技术的进步，对海洋资源及其环境的认识有了进一步的提高，海洋工程技术也有了很大发展，海洋开发进入到新的发展阶段：大规模开发海底石油、天然气和其他固体矿藏，开始建立潮汐发电站和海水淡化厂，从单纯的捕捞海洋生物向增养殖方向发展，利用海洋空间兴建海上机场、海底隧道、海上工厂、海底军事基地等，形成了一些新兴的海洋开发产业。在现代海洋开发活动中，海洋石油、天然气的开发、海洋运输、海洋捕捞以及制海盐规模和产值巨大，属于已成熟的产业；海水养殖业、海水淡化、海水提溴和镁、潮汐发电、海上工厂、海底隧道等正在迅速发展；深海采矿、波浪发电、温差发电、海水提铀、海上城市等正在研究和试验之中。

空间开发技术包括航空技术和航天技术（一般按照大气层区分，航空是在大气层内飞行，而航天则是在大气层外飞行）。这里主要介绍航天技术。太空环境具有地球上所不具备的特殊性质（例如失重、真空、容易获得光能、热能和电能、强辐射等），对这些特性加以利用，将成为宝贵的资源。开发空间资源首先要解决的是：用什么办法和手段才能长久地处于空间环境中去研究和认识这个环境。这就需要航天器技术的发展。自1957年以来，世界各国已发射了四千多个各种各样的航天器，为人类认识、利用和开发空间资源做出了贡献。现在人们将各具特色的航天器分为两大类：一类是无人航天器，包括人造地球卫星、空间探测器和空间平台等；另一类是载人航天器，包括载人飞船、空间站、航天飞机、空天飞机等。对月球、火星等空间探测活动，不仅把人类对太阳系、宇宙的结构与演变的认识推向一个新高度，而且还带动了相关科技的飞速发展，如人工智能、遥控作业、加工自动化、光学通信和数据处理系统等，为人类开发利用空间资源、发展空间产业创造了条件。

二、技术与社会

科学技术是第一生产力。随着现代科学技术的发展，科学技术在经济和社会发展中的作用越来越显著，成为推动生产进步、产业变化和社会经济变革的决定性因素。在当代，技术还被广泛应用于社会生活和人们日常生活的各个方面，并进而影响到社会的面貌和社会的文化，影响着人们的行为和观念。

（一）技术与经济

技术和经济是社会的两大重要支柱，它们之间存在非常密切的相互联系和相互作用。下面探讨技术与经济之间的相互联系和相互作用情况。

1. 技术对经济的作用

技术是决定生产和经济活动的主导因素。特别是在当代，技术要素的投入已经成为决定生产水平和经济发展的关键要素，当代的生产资料都是同一定的科学技术相结合的，劳动力也都是掌握了一定科学技术知识的劳动力。技术的进步还直接影响着分配、交换和消费等经济活动诸环节（例如网络购物）。

技术是直接生产力，技术进步直接地、根本性地推动经济发展。马克思指出："劳动生产力是由多种情况决定的，其中包括：工人的平均熟练程度，科学的发展水平和它在工艺上应用的程度，生产过程的社会结合，生产资料的规模和效能，以及自然条件。"

在现代经济增长中，相对于劳动和资金投入，技术进步的贡献率居首位。技术创新是保持经济持续增长的源泉，是实现经济发展方式转变的根本途径。

技术进步推动经济结构的变革。随着人类技术的发展，先后出现了农业和畜牧业、加工业和服务业等。在当代，信息通信技术等高新技术不断创新催生新的产业，成为新的经济增长点。

技术状况是划分经济时代的重要标志，也是区别社会经济类型的一种标准或尺度。马克思说："各种经济时代的区别，不在于生产什么，而在于怎样生产，用什么劳动资料生产。劳动资料不仅是人类劳动力发展的测量器，而且是劳动借以进行的社会关系的指示器。"石器时代、铁器时代、蒸汽时代、电气时代、原子能时代，以及农业社会、工业社会、信息社会等划分，就反映了这一点。

现代技术是世界经济一体化的纽带和动力。现代技术发展加速了世界经济全面发展，加深了各国之间的分工与合作，发达经济体、新兴经济体、发展中经济体之间形成了一个产业发展的阶梯形结构，各国之间的经贸联系愈加紧密。而且，交通、通信等方面先进技术的发展，为世界经济一体化提供了现实条件。

需要注意的是，技术对社会经济的发展有重要的作用，但技术与经济的发展并不总是均衡或平衡的，经济与技术的不平衡发展有其必然性。这种不平衡表现在技术水平与经济水平不尽平衡，例如高水平的技术未必会有高水平的经济；技术竞争与经济竞争不平衡，经济竞争更多地讲规模效益，大企业一般会处于有利地位，而技术竞争则更多地要讲创新效益，小企业也可以有用武之地；技术实力与经济实力不平衡，一个国家（或企业）的经济实力可能主要表现于其固定资产的存量（已有设备）上，而它的技术实力则会主要表现于其固定资产的增量（新设备）上。

2. 经济对技术的影响

科学技术是一个拥有相对独立性的系统，但同时也不可避免地要受到社会诸多因素的影响和制约。其中，物质生产活动和经济发展水平是最基本的制约因素，它决定着人类科技活动的广度和深度。

经济需求对技术的发展有决定性的影响。不同的社会结构对技术的容量是不同的，对技术也有着不同的需求，技术也必须与特定的社会结构相适应，否则就难以生存和发展。古希腊的希罗（Hero，生卒年不详）就曾经发明历史上第一部蒸汽机原型，但由于当时社会生产力发展水平和其他因素的制约，它难以作为动力机械在社会中出现。在市场经济条件下，市场需求尤其对技术的命运产生决定性的影响。

经济实力是技术发展的重要物质基础。技术实践（包括技术研究与开发等）作为一种社会活动和社会事业，首先依赖于生产力的发展，直接取决于社会在人力、物力、财力及信息等方面对它的支持力度，而这种种支持最终都可归结为经济支持。社会对技术发展的投入水平在根本上又是受社会经济发展状况即经济实力制约的。随着科学技术的社会作用越来越突出，研究与开发越来越活跃，科技发展对经费的要求也越来越高。

科学技术的发展有赖于高效的经济体制。僵化的经济体制可能束缚技术发展，而高效的经济体制可以推动技术进步。市场经济可以通过利益机制、市场导向机制和竞争机制来促进技术发展。

（二）技术与政治

技术按其本性来说对一切阶级都是中性的，技术不能直接决定或说明政治制度的性质、国家的国体和政体，但非政治性的技术却对社会的政治力量和政治格局有着重要的、强有力的影响。反过来，政治因素对技术发展和应用也有很强的影响力。

1. 技术对社会政治生活的影响

技术对现代政治的最大影响之一，是它可以用来作为划分国家类别的重要因素，例如按技术经济水平把世界各国区分为发达国家和发展中国家（或欠发达国家）。即使在古代，作为阶级专政工具的国家也与技术经济的发展密切相关——国家的国威、国力都离不开经济力、技术力。在现代，一个国家的威力和实力更取决于它的技术经济发展水平。在当代国际关系中，某些国家就可能利用其技术经济优势来达到其影响和控制他国的政治目的，例如技术输出中附有政治条件，技术手段在这里就被用来作为"政治交易"的筹码。

技术对政治的影响集中表现于军事方面。各个时代最先进的技术往往首先被用于军备及战争。在当代，迎接"三无（无人、无形、无声）战争"兴起的严峻挑战及"三个空间（物理空间、技术空间、认知空间）"博弈的严重威胁，夺取"五制革命（制海权、制空权、制天权、制网权、制脑权）"方面的主动权，成为决定战争胜负的关键。

技术的进步还可以从多个方面影响到社会的政治生活，例如电子计票这样一个"小小的技术性"工具，就可以在服务社会民主政治方面扮演重要角色，互联网传播也可以在服务公众获取信息和表达民意方面发挥重要作用。

技术对法律的完善和实现也有重要作用，20世纪以来，法律法规日益渗入技术的或人与自然关系的内容。例如诸多有关专利和知识产权保护的法律的产生和完善，资源法、矿产法、水法、森林法、食品卫生法、环境法，以及信息网络技术法、生物技术法等各种与科学技术相关的新法律法规的不断出现。现代技术还为法律的监督、取证和执行提供了重要的技术手段。

2. 政治因素对技术发展和应用的影响

任何阶级都可以使技术为自己所用，但技术利用的不同性质和目的，则受到不同的阶级利益的制约。在阶级社会里，在一定的社会制度下，什么样的技术能够得到优先发展和重点扶持，什么样的技术受到限制或遭到冷遇，总是同一定阶级的政治、经济利益联系在一起，特别是要为统治阶级的利益所左右。统治阶级总是要根据自己的阶级利益，运用他所掌握的上层建筑、国家机器，干预技术工作，控制、影响技术的发展。国家政府对技术发展的干预、控制和影响，主要是通过政策法规、计划指导、财政拨款、物资供应、人员配备、舆论影响等各种手段，支持有利于维护和巩固统治阶级的政治经济地位、满足统治阶级政治经济利益的技术，限制危及统治阶级利益的技术。

任何国家为了持续地实行其政治统治都必须执行社会职能（如水利灌溉），而执行这些社会职能就必须干预、控制技术。公共技术、军事技术、巨型技术等，需要国家政府主导来承担和组织实施。即便是市场导向的、企业承担的民用技术，其发展和应用也需要有政府的干预和控制，至少要有国家在法律上的保护。

在当代，各国政府都制定了有关保证科技投入、科技合同的执行、专利和知识产权、反对不正当竞争和技术监督等方面的法律法规，以保证科技活动的有序开展，科技成果的合理利用，科技人员的各尽其才。市场导向的科学技术除了要受国家法律的制约，还要受到政府政策的宏观调控（例如企业技术引进的范围和措施都要受到政府的控制）。国家通过兴办和发展教育、培育人才（特别是高级人才）来影响企业的技术发展。政府还通过设立各种科技奖励制度来鼓励科学技术进步。国家干预和政府介入科学技术领域，是科技活动社会化的标志，而且，这种社会化正在扩大和强化。问题不在于国家干预和政府介入本身，而在于这种干预和介入是否以合理的科学技术发展战略、政策和规划以及正确的有远见的技术预测和技术评估为前提。

（三）技术与文化

从技术与文化的角度看技术，可以认为技术也是文化，技术是人类文明的重要组成部分；基于技术的应用也可以产生某些值得研究的特殊文化现象，如"汽车文化""电视文化""计算机文化"等。如果从一般意义来探讨技术与文化的关系，我们会发现，技术的发展和进步可以极大地推动人类文化和文明的变革，反过来技术的发展也受到社会文化的重要影响。

1. 技术对文化的作用

技术对精神文化和文明发展的作用，首先在于它为人类的文化生产和精神生活提供了必要的物质基础。我国古代的造纸、印刷术等重大技术发明，就有力地推动了人类文明的进步。马克思认为印刷术是"科学复兴的手段"，是"对精神发展创造必要前提的最强大的杠杆"。

技术发明不断为文化、文艺、教育提供新的形式，充实新的内容，推动文化、艺术和教育事业的发展和人们文化水平的提高，改变人们的精神生活的面貌。

随着与近现代技术相联系的生产力的迅猛发展和社会进步，改变了保守、封闭、滞缓的自给自足的生产方式，有力地冲击了在此基础上形成的狭隘、惰性、安于现状、墨守成规、恐惧变革等小生产者的思想习惯和封建宗法思想，逐渐形成开放、进取的精神和讲求时间、效率等新观念。

技术在人类精神文明发展中的作用，还表现在人们在技术探索、技术开发的实践中，在技术交流、技术协作和技术竞争中，培育了优良的科学作风和科学方法，锻炼了坚毅、顽强的意志性格。

人们长期在某种产业部门，长期从事某种产业技术的活动，会自觉不自觉地形成和积淀相关的职业习惯、思维方式和心理观念，产生某种"产业意识"或"技术意识"。例如长期在传统农业和手工业部门中、以手工工具进行劳作形成的"手工意识"、长期在近代工业中使用机器劳作形成的"机械意识"和长期在信息产业部门使用计算机进行劳动所形成的"信息意识"。产业技术的创新和更替，需要相应的"产业意识"或"技术意识"与之相适应。

2. 文化对技术的反作用

社会的文化传统是在长期的历史发展中沉淀下来的、相当稳定的、成为习惯的思维方式和行为准则，它们深刻地、渗透性地影响到科学、技术和经济的各个方面、各个角落。正是因为在文艺复兴运动的推动下，欧洲涌现出了哥白尼、伽利略、牛顿等有志于探索自然客观规律的一大批科学家，从而实现了第一次科学革命；正是由于富于冒险精神、推崇实业的价值取向等文化影响，才有一大批发明家发明并不断改进纺织机、蒸汽机等机械设备，实现了第一次工业革命，从而将人类社会推进到工业文明时代。

就观念文化看，对技术领域影响最大的是人们对于技术、技术活动、技术职业的认同程度，以及人们关于技术价值的社会心理和习俗观念，即人们的技术价值意识、价值观。如果在一个社会里，人们不能认同技术的价值，甚至视之为"奇技淫巧"，技术的发展和应用就可能受到影响；如果在一个社会里，人们都比较守旧、安于现状，缺乏创新的意识，技术的创新就很难有较快的步伐。

在当代，科学技术及其创新已经成为推动社会经济发展的决定性力量，为了更好地推进科学技术研究、促进科学技术创新，社会需要培育能够促进、激励科学技术及创新的科学文化、技术文化和创新文化，为科学技术及其应用奠定良好的社会文化基础，营造良好的社会文化氛围。

（四）技术与人类生活

技术作为改造世界的强大力量，在改变社会生产方式的同时，也改变着人们的生活方式，使之日新月异、多姿多彩。但是，现代技术在给人类带来各种方便舒适、展示诱人的美好生活前景的同时，也会带来某些负面影响。需要全面认识技术对人们生活方式的双重效应，采取有效对策，倡导建立科学、文明、健康的生活方式。

1. 技术对人类生活的影响

生活方式是指人们为满足自身的生存、发展和享受而展开的各种实践活动的典型式样和总体特征，包括人们的劳动生活、消费生活、家庭生活、学习和交往生活、闲暇和精神文化生活等广阔领域。

影响生活方式的因素很多，而技术是推动人类生活方式更新的决定性力量，它通过作用于生活方式的外在客观因素（物质环境和社会组织方式）和内在主观因素（思维方式和价值观念），从而导致生活方式的变革。随着科学技术的不断社会化，科学技术的社会功能日益增强，它渗透到社会生活的一切领域和各个角落，无论是衣食住行乐（娱乐），还是劳动、学习、创造、交往、医疗，科学技术都在影响甚至支配着人们的生活。

特别是在20世纪下半叶新技术革命的作用下，人类生活的方方面面，包括劳动生活方式、消费生活方式、家庭生活方式、学习方式、交往生活方式、闲暇生活方式等都发生了深刻的变化。

劳动生活方式

劳动就业方式的变革。在农业社会，农业生产者是劳动人口中的最大群体。产业革命后，形成了一大批工业部门，于是从事第二产业的劳动力群体——蓝领阶层迅速崛起，并逐步在多数发达国家占据整个劳动力人口的多数。而20世纪中期以来，一些发达国家在第三产业的就业者（科技教育工作者、管理工作者以及其他服务人员等白领阶层）迅速增长，甚至超过了蓝领人数。

劳动条件的改变。生产的机械化、自动化等技术进步，极大地改善了劳动条件，减轻了人们的劳动强度，不断把人从繁重的体力劳动中解放出来。计算机的广泛应用，甚至部分代替了人类的脑力劳动。随着人工智能、数字化制造和移动互联等技术创新融合步伐加速，将出现越来越多的"无人工厂"。在"无人工厂"的整个运作中，人将极大程度地被机器人替代。

劳动生活方式的内容和性质的改变。由于许多繁琐、费力、费时、苦累脏险等工作正逐渐由计算机和智能机器人承担，人们会有更多的时间和精力从事创造性劳动。体力劳动的强度会大大降低，脑力劳动者的人数和脑力劳动者的自由度将大大增加。未来人类工作的重心将转向：创造性劳动领域（如科学技术研究研发和各种艺术活动等）；社会生活服务型机构；社会咨询服务业；生产、服务监管部门等。

劳动时间和地点的改变。工业革命时期，工厂化把大批人口从田间和家庭聚集到工厂和办公室，而在信息技术革命的影响下，人们采取比较分散的工作形式，家庭正再次成为劳动场所。技术进步使得人们的劳动时间普遍缩短，而且可以更自由地安排自己的时间。

消费生活方式

消费水平的提高。消费水平是反映物质生活资料消费数量的标志，也是反映生活水平的主要标志。社会生产力和劳动生产率是影响消费水平的决定性因素。在农业社会，技术和生产力水平都非常低下，这就决定了人们只能保持很低的消费水平，并且其提高的速度也十分缓慢。进入工业社会，技术及生产力水平的提高，使得生产成本降低，销售价格变得低廉，从而使人们的消费水平得到很大提高。与此同时，消费的内容也变得丰富多样化，可以来自于对原材料的精深加工制造。

消费结构的变化。消费结构，是指在生活性消费中各种消费支出所占的比例。在生产力水平很低的自然经济时代，必要消费资料在消费结构中占极大的比重，而且整个消费结构呈现出高度的稳定性。在现代社会，随着科学技术的发展和社会生产力的提高，必要消费资料在消费结构中所占比重逐渐下降，而享受和发展资料的比重逐渐上升。恩格尔系数（食品的支出金额占总支出金额的比重）不断下降，是历史发展的大趋势。

消费观念的改变。在古代农业社会，由于短缺，崇俭抑奢成为理所当然的消费观念。在现代社会，由于科技革命的深入发展，物质产品不断丰富，使得适度消费、体面消费甚至高消费等观念开始盛行。

家庭生活方式

家庭居住形式的变化。种植技术的发展结束了早期家庭逐水草而居或游牧式的生活，使家庭生活由游牧进入种植时代，并逐步稳固下来。工业革命以后，随着技术活动流动性的加强，年轻夫妻越来越走出祖居地而在独立地点安家。

家庭结构由扩大式家庭向核心家庭转变。在工业革命以前，受农业生产技术水平的制约，扩大式家庭是主要的家庭结构形式。随着工业革命的发生，在农业时代依赖于家庭生产满足生存需要的经济功能，很大一部分由家庭转移到了社会，人们的地域流动、职业流动加强，扩大式家庭的比重逐渐减小，而核心家庭的数目则趋于增多。

家庭职能发生重大变化。农业时代落后的技术水平决定了传统的以家庭作坊为标志的手工业成为主要的生产部门，生产、教育、家务劳动乃至抚养子女和赡养老人这些职能在家庭生活中带有根本的意义。工业技术的产生、发展，对于家庭的主要职能如性爱功能、生育功能、教育功能、经济功能等产生了重要影响：当生殖控制能够被较为先进的避孕技术实现时，家庭的性爱功能可能部分被转到家庭以外的关系；技术的发展使生育率呈现出下降趋势；现代高新技术如"试管婴儿""人工授精""性别选择""无性生殖"等手段，已将存在于传统家庭中的生殖功能部分地移到家庭之外；家庭的大部分教育功能转移到学校及社会；现代家庭的经济功能主要表现在它的消费功能上，而组织生产则已不是其主要职能。

家庭成员关系发生重大变化。一方面家用电器的普及把妇女从繁重的家务劳作中解放出来，另一方面生产的自动化、劳动条件的改善以及产业结构的升级，使得更多妇女能够从事生产劳动，这样妇女的地位较以前得到了迅速和显著的提高，促进了男女平等。

教学学习方式

教学观念的转变。传统的教学观念是以学校为主，以老师为主，以课堂为主，以教材为主。学生的学习地点主要是在课堂，学习方式主要靠老师讲授，学习内容主要来自教师的知识范围，教师所教授的知识主要来自教材。现代教育技术的发展使这些观念发生了改变。"以教师为主导"的课堂已经转变为"以学习者为中心"教师辅助引导的课堂。学习内容来源于生活、来源于网络，表现形式也更加丰富多彩。学习时间和地点都不受限制，一个人可以泛在学习、终身学习。

教师角色的转变。传统教学中，教师起主导作用；现代教育技术进入课堂后，教师变为指导者、引导者，帮助学生形成有效认知策略，指导学生使用正确的学习方法，引导学生主动地探索知识、发现知识，从而获得知识。

学生地位的改变。传统教学中，学生被动等待老师组织和安排来获取知识。广播、电视、多媒体、计算机、网络等现代教学媒体带来了丰富的教育资源，也带来了视觉、听觉、触觉等多方位刺激，极大地提升学习兴趣，使学生充分发挥其主体作用。

教学内容结构的转变。传统教学中，教材中教学内容结构的组织是线性的、封闭的和固定不变的。现代教育技术以有声、有图、动画的形式展现，不仅使教学内容得到了更新和补充，更注重学生多种能力的培养。

教学媒体的作用转变。传统教学中，教师完成教学任务所使用的工具一般就是黑板、挂图等，而网络多媒体技术等现代教学媒体，能根据学生的学习需要，通过图形、声音、动画等丰富多彩的手段帮助学生充分感知知识、理解知识，使学生更容易理解和掌握事物的本质，有利于学生思维能力的培养和发展。

交往生活方式

交往的时空扩大化。随着交通及通信技术的发展，人的活动领域和交往范围大大扩展，人际交往日益从家庭转移到公共场合，从个人生活走向社会生活，从国内扩展到国际。

交往的内容和形式丰富多样化。传统的交往主要是劳动技能和情感的交往。现代交往的内容更丰富了，尤其是知识和信息的交往已成为当前的一种新趋势。现代通信手段也使得交往的形式发生了巨大的改观，例如可视电话可以使交流者相互"闻其声，观其人"。

闲暇生活

闲暇生活主要指消费性的娱乐活动，包括艺术性活动、体育性活动、鉴赏性活动、观赏性活动与玩耍性活动等内容。现代科学技术对闲暇生活的影响主要体现在如下几个方面：

科学技术使人们的闲暇时间增多。由于科技的进步，工农业生产逐渐机械化、自动化、智能化，大大提高了劳动生产率，减少了劳动者的劳动时间，从而导致闲暇时间的增多，为人们丰富闲暇生活提供了时间保证。

科学技术提供了新的娱乐工具和手段。随着闲暇时间的日益增多，人们逐步进入娱乐专业化时代，而这种专业化很大程度上是以高度发达的技术为基础的。现代科学技术成果的广泛应用，使人们的闲暇生活变得丰富多彩。现代科学技术还拓展了人们的闲暇空间，例如小轿车可以自由地把人们带向大自然、名胜古迹，飞机使人们便捷地进行跨国旅游，未来太空旅行也不是梦想。

闲暇活动由"恢复型"向"发展型"转变。在生产力不发达的时代，不但人们的闲暇时间很少，而且闲暇活动主要是为缓解工作上的疲劳，恢复体力和精力。现代高科技大大降低了人们的劳动时间和劳动强度，使人们的体力得到了解放。闲暇时间除了用于玩乐，主要是用于发展自己的个性和才能。此时，工作和娱乐融为一体，而闲暇时间的恢复功能只居于从属地位。

2. 科学、文明、健康的生活方式

现代科学技术是一把双刃剑，在极大地丰富人们的物质文化生活、推动社会进步的同时，也产生了一些难以避免的负面效应，给人们的生活方式带来了一些负面影响。

结构性失业。技术创新是创造性破坏，在创造新的产业、新的就业岗位的同时，也使原有的某些传统产业的劳动者被不断挤出，从而导致结构性失业现象。

过度消费。在工业社会里，消耗大量物质财富的富裕阶层受到社会的尊敬和羡慕，容易出现盲目追求高消费的价值观和行为倾向。过度消费的不良行为，不仅使人们的精神生活和物质生活失去平衡，而且还会加剧环境污染，导致资源、能源浪费，破坏生态平衡。

心理压力增大、生活变得"紧张"。高科技的广泛运用导致现代生活节奏日益加快，人们不得不适应各种机器系统运行的节奏，这就使许多人会产生"紧张感"。随着信息网络技术的发展和高度普及，人与人之间的直接交流也在日益减少，使人失去面对面交流的乐趣，产生更多的孤独寂寞感。现代生活节奏的加快，让社会生活失去了原有的轻松和随意，增加了人们的紧张感和焦虑。

生活在科学技术无处不在的当代社会环境中，人们需要克服技术给生活方式造成的各种负面影响，建立科学、文明、健康的生活方式。

科学的生活方式，是指适合生活主体及其生活活动客观运动规律的生活方式。科学的生活方式要求生活方式的选择不能超越现实的经济、社会、生态条件，并能适应现代科学技术的发展和要求。

文明的生活方式，是指善于继承人类文明的一切成果并不断充实和完善自己的生活方式。文明的生活方式是开放的系统，它要求我们根据自己的文化传统和现有生活水平，大胆吸收国外生活方式的精华，同时自觉抵制、剔除其糟粕，使我们的生活方式在世界各种文化的融合与碰撞中不断提升。

健康的生活方式，是指能够合理满足人们的物质、文化、心理需要，保证人们身心健康成长和人的全面发展的生活方式。它要求我们不但提高生活水平，还要注重改善生活质量。

科学、文明、健康的生活方式是高科技时代人们应有的生活方式。我们应以此为目标，在生活方式上，努力追求高技术与高情感、高技术与高伦理的统一，实现高度物质繁荣和高雅精神境界的有机结合。

三、技术与环境

人类总是通过不断地改造自然来获得自身生存发展所需的物质资料，为自己生存发展创造更好的条件。在整个人类文明发展历史中，人类一直不断利用技术改造和利用身外的自然。随着人类技术力量的不断强大，人类对自然的变革程度不断加深、领域不断扩大、速度不断加快，创造了各种各样的人工制品和人工设施，也广泛而大规模地变革了自然环境，创造了一个越来越人工化的自然环境。当然，伴随着这样一个过程，自然领域也出现了一些不利于甚至危及人类生存的状况，包括环境污染、生态恶化、气候变暖等，人与自然之间的矛盾变得尖锐和激化。

（一）技术与人对自然环境的利用

人类是天然自然演化的产物，是天然自然的一部分，天然自然在人类出现以后依然存在。然而，人类同时又是天然自然的对立物，可以有目的地利用技术改造利用自然，创造出天然自然界不存在的各种劳动工具、生活器物和大型设施，例如制造的机器、汽车、飞机、电脑，建造的工厂、运河、公路、铁路等。我们可以把人类有目的活动的产物，把经过人类改造、创建、加工过的自然界称为人工自然。在当代，天然自然和人工自然是统一的自然界的两个密切相关的部分，它们共同构成了人类生存和生活的环境。

人工自然物或取材于天然的自然界（如用矿石加工得到钢铁、铝材，再制成汽车、飞机），或把天然自然条件加以改造形成（如开挖运河、开凿隧道），它们以天然自然为基础，所以相对于天然自然（第一自然），它是第二自然。我们常讲自然界是不依赖于人们的意识而存在着的客观世界，天然自然不仅不依赖于人的意识，而且是不依赖于人、不依赖于人类、不依赖于社会的。人们可以认识天然自然，但不能创造天然自然；对于天然自然的一小部分（到目前为止主要局限于地球表面），人类可以利用、改造，其余部分则是人力无法控制的。人工自然或第二自然，也是在人们的意识以外存在的，但它在人类出现以前没有，并将随着人类的消失而失去意义。

恩格斯（Friedrich Von Engels，1820—1895）在《劳动在从猿到人转变过程中的作用》中讲到，只有人的劳动才能在自然界打上自己意志的印记，才能使自然界为自己的目的服务，才能有计划地、按一定的目标作用于自然界。他写道，"植物和动物经过人工培养以后，在人的手下改变了它们的模样，甚至再也不能认出它们本来的面目了。"很明显，在被人改变以前的动植物本来的面目（天然自然物）和被人改变、认不出本来面目的动植物（人工自然物），是有区别的，它们是两种不同的自然物。

人工自然实质上是人工因素和自然因素的耦合体。人类为了获得更好的生存和生活条件而通过技术改造利用天然的自然，创造人工的自然，人工自然深深地打上了人类意志的印记，是"人的本质力量对象化"的客观物质世界。人工自然充分体现了人类改造和利用自然的创造力量，体现了人类独特的生存方式。马克思曾说，自然界没有创造出任何机器，没有制造出机车、铁路、电报、纺锭、精纺机等。它们是人类劳动的产物，变成了人类意志驾驭自然的器官，或人类在自然界活动的器官的自然物质。

随着时代的发展，人工自然愈益成为文明发展的决定性因素。马克思曾经把外界自然条件在经济上分为两大类：一类是提供生活资料的天然富源，如肥沃的土壤、大量的鸟兽和鱼类等；另一类是提供生产资料的自然富源，如金属、煤炭、石油、水力等。并指出：在文化初期，第一类自然富源具有决定性的意义；在较高的发展阶段，第二类自然富源具有决定性的意义。

人工自然成为现代人的生存条件，直接影响到个人的成长。现代人越来越被人工自然所包围，而很少与天然自然相接触。是否拥有、能否使用现代技术工具（例如信息网络）和物质产品（例如汽车），是否掌握现代科学技术知识和技能，直接关系到个人在社会中的地位和生存状况。马克思指出：历史的每一个阶段都遇到一定的物质结果，一定的生产力总和，人对自然以及个人之间历史地形成的关系，都遇到前一代传给后一代的大量生产力、资金和环境，尽管一方面这些生产力、资金和环境为新的一代所改变，但另一方面，它们也预先规定新的一代本身的生活条件，使它得到一定的发展和具有特殊的性质。

人工自然越来越成为人类日常生活资料的重要来源。人们吃、穿、住从来都要依赖于天然自然，如果广义地把"天"理解为天然自然，靠天吃饭是任何人在任何时代都无法避免的。区别是早期人类是直接地以天然自然为生活来源的，然后才转到吃熟食（用火加工）、穿编织成的衣服、住修筑起来的棚屋；今天则可以穿合成纤维、住有采暖或空调设备的大楼、坐火车或飞机。当今时代，我们的生活主要依靠人工自然，也因此使我们的生活变得更"自由"、更方便、更有品质，水平得以提升，质量得以改善。当然，这一切应归功于人类对自然规律的认识和把握，归功于人类创造出来的各种技术。

（二）发展与自然相协调的新技术

随着科学技术特别是技术的发展，人对自然的利用不断深化，人工自然的疆域不断扩大。它的每一步扩大，都意味着人的活动介入到自然界的一个新领域，也意味着这个领域中原有的稳定状态受到干扰甚至被改变。英国著名科学家贝尔纳（J. D. Bernal，1901—1971）认为，从远古时代的猎人和农夫开始，"人就从事推翻自然界的平衡以利自己"的活动。可以说，随着从农业社会、工业社会向现代社会的过渡，自然界原有的平衡在越来越多的领域内被改变了。

无论自然原因或人为原因所引起的自然平衡的改变，对自然界来说都是"中性的"（无所谓好坏），都不过是演化过程中的一种有根据的转变。但是对于人类来说，这种转变却不是中性的，它可能有益于也可能有害于人类的生存和发展。因此，利用技术改变自然、扩大人工自然所带来的自然平衡的改变，就可以分为两类：一类是带来积极后果的改变，如荒漠变绿洲……正是这类改变推动了人类文明的进步和人类社会的发展，也提高了人类自身的素质，引起这类改变的实践就具有正价值；另一类是带来消极后果的改变，例如大量砍伐森林所导致的水土流失、土壤沙化，围湖造田所造成的气候失调，发展工业所引起的雾霾、酸雨等环境污染……这些改变尽管不是人们原本追求的，但却现实地危及人类的生存和发展，引起这类改变的技术实践至少包含着负价值的因素。

特别是20世纪以来，现代科学技术的迅猛发展，赋予人类对自然巨大的干涉能力，造成人与自然的矛盾尖锐起来。现代人类对自然过程的干预已经超出了自然界的再生能力和自我调节能力，使得不同水平的自然平衡都已濒临自我修复的极限，造成了不利于人类生存发展的后果，即出现了所谓"全球性问题"。这些问题包括：人口

第十章

技术与社会

问题、粮食问题、不可再生资源的供应问题、工业化问题以及环境污染、生态系统破坏问题等。

造成这些问题的直接根源在于，技术力量过于强大，人类对自然的开发、利用以及变革和干扰超出自然本身能够适应和自我调节的范围和速度，从而使生态系统失去了某种平衡。造成这些问题的认识根源在于，人们在变革自然时，往往只看到第一步效应，没有考虑长远的效应。对此，恩格斯说过一段非常著名的话，我们不要过分陶醉于我们人类对自然界的胜利。对于每一次这样的胜利，自然界都对我们进行报复。每一次胜利，起初确实取得了我们预期的结果，但是往后和再往后却发生了完全不同的、出乎意料的影响，常常把最初的结果又消除了。造成人与自然矛盾尖锐的社会根源在于，在市场经济下，资本为了追求利润，消耗更多的资源和能源，却不顾及对自然的破坏和对环境的影响。

问题的根源还在于人们认识的不足和观念的狭隘，只注意从改造自然的技术实践中取得物质价值，却忽视社会、生态等价值。进入工业社会以后，人与自然的关系从人类曾经保护自己免受自然威胁的时代，转变为征服自然的时代，"征服自然"逐渐成为工业社会的一个重要思想观念。它单方面地强调人类的意志和需要，忽视了人是自然界的存在物，忽视了人与自然之间应当而且有可能协调的一面。片面地把自然界看作人类的对立物或被征服者，把"改造自然"与"保护自然"对立起来，从而遭到了自然界的严重惩罚。

面对技术发展所导致的生态环境破坏的现实，下面两种态度都是错误的：一种是对技术出现的负面结果满不在乎、盲目乐观，认为只要技术有用，有人买，有利润，就发展它；另一种则对技术发展抱有消极悲观的态度，认为人类利用现代技术改造自然的活动，具有"破坏"性质，使自然环境遭到破坏，让人类发展遭遇挑战，必须严格限制技术发展。

为了更和谐地处理技术与自然的关系，确保包括人类在内的生态系统的协调持续发展，现代社会必须对自工业社会开始成长起来的技术进行调节、控制和转换，选择和发展与自然相协调的新技术。在技术选择时，应注意下面几个原则。

技术的人类性原则。技术是人类有目的的创造活动，但它本身并不是人类创造活动的目的，整个人类的整体利益应当成为人类创造技术的目的。而在现代社会中，技术发展往往单纯以追求利润或经济效益作为准则，导致技术发展破坏人类的生活环境与自然环境。确立为了人类的物质生活和精神生活而利用自然的技术发展方向，是人类的根本利益所在，也是人类社会发展的必然趋势。

自然界的动态平衡原则。包括人类在内的一切生物及其与生态环境之间的动态平衡，是人类及其他生命系统稳定的基础。人类必须控制自身的技术活动对自然界发生作用的性质和界限。进行技术活动要谋求在人类和其他生命系统及其生存环境之间保持积极的动态平衡，使生产过程与自然过程相协调，这是自然发展规律的必然要求。

技术伦理原则。尊重自然、顺应自然、保护自然，建立技术伦理规范，指导和约束人的技术活动行为，这是现代技术发展的需要，也是对自然界保护和再生产的需要。

为了开发和发展与自然相协调的新技术，不仅要遵从上述几项原则，还需要给未来技术发展提出新任务、指明新方向。首先，要研究新技术、新产品对人类生活和人体的影响，研究新技术在改造自然过程中怎样改变人类自身，特别是解决人机的协调配合、改善劳动条件。其次，大力发展绿色技术。绿色技术是能够减少环境污染，减少原材料、资源和能源使用的技术、工艺或产品的总称。它包括末端技术和污染预防技术。末端技术是在默认现有生产技术体系和废弃物生成的前提下，通过对废弃物的分离、处置、处理和焚化等手段，试图减少废弃物对环境的污染；污染预防技术则是指着重于削减污染源头的技术。最后，发展支持循环经济的技术体系，以资源的高效利用和循环利用为核心，实现废物减量化、资源化和无害化，使经济系统和自然生态系统的物质和谐循环，维护自然生态平衡。

四、技术的社会建制

所谓社会建制，指的是为了满足某些基本的社会需要而形成的相关社会活动的组织系统。建制化是当代技术发展的重要特征，也是技术与社会相互关系制度化的结果。

我们可以从技术的体制化、技术的社会组织、技术的社会规范三个方面来理解技术建制化的特征和规律。

（一）技术的体制化进程

在古代，技术活动与生产活动融为一体，古代技术的主要形式是有关手工操作的、经验性的一些方法、窍门，缺少科学知识的自觉指导。技术活动的主体是生产活动中的生产者、工匠。他们属于下层社会，技术知识传授大多局限于家庭内部或师徒之间。古代技术因而也发展十分缓慢。近代以来，人类的技术活动开始出现分工与合作，社会上出现了专门从事技术发明、研究的人员，这些技术人员的社会组织程度也在不断提高。

1. 技术体制化的孕育与发展

技术体制化起始于近代时期，重要标志是近代科学家、技术专家的职业化，以及社会对其专家角色的逐步认可。技术专家（工程师）社会角色的诞生经历了一个较长的过程。16世纪，欧洲首先出现了以建设道桥和从事测量为职业的土木工程师；17世纪后，随着生产发展、生产规模扩大，产业分工越来越细，专业化程度日益提高，相继出现了机械、冶金、采矿、电气、化工和管理等一系列专业化的工程师。欧洲的工程技术教育普及也是产生工程师社会角色的重要原因之一。法国（历史上第一所授予工程学位的学校是成立于1794年的法国巴黎高等工艺学校）、德国先后创办了职业教育性质的技术学院，培养专门的工程技术人才。随着工程技术人员队伍的扩大，研究和解决工程技术问题能力的提高、程度的加深、领域的扩展，技术科学应运而生并迅速发展。技术科学与工程师互相促进、相生相长，推动了工程师队伍的不断扩大，并最终取代了传统工匠成为专业化、职业化技术专家的社会角色。

2. 技术体制化的确立和成熟

技术体制化确立的标志是现代技术体制以及技术职业队伍的形成。现代技术专家角色的确立是与现代科学家角色的确立交织在一起的。科学家为了科研成功常需要做一些传统意义上属于技术性质的工作，而工程师在工作中为了实现创新也必须做一些传统意义上属于基础研究的工作，以寻求科学理论知识的支持。现代科学和技术学科相互交织，致使学科体制交织，也促使科学家和技术专家的职业岗位相互交织、重叠融合。在现代科学家的社会角色和职业岗位中，实质上包含了技术专家的存在。

另一方面，企业中从事技术工作的人员不断增加，成为构成现代技术专家队伍的又一股重要力量。19世纪末爱迪生等发明家创办新企业，雇用科学家、工程师等技术研发人员为其服务。19世纪，许多企业特别是大企业，也纷纷设立自己的技术开发机构，雇用技术人员。例如早在19世纪60年代，德国的印染业就开始成立工业实验室。

自人类社会进入20世纪之后，科学和技术充分显示了其对经济、军事的重大作用，特别是20世纪上半叶两次世界大战期间，战争刺激了科学和技术的发展，同时也证明了科学和技术对国家实力的重要价值。第二次世界大战之后，军工技术大规模转移到民用领域，极大地促进了战后经济的发展，进一步显示了科学和技术对国家经济的作用。到20世纪70年代之后，随着第三次科技革命的孕育和爆发，科学技术及其创新逐渐成为推动世界经济发展的重要动力，科技竞争也逐渐成为国际竞争的焦点。伴随着这一发展过程，科学技术与国家和企业的关系也发生了根本性的改变：在有些方面科学技术变成了国家的事业，在有些方面科学技术变成了企业的一部分，在有些方面则两者兼而有之。

国家体制化的科学技术表现为科学技术的国家行政化。首先是预算，世界各主要国家每年都在正式的财政预算中列有科学技术投资的项目甚至专门拨款；其次是行政机构，所谓科技行政机构包括科技政策制定、执行和评价机构，执行机构又包括科技信息机构、研究开发机构和组织管理机构等。企业体制化的科学技术，表现在企业内部普遍设立相应的机构部门，如企业研究所和技术开发部门，甚至出现了研究开发型企业等。国家体制化的科学技术是国家政策的直接执行者，或者说是国家科学技术计划的实施者，衡量其成功与失败是国家利益甚至是国家长远利益；而企业体制化的科学技术更强调面向市场和社会的需要，追求市场价值和市场盈利。企业体制化的科学技术在研究开发时面临着科学上的不确定性和市场的外部性。为了推动社会的技术进步，激励企业的技术研发，政府也会采取一定政策支持企业的科技活动。这些政策内容包括：①以《专利法》为代表的法律保护企业科技活动成果；②以《反垄断法》为代表的法律维护市场公平；③以金融、财政等资金手段引导、刺激企业的技术创新积极性；④直接介入非商业领域进行研究开发，为企业研究开发提供知识支持；⑤加强普通教育和专业教育，为企业提供高素质的各类专业人才；⑥设置先进的实验设备和信息中心，为企业提供基础研究设施和全方位的信息服务；⑦积极开展外交，为企业创造良好的国际市场环境和国际竞争条件；⑧制定相应的法规，限制企业的不利于社会效益和生态效益的技术创新；⑨技术、产品标准规格的制定，激励企业在研究开发上与国家的合作；⑩在许可的范围内，积极推进国家科技成果向企业的扩散。

20世纪80年代以来，随着知识经济的不断发展、经济全球化的不断深化，科技发达国家纷纷加强国家创新体系建设，并把国家创新体系建设作为国家创新战略和科技政策的核心组成部分。所谓国家科技创新体系，实际上指的是以政府为主导、充分发挥市场配置资源的基础性决定作用、各类科技创新主体紧密联系和有效互动的社会系统。在国家创新体系中，技术创新是核心，企业是技术创新的主体，科研机构为技术创新提供知识源泉，教育机构为国家创新体系提供人才支撑，中介机构扮演着连接资源和市场的纽带的角色，政府则为国家创新体系的良好运行提供政策导引和机制保障。这些组成部分互相作用、协同配合，才能提高国家创新体系的整体效能。

（二）技术的社会组织

科学技术职业化的发展、科学技术队伍的不断壮大以及科学技术体制的逐步确立，促进科学技术逐渐成长为当代社会结构的独立部分，也使得科学技术内逐渐形成了自己的社会组织体系，这些社会组织通常包括科技社团组织、科研院所、研究中心、科技研究联合体等。大学在当代科学技术领域也扮演着关键性的角色，特别是高水平的研究型大学，通过其基础研究和应用基础研究，不断为科学技术系统输送新知识和新成果，被认为是当代知识经济的"发电机"。

1. 工程师社团组织

科学技术社团组织，是在近代自然科学诞生以后出现的在科学家之间和技术专家之间进行学术交流的柔性的组织形式。受西方封建社会行会传统的影响，工程技术领域也逐渐形成自己的职业组织。1818年成立的英国土木工程师学会是最早的工程师社团组织。工程师职业学会对外代表整个职业，向社会宣传本职业的重要价值，维护职业的地位和荣誉，作为压力集团游说政府，为制定有关职业发展的政策提供咨询和建议；对内，制定执业标准，通过研究和开发促进职业发展，通过出版专业杂志、举办学术会议和进行教育培训，增进从业人员的知识和技能，提高专业服务水平，并且协调从业人员之间的利益关系。从社会学的角度看，工程师职业协会在工程师社会化方面发挥着重要的作用。因为职业组织，不仅为其成员在增进专业知识和提高专业技能方面发挥作用，而且更重要的是，它还在促使专业人员达到职业行为标准方面起着重要的作用。这种作用的表现是其制定和实施职业伦理章程（code of ethics）。工程师社团组织所制定和实施的伦理章程一般都有关于工程职业的使命和责任的内容，反映了工程师群体对自身社会责任的认同。美国等发达国家工程师职业责任观念的演化，大体上经历了从强调公司忠诚、服从雇主的命令，到强调技术专家领导、进行"工程师的反叛"，最后到强调社会责任、对公众负责等几个阶段。

2. 技术研发组织机构

这是科学技术研究活动职业化以后，由职业的科学家和技术专家组成的刚性的实体研究机构。

技术研发机构一般包括，一支被严格组织起来的专业化的研究队伍、配套的实验设备、资料情报和行政管理系统。其主要活动不再是学术思想的自由交流，人员也不是自由组合，而是有着明确的目标和任务，为了确定的研究目标而协同作战。在20世纪，科学技术建制化的主要表现，就是刚性化了的实体研究机构的出现和蓬勃发展；科学技术之所以能成为一个产业，也是由于这些刚性组织的存在。

实际上，从事技术研发的机构包括：国家各级科学院、研究所，企业事业单位研究所、研究室，行业研究中心，高校研究单位等。近年来，出现了跨行业跨领域、官产学研结合的新趋势。

当前，在发达国家里，在社会总体科技资源中企业占据着重要的地位：企业是技术创新的主体——从创新决策来看，企业是技术创新的决策主体；从研发投入来看，企业是技术创新的投入主体；从科研组织来看，企业是技术创新的活动主体；从成果转化来看，企业是技术应用和成果转化的主体。就是说，企业既是科技资源投入的主体，也是科技活动承担的主体，还是科技成果享有的主体，当然也是科技风险承受的主体。其技术活动（研发、试验、设计等）一般要服务于企业总体目标，在企业战略指导下从事技术活动。

（三）技术共同体及其社会规范

科学技术体制化的另一个标志是科学共同体与技术共同体的产生与形成以及社会规范和行为准则的确立，科学和技术共同体通过确立社会规范和行为准则来规范和约束科学技术人员的行为，促进和协调科技事业和其他社会事业的共同发展。

1. 技术共同体

这是技术的非实体性组织，与其他技术实体性组织有许多重叠。两者的区别：与科学共同体一样，"技术共同体"主要是科学技术社会学及科学技术哲学的概念，技术共同体是一种"以成员的互动为存在基础的社会运行机制"；而科技实体性组织对应的是专业化的实体单位。

由于科技社会化的加强，科技共同体成员互动的范围或领域往往超越某些实体机构，这种趋势随着现代科技的发展表现得越来越强。

技术共同体作为一种建制早已形成，但其概念是1980年美国技术史家康斯坦（E. W. Constant Ⅱ，1942— ）模仿科学社会学的科学共同体概念而提出的。经济学家多西（G. Dosi，1953— ）指出：以共同的技术范式为基础的技术专家群体便是技术共同体。其任务是在技术范式的指导下，从事技术的"解题"活动。由于技术和科学在发展机制上和程序上有大致相似的性质，所以存在着类似于科学范式的技术范式。

技术范式是根据一定的物质技术以及从自然科学中推导出来的一定的原理，解决一定技术问题的模型或模式。由于技术活动的复杂性，技术共同体在技术活动中的范式比科学共同体的方式要复杂得多。

2. 技术的社会规范

技术与科学相比，体制目标不同。科学的体制目标是"扩展确证无误的知识"，而技术的体制目标则带有功利性，是要利用科学发现进行技术发明，应用于社会经济的发展，产生直接的社会经济效益。也就是说，要利用知识来"谋利"。科学与技术体制目标不同，活动及其成果评价依据不同，社会规范也不同。

美国著名科学社会学家默顿（R. K. Merton，1910—2003）提出了科学的社会规范，可用CUDOS来表示，即公有主义（communal）、普遍主义（universal）、无私利性（disinterested）、原创性（original）和怀疑主义（skeptical）的规范。目前为止，技术的社会规范方面还没有形成这样明确的共识。对比科学的社会规范，大体可以认为技术的社会规范有这样一些特殊性：

独占主义或垄断主义，制度性的安排就是保密和专利制度。技术不但有国界，还有地区界、单位界，技术成果未经公司或政府的许可不能公布，在一定时期（专利期限）里私有。就是说，技术有专利，奉行保密原则；泄露技术秘密、侵犯他人的专利和知识产权，是不道德的，甚至是违法的。

不具有科学那样的普遍主义，找不到处处一致的评价标准。技术具有的是以应用、合用为原则的精神气质；用以评价技术的标准，不仅是技术的合理性，而且是社会的合意性。

无私利性的规范对技术并不适用。追求私利是技术体制的重要激励机制之一。技术的目的性恰恰在于，通过对社会需求的最大满足以实现自身对经济和物质利益的追求。

相对于科学，技术对独创性的要求要低一些。技术也要求先进性和新颖性，但在不侵犯专利权的情况下，可以模仿、购买和引进。我们提倡的自主创新，既包括原始创新，也包括集成创新，以及引进先进技术基础上的消化吸收再创新。

技术的继承性要比科学强烈。新技术产生后，旧技术可能仍然有生命力（例如锤子、铁锹和轮子等）。在技术体制中，更多的不是怀疑，而是如何在已有技术的基础上继承和创新。技术并不想要推翻什么，而是考虑如何满足日益增长的社会需求。

英国科学家齐曼（J．Ziman，生卒年不详）认为技术是产业科学，并提出了以PLACE表示的技术的社会规范，即：专有性（proprietary）、局域性（local）、威权的（authoritarian）、目标定向性（commissioned）和专业性（expert）：

技术产生的是不一定需要公开的专有知识；

技术关注的往往是对象中的局部问题而不是对对象的总体认识；

技术专家的研究被定向到实际目标而不是追求知识，技术成果也不是为人共享的普遍性的科学认识；

技术研究者是在管理权威下而不是作为独立的个体做事；

他们作为专门的解决问题人员而不是出于个人的创造力而被聘用。

当然，技术的社会规范与科学的社会规范也有很多相同之处，例如创新、求实、合作、奉献等精神气质。特别是在知识经济时代，科学技术经济化和经济科学技术化趋势日益强化。相应地，科学共同体与技术共同体的规范也越来越显示出兼容性特征，两者都越来越追求和遵循知识的经济性原则、创新性原则、交流和融合原则等。

五、技术伦理

在当代，技术发展对人类社会的各个领域产生了巨大而深刻的作用和影响，但同时也给个人和社会以及自然环境带来了许多不良的后果，与传统伦理观念发生冲突，引发了一系列伦理问题。

（一）技术伦理问题的产生

在中国思想史上，尽管伦理思想起源很早且内涵极为丰富，但"伦理学"这个名称，则是随着西方文化的影响，在19世纪以后才开始被广泛使用的。在英文中，"ethics"既具有"伦理学"的含义，也含有"伦理道德"的意思。在中文中，"伦理"一词也是如此，它既可以指道德（如伦理观念、伦理关系、伦理规范等），也可以指以道德为研究对象的一门学科（严格地说，为避免与前者混淆，此时应叫"伦理学"）。马克思主义认为，人们在物质生产和社会生活中必然形成一定的、不以他们的意志为转移的社会关系，而伦理关系就是社会关系中的一种。伦理关系主要是一种自律性的、有道德观念渗透其中的社会关系，它包括处理人与人之间相互关系所应遵循的道德和准则。

技术伦理则是对围绕技术所产生的伦理关系中的道德现象和道德关系的研究，是人们在围绕技术所发生的伦理关系中所应该具有的道德品质、应该遵守的道德规则和应该尽到的道德职责（如技术人员的一般道德行为规范、工程伦理准则等）。技术伦理是对技术正面价值的维护或扩展，对其负面价值的制约或控制。

技术伦理的产生有一个历史过程。尽管在古代出现过诸如庄子提出的自然主义和反技术主义倾向的技术伦理观点，提出要"绝圣弃知"，但技术在古代主要限于满足人们的生存需要，庄子所关注的这类问题并没有成为当时社会伦理关心的主要内容，更未在其中占据重要地位。当时的伦理关系主要限于人与人之间和人与社会之间，伦理观只考虑人与人之间的关系，只以人的利益或人类的利益为出发点或终极目标，只把人作为道德的对象，只承认人的道德地位和权利。总之，当时的伦理只是一种关于人与人、人与社会关系的伦理，而不是（或主要不是）关于技术的伦理。大约从近代开始，特别是到了现代乃至当代，技术对自然、对人类社会产生了巨大的作用和影响，甚至某些技术的应用带来了某些危害性的后果，某些技术的应用与既有的伦理道德发生了某种冲突，技术伦理问题才受到社会的广泛关注。

换言之，只有当技术迅速发展，对自然和人类社会的影响达到相当规模和程度，并且冲击到人类社会的传统伦理，迫使人们对其进行伦理反思的时候，技术伦理问题才引起人们的关注，才出现了作为学科的技术伦理学。

（二）现代技术发展中的伦理问题

现代技术发展中的伦理问题主要可以分为以下几种情形：一是技术应用于什么目的的问题，以及技术的实际后果与目的动机之间的复杂关系所引发的问题；二是由技术应用的风险所引发的问题；三是某些高新技术与传统伦理观念的冲突问题。

1. 技术发展的目的性及实际后果问题

爱因斯坦（Albert Einstein，1879—1955）曾经说过，"在战争时期，应用科学给了人们相互毒害和相互残杀的手段。在和平时期，科学使我们生活匆忙和不安定。它没有使我们从必须完成的单调的劳动中得到多大程度的解放，反而使人成为机器的奴隶；人们绝大部分是一天到晚厌倦地工作着，他们在劳动中毫无乐趣，而且经常提心吊胆，唯恐失去他们一点点可怜的收入。"现代技术所产生的许多负面价值，促使人们追问：技术究竟为什么目的服务？技术是用来造福人类，还是危害人类？技术能否在终极意义上促进人类社会走向文明进步？

一般认为，真、善、美的高度统一是人生追求的最高境界，也是文明社会发展的最高目标。技术理性强调用逻辑、实验及计算的方法来处理各种问题，成为工业社会乃至未来社会人们追求"真"的一种思维方式和方法。从"可欲之谓善"和"善的技术有利于人类"这个意义上说，技术可以成为人类追求"善"的手段和方法。人类利用技术创造人工自然，美化周围的环境，通过技术创造文化艺术，陶冶人们的心灵，塑造美好的精神世界。因此，实现真善美的统一，完全可以也应当成为技术追求的最高目标。

但是，技术的实际结果与技术的直接目的之间有时并不完全一致。技术发展会产生期望的结果，但也可能引起一些意想不到的后果，这些后果可能是好的，也可能是坏的。例如，自动化生产技术把人从繁重劳作中解放出来，但加剧了工人的失业；核技术和生物技术的发展，也带来了核武器和生物武器等毁灭性武器。

这里有两种情况尤其值得注意：第一种情况是现代技术的利弊结果由同一人群承担，这样所涉及的伦理问题主要是技术的利益与风险如何权衡。例如，有些药品能够对人体的某些疾病有治疗作用，但是却有长期的毒副作用，损害人体健康。是向用户隐瞒风险信息，由工程师代替他们进行决策，还是向用户提供必要的风险信息，让用户自主决定使用还是不使用该药品？这种问题无疑具有鲜明的伦理性质。另一种情况是技术后果（包括利益和风险）不是对社会上所有人一律平等的，其中有人享受技术的好处，而另外有人却承担技术的风险和危害。例如，新技术取代旧技术，在创造新的就业机会、产生新的技术精英的同时，也会造成与原来技术有关的职业岗位的丧失，产生失业大军。这时技术的伦理含义（公正）就更加突出了。因此，开发、应用技术的目的，尤其是技术的实际后果，是非常复杂的、伦理性质很强的问题，需要技术人员加以关注和思考。

2. 技术应用中的风险问题

技术本来是为了满足人们的需要、服务于增进人类自由和福祉的，但技术应用却有时会产生许多负面效应，人们不禁要问：原因何在？人们能否减少负面效应？如何减少？

在历史上，人类在改造自然的过程中也出现过副作用（如垦荒造成水土流失），只是那时人类的力量弱小，造成的问题不严重。随着近代科学技术发展，世界许多国家进入工业化发展阶段，技术的负面效应越来越突出，才不断引起人们的关注甚至担忧。造成现代技术产生负面效应的原因很复杂，其中技术本身的风险性就是一个重要的根源。

技术活动的本质特征是创造或创新，而创新是一项冒险的事业——它不断打破现有的稳定和平衡，把我们带到一个新奇的世界；技术的发展和应用又可能有长期的、不确定的和不可预见的后果，从而置我们于风险之中。今天我们已日益生活在一个人工的世界中，人工安排以及人类活动影响下的自然已取代原有的自然，构成我们生存的基本环境。这样的环境是一个复杂的系统，它自身具有耦合、放大等种种效应，并且还有脆弱性和易受攻击性。这些因素和其他一些因素，例如人类对自然的干预和开发已是大规模和大范围，当代技术也已经具备了操纵原子以再造物质、操纵基因以改造生命的可能性，等等，与经济的、政治的因素一起，共同把我们的社会推入一个"风险社会"。有人甚至认为全部技术伦理学问题都源自风险。美国国家工程院院长沃尔夫（W. A. Wulf，生卒年不详）指出：当代工程实践正在发生深刻变化，带来了过去未曾考虑的针对工程共同体而言的宏观伦理问题，这些问题源于人类越来越难以预见自己构建的系统的所有行为，包括灾难性的后果。

由于技术的风险性，人们不能对技术的未来后果做出及时准确的预测或预知，从而也就不能预先对技术的负面效应进行控制。但我们不能因此望而却步或者悲观失望。自然、社会和技术的发展是无限的，人类对它们的认识和探索也是永无止境的，人类的智慧和能力的发展也是无限的。我们可以采取"预凶"（即做最坏的打算）的态度，谨慎有节制地使用技术，并加强预测，及早采取预防危害甚至灾难的对策。我们应当谨记恩格斯的警告，不要过分陶醉于我们对自然界的胜利，对于每一次胜利，自然界都可能会报复我们。

3. 高技术与传统伦理的冲突问题

当代技术，特别是器官移植、人工辅助生殖技术等医疗技术，克隆技术、基因编辑等生物技术，乃至以计算机、互联网技术为代表的信息通信技术，都在其各自领域里与传统的伦理道德发生了这样或那样的冲突，并由此产生了许多伦理问题。

人体器官移植技术可以通过将正常人体内或某些动物体内一些器官，植入患者体内并替代其相应的病态器官，使得那些因器官残缺和某些器官功能丧失而有生命危险的人获得新生的希望，但它也可能冲击关于价值与尊严、生命与死亡的传统伦理观（即脑死亡与呼吸死亡、心脏死亡之间发生的矛盾）。人工受精、体外受精和无性繁殖等生殖技术，可以通过控制人的生殖过程，解决生殖功能障碍，促进人类的健康发展，但可能冲击传统的婚姻家庭与生儿育女观念。"租借子宫""替代母亲""试管婴儿"等技术则打乱了传统的人伦道德关系。性别鉴定技术可以通过及时终止妊娠，减少某些性连锁遗传病患儿的出生率，但它也可能成为重男轻女者保留男婴、摒弃女婴的手段。人工流产技术会因使胎儿失去生命而引发关于胎儿是否是人的伦理争论甚至人权争论。

"克隆"技术可以产生出与亲代相同的新的生物，但它引发关于人能否像其他客体那样被设计、制造，以及如何看待"克隆人"与一般人之间的关系等问题。分子克隆技术（又称DNA重组技术）可以从健康的人体中"克隆"出人们所需要的健康基因，并以此置换病人体内的患病基因，达到救治病人的目的，但这将会引发诸如人的基因能否当作商品进行交易等一系列伦理道德问题。

网络技术促进了文化交流与传播，但它因主体被虚拟化而导致虚无主义和无政府主义伦理观盛行，使得不道德行为难以受到监督和控制，个人隐私被侵犯，信任与责任出现危机，信息资源的安全得不到有力保障等。这些问题既严重干扰社会秩序，也影响着网络技术的有效使用和持续发展。

信息技术、生物技术、纳米技术、认知科学等的发展，使我们对自然的干预深入到了它的基础层次。从自然的万事万物到人的认知、情感和行为，几乎都被纳入到技术的控制之下，甚至技术的对象也已经由改造自然转向生命乃至人自身。在以往的以机器为代表的技术中，我们的身体是出发点或"操纵的基点"，而在今天的高技术中，身体成为了技术塑造的对象和材料。我们不仅在改造生物体的结构和功能，而且已经在重新设计生物和我们自己的身体，甚至未来有可能重塑人的本性和制造新人。今天的医疗技术已经由"减轻痛苦"发展到可以进行"增强"（enhancement）或"提高的替换"，随着辅助生殖和基因研究的进展，设计、制造婴儿也成为可能。于是，伦理学家就提出了这样的问题：人能够像其他客体一样被设计、制造吗？这个问题涉及对人的价值和尊严持什么观点的根本问题——能够像对物一样来对待人吗？

此外，现代技术发展中的伦理问题还包括技术应用于战争和军备所引起的道德问题，技术工作者所应遵循的一般道德规范问题，技术伦理与技术立法之间的关系问题，技术伦理与一般社会道德之间的关系问题等。

技术伦理学对这些技术伦理问题的探讨和研究，有助于我们在变革传统伦理和道德观念的基础上，形成新的技术伦理，以便与技术发展相适应，促进技术持续、健康发展。一方面，伦理道德作为维护社会秩序的一种重要机制，具有稳定性，而技术尤其当代技术处于不断的发展之中，因此两者之间有时发生矛盾是正常的。属于生产力的技术，其发展必然会促进社会伦理道德发生相应变化，我们不能拘泥于旧有伦理观念，限制技术的发展。另一方面，伦理的视角（即，思考一行为在社会道德上是否合适？）毕竟不同于技术的视角（在技术原理上是否可行？或者，在经济上是否有效益？），对技术加以伦理审视，不是要不加区分地阻止任何技术进步，而是要保证技术真正为人类造福，技术能够为社会所接受并顺利地发展。

（三）现代技术伦理的一些重要原则

伦理原则是指导人们在社会生活中处理各种利益关系时应当遵循的最根本的行为准则。它是伦理规范的核心，是具有普遍性的指导方针，也是论证具体伦理行为的理论依据。

但是目前为止，就技术伦理原则的具体内容，人们还没有形成一致的意见。分别有人提出人道主义原则（一条），人道主义和集体主义（两条），不伤害、平等与尊重自决权（三条），责任、公平、安全、风险（四条），技术人道主义、技术爱国主义、技术公利主义、人与自然的和谐主义、技术主体内部的平等互惠主义（五条）等。

现代技术活动在三个层面上与伦理道德发生联系：一是技术与个人，技术活动的重要内容是给消费者提供满足其需要的技术产品；二是技术与社会，技术作为一种社会建制，承担着极其重要的社会功能，为社会提供维持其发展的物质条件和精神条件；三是技术与自然，现代技术区别于传统技术的重要方面就是技术不仅使人与人、人与社会，也使人与自然产生了伦理关系，环境伦理学就是以此为基础建立起来的。基于现代技术与伦理道德发生联系的三个层面，现代技术伦理的基本原则应该包括在技术与人关系层面的人道主义原则、在技术与社会层面的功利主义原则、在技术与自然层面的生态主义原则。

第一，现代技术的人道主义原则。人道主义原则是指一切以人为出发点，从人性、人的本质出发，强调人的地位、肯定人的价值、维护人的尊严和权利的思想体系。现代技术的人道主义原则是指技术活动过程中要实现技术的人道化，它有多方面的体现，主要包括对生命的尊重、对人类情感的关注、对人性的保护等。

第二，现代技术的功利原则。这一原则是指技术发展的根本目的是增进最大多数人的最大幸福，为社会带来更大的福利（因而，也可以将"现代技术的功利原则"称为"现代技术的福利原则"）。近代工业革命以来，西方社会的技术实践一直把功利主义原则作为技术活动普遍的原则，技术的有效性是评价其好坏的重要标准，尤其是在现代社会，技术被视为国家重要的生产力和战略资源，是经济发展和经济结构变迁的主要根据。

第三，现代技术的生态原则。这一原则要求技术发展以生态价值观为核心，实现技术的生态化。现代技术要注重研究和开发技术的生态功能，发展具有较高生态价值的高新技术，帮助自然生态系统成功应对目前的生态危机，达到新的生态平衡。

现在，人们越来越认识到，技术实践中的伦理难题不是简单地搬用伦理原则就可以解决的，因为技术实践提出了以往的伦理原则不能直接回答的问题，或者伦理原则之间出现了冲突与对抗。解决这种问题的实践推理是综合的、创造性的，它把普遍的原则与当下的特殊情境、事实与价值、目的与手段等结合起来，在诸多可能性中做出抉择，在冲突和对抗中做出明智的权衡、妥协与协调。这里需要的是一种在实践中产生的生活智慧而不只是逻辑的简单运用。

六、技术的公众参与

近年来，新技术的研发、创新和使用在提高经济社会发展水平的同时，也在公众中引发了许多相关的争论或争议。以基因技术为例，人们围绕转基因技术在生殖、医疗和食品等领域的应用是否会对人们的安全、健康和社会伦理等造成影响、会造成何种影响的问题产生了很大的争论，出现了所谓的"挺转"和"反转"两派对立的观点。在当代，关于高新技术发展和应用的决策，不仅关系到高新技术本身能否得到快速健康发展，而且涉及到不同社会群体以及公众与政府之间的关系，甚至影响到整个社会的稳定。公众参与技术尤其技术决策是解决这类问题的重要途径。

（一）国际公众参与科学技术决策的背景与动因

发达国家的公众参与科学技术活动始于20世纪60、70年代，最初只限定于与科学技术相关的特殊领域（如核技术领域、环境保护和城市规划领域等），当前则具有普遍性，涉及的领域越来越多，并且发展出一系列新的方法。

从发达国家的情况看，公众参与科学技术的决策，既是现代科学技术发展的需要，同时也是民主政治发展的需要，是科学技术与社会关系日益密切的体现，也是试图使这种关系制度化的一种努力。

1. 现代技术的发展和应用需要公众参与

现代技术的发展和应用已经广泛而深入地影响到经济和社会生活以及人们日常生活的各个方面，在给人们带来好处和便利的同时，也带来了一些问题和风险。

技术发展存在着不确定性和风险，有可能损害公众的利益，给公众的健康和安全带来风险。当今科学技术前沿的探索和发展不断开辟更为广泛的应用前景，但这种活动的探索性也会使之遭遇不确定性和风险问题，甚至可能给技术用户以及社会大众带来危害。例如，基因治疗在为治疗严重威胁人类健康和生命的疾病方面创造新的可能性的同时，技术的不确定性也会带来风险，甚至会带来严重的伦理、法律和社会问题；又如，纳米技术能从根本上改进材料和器件的性能，为基因诊断提供快速、高效的工具，但纳米颗粒可能透过血脑屏障，纳米传感也可能侵犯个人隐私，等等。因此，社会公众希望了解科学技术发展带来的全部可能后果尤其是负面后果，并且希望以某种方式参与到相关的决策中去。近些年公众参与科学技术在欧洲国家兴起，一个重要的原因就是在经历了英国疯牛病事件之后，公众日益关心生物技术（例如基因作物和食品等）所带来的不确定的风险问题与道德问题。

技术活动追求商业利益，加之全球技术竞争加剧，有可能出现损害公众利益的情况。一般情况下，技术活动是以企业为主体、以经济效益为目标进行的，特别是在面临激烈的市场竞争的情况下，企业技术活动可能主要甚至唯一考虑商业价值和经济利益，而忽视社会利益，有时甚至与公众利益背道而驰。例如，有时产品还不成熟就被推向市场，可能会给用户造成伤害；有时受到商业利益影响，可能会隐瞒一些关键信息特别是不利于企业的产品及技术信息，误导消费者。因此，为了保护公众的权益，需要向公众充分公开科技产品的信息；在有些情况下，在产品设计和研制的决策过程中就应该引入公众参与，吸取公众的意见。

技术应用若想取得理想的效果，单靠科学技术知识还不够，需要结合公众的"本土知识"。技术一般是用于满足特定人群的需求、解决特定地区的实际问题的，而这些问题常常与当地的自然条件以及社会、经济、政治、文化等因素联系在一起。因此，技术用于解决实际问题时，需要结合应用的条件才能找到合适的方案，否则就可能带来负面影响。在这种情况下，科技专家的知识有时会显出局限性。特别是在社会生活日益复杂、利益主体多元、价值追求多样的当代，即使是最好的科技专家也不可能洞悉社会既有的和潜在的所有问题与风险，并提出解决方案。相反，在信息科学技

全民
技术素质
学习大纲

448

术高度发展的今天，普通公众也未必像一些政治家和专家所想象的那么无知——有时他们完全有能力对公共行政提出独到的见解和有用的建议。科技专家必须和普通公众合作以弥补自身知识的不足，消除社会公众对专家知识的公信力危机。因此，在应用技术解决实际问题，尤其是一些涉及人民生活、地区发展等方面的综合性问题的时候，需要综合考虑本地的特殊情况，考虑当地广大公众的利益与愿望，这样才能使技术决策更加科学、更富有成效，使问题得到更好的解决。

2. 决策的民主化需要公众参与

决策的民主化就是要保证让所有受决策影响的人，有充分的机会参与决策过程，且有平等的权利来选择议题并控制议程。由于很多科技决策涉及到公众的切身利益，在这种情况下，公众应该获得相应的权利与机会，对那些影响他们自身利益的科学技术相关决策表达自己的看法，并以适当的形式反映到这些政策的制定过程之中，以使科学技术的发展能够更充分地反映民意。公众参与可以使政策的制定变得更加透明，政府对公众的意愿更加了解和重视，并予以更多的反馈，有利于政府政策更有针对性、更合理。同时，也可以在一定程度上避免"暗箱"操作和腐败行为。

公众参与是公民进入公共领域生活、对那些关系他们生活质量的公共政策施加影响的基本途径，也是促进新型的、相互信任的、和谐的社会关系形成的一条有效途径。另外，信息社会的到来以及互联网的发展和普及，使普通公民有了更多、更便利、更畅通的信息渠道，获得有关政务治理与管理绩效的信息，这为公众参与活动提供了技术基础。

（二）公众参与技术决策的国际经验

发达国家公众参与科学技术决策已经积累了丰富的经验，主要可以概括为三点：政府促动，科学（技术）协会和民间组织的积极参与，方法的多样性和制度化。

1. 政府促动

公众参与科学技术决策最早和最成熟的国家是北欧的丹麦、瑞典、挪威、冰岛等国，这些国家的政府积极鼓励公众参与科学技术决策，为议会在科学技术领域的决策提供公众的意见。丹麦具有较深厚的民主传统，强调公众参与和公共讨论。丹麦政府于1986年成立丹麦技术委员会（the danish board of technology，DBT），该委员会负责在全国范围内推动公众理解科学技术和公众参与科学技术决策。后来广为流行的"共识会议"就是DBT创造的，它是就某个还没有确定规则的科学技术议题让公众（通常由10～12个市民组成）参与讨论，提出具体政策建议，并以某种方式纳入决策者的决策中。在丹麦，共识会议常常是对应于议会要讨论的科学技术议题而组织召开的，这样可以为议会的决策提供意见。英国政府自1996年疯牛病事件后开始增加政策的透明度，建立管理部门、科研人员和公众的对话机制，鼓励公众参与争论，并通过争论和科学论证，进一步澄清科学技术对社会的影响，将公众的有益建议纳入到政策制定之中。加拿大于1999年建立了加拿大生物技术咨询委员会（CBAC），目的之一就是促进公众参与到与规范生物技术及其商业化相关的决策中。CBAC成立以来，与这个领域的非盈利组织（如绿色和平、地球之友等）就有关问题展开了充分的讨论和合作。澳大利亚于2000年建立了澳大利亚咨询委员会，负责向各种组织咨询，开展公众参与活动。欧盟于1998年和1999年就开始在其六个成员国——丹麦、德国、英国、荷兰、奥地利和瑞士开展欧盟参与式技术评估项目（EUROPTA），目的是建立一套可用于支持公众参与科学技术讨论和决策的技术手段和程序。2002年，欧盟委员会提出《科学与社会——行动计划》，该计划分为三个部分：促进欧洲的科学教育和文化，贴近市民的科学政策和把负责任的科学作为决策的核心，共有38项行动计划，其中，直接跟公众参与科学决策相关的行动计划有：组织地方和区域的"科学与社会对话"，建立全欧洲科学商店（science shop）网络，国家之间交换关于使用公众参与程序的信息，就特殊的主题启动公众讨论和听证，在欧洲建立关于伦理和科学的公众对话等。

2. 科学（技术）协会和民间组织积极参与

科学（技术）协会在促进公众参与科学技术活动中发挥着重要的作用。例如，英国皇家学会致力于促进公众了解科学争论，提高科学家与公众更广泛地交流科学的技巧。皇家学会设立了大量的讲座和活动，鼓励科学家、政府和工业界以及其他部门之间的对话。皇家学会最大的促进公众参与科学技术的计划是"社会中的科学"（science in society），此计划设立的主要目标是促进公众和其他利益相关者参与到科学技术的争论和发展中，方式是组织讨论班、开展活动以及研究，涉及的领域广泛，例如关于纳米技术和合成生物学的讨论。英国科学促进会（BA）也开展大量的公众参与科学技术的活动。在2002年，科学促进会向英国政府提交报告《社会中的科学》，对英国科学发展如何更好地反映公众利益提出了若干重要的建议，得到政府的积极反馈。美国科学促进会（AAAS）积极推进公众参与科学和技术活动，设有公众参与科学和技术中心，围绕一系列人们关心的科学或技术议题，开展科学与公众的对话。在加拿大，绿色和平组织、地球之友、加拿大人委员会（the council of canadians）等许多非盈利组织，积极介入关于生物技术的争论，向公众传播更多的信息，开展生物技术及其效果的研究，把公众普遍关心的问题（包括安全、风险和对环境的负面影响）带入生物技术的政策争论中。通过他们的参与，一些公众意见被纳入到生物技术的规范和生物产品的检测中。

3. 方法的多样性和制度化

公众参与在过去多年来之所以能取得很大的发展，重要因素是"方法论的创新"，即建立和发展出许多合适的方法，并使之制度化。例如共识会议、情景工作室、焦点小组、以社区为基础的研究等，其中最有名的就是产生于丹麦的共识会议。它广泛流行于欧洲国家以及美国、加拿大、澳大利亚等国家，韩国和日本开展公众参与科学技术活动也主要学习和采用这种方法。共识会议实现了普通市民与专家在公开、透明和相互理解基础之上的真正互动，使受过一般科学技术教育的普通市民有可能更有效地参与到民主决策中：①专家小组和共识小组（市民小组）各自清楚的角色定位和相互关系。共识小组起主导地位，他们通过主办方的预备会议对陌生的科学议题的背景和含义有了比较深入的认识之后，整理出需要询问专家的问题内容，并参与挑选专家。专家小组成员的选择要确保不同观点和不同职业的代表参加，这些专家不仅要有好的专业知识，而且要思想开放，并能以一般公众都能听得懂的语言阐述科学议题。这样，在科学议题上，科学家与公众代表可以形成共同的语言。②由一个咨询／计划委员会主持，确保过程是民主的、透明的，并有记录可查。③通过公开的讨论，形成共识的建议。在正式的公共论坛上，由专家与共识小组进行交叉询问，让每一个人的议题与观点都能得到充分的阐述，也让参与会议的每一个人都能充分理解彼此的想法，并不断对自己的想法进行修正与扩充。通过理性的沟通，让争议性的议题可以得到一致性的见解。

（三）促进我国科学技术决策的公众参与

西方发达国家在促进公众参与科学技术决策已经做了很多有益的探索，在当代经济社会发展高度依赖科学技术及其创新、科学技术本身快速发展并广泛应用的背景下，这种公众参与对促进科学技术决策具有重要意义，我国也需要在思想上提高对公众参与科技决策的认识，立足国情，将公众参与纳入常规的政策过程中。

第一，发挥政府的引导作用。从国内外经验来看，尽管公众参与的动因是与自己切身利益有关，许多是自发的，但政府在促进和引导公众参与科学技术决策中发挥着十分重要的作用。在价格决策等其他领域，我国成功的公众参与也多是由政府发起并组织、引导进行的。因此，在促进公众参与科学技术决策方面，政府首先应该发挥促进和引导作用，明确公众参与是决策过程常规的和完整的一部分，制定相关的规则，建设促进公共参与的制度环境。

第二，促进科技专家和公众之间的广泛交流和对话。要使公众参与科学技术决策真正起到作用，需要公众理解科学，也需要科学家理解公众，需要公众和科技专家之间真正开展合作。为此，应该充分发挥各种科学协会的优势和潜力，围绕社会关心的科技热点，如水资源、节能减排等，开展科学-公众的交流与对话，建立科技专家与公众交流的有效机制。

第三，根据不同领域的科技议题，结合我国国情，探索各自适宜的公众参与方式。例如，对于生命医学领域的议题，重要的是告知式参与，让公众，尤其是广大患者及其家属，通过各种方式获得相关的信息；而对于一些政策性强的议题，例如环境和食品安全问题，可以采取网络对话等多种形式听取公众意见，作为决策时的参考；对于一些重要的但又有争议的议题（例如转基因作物和食品），可以尝试采取有效的公众参与决策的方式（例如世界各国广泛采取的共识会议模式）。为此，需要政府有关部门、科学机构和公众开展有效的合作，明确公众参与在科学决策中的地位，探索适合中国国情的共识会议模式及其他类型的参与模式，建立相应的规则，并大力开展人员培训。

参考文献

［1］　马克思恩格斯全集（第23卷）［M］．北京：人民出版社，1972：53，201，202，410.

［2］　翟杰全. 技术的转移与扩散——技术传播与企业的技术传播［M］．北京：北京理工大学出版社，2009：23.

［3］　爱因斯坦文集（第三卷）［C］．北京：商务印书馆，1979：72-73.

［4］　陈昌曙. 技术哲学引论［M］．北京：科学出版社，1999.

［5］　徐辉. 科学·技术·社会［M］．北京：北京师范大学出版社，1999.

［6］　李喜先. 技术系统论［M］．北京：科学出版社，2005.

［7］　樊春良，佟明. 关于建立我国公众参与科学技术决策制度的探讨［J］．科学学研究，2008（5）：897-903.

［8］　许为民. 自然辩证法：在工程中的理论与应用［M］．北京：清华大学出版社，2008.

［9］　刘大椿. 科学技术哲学概论［M］．北京：中国人民大学出版社，2011.

［10］　那日苏. 科学技术哲学概论［M］．北京：北京理工大学出版社，2006.

［11］　殷瑞钰，汪应洛，李伯聪，等. 工程哲学［M］．北京:高等教育出版社，2007.

［12］　任福君，翟杰全. 科技传播与普及概论［M］．北京：中国科学技术出版社，2012.

［13］　殷登祥. 科学、技术与社会概论［M］．广州：广东教育出版社，2007.

［14］　王健，王秋菊. 现代技术伦理原则间的冲突与整合［J］．社会科学辑刊，2007（6）：48-52.

［15］　朱葆伟. 关于技术伦理学的几个问题［J］．东北大学学报（社会科学版），2008（4）：283-288.

［16］　刘海波. 科学技术社会体制化本质初探［J］．科学管理研究，1997（4）：45-50.

▷ **编写专家**

翟杰全　李世新　张　君　江　洋　薛少华

▷ **审读专家**

那日苏　张增一　韩永进

▷ **专业编辑**

邹　聪